何清华

潜心机械

五十年

——

文热心 著

中南大学出版社
www.csupress.com.cn

·长沙·

图书在版编目（CIP）数据

何清华潜心机械五十年／文热心著. —长沙：中南大学出版社，2021.6

ISBN 978-7-5487-4328-6

Ⅰ．①何… Ⅱ．①文… Ⅲ．①何清华－生平事迹②机械设备－文集 Ⅳ．①K826.16②TB4-53

中国版本图书馆 CIP 数据核字（2021）第 081682 号

何清华潜心机械五十年
HE QINGHUA QIANXIN JIXIE WUSHI NIAN

文热心　著

□责任编辑　谭　平
□责任印制　周　颖
□出版发行　中南大学出版社
　　　　　　社址：长沙市麓山南路　　　　邮编：410083
　　　　　　发行科电话：0731-88876770　　传真：0731-88710482
□印　　装　湖南省众鑫印务有限公司

□开　　本　710 mm×1000 mm 1/16　□印张 25.75　□字数 462 千字　□插页 1 页
□版　　次　2021 年 6 月第 1 版　□2021 年 6 月第 1 次印刷
□书　　号　ISBN 978-7-5487-4328-6
□定　　价　138.00 元

图书出现印装问题，请与经销商调换

創就擎偉業
情懷貫山河

為何海華潛心械械五十年出題

何光遠 二二三年

▲ 1965年78班下放农村同学合影

▲ 1965年何清华下放农村前全家合影

▲ 1969年摄于韶山

▶ 1971年结婚照

▲ 1972年在泞湖公社农机厂操作简易皮带车床

▶ 1973年全家在泞湖公社农机厂合影

▲ 1973年摄于益阳泞湖公社农机厂

▲ 1976年井冈山，长沙客车厂团员活动留影

▲ 1979年在长沙客车厂当车工

▲ 1980年10月考上研究生，与妻子合影纪念

▲ 1982年在中南矿冶学院凿岩实验室

▲ 1982年与三位导师合影

▲ 1983年全体研究生毕业留念

▲ 1983年7月中南矿冶学院机械系第一位研究生毕业答辩留影

▲ 1985年在衡广复线调研

▲ 1985年汝城钨矿, 国产首台井下液压凿岩台车改造

▲ 1985年参加宣化风动机械厂露天钻车设计

▶1986年于大秦铁路带学生毕业实习

▲1986年接待日本教授

▲1986年与齐任贤导师合影

▲1987年国内首台井下直接定位式液压凿岩台车研制成功

▲1988年柿竹园矿，国内首台露天液压凿岩台车工业试验

▲ 1991年德兴铜矿，改进后的露天液压凿岩钻车试验

▲ 1992年40周年校庆留影

▲ 1992年校庆学术报告会

▲ 1993年摄于德兴铜矿

▲ 1993年摄于第一台压桩机施工现场

▲ 1993年何清华的第一位硕士生毕业答辩留影

▲ 1993年涟钢电弧炉改造计算机测试

▲ 1994年铜陵出差坐平板火车

▲ 1995年装配静力压桩机

▲ 1996年静力压桩机计算机测桩系统试验

▲ 1997年在哈尔滨工业大学参加学术会议留影

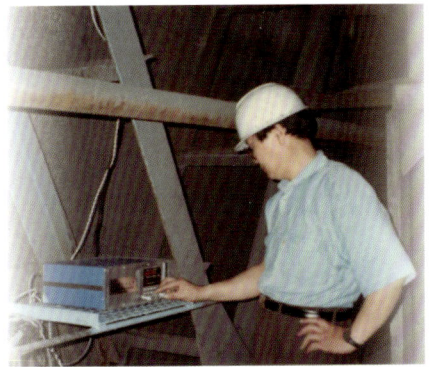

▲ 1997年参加金川公司闪速浮选机液面自动控制项目

▲ 1997年何清华指导的硕士生毕业答辩留影

▲ 1999年公司创立留影

▲ 2001年公司研制的第一台挖掘机产品

▲ 2001年观沙岭租赁厂房前留影

▲ 2002年李培根教授（左二）及国家"863"智能机器人专家组
　一行考察山河智能

▲ 2003年第一个自建基地竣工，
与妻子合影纪念

▲ 2003年国内首台一体化潜孔钻机研制成功

▲ 2003年考察日本洋马公司

▲ 2003年在济南钢厂调研

▲ 2003年指导研究生

▲ 2004年江永捐赠仪式

▲ 2004年第一次到欧洲，摄于芬兰湖泊边

▲ 2004年第一次到欧洲，摄于芬兰森林

▲ 2004年指导研究生试验

▲ 2004年获紫荆花杯杰出企业家奖

▲ 2005年摄于原总装工程兵科研一所（无锡）

▲ 2005年利用三台电脑办公

2006年公司在深交所上市

▲ 2006年指导本科生毕业设计

▲ 2006年考察韩国企业

▲ 2007年在深圳做挖泥船调研

▲ 2007年摄于美国加州大学尔湾分校

2007年研究生座谈会后合影

▲ 2008年摄于美国盐湖城

▲ 2008年摄于珠海航展

2008年中南大学研究生学术年会创业论坛

▲ 2009年考察印度大客户

▲ 2009年公司第一台飞行船试飞

▲ 2012年在淮北许疃煤矿掘进机现场

▲ 2012年在阿拉善沙漠植树

▲ 2012年在马来西亚国际创新大会上演讲

▲ 2012年在长沙市一中百年校庆报告会上发言

▶ 2012年在全国政协会议上发言：《奢靡之风不可长》

▶ 2013年获何梁何利奖

▶ 2013年液压混合动力挖掘机试验

▲ 2014年在俄罗斯联邦鞑靼斯坦共和国 ELAZ公司

▲ 2014年公司成立15周年，启动"山河成长轨迹"骑行活动

▲ 2014年在哈密沙漠矿山考察

▲ 2015年株洲驾驶飞机

▲ 2017年前往内蒙古矿山看望客户

▲ 2018年在北京回长沙的飞机上画方案图

▲ 2018年与当年矿山工友重游汝城钨矿

▲ 2018年在肯尼亚内马铁路工地

▲ 2019年在内蒙古煤矿考察

▲ 2020年李培根院士访问山河智能

▲ 2020年摄于何光远老部长家

PREFACE 序言

PREFACE

初识何清华先生是在 21 世纪初，当时我随国家"863"计划智能机器人专家组考察已经成为国家智能机器人主题产业化基地的山河智能，对该公司在隧道凿岩机器人方面的多项创新工作印象尤深。知道何清华先生是教授，又是创新者，还是创业者，甚为佩服。其后，得知他的企业在不断成长乃至上市。及至 2008 年，山河智能的两座轻型飞机、两座三角翼飞行船、飞鹰无人靶机亮相于珠海航展，更令我惊异不已。

山河智能已成为国内地下工程装备龙头企业，位居全球工程机械制造商五十强、世界挖掘机企业二十强、世界支线飞机租赁三强。一位教授能够使其企业屹立在竞争激烈(有时甚至是惨烈)的世界和中国工程机械市场，实属不易。

读了《何清华潜心机械五十年》，更让我对他油然而生敬意！

我与何清华先生算是同龄人，论中学毕业，他高我一届；论人生高度，我矮他一截。他身兼企业家与教授等数种角色。他最耀眼的，是他的企业家身份；而他的教授角色，也令我仰视。他和我都是教授，论亲手培养的人才，吾不及也；论在研究方面的贡献，吾远不如也；至于对国家实业的贡献，则无须比较了。

这本书值得广大青少年一读。

无疑，何清华的成就铸就了他的辉煌人生，但更令我感动的却是他的理想、兴趣、定力和意志。他年轻时便经历了诸多磨难和坎坷，多数人在那样的环境中会消沉甚至颓废。然而，在本该进大学深造却因为"海外关系"而不得不下放农场时，他没有失却理想；在由于莫须有的事情而身陷囹圄时，他不以为

意，将身心沉浸在数学王国中。反观今天的部分大学生，似乎不再追求理想，而只注重利益和安逸，对功利与时尚的追逐似乎已成为某些年轻人成长中的时髦。

今天的大学生尤其应该向何清华教授学习。

很多大学生轻视实践工作，不屑于干车间的"脏活"。何清华年轻时在一个不起眼的农机厂，他对那里的一切都感兴趣，通过自学，他熟练地掌握了车、钳、刨、铣、焊等技术，还学会了修拖拉机、开拖拉机。他完全沉浸在机械世界里，在技术方面的动手能力也激发了他在机械领域的创造潜能。

我们正在进入数字智能时代，尽管"互联网+""人工智能+"等深刻地改变着世界，尽管数字智能时代的洪流把不少年轻人卷入数字经济的大潮，但世界永远离不开实体经济，而机械又是实体经济中最重要的部分。日常生活离不开机械，开土辟壤、凿岩开道更需要机械。何清华先生何尝不知道数字技术的重要性，他在"机械+互联网""机械+人工智能""机械+数字仿真"方面取得了一系列的创新成果。定力、兴趣和意志使他能潜心机械五十年。大学生们当明白，不要沉迷于虚幻的泡沫中，只有融入数字智能时代的硬科技、黑科技之中，才能成为未来的宠儿。

这本书适合工程技术人员一读。

何清华以自己坎坷而丰富的技术研发经历的感悟，给公司研发人员提出了24个字的研发理念：创新源于市场，劳心尚需劳力，兴趣乐成成就，精品源自执着。

实践是最好的老师，现实场景最能触发创新的灵感。深谙此理的何清华一度钟情于矿山，他的一些科研成果即成于矿山。某年春节前夕，因风雪过大，长途汽车停开，何清华和他的同伴们便沿着山谷里的公路，在深过脚踝的雪地中艰难前行。何清华将一个塑料袋套在头上，挖两个小洞，眯着眼睛依稀看路。当时漫天飞雪，他步履蹒跚，谁曾想，他的内心却正得意于刚获得的创新灵感。

实践虽然成为何清华创新的源泉，但他从不忽视理论的重要性。他在数理方面的天资本来就非常好，这就是为什么即便"羁押"于收容所他还能够进行数学畅想。而当他具备正常的研发条件后，其理论功底更使他如鱼得水。如他创建了液压冲击机构的研究设计体系；他归纳总结出"三段分析法"的线性研究设计；他提出的准匀加速度计算方法和状态转换的校正计算方法有效地解决了液压冲击机构数字仿真的速度与精度问题……

今天中国学术界的领军人物中，有一些其实是组织者。而他不仅是组织者，更是创新思想的直接提出者。请看："很不起眼的简单图形、字迹潦草的手绘图展示出何清华出色的创造力。这些手绘图本身就很有特色：绘图用纸大部分是一面已经打印了东西的废纸，或者是某宾馆房间的便笺纸，等等；绘图时间较多的是清晨，绘图地点大部分是在办公室以外，如长沙到北京航班上、柬埔寨金边宾馆的房间里、大阪到东京高铁上、德国慕尼黑的候机室里……内容涉及全新技术方案、新机构、新装备和制造方法等。"这些对何清华来讲不值一提，可在读者的心目中却有着沉重的分量！

这本书值得企业管理者一读。

他建立的"经营体"是推动山河管理不断走向成熟的重要因素。一则，经营体为企业效益提升奠定了坚实的基础。经营目标与平台管控的分离，使全公司的运行顺畅了，经营部门和管理部门各司其职，分工明晰。二则，推行经营体的一个重要管理目标是培养干部。创立了经营体模式，也就赋予了经营体负责人的责任。经营体的负责人既要担当"创利"的使命，也要对企业尽心尽责。

何清华认为："人性是有弱点的，比如管理上不愿意共享，希望有自己的小地盘，等等，而信息化平台可以让企业的工作都放在一个透明规范的平台上，人性的一些弱点就自然被克服了。"进入数字智能时代，何清华率先悟到数据透明之于管理作用的真谛。

他作为企业管理者，善于整合创新资源。"企业创始人实际上是扮演一个资源整合者的角色，其中技术型的创始人更是创新资源的整合者。"

他对宏观的体制机制也不乏真知灼见。如他认为，改革开放后中国航空行业仍然存在研发、制造、市场相分离的现象是造成投入大、见效慢的主要症结。

这本书还值得从事高等教育的管理者和教授们学习。

何清华"创办公司后，公司技术中心成立了下属的研究生院，统一管理这些研究生，并在技术中心选拔一些技术人员作为这些研究生的副导师，公司同时支付研究生一些生活补助费。研究生的选题基本上与企业的技术与产品有关。研究生的试验条件是学校无法比拟的，很多试验都是在几十万到几百万元的公司产品上完成的，而且试验产品往往是在实际使用的工况中。山河智能创立的企业研究生院，一方面为学校培养了实际工作能力更突出的高层次人才，另一方面也让公司的研发队伍始终保持有一支年轻的、充满活力的力量，从而

在基础前沿技术研究方面走在行业的前列"。公司办研究生院,应该是何清华教授的创举。山河智能研究生院的研究生们是何等幸运!这难道不是研究生教育的创新?

我心目中的何清华是一位非典型学者,他是儒雅智慧的,却无书斋中的书生气;我心目中的何清华也是一位非典型企业家,他是朴实无华的。总之,他是一位仁者,仁者乐山;他是一位智者,智者乐水。他的仁智造就了山河。在我的脑海中时而浮现出一幅他在打铁(他当过锻工)的图景:他一手掌钳,一手拿个小锤,小锤其实是个"指挥棒",敲在哪儿,拿大锤的帮手(徒弟)就得打向哪儿。正是何清华一手锻造了山河智能。

2019年5月,国企广州万力注资山河智能,从而成为其第一大股东;山河智能实现了混合制改造,何清华退居为第二大股东。"转让股份,我个人财富大幅缩水,甚至失去了公司控制权,但为公司赢得了新的发展机遇。"人们都说,何清华表现得非常理性和坦然。他已经登临峰顶,知道在什么时候停下来看最美的风景;他正在登高望远,也许看清了潮流所向,也许要以此种方式证明多数人尚未意识到的某种大道。

无论怎么说,何清华先生都是明智的。世间还在争论不休:到底国有资本应该尽量退出竞争性市场领域,还是加持民营经济?也许,他会悠然听着关于此类问题的争论,却从这座山峰信步下来,然后又将攀爬他人生的另外一座山峰。

我们在问,是谁在默默地守望岁月的轮回?是你啊,山河!

李培根

2020年11月26日

目录 CONTENTS

何清华潜心机械五十年

开篇的话

2020 年 9 月 17 日下午，在湖南考察的习近平总书记冒雨来到山河工业城，在听取董事长何清华的汇报，察看生产线和产品展示，了解技术研发、生产制造、销售经营情况后，对山河智能的创新精神表示赞赏并作了重要讲话。他强调，自主创新是企业的生命，是企业爬坡过坎、发展壮大的根本。关键核心技术必须牢牢掌握在自己手里。要坚定不移把制造业和实体经济做强做优做大。①

作为山河智能的董事长，何清华聆听讲话后感到格外亲切，深受鼓舞。他说："总书记来企业考察，是对山河智能二十多年来专注创新、扎根实业的一种肯定。总书记的讲话，鼓舞了公司上下员工士气。大家听了总书记讲话非常振奋。"他还说："总书记对中国制造业、企业自主创新的重视令人印象深刻。"

山河智能从创办时"蜗"在长沙河西观沙岭，到进入星沙经济技术开发区，再到搬至长沙临空港经济示范区，体量越来越大，影响越来越大。它进入全球工程机械制造商五十强、世界挖掘机企业二十强，凭的就是"专注创新"。

创新是山河智能的重要品质。何清华作为创办人赋予了山河智能这种品质，因为创新是他与生俱来的追求。何清华的创新精神是"不逐浮云，笃定坚韧，追求完美，执着探索"；创新能力是"兴趣盎然，涉猎广博，积淀深厚，思维敏捷"；创新方法是"深入实践，务实求真，关注细节，崇尚简洁"。从 1969 年结缘机械开始，他就将创新基因注入其中，成就了他的机械事业，也为中国机械追赶世界先进水平立下了汗马功劳，还为世界机械工业增添了中国智慧、中国力量。

何清华的机械生涯就是一部创新史。

习近平总书记参观考察的山河智能总部是 2019 年企业成立二十周年庆典前落成的。2019 年，不仅是山河智能创办的第二十年，也刚好是何清华潜心机

---

① 摘自《人民日报》2020 年 9 月 19 日头版。

械的第五十年。

1969 年 7 月上旬的一天，23 岁的何清华来到益阳县泞湖公社（现益阳市赫山区泉交河镇泞湖村）农机厂做了一名社办企业工人。

这是他的"机械缘"之始。

从此，他潜心于机械事业，专心笃志，孜孜不倦。他把人生最美好的时光献给了机械事业，也创造了自己的美好人生，也就有了 2020 年 9 月企业和他本人的高光时刻。

话题从"源"起。

潜心机械，何清华心无旁骛，一潜整整五十年

1969 年至 2019 年，何清华潜心在机械操作园地，潜心在机械工程设计的平台，潜心在机械技术发明的领域，潜心在机械科学发现的殿堂，不仅发现了这里的美丽，更增添了这里的美丽，也完成了他人生美丽的跨越。

1969 年，何清华以知青身份进入益阳县泞湖公社农机厂当工人。这之前，他在湖南边陲的江永县做了五年知青。1974 年，他进入长沙客车厂做工人，一直做到 1980 年考上中南矿冶学院（今中南大学）研究生。他本人常有"知青工人十五年"的说法，这十五年中有十一个年头他在与机械打交道。

他还有个"高校二十年"的说法，即从 1980 年进入中南矿冶学院做研究生到 1999 年下半年创办山河智能，一共有二十个年头他都在大学校园进行机械方面的学习和研发。

从 1999 至 2019 年，是他创办、执掌山河智能的二十年。

从 1969 至 2019 年，整整五十年。纵观这五十年，何清华心无旁骛，潜心机械，成果可用"举世瞩目"来形容。透过这些成果，人们更看到了何清华的精神动力，即理想。

在潜心机械中，他的理想成就了他的未来，他也完成了自己人生的跨越：

他从"杂牌军"——社办企业工人，到"正规军"——国营企业工人；

他从工人到研究生，再到教师；

他从教师到企业董事长，再到中国工程机械学会副会长、全球工程机械制造商五十强之一——山河智能的"领军人"。

3

五十年里，他完成了几次大跨越。

何清华的跨越是在追赶中实现的。

机械可以取代人工，而且完成得更快、更好。现代机械创造出了越来越多更精巧、功能更齐全的机械装置，使人们的许多幻想成为现实。现代人有理由发问："离开了机械，你还能干什么？"

中华民族本是个有机械天分的民族，公输班发明锯子，攻城云梯的传说，马王堆汉墓中出土的弩机，诸葛亮发明山地运粮的木牛流马，遍布民间的水力碾子等，就是明证。

然而，中华民族在近现代机械行业中落伍了。反倒是我们祖先广泛使用机械时还在茹毛饮血的西方人的后代发明了蒸汽机、火车、飞机……造就了他们的坚船利炮，用来欺凌没有进入近现代工业文明的中华民族。中国有志之士在追赶现代政治、经济、商业文明的同时，更在奋起追赶现代工业文明。特别在当代，这种追赶力度加大了，步伐加快了，队伍强大了。中国制造、中国创造、中国智造成了有志者在不同时期追求和奋斗的目标。

何清华无疑是追赶队伍中出类拔萃的一员。五十年里，他的追赶以创新为路径，以情怀为动力，披荆斩棘，历久弥坚，让世界工程机械的园地里开出了中国之花。

矢志创新，是他与生俱来的品格，机械领域成为他创新的园地

何清华潜心机械五十年，机械是他品格物化的对象。他少年时用皮筋等自制水轮发电机；当社队企业工人时自制一系列农机和制造农机的工具；在国企当工人时成为厂内有名的工人革新家。

他在研究生毕业后在高校从事教学和科研工作，创新就是他的事业。虽然，他的研究方向是凿岩机械，可随着不断深入，他发现人类在这一领域应该创新的地方太多了。创新也就成了他生命的主旋律。

他会从生产、社会或自然界的任何一种现象中，产生出创新冲动。

他会从生产、社会或自然界与机械相联系的"点"上，产生出创新的灵感。创办山河智能后，他还得分出部分精力从事企业的经营管理，但他创新的冲动和灵感更加旺盛。他会随手将创新的灵感记录在眼前能留下印迹的物件上以备实施。于是，他的办公室里就有了专门装这种草图的盒子。至今有多少盒子，没有人统计过，但许多重要发明的原始草图就是在这些盒子里萌发的。

何清华潜心机械五十年，就是持续创新的五十年。凭着对机械研发的强烈兴趣和矢志不渝的坚守，他结出了累累的硕果。

科研潜能，在机械园地里释放，在善于创新中结果

在持续创新过程中，何清华善于创新的潜能得到充分的释放，取得了丰硕的科研成果。

他是当之无愧的中国现代凿岩设备的先导者。他"建立了液压冲击机构的线性设计理论体系和双三角钻臂动力学逆解算法理论，突破了多臂多关节机器人系统的任务动态规划和大惯量强耦合工作装置的运动控制等多项技术瓶颈，为高性能凿岩设备的开发与推广奠定了基础"，率团队研发出了我国凿岩装备领域第一台隧道凿岩机器人。

他是让静压预制桩设备发生蜕变的"革命者"。他"发现了静压桩工作载荷'突变'规律，提出了'准恒功率'设计理论与方法，发明了多点均压夹桩机构和边桩、角桩压桩机构等关键部件与装置，开发了具有革命性创新的液压静力压桩机，促进了液压静力压桩技术的进步和静压桩工法的推广应用，促进了液压静力压桩机综合理论创新、标准创新、建筑设计创新、科技成果转化机制创新等"。

他是实现钻孔灌注桩设备"中国创造"的践行者。他率领团队研发出了具有自主知识产权的旋挖钻机，攻克了四个关键技术难题。在这个基础上进一步研发出一系列衍生产品。在与传统制造大国的 PK 中动摇了对方的垄断地位。

他是引领中国挖掘机民族品牌发展的先导者。2001 年，国产挖掘机几乎全军覆没，山河智能在配套供应、生产条件等极为恶劣的环境下开始研究小型挖掘机。凭着打造中国挖掘机品牌的初心，他率领团队研发出当时中国最好的挖掘机，并成功出口欧美高端市场。他率领团队突破挖掘机产品现有成熟技术，首创了基于能量回收与利用的液压混合动力节能技术，创造性地提出了蓄能器与多缸增压交互回收利用动臂势能，以及流量自匹配回转节能等关键技术，目前已应用于 SWE 系列液压混合动力挖掘机产品上，降低油耗的效果显著。

他行进在探索智能化的道路上。在工程装备领域，他率领团队自主研制开发出了高可靠性智能控制系统及超视距、低延时、高精度远程遥控系统，用其装备的产品经过极端环境的考验已获得批量应用。在特种装备领域，他率领团队攻克了多功能工程车辆集成化技术、轻量化技术、综合电控及信息化技术，以及复杂地形环境下无人平台越障技术、高机动无人平台底盘设计及优化等关键技术，已在特种工程车辆、无人化装备技术领域取得了原创性成果。研制开发出了国内第一款特种轮式工程车，让山河智能的无人化装备进入国内"第一梯队"。在无人机装备领域，提出了无人机辨识建模方法、内外环姿态控制律算法、故障诊断方法，提高了飞行姿态稳定性、续航能力，开发了无人机控制器、地面站监控软件，开发了无人直升机、多旋翼无人机等多型号无人机产品。

他播下种子，他辛勤耕耘，他收获满满。在机械领域，无论是科学发现、技术发明还是工程设计，何清华的成果（其中有不少都属于跨界成果）都是沉甸甸的。这些成果奠定了何清华在我国工程机械界的地位。

勇于创新、善于创新还体现于他在体制的创新上和创新环境的营造上

为让自己的科研成果、让众多高校科研工作者的科研成果转化为生产力，也为探索一种科研成果产业化的机制，他从书斋"跳入"商海。

为闯出一条路，也为打造一个平台，他把"创新"作为企业的灵魂，着力将山河智能打造成一个"产学研"一体化的标志性企业，也殚精竭虑地将企业做大做强。

企业创办的第二年，何清华就从战略的高度对企业进行股份制改造，2006年通过 IPO 在深交所上市，为企业的腾飞插上另外一翼。更让人惊讶的是，十年后人们在把"产学研+金融"作为一种模式予以大力推广时，山河智能早已沐浴在这股春风中繁茂成长。

走差异化竞争的道路，用先导式自主创新强大企业，开拓国际市场，把技术优势转化为市场优势，投资具有市场潜力的行业，"一点三线"布局等战略规划，让山河智能在黄金时期飞速发展，在调整时期尽早完成调整，走上良性发展之路。

确立"管理第一，技术第二"的理念。何清华将自己在企业管理中的作用之一定位为"社会资源的整合者"。他对企业管理体制的不断探索，对企业管理原则发表真知灼见，认同管理的最高境界是文化……使得山河的管理理念在百花争艳的企业管理园地里独树一帜。

在这种担当中，他成了一个集教授、科研工作者、企业家于一身的复合型人才。潜心加上良好的悟性、勤奋的实践，让何清华社会角色的转换转得自然、顺畅、成功。

他执掌的山河智能只用了十二年时间，就跻身于全球工程机械制造商五十强、世界挖掘机企业二十强。

潜心机械，已成为他的生活方式，也积累为一种独特的文化

自从进入机械领域，何清华潜心研究，甚至达到了"无我"的精神境界。正如他的一个弟子所说，他对机械的敏感性已融在他的血液里。潜心，体现在他的心无旁骛、超然物外上。

在何清华进入高等学府潜心机械理论研究和机械研发的日子里，正是中国人民思想最活跃、社会大变动的时期。人们的潜能得到激发，人们的诉求得到表达，人们的欲望也得到一定程度的满足。可是何清华"弱水三千只取一瓢饮"——只专心于他的机械。这有点像春秋时的颜夫子，"一箪食，一瓢饮，在陋巷，人不堪其忧，回也不改其乐"。

一般人在打拼、奋斗当中保持着一种进击的姿态，一旦功成名就也就失去了"百尺竿头，再进一步"的动力，可何清华在得了国家级奖励、做了教授甚至高评委后仍然保持那种奋斗精神。

当社会诱惑扑面而来，许多人会毫不犹豫地紧紧拥抱，可何清华却不忘初心，依然在他的机械园地里勤奋耕耘。他也知道那里有着一般人追求的"黄金屋""车马多如簇"，可他觉得一旦迷上那些就会逐渐失去对机械的兴趣。

任何一种事业都与坎坷、曲折相伴。何清华潜心机械的五十年里，可谓"步步惊心"；可他以一种"有心为善，神必佑之"的坦然，安然渡过了道道难关，让自己的机械事业依然保持着向上的态势。

不管风吹浪打，不管春风得意，何清华选择的砝码永远倾向他的机械事业。

潜心五十年，展示了他的初心，也描绘着"理想成就未来"的画卷

潜心，虽然不是信仰，却得以一种强大的精神力量做支柱。

何清华们是特殊年代里成长起来的一代。无可否认，他们那一代有许多人都具有成为人杰的潜质，如果不是那场风雨吹折理想之翼，许多人本来可以成为栋梁之材。只有何清华这样的一小部分人，最终成为了社会脊梁。

在我们为那些折翼者感叹的同时，又不得不问：为什么只有"何清华们"能冲破风雨？

"理想成就未来！"这是何清华的回答。

无论是下放在"茅草地"当农民，还是"蜗"在洞庭湖一汊的泞湖，抑或是暂时劳作在长沙客车厂车间，何清华"有所作为"的理想火焰从没有熄灭。正是这样，他联络一群志同道合者，创办具有共产主义色彩的"大远农场"；他在工余时间，将双脚泡在水桶里躲避蚊子的叮咬，捧起《高等数学》自学；在已是两个孩子的父亲、家庭经济十分拮据的情况下，跨越本科阶段自学备考研究生；在功成名就、生活安稳的情况下，毅然下海创办企业，为的是闯出一条"产学研一体化"的道路来，让高校更多的科技成果转化为生产力；当企业有了一定规模，他循着"装备制造是立国之本"的理想之路向更高的目标进发。

为了理想，何清华坚守着，付出着，创造着，挑战着……

何清华潜心机械五十年，就是一幅理想成就未来的画卷。

何清华潜心机械五十年

第一篇

十一年机械工人

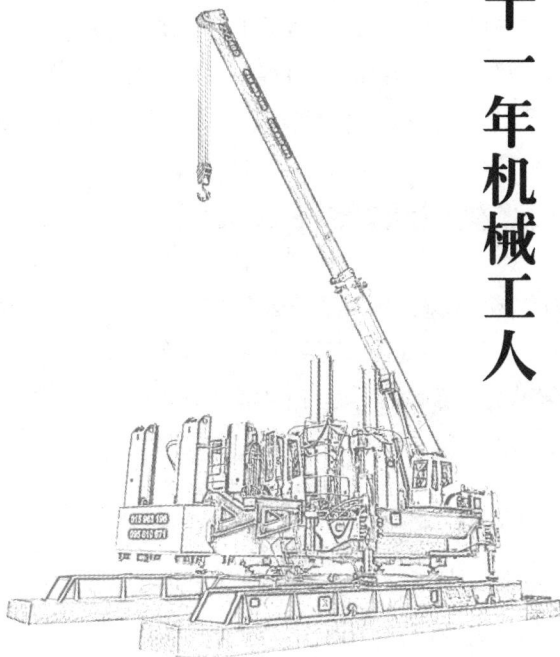

五年社办企业工人

何清华潜心机械五十年，起点是 1969 年。

那一年，他以知青的身份进入益阳县泞湖公社(现益阳市赫山区泉交河镇泞湖村)农机厂当工人，开始了他的机械生涯。也许，当时他自己也没有想到，他的"机械缘"从此开始，而且随"缘"前行，不断深入机械园地深处，不懈地耕耘这片沃土，不断有所收获，以自己的建树为机械园地增添了美丽的风景。

一、"机械缘"结在农机厂

他的"机械缘"结在泞湖公社农机厂。万丈高楼平地起。后来可与世界顶级机械大佬坐而论道的何清华却是从车、钳、刨、锻，甚至是翻砂等最基础的"十八般武艺"学起的。这于何清华的理想追求来说尽管有点"被动"，但是他紧紧地抓住了这一影响一生事业的机遇。

(一)农机厂来了个年轻人

1969 年 7 月的一天，何清华父亲的朋友——长沙客车厂胖胖的肖师傅带领23 岁的何清华及其未婚妻易宇欣，从长沙坐车到益阳沧水铺(当时属益阳县)下车，又顶着似火的骄阳在滚烫的砂石公路上走了十多公里路，来到益阳县泞湖公社农机厂，这里是他们此行的目的地。何清华和易宇欣当上了社办企业的工人。这，就是何清华"机械缘"之始。

正是在农机厂的那段日子，他不仅与机械结缘，爱上了这个行业，还将自己的机械天赋激发出来了。

汀湖公社农机厂是个新办工厂，主要从事碾米机部分零件的制造、打稻机的维修及零部件的制造、农用柴油机等农机具维修等业务，后来又发展到插秧机、蒲滚船等农机的整机制造。当时的汀湖公社农机厂，除了有皮带车床和皮带钻床各一台外，资金、技术、设备等样样都缺，但最缺的还是技术人才。这让何清华不得不快速成长。

"汀湖公社农机厂的工人分三个部分。一是有技术的'游击师傅'，这种人有两个。他们过去是技术不错的工人，出于不同的原因离开了国营工厂，为谋生来到公社农机厂做事。因为有技术，农机厂得依靠他们。在当时，两位'游击师傅'的工资相对自称为'583'的工人(即1958年参加工作、三级工——作者注)是很高的了。其中一位年轻些的金师傅，月工资60多元。另一位年纪大些的周师傅，月工资超过80元。二是'583'工人。他们是三年困难时期从一些国营工厂下放回原籍当农民、有一定技术基础，在大办社队企业背景下被'召进'农机厂的工人，他们的工资也几乎高出我们一倍。三是我和易宇欣。作为学徒，月工资只有18元，干了五年后也只是24元。特别是后来，尽管每天比别人干的时间长，效率更高，技术更好，工资却矮一大截。"何清华回忆说。

初到农机厂的何清华、易宇欣的工作就是从师傅们极不愿干的手工锯圆钢开始的。这里为生产碾米机的工厂配套，要加工碾米机的主轴。这种主轴的加工步骤是先将直径45毫米的圆钢用手工锯下料，通过车削加工成轴样，再用手工在上面开键槽。为了制造轴承座，他俩还得锯断直径80毫米的圆钢做轴承座锻坯。他们很快地就掌握了这种费力、枯燥的手工锯功夫，锯得又快又不偏斜。

何清华还打过铁，用工厂的正规表述是"当过锻工"，那可是个力气活。老师傅一手掌钳，一手拿个小锤，小锤其实是个"指挥棒"，敲在哪儿，抡大锤的帮手(一般为徒弟)就得打向哪儿。从某种意义上说，抡大锤的帮手起的就是锻压、成型作用。十多斤重的大锤可叫烧得火红的铁成圆成方、成条成坨。正是因为抡大锤劳动强度太大了，所以锻压机械成了早期人类开发的机械之一，空气锤、水压机、油压机不断问世。"文革"时期，上海的万吨水压机问世，作为"巨大成就"在全国轰动一时。何清华还成功完成了铁匠师傅的一些"高技术活"，为刀斧类工具"嵌钢"。他还学会了淬火——热处理，以至于他自己创办企业后，对热处理技术也略知一二。

他对这里的一切都感兴趣。通过自学，他将车、钳、刨、铣等技术学得精细，也饶有兴趣地自学了电焊技术，还学会了修拖拉机、开拖拉机。就算是翻

砂技术，如抬铁水、捏油砂、做模子等，他都把要领掌握得非常娴熟。机械向何清华展示着无穷的魅力，也为他打开了一道通往科学殿堂之门。早在孩童时代，他就显露出对机械的兴趣，如今做了机械工人，他的机械兴趣又一次得到激发，机械潜能进一步得到释放。他很好奇，一台车床竟能削铁如泥，一段电弧可以瞬间化钢如水！滚烫锋利的铁屑、高温的电焊渣常常将何清华的手指划破、皮肤烫伤，但钻研技术的兴趣让他完全不顾忌这些。他沉浸在机械世界里，在技术方面的动手能力与创造潜能日渐显露。与机械打交道，自然会演绎出人与机械的故事，何清华在泞湖公社农机厂留下了许多故事，以至于四十多年后他回忆起来还让听的人惊叹不已，也让人见识了他当年在这方面的"感悟"。

(二) 磨刀高手

硬质合金刀具当时属于稀罕物。泞湖农机厂车床加工需要螺纹刀和各种偏刀、切断刀等，这些只能用标准的白钢刀条 (即高速钢，俗称锋钢) 在砂轮上手工磨成。前期费力的、枯燥的磨毛坯粗活，周、金两位师傅交给何清华完成，而后期有些技术含量的活，如精磨成型等，师傅是不会让何清华沾边的。何清华不满足只做粗活，尽管当时各种技术书籍极度缺乏，可他凭借对刀具切削工况的领悟，琢磨出刀具切削过程中前后角的关系，主动将磨刀具的后期技术活也干完了。当他直接交给师傅们一把上车床的刀时，两位师傅非常惊讶地说："你原来在哪里学过吧？"

何清华这种天赋后来表现得更明显，并伴随着他一直到 1980 年考上研究生、机械工人生涯结束。手工刃磨和自制机械加工刀具成了他的拿手活。比如，他可以手工磨制出各种复杂的"倪志福钻头"，可以直接加工淬火钢的特殊车刀，可以做出在车床上实现钢管一端封口的刀具，可以自制各种机加刀具，等等。

(三) 知识效能

1969 年盛夏的一天，刚进泞湖农机厂的何清华对车床能加工螺纹很感兴趣，就向金师傅请教加工螺纹的牙距 (螺距的俗称) 问题。他问："牙距是否与皮带车床挂轮箱的齿轮传动、车床丝杠的牙距有关？"金师傅神秘地说："那一下子讲不清啰！"

何清华提到的皮带车床是我国 20 世纪五六十年代生产的一种简易车床，1949 年新中国生产出的第一台车床就是皮带车床。皮带车床背面有一个安装三阶塔式皮带轮和电动机的支架，车床主轴上也安装了三阶塔式皮带轮，其安装方向与支架上的三阶塔式皮带轮相反。通过塔式皮带轮和另外一组齿轮的组合可以让车床主轴形成六种不同的转速。皮带车床床身的左侧安装有挂轮架。挂轮架上面可安装一对或两对不同齿数的齿轮，通过改变挂轮的齿数和对数，主轴与长丝杠可形成多种传动比，进而通过长丝杠形成不同的走刀量，以加工不同螺距的螺纹。当时，泞湖农机厂用的就是这种车床。

刚入行的何清华对车床的传动情况一无所知，况且也没有设备说明书，但他决心弄懂其中奥秘。中午休息时，何清华弄得满手油污、满头大汗，将这台皮带车床的传动情况全部了解清楚。下午一上班，何清华告诉金师傅："你上午加工的螺纹只要保证车床一端的挂轮齿轮传动比为 1∶4 就可以了。"金师傅非常吃惊，不由得对技术更高的周师傅感慨道："到底是有文化的人啊！"

不久，另一件事就更让他们吃惊了。一天，两位师傅用粉笔在地上写了很多简单的计算公式。何清华问他们算什么，周师傅回答，现在要车一个牙距1.75 毫米的螺纹，缺一个齿轮干不了，明天找镇上工厂借来再说。何清华说："我来算算看。"金师傅说："我们算了一上午都不行。"言下之意是"你行吗？"何清华说："试试看。"他将已有的车床挂轮齿数情况全部了解一遍，约一小时后，何清华对两位师傅说："你们用这四个齿轮组合成新的挂轮组试试看。"可金、周两位师傅说他们上午算过，肯定不行。在何清华的一再坚持下，他们只好安装好齿轮再试，果然成功了。从此，两位师傅对何清华刮目相看了。

何清华还向两位师傅请教过内螺纹加工前的内孔直径怎么确定的问题。因为当年工人文化水平普遍低下，而这两位技术不错、技术等级不低的师傅，肯定凭着自己的经验积累了经验算法，但不愿轻易传授给别人，自然也不会把这一奥秘告诉何清华。何清华通过自己的计算和实物测量得到了内螺纹内孔直径的计算办法，当他将这一方法告诉两位师傅时，他们只能苦笑了。

当年何清华在泞湖公社农机厂工作的一些情况，被他中学时代的同班好友李旭明摄入镜头中，成为今天非常珍贵的照片。与何清华不一样的是，李旭明考上了大学，家境也不错，但两人保持着亲密的朋友关系。一次，李旭明特地到泞湖看望何清华，为老同学拍摄工作、生活照。不过，何清华也罢，李旭明也罢，当时谁也没有想到这些照片在五十年后的珍贵程度。这是闲话。

（四）自制活动板牙

20世纪中国机械工业基础条件十分薄弱，公社农机厂配置的工业资源就更稀缺了。泞湖公社农机厂碾米机米刀的调节螺栓螺纹通过完全自制的活动板牙加工。这种工具由板牙架和两块活动板牙块组成，二者通过燕尾槽精密配合。除了板牙架整体手工锻造有难度外，燕尾槽的精密配合加工，螺纹切削齿的加工，特别是切削齿的淬火非常关键。这一系列烦琐精细的手工活连两位"游击师傅"都吃不消，主要由何清华等人来完成。通过自制活动板牙，何清华的钳工手艺和自创的热处理方法都得到了提高。

（五）修理电动机

有一次，农机厂的电动机烧坏了，没法继续生产，两位师傅也束手无策。怎么办？

何清华试着自己修。此前，他从没接触过这种鼠笼式异步电动机，便找来工具将电动机的机座拆开，找到其中问题，结果发现是线圈烧坏了。他根据铭牌上的额定功率、额定转速、额定电压等参数，利用公式计算出导线的直径、匝数等，据此重新绕线，还真把电动机修好了。

短短半年多时间，何清华成为车、钳、刨、铣、焊好手。虽是因实际加工条件所迫，却正好让何清华经历了现在机械专业本科生在大学阶段接受的"金工实习"这一实践教学环节。正是通过这些实际的操作，何清华的动手能力和操作技能得到了培养，这为他后来的科研、设计奠定了良好的实践基础。

过了半年多，金师傅和周师傅不见了，何清华一问才知被辞退了。因为何清华不仅在机器操作上比他们强，而且还能画会算。每月拿18元工资的可以代替拿六七十元工资的，用人的当然会选择前者。此时，何清华也对这两位老师傅以前应付性地对待自己找到了合理的解释：这涉及他们的饭碗。中国自古就有"万事留一步，别让徒弟打师傅"的观念，何况何清华还不是他们名正言顺的徒弟，他们又有什么理由教会何清华呢？尽管这样，他们所担心的事还真发生了。

两位"游击师傅"走后，24岁的何清华在机械方面的创造才能更加显露出来，不仅是农机厂车、钳、刨、铣、焊方面"最高级别"的多面手，而且成为厂里技术上的领军人物，让厂里技术水平提高了，业务范围扩大了。他不仅可以搞加工，而且可以搞工程设计——设计新的产品，特别在他自学高等数学后。没有知识功底只凭经验办事的老师傅，如何比得过用现代科技知识武装起来的何清华呢？

二、在危险相伴中学艺

收获得自辛勤付出，技艺在危险中练成。

何清华记得，在"修炼"机械加工的"十八般武艺"中，"我们遇到过几次危险"。

（一）第一次：衣袖被卷入车床卡盘

一次何清华开车床，不知怎么回事，衣服左边的袖子被卷进了旋转的卡盘，一股力将他往机床里面拖，顿时，惊出他一身冷汗。他明白，一旦被卡盘带过去，至少是手臂折断。"一定要挺住！"他提醒自己。何清华将右手死死撑在刀架上，并使劲将身体重心往后倾。"哗啦"一声，机器卷不动人，就将他身上那件很结实的卡其布衣服撕裂开，并扯下去绞到旋转的卡盘上了。所幸人安然无恙。如果不是沉着应对，何清华的麻烦就大了。

（二）第二次：触电

一次，他开车床加工一个较深的内孔。为了看清楚，他右手顺手将装在车床大拖板上的工作灯罩按下，让灯光照进内孔。就在按的过程中，他突然感到一股强大的吸力将他的右手掌与灯罩贴合在一起。"被电打了，一定要使手脱离灯罩"，尽管意识有点迷糊，他仍提醒自己。随着一声爆发式的吼叫，他的右手将灯罩连带扯断的电线甩到了地下。站在车床对面想跟哥哥学技术的弟弟还不知道发生了什么，只是目瞪口呆地看着哥哥。"触电了！"看着右手虎口处一个被烧焦了的小坑，何清华庆幸自己又一次有惊无险。

按理说，车床的照明电应该采用36伏的安全电压，可社队企业能省则省，有电照明就不错了，哪里还会花钱买行灯变压器？因此车床上的电灯用的是220伏的普通照明用电，一旦漏电，加上沾满铁屑与油污的手，后果可想而知！这次是因为何清华冷静处理，才避免了悲剧发生。

（三）第三次：砂轮炸裂

那次，他在自制的简陋砂轮机上刃磨铲刮机床导轨的自制铲刀。开始时他站在高速旋转的砂轮对面（这样其实是违规的），磨着磨着，何清华突然产生了一种

不祥的预感：这砂轮要破裂了！他将身体快速闪到砂轮的侧面，就在这时，砂轮碎成几块并沿砂轮切线方向高速甩向四周，"砰"的一声，其中一块较大的将车间屋顶檩条和瓦片击破并砸出一个洞，他开始站立的位置正在碎块飞行路线上。如果他没及时闪开的话就会身负重伤，要是砸在脑袋上就更严重了。

（四）第四次：刨床伤人

农机厂从湘潭楠竹山一个工厂买回一台新的 B650 牛头刨床。这是农机厂添置的第一台现代化的新机床，全厂上下一片欢欣鼓舞。不料刨床质量很差，问题一堆，比如一个应该装 308 型号滚珠轴承的地方居然装了一个外径小了 10 毫米的 208 型号轴承。甚至刨床摇杆中间翻砂时的砂子都没有清除掉。一天，何清华和易宇欣都在修复这台刨床。易宇欣在刨床另一侧用手清理摇杆中的砂子，何清华没看到，在这面刚按下开关打算试一下机床，只听见一声惨叫，便快速按下停止开关。跑到对面一看，只见在摇杆窗口导向槽中上下往复运动的钢制滑块已将易宇欣的胳膊压在摇杆窗口下部侧壁的端面上，滑块侧面与侧壁的间隙只有几毫米，两者实际构成了一把强力剪刀，要不是随即停车，滑块只要再下行几十毫米易宇欣的胳膊就会齐刷刷地断了。多少年以后，何清华只要想到这一幕心就不由得缩紧一下。

至于抬铁水时被烫伤，烧电焊时扶着工件的手上面的皮肤被灼焦，飞溅的滚烫的铁屑将脸、脖子、手臂烫伤和割伤等则是"家常便饭"了。应当说，这些工伤事故与何清华工作时太投入而不顾及其他也很有关系，这也使他日后自己创办企业时特别重视操作规程和安全生产。

虽然危险是收获过程中的砺石，但何清华始终和兴趣与创造相伴。虽然生活十分艰苦，但何清华在这里干得有滋有味。他后来回忆："我们农机厂不仅要造农机、修农机，还得制造、修理母机。制造和修理的前提是学习使用这些机器。我不仅学会了开车床、刨床、铣床、钻床、镗床、电焊机和拖拉机等，成为一位手艺精湛的'多面手'技术工人，而且还创造性地自制工装夹具、专用机床，简易农业机械。"

三、未能忘记"大远精神"

尽管在这里干得很欢，但何清华始终在寻找和创造一个更好地实现理想的途径，用一个时期的流行语来说——创造适宜自己的"小气候"。

他曾经想在桃川农场创造这种"小气候"，可"文革"开始前，农场的主导权力在上级农垦部门领导和曾是战斗英雄的场长手里。一时以棉花、玉米为主，一时以果树为主，知青戏称自己成了"播种机"。尽管何清华当队长的生产队生产搞得最好，但也不能改变全场亏损的局面。"文革"中，农场领导班子瘫痪了，大部分知青都是希望拆掉农场的"拆场派"，作为"留场派"的何清华却在思考怎么办好农场的问题。至今，何清华还保存着一本当年红卫兵组织自己油印的刊物《东方红·井冈山》，上面就有他写的《用毛泽东思想重建桃川农场》的文章。

后来，桃川农场实在无法重建，何清华与一群志同道合者在江永的千家峒办起了大远农场。何清华在 21 世纪初写了《我的乌托邦梦》，记述了那个过程。

尽管当时社会的综合因素所形成的力量摧毁了大远农场，让何清华实现理想的奋斗受挫，然而他并没有熄灭实现理想的火焰，这里有他在泞湖写给战友们的信为证。

某某某：

离开江永一年多了……我想，我们为什么不能发扬那种精神(大远精神)再办一个工厂呢？这是十分现实的，与大远的时间、背景、场合是十分不同的。我们如果这样做了，意义是非常大的。

我要向大家呼吁，我们一定要这样做。否则，我们以前、现在和将来就会毫无意义。

当然，世界上没有直路可走。要做好这件事，困难是很大的。具体情况究竟怎么样，一切都难以预料和计划。我有以下几条意见：

(1)首先是思想发动，开展讨论；

(2)找落脚点(公社或大队，最好有电力)，同时与更上一级领导联系；

(3)自筹起家的资金和部分工具；

(4)决定工作对象，开始只能打铁；

(5)想法搞点大型设备，如车床、钻床、电焊机之类，哪怕破烂的也要；

(6)当然，动员一个公社办工业又取得县里的支持是最理想的。

……我们不能再等待了，否则将在极其壮丽的革命事业面前空悲切，或麻木不仁，拼命向前啊！

亲爱的战友们，胜利属于用毛泽东思想武装起来的青年斗士们。

写信的时间为 1970 年 12 月。

这个时候，他和易宇欣来到泞湖已经一年半了，在这里扎下了根，干得虽不算欢却还实在，但他还是想按自己的意愿办一个工厂。

可是，何清华理想中的工厂并没有办起来。现实也在向何清华发问：实现理想的道路非常曲折和坎坷，你准备好了吗?

四、顶着压力自制农机

(一)不为歧视分心

20 世纪 70 年代初，政治气候总是那么紧张，"阶级斗争"这根弦在一些基层干部心里总是绷得紧紧的，"阶级斗争新动向"总是他们搜寻的目标。而且，每当换了一拨领导，一些言行不对领导者"口味"的人就会成为"阶级斗争新动向"的靶子。

在泞湖公社，那个为何清华在公安局"说话"的副书记调走了，新来的副书记主管政法，他将警惕的目光放在了农机厂一些人身上。平日与何清华关系密切的拖拉机手黄颖康喜欢讲些"不合时宜"的怪话，比如"我们的朋友遍天下，除开阿尔巴尼亚"等顺口溜。这话传到新来的副书记耳中，被定性为"对现实不满"。这位副书记还发现，喜欢讲这种话的人常与何清华扎堆，他由此判断："出身不好"的何清华是这些工人的后台。于是，他就对何清华采取"特殊手段"，非法检查何清华往来信件，包括以前保留的所有来往信件。他甚至将工人们平常说的顺口溜在会议上作为"阶级斗争新动向"大肆批判。有意思的是，他批评别人时，眼睛却瞪着何清华，希望将矛头指向何清华。何清华心中无鬼，也就理直气壮，正视他的目光。如此，两个人杠上了。何清华就处在这样一个恶劣的生存环境中：政治上，出了牢笼又进入了被非法监视之中；经济上，一个月 18 元钱，还得帮家里还账；工作上，农机厂的劳动很繁重；他得"戴着枷锁跳舞"。这在外人眼里简直是没有活路了，难怪一次何清华在长沙与一位同时下放在桃川农场的伙伴见面时，对方会用调侃的口吻对他发出"怎么不自杀"的疑问。何清华当时反问道："我为什么要自杀?"他的人生字典中压根就没有"自杀"这个词。

好在当时新来的公社一把手——党委书记姚东来比较理智，也比较正直，帮助何清华解了围。但这些干扰并未影响他将主要精力放在工作和自身学习上。在那段日子里，背负沉重思想压力的何清华，靠创造性的工作提振自己的信心，用自学的收获舒缓身心的压力，不仅学业上突飞猛进，而且为农机厂创新机械加工方法，制造工作母机，开发新型农机，创造了一个又一个成绩。

（二）机械加工螺纹

还是学徒时何清华就手工制作过活动板牙，用于加工外螺纹。活动板牙的制作工艺复杂，周期长，用活动板牙手工加工螺栓的工作劳动强度很大，效率也很低，而且螺纹精度也不高。如何解决这些问题？何清华想，能不能采用外购的标准板牙，自己制作专用工装，用钻床加工外螺纹？没想到，这方法一提出来就遭到了厂领导和其他工人的一致反对，认为是"瞎胡闹"。何清华却坚信自己的想法可行。他利用晚上的休息时间制作了一个既能传递扭矩又能轴向自由浮动的工装，将标准板牙装在这个工装上，再安装到钻床主轴锥孔中；将待加工的工件固定在皮带钻床的工作台上，开动钻床慢速旋转；配上他自制的浓浓的"肥皂水切削液"做润滑剂，很快加工出表面光洁漂亮的螺纹来。这种省力省时加工螺纹的创造性工作让厂领导初次看到了何清华的创造能力，对他寄予了兴旺农机厂的希望。何清华迈出了机械创新的第一步，从此，他继续在这条路上执着前行，步伐越来越刚劲。

（三）自制立铣头

受简陋的加工设备所限，何清华刚到泞湖公社农机厂时，很多产品都靠手工加工，包括轴上的键槽。加工键槽，先得在轴上对应的位置画好线，接着在两端用钻头钻上孔，然后用手锤敲打錾子一点一点地凿出来。加工中，要用手工自制的平键反复配合。整个过程费时费力、精度低。何清华就琢磨着怎样用机器加工。

他后来回忆说，现在这种键槽机械加工已是平常不过的工作：用铣床铣。可当时他连"铣床"这个概念都不太清楚，更没有见过这种机器。

当时，凭着对加工过程的理解，他自己设计制造了一个小立铣头，取下那台牛头刨床的刨刀安装机构，设法装上这个立铣头，将加工键槽的轴安装在刨床工作台上的虎钳中。这样，利用刨刀进给小拖板和工作台的横向移动加工键槽。果然，一条标准的键槽就这样高效加工出来了。

（四）自制双端面铣床

有了自制立铣头的成功经验，何清华又瞄上了打稻机脱粒滚筒的两个支架。打稻机是当时农机厂的主打产品，打稻机的支架有两个平行面，采用车床和刨床加工这个异形件效率低、精度差。何清华琢磨一番后，冒出一个大胆的想法——自制能双端面铣的"土铣床"。之所以称为"土铣床"，是因为当时加工条件简陋，钢板型材很难得到且成本高。于是，他因陋就简，用水泥浇筑出一个方形台子做床身，上面用螺栓固定一块大钢板做平台，平台上同轴度相向安装两台用电动机直接驱动的铣削头，两个铣削头的铣刀之间的距离可以调整。在两铣头中间的平台上有一个采用丝杆螺母手轮驱动的带导轨的滑板，滑板上安装待加工的打稻机滚筒铸铁支架毛坯。加工时，只要转动手轮，毛坯上面两个凸台就被两个旋转的铣刀头一次加工完毕，且两个凸台的厚度得到了保证。"土铣床"虽然外观很土，但很实用。在没有任何借鉴的情况下，当工人才两年多的何清华完全靠自己一人设计、制造，很快完成了这样一台专用设备的研制。

他凭感觉设计出实用的机器，又用车、铣、刨、钳、焊加上混凝土拌和浇筑等"十八般武艺"制造出这台机器，不仅显示出了他的机械天赋，也展示了他的创新能力和动手能力。

（五）"最好"的齿轮车床

机床被称为"工作母机"，很大程度上决定了一个单位的加工能力，在所有种类的机床中以车床的应用最为广泛。当时的泞湖公社农机厂只有一台老旧的皮带车床。众所周知，皮带传动精度不高，而且采用塔轮调速，主轴转速可调级数少，算不得先进工具。但是泞湖公社农机厂既没钱也没资格去购买正规工厂生产的齿轮车床，实际上这也不是泞湖公社农机厂一家的窘况。当时周边的公社包括制造能力较强的泉交河镇都没有齿轮车床。后来农机厂制定了一个利用委外加自制添置一台 C618 车床的计划。几经周折，获得了一套 C618 齿轮车床的图纸，最大加工直径可达 360 毫米，是当时比较先进的一种车床型号。这种车床主要由"四箱一身一架一座"即床头箱、进给箱、螺距选择箱、走刀箱、床身、刀架、尾座组成。轴承、电机等标准件外购，主轴与各种齿轮等设法从正规机床厂以配件形式购买，各种铸件毛坯估计也是从正规厂的铸件工厂购买的，箱体类零件找关系求涟源钢铁厂、机械厂加工，床身要找长沙客车厂加工。

因客车厂缺相关工人，导轨磨削工序还是由从未使用过磨床的何清华在客车厂一台简陋的导轨磨床上完成的。其他大量的零部件都是何清华在非常简陋的条件下想方设法加工的。其中，带精确定位的刀架，主轴圆锥前轴承、圆柱后轴承与主轴的配合面手工铲刮，大拖板与床身导轨配合面的铲刮等工作都是何清华完成的。这类工作要求比较高，一般都是由工龄长、技术等级高的技工来完成，可从来没做过这类工作的何清华居然都出色地完成了。他还制作出了铲刀（刮花刀）；他能刮出漂亮的"燕子花"。在制作中，没有实物参照，也没人指导，而且从来没用过这种车床，何清华一遍一遍地对照图纸，一边揣摩着，一边进行加工、组装、调试。功夫不负有心人，C618 车床终于被何清华成功加工组装出来了。

组装出来的车床质量很不错，加工精度及重切削能力都很好，是当时益阳县所有农机厂里最好的一台 C618 车床，一直使用到 21 世纪初。2002 年，何清华夫妇重访当时改称泞湖乡的故地时见到了这台车床，发现上面居然还残存有铁屑，陪同的人说泞湖公社农机厂最后停止生产的那天，这台车床仍在使用。

（六）制作插秧机

1972 年左右，为了减轻农民劳动强度、提高插秧速度，益阳县农机局要求全县的几个农机厂同时制造 65 型手动式插秧机。这种插秧机一次能插 5 蔸禾，由秧爪、秧箱和机架等组成。这种插秧机看似功能简单，只要求将秧苗插入田中的泥土里，可实际上其运作并不简单，它的运作包括：纵向梳拉滚动直插，纵向叉式送秧，横向间歇式往复运动送秧，毛刷与缺口组合式阻秧，滚轮、导槽控制秧爪运动轨迹，秧爪闭合取秧，秧爪张开插秧。

当时，县农机局提供图纸，何清华他们的任务是根据图纸自己加工和组装插秧机。受当时加工条件所限，有几个零部件的加工还是颇费工夫的，其中一个是控制秧爪运动轨迹的导槽，导槽由多段不规则曲线组成。如果是现在制作导槽，肯定是用冲压模具配合冲床加工，可当时既没有冲压模具也没有冲床。何清华根据导槽图纸上的曲线数据先手工制作一个曲线形芯条，一边测量一边调整，终于制作出符合图纸要求的芯条；然后以此芯条为模具，将钢板手工折弯成导槽。经何清华加工出的插秧机在众多农机厂的产品中脱颖而出，受到县领导的夸奖。

（七）制作蒲滚船

汀湖公社农机厂所在的益阳县属洞庭湖区，种植双季稻，早稻收割后，田里的泥土还是软的，不需要犁田，只需用蒲滚船将禾茬打散压入泥土里，即可插晚稻。因此，蒲滚船在那里很受欢迎。

汀湖公社农机厂制造蒲滚船的任务就落在了何清华肩上。他用钢板制作出一个船状的底壳，前端安装一个方向舵，中间开一个矩形的洞，用于安装蒲滚，蒲滚用柴油机经皮带带动旋转。当时为了降低成本，蒲滚为木制。

蒲滚船试制出来后，何清华在众人的注视下驾驶着它在田间来回穿梭，引来了两边观看的农民兄弟一阵阵"啧啧"的赞叹声。何清华后来回忆说，他坐在自己亲手制作的蒲滚船上，耕耘着洞庭湖边的这片土地，看着平整后的水田被蒲滚船荡起一层层泥浪，他心中的自豪感油然而生。

蒲滚船投入市场后，很受当地老百姓的欢迎。

（八）开发潜水泵

当时，田间所用的抽水泵都是离心式的，启动时需要先从水管灌水至泵体——灌引水。何清华受机床上的冷却泵的启发，开发出了一种新的农机产品——潜水泵。他用钢板制作了叶轮与泵体，用电动机带动其旋转，启动时不需要灌水，就可以将水从一丘田抽到另一丘田，使用非常便利。工作时两人就可抬着转场，在灌溉系统不完善的田地上抗旱作业时非常方便。

（九）"小何师傅"

作为农机厂的技术顶梁柱，何清华总是设身处地为农民着想，用技术为他们服务，因而获得了他们的喜爱，被亲切地称为"小何师傅"。"小何师傅"确实为他们做了许多——

过去，当地农民见到耙头齿断了，就会请铁匠将断齿和耙头断齿部位放到铁匠炉子烧到炽热，再将它们放在铁砧上部分搭接后快速用铁锤锻打"融合"。这种接法对铁匠的手艺要求高，但是不管铁匠手艺如何高，经过这一"融合"，耙齿变短了，强度也减弱了，且收费也不低——至少在六角钱以上。何清华改用电焊条焊接，一分钟解决问题，且耙齿长度不变，强度几乎不减。直径3.2毫米的电焊条三角钱一根，最多用半根，焊一次也就收费一角五分钱。开始农民们不相信，有人试用后觉得不错，大家就跟着来，最后个个都服了何清华。焊接耙头也因此成了农机厂的一项业务。

当时农村还使用着大而笨重的单缸柴油机，这种功率仅 10 马力的单缸柴油机，光气缸体就重达一百多公斤，四个 M24 的气缸盖大螺栓还经常断裂。以前要是断了的话，至少要四个壮劳力抬着拆下来的气缸体翻山过河走几十里路抬到农机厂来，工厂的师傅再设法钻底孔将断了且锈死在缸体中的螺栓弄出来。何清华理解农民的苦处，提出由自己一个人到柴油机使用现场处理的新方案。

当时农村除公社本部外都没有通电，他事先就做好了"预案"。接到"修理通知"即带上事先在农机厂自制好的特殊錾子和定制的四方头扳手，还有一台手摇钻。赶到现场后，他硬是用手摇钻在断于缸体中的螺栓端面上钻一个 12毫米、深十几毫米的小圆孔；然后将小圆孔凿成大方孔，用定制的四方头扳手将断掉的螺栓取出来。柴油机是卧式的，何清华跪在地上花几个小时才能完成这项工作。到现场解决问题，既不用对柴油机进行大解体，更不用花众多人力抬机器到农机厂，农民们自然非常高兴。

春天农忙时节，公社农机厂开始只有一台轮式拖拉机以"三班倒"的形式为各队耙整水田。驾驶的虽然是机器，可其中颇有"田把式"的功夫含量。因为拖拉机在田角拐弯时必然有耙不到的地方，如何把俗称"死角"的地块留得最小，是干这活的关键。临时顶班的何清华知道这一点的重要性，经仔细琢磨、反复优化，终于摸索出一套拐弯时方向盘、刹车、油门以及铁耙起放的操作程序来。这套程序一气呵成，按此操作，耙整的水田"死角"最小。这一效果让那些种田"老把式"也不由得伸出拇指称赞。何清华这一套程序虽然耙整水田效果不错，但他却吃了大亏——一个班工作下来手臂都肿了。

泞湖，在他的心中有着沉甸甸的分量，既带给他艰难、不公平，也收获着温情、友谊，更让他难忘的是，这里是他进入机械领域的起点。如今，他对农机厂一角一墙都是那么记忆犹新，在农机厂工作、学习、生活的情景常常一幕幕地浮现在他的脑海里。他经常将这里的故事"说给众人听"。他也一直与这里的农民朋友保持着联系，与他们一起追忆久远却清晰的往事。当然，他最津津乐道的，还是这里的"机械故事"，从他口里讲出来，总是最美最好的。

六年国企工人

一次家事的处理，让何清华告别了泞湖，按当时的话说就是"回城"。

这次回城，让他的机械人生又前行了一步：由社办企业工人转而当上了国营企业工人，由"吃农村粮"转变为"吃国家粮"。

这种转变，于何清华人生和事业来说具有非常重要的意义，因为他后来报考研究生选定的专业就是机械。当了十一年的机械工人，既让他难以割舍与机械的感情，也为他铺垫了鲜明的底色。

1974 年到 1980 年，六年国企工人，何清华一步步走向机械园地深处，虽然带着苦涩，但也饱含着希望。

五、重要一站——长沙客车厂

（一）顶职回城

在泞湖，何清华、易宇欣背负着生活的艰难。开始，他俩的月工资都是 18元，四年后增加到 24 元。按理，这比起农村社员的生活要好过多了。可这些钱除了要养家糊口外，还要帮助何家还债。这个家底子太薄了，债务从 20 世纪 50 年代一直背到了 70 年代。

作为长子的何清华自然得为父母分担责任，因此在结婚后，他想方设法省钱给家中还债。夫妻俩采用了各种省钱的措施：那时坐汽车经沧水铺回长沙要花 2.3 元钱，他们就半夜起来走五十多里路，天亮时到达湘江边的铁角嘴，铁角嘴没有码头，等到去长沙的轮船停在深水区时，就坐小筏子（小船）爬上轮船到长沙，这样只要 0.75 元钱，能省 1.55 元的路费。婚后正好一年，儿子出生了。高兴之余的他仍不忘如何省钱：将母子俩接回农机厂宿舍的当天晚上，何清华就用边角材料为儿子焊了一个婴儿床吊在房梁上，这样就可以轻松地摇着，哼着儿歌哄孩子入睡。孩子稍大点，要推着走动，何清华又给这床配了四个带轮子的支腿。为了儿子有零食吃，何清华学习自制饼干和蛋糕。儿子的衣服全都由易宇欣自己裁剪缝制，式样比农村小孩的穿着更时髦些……一家人就过着这种清贫的日子。1974 年，何父年满六十退休，按照政策可以安排一个子女顶职。大儿子何清华在泞湖公社暂时可以安身，大女儿在 13 岁时就当了童工参加了工作，小女儿 1968 年下农村后辗转嫁到浙江温州，接下来的一对双胞胎儿子一个已经在集体企业工作了，一个在长沙县农村一位手艺不错的师傅名下做泥木工，闲在家中最小的儿子自然成为顶职的首选对象。待何清华父亲办完退休手续再办小儿子顶职手续时出问题了：小儿子没办留城证，不能顶职。而办一个留城证却不是一件简单的事，流程所需时日很长，不是几天就能走完的，而顶职如果不在规定时间内办好就意味着自动放弃。怎么办？何清华正好在长沙出差，何父就说，既然如此，你就回来吧！

这样，1974 年底，何清华回城进了省属企业长沙客车厂，也就是长沙汽车大修厂。

从 1969 年夏到 1974 年底，何清华在泞湖农机厂待了五年半时间。

尽管回了城，已成家有子的何清华当时并没有特别高兴，因为许多生活难题在等待着他。

（二）何家与长沙客车厂

说起来，何家与长沙客车厂渊源很深。

这个厂原在长沙市内韭菜园一带，1965 年迁到韶山路井湾子，其厂房设备在当时是长沙市最现代的，可算是国内实力最强的、产品质量最好的长途客车制造工厂。

何清华父亲是新厂区建设的负责人，为了新厂付出了很多。他不仅负责基建的全盘工作，如请人设计、组织施工队伍、采购建筑材料等，而且抱着"为国家省几个钱"的心思，经常自己开着卡车运输建筑材料。一天傍晚，他开着带挂车回工地，在卸挂车的时候被滑过来的挂车挤在主车与货厢之间。当年荒凉的韶山路没几个行人，挤在主车与车厢之间动弹不得的他真是叫天天不应、叫地地不灵。幸亏后来有个偶尔路过的建筑工人发现了，叫来几个人将已被挤断肋骨的他救了出来送到医院，这才让何父捡回一条命。新厂区的设备规划、厂

房布置等都是以何父为主完成的。他负责设备管理时，一些机床上各个部位安装的轴承型号、齿轮规格等他都可以随口讲出来，因此被人称为客车厂的设备"活档案"。正如何清华所说："我的父亲当时是长沙客车厂没下任命书的设备科长——因为精通设备、勤勉工作，厂里必须用他，而因为政治问题不受信任也就不正式任命他。"所谓的"政治问题"其实是一个荒唐的闹剧。何清华的曾祖父清朝时曾在曾国藩手下做过盐政，五品官，相当于现在地市级官员。他那曾参加过粤汉铁路修建的爷爷在何清华父亲仅十个月大时就患肺结核去世了。身为寡母的奶奶凭着一双巧手和一副柔弱的双肩，将何清华的父亲和当时五岁左右的伯父拉扯大。因此，何清华的父亲只读过两年私塾，解放后在肺结核尚未彻底痊愈的情况下刻苦学习，获得夜校的初中毕业证书。何父踏实且聪明，十几岁做毛笔，后学开汽车，在抗战初期还在滇缅公路开过车。正是在滇缅公路开车期间，何父被介绍进入驻扎在贵州的国民党炮兵五十四团当兵，因为技术好还做了技佐(民国时期技术人员官职的第四等，也是最末一等，位于技士之下)，相当于"兵头将尾"的排长，也就挂了个少尉军衔。不过待了不到一年这支部队就解散了，何父随后离开，仍从事开车工作。新中国成立后，何父因为有技术，就进入了湖南省公路运输系统工作，后来主持长沙客车厂新建厂区的基建和设备选型安装工作。1965年何清华高中毕业时，客车厂人事工作负责人根据何父任过半年多"少尉"，却不顾其绝大部分时间当工人的事实，在何父不知情的情况下将其档案中的"个人成分"栏填上了"伪军官"，使得何清华的前程被蒙上了浓浓的阴影——父亲出身"伪军官"，加上还有一个解放前调到台湾工作的伯父，自然政审过不了关，任他成绩多好也上不了大学。更为严重的是，他只知道父亲在解放前后都开车，根本就不知道父亲在国民党部队做了半年多"少尉"，更不知道客车厂父亲档案里"伪军官"的白纸黑字，他在高考前填写自己的履历表时将家庭成分写成了"工人"，这被认为是"隐瞒"，后果也就更严重了。

何父被厂里看重，也一门心思在厂里。1974年何父退休留用，担任厂里的"五七"家属工厂厂长。每月仅拿着几块钱补助的他，从只有几间小平房起步，不到两年将这个家属工厂发展成为拥有现代化厂房的附属工厂，更为当时客车厂的客车升级开发制造了一系列新型配套件。正是因为何父对厂里的这一贡献，何清华那学泥木工的弟弟才被照顾性地招到厂里当了集体性质工人，具有能工巧匠潜质的弟弟很快就成为开发新型配套件的当家师傅。

何父是长沙客车厂名副其实的建设者。何家与客车厂命运相连。

(三)"抹布"衣服——困苦的日子

尽管进城了，但随着 1976 年第二个孩子——患有严重先天性心脏病女儿的出生，日子变得越来越艰难了。

妻子易宇欣尽管出身于书香门第，但特能吃苦，饮食上更是节俭。何清华回城后，易宇欣依然留在农机厂。丈夫不在身边，她的生活也更艰难了。用工人们的话说"她吃得比当地人还差"。何清华回城第二年易宇欣又怀孕了，营养不良加上工作劳累，上班时曾晕倒好几次。女儿出生后的第十天生了重病，送到医院抢救时才发现患有严重的先心病。这时，她才把怀孕后的情景，特别是晕倒好几次的细节向医生叙述了一遍，医生推断她女儿的病源就是孕妇严重的营养不良导致胎儿发育不全。这以后，易宇欣得三天两头地抱着生病的女儿跑医院。小孩医疗费只有药费部分能报销一半，尽管进城后何清华月工资涨到 36.5 元，岳父每月也资助一点，但家庭经济状况仍然很紧张。

孩子经常住院，易宇欣也只能住在长沙就近照顾。当时，何父家只有一前一后两间共 20 多平方米的住房，前面稍大一点的一间为主卧，也就十多平方米，后面的那间其实是"半间房"。除开两个在外的妹妹，这里加上何清华一家四口一共住有三代十口人。这里的宿舍是一字排开的平房，每户住房后面有个半间住房宽的小厨房。当泥木工的弟弟就将自家厨房与邻居厨房之间的隙地连起来盖成一间 4 平方米的小屋子，何清华夫妇带女儿就住在其中。何清华的儿子与叔叔们挤在主卧后面那个小间里，那个小间就成了侄儿和叔叔们的"集体宿舍"。

后来岳父在上大垅湖南绸厂后面的菜农户家为何清华一家租了一间平房。这里没有自来水，要到一个很深的井中打水。窗户外就是菜地，天天浇粪浇水，一片臭烘烘的，实在不是宜居之地。这里地处城北，客车厂则在城东南，相距十多公里，不管刮风下雨、白天黑夜，何清华都从这里骑自行车上下班。

易宇欣和两个孩子还是农村户口，基本口粮还在泞湖的生产队。于是就有了这样的生活情节——每到家里粮缸告罄时，何清华便会利用星期天到泞湖去，按当时九元五角一百斤的价格买粮。好在乡亲们是重感情的，买粮也就顺顺利利。开始，农机厂没有汽车，何清华就用拖拉机将粮食送到当地粮站，在那里领到划拨粮票，再到指定的长沙某粮站买粮食。泞湖公社农机厂有汽车

后，购粮的事就靠农机厂老朋友黄师傅、李师傅了。黄师傅开着汽车，先到队里说好话弄到稻谷，然后打成米，外出顺路就开着车将米送到长沙的何家。

长沙客车厂每个月都会统一发放抹布，用来擦拭机床。其实，这些抹布的"前世"是旧衣物、旧蚊帐等，经过洗涤、消毒才变成了"今生"。一天，何清华突然发现抹布中有一些成色较新的完整衣服，式样还蛮新颖，穿起来绝对"出得厅堂"，一了解，原来是从宾馆回收的境外人士遗弃的衣物，旧物回收站收购后就将其处理成抹布。他将这些衣服反复清洗后拿回家，一部分妻儿直接穿了，一部分经易宇欣改造后给子女穿。班组同事知道后，也将自己的抹布中完好的衣服送给何清华。据何清华回忆，易宇欣大学毕业照相时穿的衣服就是从抹布中的挑选出来，经她重新剪裁缝制的。他还记得，抹布中的旧蚊帐最适宜改造成汗衫，夏天穿起来很凉爽。

何清华虽然幸运地从社队企业工人"升级"为国营企业工人，但城里并没给他"鲜花"，生活处境更加艰难。没有房子，居无定处，妻子、孩子的户口还在农村，半夜送女儿到医院是常事……上班非常辛苦：车工本身劳动强度大，还要三班倒甚至两班倒，住所最远时距厂里有十多公里，不管雨雪冰冻还是酷暑炎热都得骑自行车按时上下班，人被弄得疲惫不堪。上下班路上，何清华遇到过好几次危险。客车厂到东塘有一段很长的距离，上上下下都是大坡度的路段，当时马路两边没有路灯，没有月亮的夜晚漆黑一团。一天半夜下班回家，他差点被一辆大货车撞倒在空无一人的马路边；还有一次，雨中半夜回家，视线不好，单车撞在路边一个半硬化的煤堆上，他连人带车一个筋斗翻过去，幸亏是后背先落地……

（四）下放泞湖的由来

何清华、易宇欣能够到泞湖，特别是到农机厂，都是机缘巧合。

当时，长沙客车厂遇到了泞湖公社办厂之急，泞湖公社也遇到了何家两个孩子"转场"之需。这一急一需，让何清华和未婚妻来到了泞湖，让何清华与机械结下不解之缘，让他的工程师之梦得以衔接、延续。

何清华在叙述来到泞湖公社农机厂的缘由时说："桃川农场解散后，场里的知青分别被安排到江永县农村再插队。我和易宇欣当时虽然没有结婚，但确定了恋爱关系，一起被安排在离现在知名景点上甘棠不远的夏层铺公社底铺大队。尽管体力活重、生活清贫、无依无靠，但农闲之际还是可以饶有兴致地走访分散在全江永的农场知青好友。就这样，半年多时间我们走遍了大半个江永。可以进行农村调查，可以自由访友，可以欣赏古迹美景，可以与友人漫无边际地聊天……尽管这种生活有几分诗意，但我心里却感到空荡荡的，在底铺大队不过是个劳动力而已，哪有自己的用武之地？也就萌生'转点'之想。"

因为是"没下任命书的设备科长"，加上还有良好的人缘关系，何父在长沙客车厂说话还有点分量。长子何清华下放在江永，虽然何父何母每个月省出几元钱、几斤粮票给予接济，可是他们实在无法左右孩子的命运。不过后来，他们等到了机会。1969 年，毛泽东主席"农业的根本出路在于机械化"的指示得到贯彻，社队企业在全国兴起，各个公社都被要求办农机厂，也开始买起了拖拉机等。泞湖公社在办厂过程中遇到了困难，公社方面希望借安排知青寻找城里"老大哥"的支持，譬如派个老师傅传授点技术，或者在材料上给一些边角余料的支援，或者把不用的设备卖给农机厂……于是，也就有了长沙客车厂和当时的益阳县泞湖公社的一次"联姻"。

据当年经办何清华夫妇到泞湖公社农机厂的泞湖公社干部廖佩勋回忆："1969 年，我们按照上面的指示，接受长沙下放知识青年到泞湖公社。当时，我是公社水利干部，被抽调到泞湖公社驻长沙办事处工作，带队的是位公社领导。按照上级的分工，我们公社接收长沙市文艺路街道办事处的知青。这个区域内的下放知青有家在居民小组的，还有家在曙光电子管厂、铁路系统、长沙客车厂的，共有 400 多人。当时，长沙韶山路东边虽然没有几栋房子，但下放知青却不少。我的任务就是将这 400 多人在单位或居民小组的家庭情况弄清楚，把他们分到具体的大队和生产队，然后与大队、生产队衔接好，让他们安排好知青落户的事宜。

"当时，泞湖公社领了办农机厂四万元补助款，领导们也就盘算着如何办厂的事。如今要安排知青落户，他们觉得是个机会。让我联系一下几个大厂子，看能否给予帮助。

"果然，在我们将上级分配的知青指标安排好以后，长沙客车厂的肖副厂长找到我们，说他的儿子想到泞湖公社插队，问能否帮助。这正合我们的意，就说这没有问题，但我们最近要办一个农机厂，一没有技术，二没有设备，客车厂能否给予帮助？肖副厂长答应给予力所能及的帮助。"

要设备、要材料就得找何清华的父亲。于是，厂里领导问何清华的父亲，愿不愿意将孩子转到益阳来。

这简直是天上掉馅饼！

廖佩勋回忆说："第二次接触时，肖副厂长问能不能接受四个人。具体人员就是他的儿子，另一位厂负责人的儿子，再就是厂技术科负责人的儿子和未来儿媳，也就是何清华和易宇欣。"

廖佩勋爽快地答应了，当即表态，如果能给予设备、技术上的帮助的话，这四个人不需要下队干农活，直接到农机厂工作。

就这样，何清华、易宇欣夫妇来到了汋湖公社农机厂，而肖副厂长的儿子没有来，另一位知青也只是短暂地在农村待了一下，没多久就直接招工回城了。

果然，厂里对汋湖公社农机厂的创办给了支持，只收了400多元钱就将前面所说的皮带车床、皮带钻床各一台，还有一些刀具（客观地说都是些在大工厂处于淘汰边缘的设备）和边角余料等送给了农机厂。

不过，何清华和易宇欣所当的这种工人与城里工人比起来，只能算"杂牌军"——虽领工资吃的却是农村粮，其全称是"社队企业工人"。

"社队企业工人"是那个时代下的一种社会角色，或者说是农民的"优质饭碗"。

自1958年后，全国农村全面实行人民公社化，也就是当代史籍中常说的"大集体时代"。这里的"社"是人民公社，"队"则是指生产大队、生产小队。当时的体制是"三级所有，队为基础"。这里"三级"指的是人民公社、生产大队、生产小队（一般就称生产队）。因为土地、大型农具等生产资料全部"入社"，农民就在生产队劳动，以"记工分"的形式记下劳动量。到年终，生产队进行决算，总收入减去总支出，预提一部分明年的生产费用，剩下的就是可分配部分。分配方式就是可分配部分除以工分得出分值，再按分值分配。在那个（农田水利基本建设）大投入、低效率、高积累的情况下，分值是不高的。"天天围着田埂转，两根油条一碗面"就是分值低的形象说法。油条五分钱一根，面条一毛三分钱一碗，也就是说一个全劳力一天的收入就是二角三分钱。之所以说"社队企业工人"是"优质饭碗"，一是当上社队企业工人，基本上免除了日晒雨淋、肩挑手提的高强度的体力劳动；二是收入基本稳定。譬如，除徒工外一般工人每个月也有着三十来元工资，比起每个工值二角三分钱高多了。"社队企业工人"得拿工资到生产队买粮，当时是九元五角一百斤稻谷。如此，一个月可以买上三百斤稻谷，比起天天"面朝黄土背朝天"的农民强多了。这一点，插过队的何清华、易宇欣是有体会的。

何清华和易宇欣在农机厂干的是工人活，但身份仍然是农民。他们的户口落在了相隔一条公路的两个生产队。何清华记得，到了"双抢"时期，他还得回到生产队搞几天突击。有一次，他早晨从公社农机厂出发，没吃早饭走了10来里路赶到生产队劳动——拖铁耙，即把已被牛犁翻并粗耙破碎田泥后的水田再次精耙整平、准备插秧。这一道工序很关键，如果田整得不平的话，秧插下后高处的旱死，低处的涝死，所以必须弄平。拖铁耙本是牛的事，可何清华所在的周家坝生产队田多人少，又缺少耕牛，只能把人当牛。耙田时，后面一个体弱些的农民扶着铁耙，铁耙前面六个全劳力每人肩背一个绳套，双手握着同一根竹竿，拖着铁耙，然后齐步走，将高处的泥巴拖到低处，把田整平。这种牛干的体力活，连常年在田里摸爬滚打的庄稼汉都吃不消，何况"工人"何清华？他记得，"农村的午饭吃得晚，从早晨直拉到下午2时才吃上饭，饿得直发晕，就差一点没有倒下"。

尽管这么苦不堪言，何清华却觉得充实，因为他踏入了自己钟爱的机械领域。

六、曲折的工程师理想

（一）这里曾孕育着他的工程师梦

长沙客车厂的前身是位于长沙市韭菜园的长沙汽车大修厂。

何清华少年时期在大修厂宿舍住了很长时间，拆汽车、装汽车、加工螺帽螺丝、装车灯、接电路之类的活，何清华是耳濡目染。

何清华一位童年时的朋友说，读小学时，何清华一家住在文艺路那个由十多栋平房组成的运输局宿舍里。那有一条小水沟，清清的水长流不断，小学三年级学生、10岁的何清华自制了一个水轮机，用女孩子扎头发的皮筋作为传动皮带，带动那个大概是父亲留在家中的玩具发电机，再接上导线和电灯泡。随着水轮机的转动，水能转换成了电能，电灯泡亮了，尽管那亮度也就是手电筒光大小。

当然，何清华并不是很有时间来做他的"机械"。因为糊火柴盒子直接关系一家人吃饱穿暖的问题，所以，他的机械爱好只能让路。后来何清华被保送进

了长沙市一中，吃住在学校，就更没有时间鼓捣"机械"了。

不过，他在一中萌发了长大当工程师的理想。何清华曾回忆说："中学的时候，最喜欢物理，其次是数学，理想就是当一名工程师。"

20世纪50年代至60年代中期，那是一个朝气蓬勃的年代，人们是那么纯洁、纯真。长在红旗下的何清华，唯一的心思就是读好书报效祖国，报效的途径就是为国家建设出力，做工程师就是他的美好理想。

他在《一中——令我回味无穷，受益终生》怀念性文章中描绘道："一中数理化在很长一段时间内各有一位王牌教师。物理工牌陈际华老师着装整洁，到老都一丝不苟，上课作风也如此。以教授几何见长，人称'曾几何'的数学王牌曾宪侯老师则是另一番景象。我仅在数学课外活动小组听过他几堂课：随着上课铃声响起，仅仅拿着几根粉笔的曾老师风风火火走进教室，摘下头上有些皱巴巴的帽子、掸掉讲台上的灰尘后便开始了疾风暴雨似的讲课，讲到精彩处，曾老师面部几近歪斜……教师进入了境界，学生也跟着进入了境界。曾老师略显邋遢的仪容丝毫没影响他在学生心目中的地位。""坐在教室中我能从身后飘来的烟味或香味准确辨别出我的两位语文老师，即给我们上课时间不长的龙老师和时间较长的肖润娟老师。肖老师尽管当时年龄较大，但上课时一定打扮得雅致得体。尽管她上课缺乏趣味性，但凭借天津大学中文系毕业的功底，解文说字、娓娓道来，尤其是古文课更显出她的能力。遗憾的是我当时的重点爱好是物理，语文排在很后，有时连语文课本都不拿出来。肖老师心中不爽是理所当然的。但肖老师在我心中的地位一直是很高的，她是我毕业后看望次数最多的中学老师。"何清华认为，"中学阶段对一个人的成长比大学阶段更为重要，因为后者重在培养一个人某个方面的专业技能，影响人的职业道路，而前者更注重培养一个人全面的知识基础和高尚的道德情操，影响人的一辈子。一中'文革'前的师资水平和教学实验条件在中学中肯定是名列前茅的。我们这些学生不但得到了一些大师级老师的教诲，而且几乎能动手完成教科书上所有的实验……"

只是后来因为下放江永，他当工程师的理想一时破灭。

（二）小有名气的工人革新家

何清华来到长沙客车厂后，被安排的岗位是车工，级别二级，每个月领36.5元工资，就生活来说没有根本性的改变。但是，这里是大工业生产，绝非农机厂那种舞台可比。尽管当时长沙客车厂没有评什么技术职称，但这里终究可以施展才华。学习、钻研、革新，何清华很快就小有名气，因为他的小改小革产生了许多成果。

同车间的工友韩杭生至今还记得代表性的几个项目。一是加工弯曲类部件的工装。过去，加工这类部件，必须经过三次更换工装，如此不仅过多占用了时间，而且容易产生误差。何清华发明了一种有3个支点、可以伸缩的工装，安装一次后，按加工部位的不同，通过伸缩形成不同的支点。这样两个问题都解决了。二是多用夹具。原来加工汽车发动机油管接头一共有六道工序，如钻孔、攻丝、倒角……何清华一琢磨，发明了一种多用夹具，六道工序都可以在这种夹具上完成。在并不很长的时间里，何清华的小改小革在客车厂流传开来，厂里一旦有这类事就会找上门来。机加车间的李大明记得，当时汽车要大修，就得把车架和引擎等拆下来。清洗方法是放在碱锅里"煮"。要把车架放进锅里，原先是靠手拉葫芦起吊，费力不说，而且很危险。工人们想改成电动的，画了个草图找到了何清华。来意一说，何清华当即在地下计算起来：蜗杆多长、蜗轮多大，并建议蜗杆用铜材，铁的不耐磨。他还建议，这种铜材必须到化工厂去找，因为那里必然有耐腐蚀的材料。不久，"电动葫芦"成功应用，还得了厂里的小改小革奖。

还有一个创新实例堪称经典，以至于四十多年后人们仍然津津乐道。这个实例就是加工销轴时钻中心孔和车外圆，不停车一次车削到位。

何清华每月都有一批销轴类的磨削前粗加工任务，即两端打中心孔和车削外圆。一般打中心孔工艺为：卡盘夹工件一端→启动车床→钻中心孔→停车→拆卸→掉头→卡盘夹另一端→启动车床→钻另一端中心孔。车削外圆工艺为：轴一端装鸡心夹头→双顶尖装夹→启动车床→车削工件外圆接近鸡心夹头→停车→鸡心夹头装夹在另一端→双顶尖装夹→启动车床→车削外圆柱剩余部分→停车→拆卸工件。因此，完成一根销轴加工需要机床启动四次、停车四次，夹持、松开卡盘各两次，装卸鸡心夹头各两次。

何清华没有墨守成规，而是不断琢磨如何提高销轴加工效率。他设计制造的两套工装能达到钻中心孔时不停车和加工外圆时不停车。

钻中心孔时不停车：原本安装在尾座上的中心钻用卡盘夹持，随主轴旋转，在刀架上安装一个有定位孔的支承座，定位孔中有一个可滑动的反顶尖（加工了以轴端圆定位的锥孔），且反顶尖套靠车床主轴安装了弹簧，还自制了

一个装在车床尾座锥孔中的反顶尖。两个反顶尖内锥面上都用手工锉出一些齿状凸起，齿面淬硬。启动车床中心钻回转，再将销轴毛坯放在两个反顶尖之间，摇动尾座套筒的进给手轮，销轴压缩弹簧前进直到加工完中心孔退出，掉头打另一端中心孔，退出换另一根销轴循环上面的动作。其间车床在加工完这一批销轴中心孔之前不要停车，从而实现了不停车打中心孔。

加工外圆时不停车：诀窍是要制作一个特殊的弹性顶尖取代安装在车床主轴上的普通顶尖和驱动鸡心夹头的拨盘。它由四种零件组成。顶尖体前端有一个精加工孔，孔中装有一根刚度较大的弹簧，然后再装入一个自制的带台阶小顶尖，带螺纹的罩盖旋在顶尖体前端并压缩小顶尖。罩盖端面安装了三个自制驱动齿钉，齿钉上手工锉出的刃口淬火。车削工件外圆柱面时，无须停车即可将工件安装在主轴的特殊弹性顶尖和尾座的活顶尖之间，尾座套筒伸出活顶尖推动工件压缩小顶尖缩回，直到罩盖端面三个齿钉楔入工件端面。当车刀车削时用于克服切削阻力矩。这样无须停车和再次装夹，即可一次将工件外圆柱面车削到头，不停车卸下已加工工件并装上下一根销轴毛坯。

经过何清华的一番改造，加工这批光轴零件，在保持主轴旋转的情况下，钻两端中心孔，车削外圆柱面，全程无须停车，既大大提高了工作效率，还节电，减少了因频繁启动、停止对电动机带来的损坏。

在长沙客车厂工作六个年头的何清华，究竟搞了多少小改小革，连何清华自己也记不清了，这已成为他的一种工作常态。与他一起工作过的工友一提起来，都能说出一两个故事。

七、坚持不懈地自学

从泞湖到长沙客车厂，何清华坚持不懈地自学。

在山河智能陈列馆，玻璃橱中有一份 20 世纪七八十年代中小学教师惯用的备课本。那是何清华自学高等数学的笔记本。发黄的页面上记录着 1972 年 2 月写下的一段文字："我相信这(知识无用)只是一种表面、暂时现象。"

何清华在江永桃川农场坚守期间读《唐诗三百首》是一种文化陶冶，而在泞湖公社农机厂转向自学高等数学则是为了解决工作中一些设计计算问题或思考一些规律问题，因为这些问题已无法用中学时学的初等数学解决了，这也是他在人生遭受重大挫折时重新审视生命意义后的一个理性选择。

源头得追溯到一次不幸的遭遇。

(一)飞来的横祸

1971年8月下旬的一天，日本乒乓球队访湘。这一天，该球队来到长沙岳麓山活动。

何清华没有想到，一场劫难正悄然降临。这一天，从益阳泞湖回家的何清华受一中老同学韩少立(著名作家韩少功之兄)等的邀请，和另外两位工人、知青一起到岳麓山游玩。他们上了山以后才知道来华访问的日本乒乓球代表团也在这里活动。他们并不稀奇日本球员，但他们渴望见到中国著名球员庄则栋。因为庄创造了一个传奇——连续获得世乒赛男子单打冠军，成为何清华这类中国青年心目中的英雄，也是偶像。既然日本乒乓球队前来，庄则栋作为中国乒乓球队的主力球员，而且是中央领导看重的"小将"，岂有不陪之理？平常大家在报纸上就看到过他陪外宾的消息。可何清华他们从山脚下跟踪到山腰，再到山顶上的云麓宫也不见庄则栋的踪影，却看见日本球员在那里就餐。这时，同伴们坐在云麓宫边上的石凳上议论开了，一个说：他们吃饭，怎么没听见说"米西米西"啊？坐在另一条长石凳上离得较远的何清华大声说：日语中也许就没有"米西"这个词，听和他父亲一起参加过抗战的伯伯说，日语中并没有"八格亚鲁"这个词。这一声十多米外都听得见，话音刚落，一个穿便装的人跑了过来，厉声问："你刚才说什么？"

"我们聊天，没说什么呀！"何清华同伴中一人回答。

便衣转身走了，不知后果的他们还在原地聊天。一会儿，几辆摩托车冲过来，将何清华等四个人带到了还处于军管时期的长沙市西区公安局拘留所。被弄得云里雾里的何清华只好待了下来。第二天，何清华才知道，只有他被留下来，与各种犯罪嫌疑人一起被关在"号子"里，其他三人问过话后当天都被放走了。

随后办案人员天天几乎问同样的话，总是"你们是什么人""你们想干什么""那天你们一起讲了些什么"……何清华只好绞尽脑汁回忆那几个小时内每个人讲的话，原原本本地说出来，可公安局的办案人员就是不相信。当然，何清华还是打了一个"掩埋"：他们聊天时还谈到了林彪。何清华最担心的就是这个，他不能把大家"卖"了，可又担心其他人在问话时已经讲了这个问题，如果他回答的与其他人说的不一样，公安局岂会放过他？好在那些办案人员并没有

在这方面提问。

何清华自认为，自己没做错任何事，也就照常吃饭睡觉，醒过来也看报纸也聊天。一个惯盗犯疑惑不解地问，你到了这里还吃得下饭？

"为什么吃不下？又没做亏心事！"何清华回答得非常自信。

他哪里想到，就因为那句"八格亚鲁"公安局不放过他。十多天后，何清华被反手戴上手铐，押上长途汽车。车上自然没有他的座位，他只能坐在地板上，随车来到益阳的收容所。这意味着他难逃一场牢狱之灾。

（二）生命的倔强

这个收容所是由天主教堂改成的。这里关押的有乞丐、小偷、流浪汉，也有像何清华这样不明不白被关进来的人。垃圾遍地，粪臭熏人，夜间更是臭虫乱爬。天气凉了，二十多人睡在一个大水泥平台上，几个人共盖一床小被子，你扯过去我扯过来。晚上没有电灯，漆黑一团，让人仿佛落入了一个无底深渊。"真不是人住的地方"，四十多年后何清华提起那一幕，仍然心有余悸。要知道，他可是在大远农场睡过草棚的，足见这里的"床铺"实在令人恐怖。他在这里见识了生命的倔强。大概是一些常"进宫"的人吧，他们竟弄来了香烟，但没有弄到管制得非常严格的火柴，于是原始人"燧木取火"的场景在这里出现了。只见他们将棉絮撕得稀烂，裹在一根稻草上，然后用两块木板使劲滚搓着棉花卷。不一会儿，棉花冒烟了，引燃了稻草，他们对着稻草一吹，"呼啦"一声燃起了明火。于是，香烟点燃了，瘾君子们的鼻孔里喷出了又长又浓的烟柱。

这些人尚且如此倔强，何况自己是个有志者！他忍受着，坚持着。

约一个星期后，何清华又被押至益阳长春垸的看守所，这可是真正的牢房。牢房就像一个水泥盒子，只有一个天窗供在房顶上的看守监视牢房内的动静。没有床，一排人面对牢房门睡在水泥地上，人在其中被管制得死死的，连走动的自由都没有，白天除走到房中的粪桶方便外，其余时间就只能坐在自己睡觉的那一块地上。还好，与旁边人讲话交流是没人管的。旁边一个关了很久的老盗窃犯告诉何清华，这个地方夏天像蒸笼，冬天像冰窖，很难熬。如何打发眼前苦不堪言的时光，是何清华最现实的问题。无聊的时刻，他回忆着以往的生活。他想到了一中，想到读过的那些课程，各种几何、代数、三角函数等数学公式和元素周期表就像电影镜头一样，在脑袋里反复映现……好家伙，记忆的流水奔腾得那么欢畅，将他带入一片知识的大海……他就像老僧入定一样，坐在那里不声不响，思想的骏马却奔腾在知识的草原上。

(三) 自学高等数学

国庆节过后，他被放了出来，带着一个"好人犯了错误"的结论。事后了解，这是泞湖公社新上任的主管政法工作的副书记为他在公安局说了话：实事求是地说，何清华是泞湖公社农机厂的技术骨干，他有什么动机去破坏中日友好交往？说了句"八格亚鲁"，只是朋友间的对话用词，并没有对着日本外宾开骂。可公安局说，他就不该在那种场合说那种话。副书记问：有后果吗？答：没有。于是，公安局给了这位副书记一个面子，让何清华回归了自由。

何清华算了算，这次牢狱之灾一共 44 天。

"号子"中的数学畅想让他看到了自己的能力，勾起了他强烈的想在数学方面再上一层楼的自学愿望。遗憾的是，当时要找一本《高等数学》也不容易。他在长沙的新华书店找遍了，只看到一本薄薄的 64 开本的《高等数学》，封面上写有"微积分"几个字，那是清华大学用来培养工农兵大学生的教科书。买来后，何清华在书中"一把锉刀打开微积分大门"的指引下，很快将书中讲述的高等数学知识掌握了。他感到这本书的内容过于简单，想象中高等数学绝不会这么"不耐学"，于是决定利用回长沙帮农机厂卖东西的机会去长沙水风井古旧书店，希望能淘到"文革"前出版的大学数学专业的教科书。果然，书淘到了，书名《高等数学》，分上、下两册。

五十多年后，他还记得这套书由一位姓樊的先生主编。回忆中他还感慨地说，正是这些珍贵的教科书连同研究生期间学习的全套工程数学书等，带着他登上了中南大学的教坛。自学之门是敞开的，但通往知识宫殿的途径是艰难曲折的。要在没有他人指导下弄懂其中的各种概念与公式，还要解答出书中布置的大量习题是非常困难的。因此，走上自学之路的何清华只有以"勤"为径。这个过程使他对古人所说的"书山有路勤为径，学海无涯苦作舟"体会尤深。

洞庭湖区的夏夜，炎热得让人恨不得脱下一层皮。湖区水多蚊子也多，而且个头大，叮人的功夫可谓"坚韧"——落在人身上直接将长长的针嘴穿过衣服刺入皮肤。但何清华自有办法对付，他将双脚泡在水桶里，既可防蚊子叮咬又可降温凉快，就这样捧着书一直读到深夜。冬天，洞庭湖区的夜是那么寒冷，手脚被冻得直哆嗦，何清华就只好披衣压被在床上演算他的数学题。

就在这样艰苦的环境中，凭着这套教材，何清华竟然自学完了高等数学！要知道，高等数学概念抽象、逻辑严密，即使理工科大学生有老师课堂讲授加课后辅导，学习起来尚且普遍感到困难重重。可当年何清华仅凭一己之力自学高等数学，用的又是业余时间，其艰难程度外人是无法想象的。

微积分的学习可以解决工作中的一些计算分析问题。农机厂"麻雀虽小，五脏俱全"，要负责其技术方面的工作，还必须知晓一些力学、机械原理和液压传动等方面的知识，何清华自学的内容越来越广泛，自学所占用的时间也越来越多。

这个二十五六岁的年轻人是在"超付出"，要挑起农机厂的技术大梁，要支撑一个刚刚建立起来的家庭，要为自学付出巨大的精力和时间，这些都是他心甘情愿的。物质的贫困阻挡不了何清华追求知识富有的步伐，按他自己日后的说法，"自学也成了一种高级消遣"。

（四）"考官"的无奈

1974 年，大概是 6 月的一天，农机厂新任的党支部书记王昌和对何清华说，益阳地区在泞湖公社搞招收工农兵大学生的新办法试点，"你现在是农机厂的技术骨干，又在自学高等数学，我向工作组推荐了你"。

"文革"开始后，大学停止了招生。到"文革"中期，中央形成了培养大学生的两个相互结合的方针：一个方针是，高校毕业生到工厂、农村、部队去参加劳动和军训，当普通劳动者或士兵，接受工农兵再教育；另一个方针是，从工人、农民、解放军指战员中选拔学生，到学校学几年后再回到生产实践中去。这是种双向培养、相互结合的教育方法。1970 年，"文革"初期的混乱场面已渐渐平息。恢复大学招生的议论已成为当时社会日益关注的焦点。同年 3 月，北大、清华两所大学提交《北京大学、清华大学关于招生（试点）的请示报告》。在集中了各大学意见的基础上，政府形成了恢复办大学的思路。这个思路就是恢复开办的大专院校，学制要缩短，要从工农兵中选拔、推荐学生。5 月 27 日，中共中央批转了《中共中央关于北京大学、清华大学招生（试点）请示报告的批示》。请示报告提出：经过三年的"文化大革命"，北京大学、清华大学已经具备了招生条件，计划于本年上半年开始招生。招生办法实行群众推荐、领导批准和学校复审相结合。后来人们把这些从工农兵中选拔出来的学生称为"工农兵大学生"。这种推荐制度是中国近代教育史上的一次大尝试。那些政治思想好，身体健康，年龄在 20 岁左右，相当于初中以上文化程度的工人、贫下中农、解放军战士和青年干部，还有在单位表现特别突出的人，经当地革命委员会推荐，政治审查合格后，即可跨进大学校门。我国从 1966 年大学停止招生到 1977 年恢复高考的十年间，全国高等院校共招收了 94 万名基于推荐制的大学生，统称为"工农兵大学生"。

何清华虽然不知道其中因由，但知道被推荐上大学几乎是所有知青梦寐以求的好事，他和妻子又何尝不是如此？因此，听到这个信息后他当然高兴。但因为经历了太多，此时的他并没有过度兴奋，而是抱着顺其自然的态度迎接着可能发生的一切。

主管益阳地区教育的领导找到何清华说，去年（1973 年）"张铁生事件"说明搞闭卷考试是不对的，但为了保证质量还是要通过新形式考一考，他们打算找几个方面的考官一起面试被基层推荐的学生。他们还告诉何清华，农机厂的领导因他数理化不错推荐了他，所以想请他担任这方面的考官，负责向考生提问。于是，何清华一面当考官，一面参加工农兵大学生的选拔。

命运就是这样捉弄人。一位面对何清华提问"梯形面积怎样计算"都回答不上的考生上了大学，他这位考官却落选了。他显得非常淡定，没有像 1965 年那样非得弄明白"落选"的原因。他看到，在推荐"工农兵大学生"的那几年里发生了太多的故事，"张铁生事件"只是其中之一，还有大学生嫁农民，父母动用关系送孩子到大学，孩子却来了个反潮流——退学……他明白，在农村，上大学说是"推荐"，其实没有硬性标准，操作的空间也就很大，让谁上不让谁上，就是那些"绝对权威"一句话了。

大学没上成，他的学习和努力并没有停止。何清华和易宇欣工作依然。

八、高中生考上研究生

"文革"结束，一个时代过去，中国命运出现了重大转折。

何清华夫妇的命运随着国运的转折也迎来了春天。

1977 年，中国改革开放总设计师邓小平以不可阻挡的气魄恢复了停顿十年之久的高考制度。1978 年，已是两个孩子的母亲、年过三十的易宇欣走进考场，以益阳地区"理科状元"的身份进入湖南大学机械系，从而结束了 13 年的知青生涯。何清华回忆说，这一辈子最高兴的事就是那一年他到五一路邮电局

打长途电话到泞湖公社，听到妻子在电话里告知她收到了湖南大学机械系录取通知书的消息。当时，他高兴得边跑边跳地冲出邮电局，以一脸灿烂对着阳光。

随之，这个时代也给何清华开启了命运转折之门。

（一）"决定报考研究生"

1978年，国家重启了已关闭十多年的中国研究生招收之门。

当时的现实是中断多年的高考制度造成了本科生断层，如果硬性规定具有本科学历者才能报考硕士研究生的话，必然是"和者必寡"，因此，出台了一项特殊政策——允许以同等学力报考。这给那些十年坚守、自学有成的年轻人燃起了希望之火。

1978年的一天，了解何清华自学大学课程情况的知青朋友胡筱虎与他聊天时说："何清华，你可以去考研究生呀！"这句话提醒了何清华，这是又一个实现理想的途径啊！

当时，那些能招研究生的大学都在又一村的长沙市青少年宫设置了招生办。何清华特意前往了解了一番情况。果然，没上过大学可以同等学力报名参考，这于他来说是最大的喜讯。作为一个有志于机械事业的人，他当然将专业选择的方向放在机械类上。考试的科目让他喜忧参半，喜的是自己的高等数学、机械类等课程有了一定基础，忧的是外语考试这道难关不好过。高中毕业十多年，原来学得不错的俄语差不多忘光了。

如此，1978年是不可能参考了，不打无准备之仗。

随后两年的高强度自学开始了……

（二）"攀登科学高峰"

说高强度自学是相对以前的自学而言。

回城以后，何清华继续坚持自学，学习成了他生活不可分割的一部分，学习于他而言既是一种精神享受，也是工作的需要。当他在长沙客车厂领到工作证时，第一个念头是"好了，可以凭它办一个借书证了"。他在泞湖公社农机厂工作时曾到湖南图书馆借书，因为没有"身份的证明"只能望书兴叹。在那个一切都要证明的年代里，谁也没有能力为一个"乡下人"承担责任。尽管长沙本是何清华出生地、成长地，但没有证明的他只能是"外乡人"。

当他凭着工作证办好借书证后，那种兴奋的心情不亚于考上了大学。

那时的湖南图书馆有一部分设在城南的妙高峰，也就是湖南第一师范的所在地。那里至今有着一座"火炬楼"——妙高峰顶有一座宏大的纪念馆式建筑，因该建筑顶部四角建有四座巨大的火炬而得名。据说，建设"火炬楼"的初衷，是为了纪念毛泽东主席在湖南第一师范就读和任附小主事的经历，缅怀革命导师的丰功伟绩。这个建筑建在山顶，阳光充足，又闹中取静，确实适宜读书。

何清华记得，一到星期天，他就骑着自行车从家里出发，到达城南的一师后，将自行车寄存，然后就朝山顶爬去。从一师大门到图书馆的相对高度是多少米，没有人测过，从大门到图书馆要走多少盘山路，要爬多少层阶梯，何清华也没有计算过，但有一点是可以肯定的，那就是这段路程让年轻时的何清华爬起来都有点吃力，以致在途中他得给自己鼓劲加油："这就是'攀登科学高峰'，努力啊！"那个时候"攀登科学高峰"的口号很流行，何况何清华到那里是借阅科技类图书呢。真可谓"情景相融"。

何清华在妙高峰的图书馆里借到了想读的书，也读了不少的书。书为他打开了更加广阔、精彩的世界。

他在多年前就开始自学，摸索出了自己的一套学习方法，积累了丰富的自学经验，对处理自学、工作、生活三者之间的关系也是驾轻就熟。如今要考研究生，得自学更多的书，方法都是现成的，但不可避免的是自学强度要再加码。

(三)"外语差点成为过不了的坎"

考研究生，必须攻克外语关。

俄语自然是何清华自学课程的首选，但找遍当年上了大学的同学，居然找不到一本工科大学俄语教科书。原因很简单，自 20 世纪 60 年代中苏合作关系破裂后，双方交流全面中断，国内没几个人愿意学习俄语，出版社也就不出俄文教科书了。

中美关系解冻后，国内兴起过英语热，但何清华中学时期没学过英语，基础不好，英语自然不是选项。

长沙矿山通用机器厂的一个知青朋友杨大林也在准备考研究生，手头有当时湖南大学周炎辉教授新编的《日语》(工科)教科书上下册，他建议何清华改学日语。如此，何清华选择应试日语。开始几个月，他只能与杨大林共用一套书，而且只能由杨大林教他学习既是最基本的也是较难入门的五十音图和平假

名、片假名。何清华在下班后带着一身疲惫，骑着自行车到长沙矿山通用机器厂取书，抓紧抄写，学习两天又送回去，以免耽误杨大林的学习。过了几个月，何清华得知周教授在五一路科技情报中心开设了日语培训夜校，而且周教授主编的《日语》(工科)教科书又重印了，便很高兴地买了书进了夜校。第一次上课他根本听不懂，因为别人已开课几个月了，这时的何清华真有点泄气。他似乎像飞机加速，遇到了"音障"。大约一个星期的时间，他停止了包括日语在内的所有课程的自学……

其实，何清华自己也知道，这只不过是自学路上按的一次"暂停键"，有点赌气的味道。那些"要干成一件事不奋力拼搏是不行的"的道理，他岂能不懂？历史上那些"头悬梁""锥刺股"的故事，儿时听过多少遍？他在泞湖公社农机厂自学高等数学时双脚泡在水桶里躲蚊子，表明早就明白"没有努力付出，又岂有喜人的收获"的道理。一个星期后，他深为自学的停顿这么多天而懊悔，也似乎通过"暂停"找到了突破"音障"的办法。

随后一个月，他没去日语夜校上课，而是拼命地自学以补上前面的缺课。在那段日子里，何清华的日语自学到了如痴如醉的境界：上班的路程上，他在自行车前面的篮子里放了一个单词本，人骑在车上，一会儿睁开眼睛看看本子，一会儿又移开目光背一背，搞得神情都有些恍惚了。功夫不负有心人，一个月后再上课时他果然听懂了，跟得上班了，他的信心也大幅度提升了。1979年，他参加全国研究生考试，日语居然取得了82分！因倾尽全力学日语，高等数学等课程却考得不理想，他没有被录取。但通过这次考试，他对考研的信心更足了。何清华的一位同学钟圻，当时是名气很大的企业家，邀请何去他的企业搞技术工作。何清华回答说，1980年再试一次，如果没考上就去。

(四) 地上演算

何清华明白，以往的自学方式是不能应对考研的。他必须解决两个问题：一是符合知识系统性的要求，二是提升在规定时间内正确答题的能力。如此，就得有比较充裕的时间，可在一般情况下他的工作性质不会给他这个条件。车工是机械工人中工作强度最大的，而且至少要两班倒。加上家庭的特殊情况，他考研准备的困难程度，是一般人难以体会到的。很少诉苦的何清华后来回忆这段经历时感慨：真是不堪回首！家庭、工作、学习等多方面压力让他感到郁闷……

何清华先后在二车间和军工车间当车工。他的班长韩杭生，同事余碧纯、陈涤安，车间主任周汉泉等人在几十年后对何清华自学的情景记忆犹深："何清华很懂行，只要领了任务，不要别人督促，一定会干得非常好""那时工厂干活也有定额，如果不完成任务，是要扣发工资的，凭借自己的技能和小改小革他总能超额完成任务""无论上白班还是晚班，下班前他总是将床子抹得干干净净，将工具等收拾得整整齐齐，让接班的能顺利工作""何清华一门心思干活，不太说话，除了吃饭，一般就在车间里活动"。然而，让他们印象最深的是何清华在地上演算数学题。"工作干完，别人休息，何清华在做数学题。一个二级工每个月只有36.5元钱，为了方便和省钱，他用粉笔在地上做数学题。那时，厂里每月给机加车间的工人发一盒粉笔，目的在于让他们计算加工件的有关数据。一般来说，一月一盒粉笔是用不完的，可在大家的回忆中，何清华的粉笔用得最快，得让别人'支援'。"余碧纯、陈涤安等都支持过何清华粉笔。

聊天时，工友们也关切地问何清华：你这样干，吃得消吗？何清华笑笑，答道："是比较累，但比起下放时强多了，起码有个奔头。"正是这个"奔头"，支撑着何清华不断向前。

（五）争分夺秒自学

在车间里，何清华挤出时间自学。韩杭生记得，只要有点时间，何清华就捧起书来读。他说："那些书都是大学里机械专业的教科书，什么《高等数学》《水力学》《理论力学》《金属切削机床液压传动》等，后来又增加了日语。就连他妻子易宇欣读大学的习作也成了他学习的参考资料。这些书和资料全都被他翻得油乎乎的。"

一段时间后，何清华由二车间调入军工车间。当年的车间主任余四端回忆说，他知道何清华要看书，就安排他加工大物件，因为大物件在车床上加工的时间久，任务量就算得多一些，他也就有相对长的时间读书。

何清华对时间分秒必争。何清华的同事刘东辉回忆，他与何清华的弟弟是好朋友，当年常随何弟到何家玩。何清华见了他也只是打一个招呼"小刘，你来了"，然而又低头看自己的书。

何清华争分夺秒地自学，学业也随之突飞猛进。

43

（六）丧女之痛与高数考100分

1980年，何清华又一次来到研究生考场。

何清华报考的是北京农业机械化学院。起步农机，再涉农机，自然而然。考试结束后，何清华觉得高等数学与理论力学的试题没有什么错误，读研的把握比较大。作为一家之长，他得安排一下全家的生活。1978年、1979年，妻子与儿子先后上了大学与小学，现在自己又很可能读研，因此得想办法解决"后顾之忧"——治好女儿的严重先心病，夫妻俩才能更好地学习。正好湖南医学院（现并入了中南大学）附属二医院引进了先进的动脉血管动态造影设备，可以更准确地诊断先心病的病灶部位以便后面的手术治疗，就这样，已经四岁多体重却不到15斤的女儿住进了医院。手术的前一天晚上，何清华聪明懂事的女儿突然对妈妈说"我要回家去""做手术我会死掉的"。夫妇俩都是唯物主义者，认为这只是出于害怕的"小孩之言"，也就给女儿做起了思想工作。一般来说，这种手术是成熟的，而且这家医院前面所做的手术都成功了。没想到，第二天手术中途居然停电了，而且居然一停几个小时。女儿就在手术台上停止了呼吸……从此，1980年6月25日这个日子成了夫妻俩心坎上一道永远的伤痕。四十年后回忆起这段经历，何清华仍然眼睛潮红。女儿走后不久，他的考研成绩出来了，其中高等数学100分，力学90分，日语81分，政治57分。这种成绩在全国也是不多的。

但是，他接到的却是未被北农机录取的通知。

怎么回事？何清华急坏了！他自己花钱跑到北京问情况。这是他第一次到北京，没想到办的却是一件棘手事。北农机解释说，第二名的考生是他们学院一个留校的老师，虽然考得差些，但是他有教学经验，再则读过本科，知识应该比何清华全面，所以决定录取他……何清华只好回到长沙，情绪更加低落。

（七）得到各方重视

百废待兴的年代，尊重知识、尊重人才成为一种风气。何清华考得如此好，命运却如此多舛，自然引起了各方的注目和重视。

何清华的一中同窗六年的好友韩少立为他打抱不平，带着何清华见了他的亲戚——湖南医学院的科研处处长陶蒲生。"老革命"陶处长一看何清华的成绩，马上将其推荐给时任省教育厅厅长的王向天（后来担任过副省长和省委常委、宣传部部长等职）。王向天看了成绩后大力支持何清华，并告诉何清华，要成为研究生首先要找到愿意接受的学校，当场便给中南矿冶学院（即现在的中南大学）蒋良俊与周忠尚两位副院长写了张推荐便条。

第二天下班后，何清华拿着王厅长的推荐便条，骑着自行车从城东过河来到当时位于长沙城西南角的中南矿冶学院。此时已是万家灯火。暑假时在不熟悉的大学校园中找人是很难的，好不容易才找到蒋副院长属下的一位教师，一问才知蒋出差了。何清华赔着小心，连连问路，终于找到了周副院长的住处，可是家中无人。特别沮丧的何清华推着自行车打算回家了，这时却看见一个上了年纪的人正走向这栋楼。何清华预感他是周副院长，便在后面跟着。果然这人走向了刚才他敲门的那一家。他赶紧上前问，果然就是周副院长。他庆幸没有放弃等待，这是他命运转折的一次等待。原来，这位周忠尚副院长与王厅长解放前是湖南大学的同学，都是中共地下党员。周忠尚看了王的便条和何清华的成绩单后也很高兴，说这得要指导教师同意带，接着写了张推荐便条给机械系矿山机械教研室的齐任贤副教授。齐是当时机械系唯一能招研究生的教师，碰巧齐还是周副院长湖南大学的同学。第二天，何清华再次来到中南矿冶学院找到齐任贤老师，齐老师当即表态同意接收，教研室主任夏纪顺副教授对何清华也非常满意。

但机械系系级领导的意见却不一致，一场争论在机械系发生了。一些人说，是教育厅和院长推荐来的人，这是走后门，不能录！夏纪顺、杨襄璧、齐任贤几位老师说，录取就得不拘一格，何清华人才难得，更何况他的考研成绩如此之好，北京市和湖南省教委都有录取的意愿，怎么能算走后门？四十多年后，当年力挺录取何清华的杨襄璧教授回忆说："我当时过细看了材料，（何清华）在全国研究生统一考试中成绩不错，数学成绩很好，专业成绩也不错。从他写的简历中，知道他下过放，当过生产队长，在益阳下放期间做过社队企业工人，机加'十八般武艺'都精熟。考研时是工厂的车工。当时，'文革'刚过，好些年没有招过正规的研究生，我们矿山机械研究所正缺人，需要补充。而一般的大学生，从学校到学校，缺乏实践经验。何清华是工人出身，实践经验丰富，比那些人强。我当时就看重他这一点。他这种经历的人，思维方式与一般本科生不一样，在科研领域也就不会被条条框框套住，所以决定录取他。我当时是所长，在这方面的意见还是有一定分量的。"两派意见僵持不下时，一些人来了个折中，说何清华考试成绩虽然不错，但没念过本科，有一些机械类骨干

45

课程比如机械原理、机械零件等功课没学过，是不是看看何清华这两门功课的底子，补试一下，如果行，就录取。于是，机械系通知何清华：一个星期以后你再来，补考两门没学过的本科课程。一个星期后，何清华来应试，系里面多位这方面的顶级教师采用面试的形式，给他抛来一个个并不容易的考题。在近两个小时的"盘问"中，何清华对答如流。最后，考官们表示，通过！

这时，全国统一的研究生招生工作已结束，"补招"并不是一个容易办的手续，但一个事实是，教育部居然同意中南矿冶学院补招一名研究生。

何清华拿到录取通知书到学校报到时，已是10月下旬了，混合编班的80级硕士研究生班其他几十位学生已经上课一个多月了。离开教室整整十五年，前两天还站在车床前的工人，现在竟坐在大学研究生教室听课，何清华就像在做梦。"茅草地"山坡、夏层铺农田、泞湖公社农机厂……耕作田地、操作机器、捧书自学……这些镜头交相叠印，过去、现实、将来……从田埂走来，从车间走来，要走向何方……第一堂课，他在梦幻中度过。

欣喜之外伴随的是阵阵痛楚。他失去了爱女，特别是女儿离世时身上还穿着从"抹布"中挑出来的、母亲易宇欣给她改制的衣服。后来，一想起这一幕，他的内心都会生出莫大的愧疚感。幼小女儿的离世成了何清华人生中唯一的终生憾事！

何清华潜心机械五十年

第二篇

四年研究生

考上机械系的研究生，标志着何清华将进入机械园地的深处。过去做机械工人，更多的是"做"，现在得"研"——认识机械发展的规律，研发出更多更好的机械，让人类更好地改造世界。

历经磨难，拥抱理想。何清华就像一台重新接上电的马达，高速地旋转着。

"如海绵吸水一样汲取知识"，向挑战性的课题发起冲击，他不断有新的发现，也渐渐接近成功。

但是磨难并没有过去，一难、再难……似乎苍天有意考验何清华的意志和才智。

然而，何清华并没有被磨难吓倒，他奋起作为，终于事业有成。

一、中国三届特殊的研究生

"告别课堂十五年后又回到课堂，我仿佛有一种做梦的感觉"，这是何清华上研究生第一堂课的感受。

一个特殊的时期，一项特别的措施，也就有了一个特殊的群体，同时也就有了何清华这个特殊的研究生。

(一) 研究生的"老三届"

先看看中国研究生发展情况：从 1935 年到 1949 年，中国共有 200 多名研究生，产生于少数几所学校。1950 年到 1965 年，中国共有 2 万多名研究生，研究生招生时间不确定，招生也不是大张旗鼓，还没有固定的考场。1978 年开始重新招收研究生，第一次 6 万多人报考，招收了约 1 万人。从此，中国的研究生招生工作进入系统化、常规化。

在改革开放后新招收的本科生尚未毕业的这几年，中国的大学招收了

1978、1979、1980 这三届特殊的研究生，其中有完整大学本科学历的是少数，大多数是大学本科课程没修完的所谓"红卫兵"大学生、基础差的工农兵大学生和少量像何清华这样没上过大学而以"同等学力"考进来的人，跨专业读研的比例还比较大。中南矿冶学院 1980 级全校所有专业总共只招收了 25 名研究生，其中只有 1 名 1966 年的大学毕业生算是有完整本科学历。尽管如此，事实表明这三届特殊的研究生在改革开放后大学的学科建设中发挥了极其重要的作用，他们与自己的导师们一起以极高的热情，为建立研究生培养体系做了大量开创性的、奠定基础的工作，特别是对基础十分薄弱的工科研究和实验室的建设贡献很大。以中南矿冶学院为例，日后成为副校长的陈启元、评为工程院院士的邱冠周和桂卫华等都是这一阶段的研究生。

（二）中南机械系"第一个"

中南矿冶学院的机械系是 20 世纪 70 年代末从矿山系的矿山机电专业中拆分成立的，1978、1979、1980 这三届特殊的研究生招生又只有 1980 届招到了何清华一人，所以他自然成了中南矿冶学院机械学科招收的第一位研究生。

何清华回忆道："1978、1979、1980 这三届大龄研究生都非常珍惜来之不易的学习机会。老师教学认真，学生学习也非常认真。第一年统一上基础课。混合编班的 25 个学生每天起床铃一响便翻身起床，快速洗漱后到宿舍外做早操，随后回到四人一间的宿舍早自习。吃过早饭后上课。下午 4 时下课后是体育活动时间，我就爬岳麓山，即便下雨也打伞爬山。晚饭后得进行晚自习。"

何家这时是一个"学习之家"。在 1978 年、1979 年和 1980 年这三年中，先是他的妻子易宇欣考上大学，接着是儿子上小学，然后自己读研究生。在湖南大学机械系读本科的易宇欣有从岳麓山前山正面爬山的习惯，从后山爬山的何清华有时能碰到她。夫妻俩在岳麓山上相遇，还真有些"迟到的浪漫"。

（三）"如海绵吸水一样汲取知识"

学校对这批研究生是非常重视的，混合编班上公共课，强化学生的基础课功底。何清华记得，其中仅工程数学就开设了多门：矩阵与线性代数、积分变换、特殊函数、偏微分方程、数理统计等。此外还开设了涉及光学、相对论等 20 世纪重大物理发现的近代物理课，由著名的阮宏瑞教授开设。当时没有教材，阮教授就采用自己编写的油印教材。他对教学非常认真，每个重要公式、

重要常数的来历都详细解说。中途还有闭卷测验。他还请来湖南师大当时已有一定名气的天体物理教授王永久来讲授相对论。整整一下午，王教授精神抖擞，讲得深入浅出，学生们不知疲倦，听得津津有味。

一年时间修完的课程还包括特殊函数、数理统计等知识跨度大的6门工程数学课程，以及外语、计算机语言等。当年中南矿冶学院对何清华这批研究生的管理很严格。每堂课下来，老师都要布置作业并批改，定期小考。何清华至今还保留着一大堆形形色色的笔记本和习题本，从中既可以看出学校对这批研究生的严格要求，也表明他们中的大部分对离开学校十多年重新回教室的珍惜。何清华也非常怀念这些基础公共课教师，其中胖胖的邓孝友副教授是唯一一位能讲授工程数学全部课程的教师。他能把一个公式推导布满整个黑板，其严谨的风格和认真的态度给何清华留下了极为深刻的印象。后来，他还成为何清华加入民盟的介绍人。

何清华是一个对新事物特别感兴趣的人。混合编班的模式，让他有机会接触更多的新知识。他经常利用课余时间，饶有兴趣地到同班同学的粉末冶金、物理探矿、地质构造、计算机、采矿等学科的实验室去交流了解，甚至帮他们做实验、翻译日文资料。三十多年过去了，他还能讲述粉末冶金的"等压成型、等速成型"，地质方面的"地洼学说、地幔柱学说"等跨学科的知识。他认为，广阔的知识面对学术的精深和创新具有十分重要的作用。

机械系为何清华成立了导师组，以齐任贤副教授为主，夏纪顺副教授和杨襄璧讲师三位老师担任他的指导老师。2018年，已退休的杨襄璧教授回忆当时的情况说："因为（何清华）是机械系招的第一个研究生，所以系里还是很重视的，成立了指导小组。夏纪顺是矿山机械教研室主任和主持工作的机械系的副主任，齐任贤是副教授，我的职称是讲师，但担任着液压凿岩机械研究所所长之职。因为当时只有齐任贤的职称最高，也只有副教授以上的老师才能带研究生，所以何清华的正式导师是齐老师。实际上，夏、齐更多的是为何清华上理论课，而我既上理论课，也带何清华做科研，因为我手里有项目，有经费。"

何清华的三位导师各有所长，年龄最大的夏纪顺老师是学校和行业的老人，平时乐于助人，受到学校及外部科研院校同行的尊敬，他争取到的重大科研项目为何清华的学术之路奠定了基础，并从生活和工作多方面特别关心他的成长。齐任贤的数理基础在当时的机械系中算是突出的，他自学了部分工程数学和经典控制论并给何清华授课。他自身的理论学习抓得比较紧，但身体一直不佳，导致从事实际科研较少，退休时仍是副教授。杨襄璧非常执着于液压凿岩设备的科研，是中国矿山凿岩机械方面的权威之一。他曾创造了液压凿岩机的"抽象设计变量理论"，解决了"钻车钻臂平行钻孔问题"，正是凭着这方面的建树而成为早期享受国务院政府津贴的教师。1993 年，何清华也得到了第三批国务院政府津贴的待遇。何清华在这种环境里，学术和科研活动无疑是如鱼得水，进展神速。其间他到底读过多少书，记过多少笔记，只有何清华自己知道。对此，他的导师之一杨襄璧有着精当的描述："何清华有个特点，不是在教室就是在实验室。就是过春节，也只是大年三十、初一访亲探友，初二准到学校读书做实验。"

何清华特别珍惜这来之不易的学习机会，并不年轻的他就像海绵吸水一样汲取着新知识、新技术。进入中南矿冶学院机械系攻读研究生，不仅是何清华人生的转折点，也是他机械事业的转折点。

（四）开题报告搞了一下午

中南矿冶学院是围绕"矿"字作文章的，矿冶学院的机械系当时最主要的专业就是矿山机械。何清华的导师组成员都是研究矿山机械中的凿岩设备的专家，而且属于新中国这方面的第一代专家。20 世纪 70 年代末，冶金部率先展开对高效节能环保的液压凿岩设备的攻关研制，何清华自然跟随导师进入这个全新的领域，并自己选择了"液压冲击器的计算机仿真研究"作为研究生论文的选题。虽然进校前的自学和进校后高强度的公共课学习让他已具有深厚的基础理论知识，但如何将基础理论知识与具有特殊运动规律的液压凿岩机的研究结合起来绝非易事。尽管在 20 世纪计算机数字仿真技术只应用于航空、航天、电力、化工以及其他工业过程控制等工程技术领域，且计算机的各种性能还很低，但何清华还是敏锐地将它应用到自己的研究生课题中来。

何清华回忆说："1982 年春节前，导师杨老师将一个系只有一两个教师才有的 T159 可编程计算器（美国得克萨斯仪器公司生产）给我用，显示采用红色的发光二极管，带一个热敏打印机，打印的东西时间长了后就看不见了。我感到太神奇了，将冲击器活塞与控制阀芯的运动建了一个简单的数学模型后就用 T159 计算器编写仿真程序。整个春节期间我都在干这件事，对这个计算器更是爱不释手……"

现在的硕士研究生论文开题报告评审会是一件几位教师参加不到一小时就

51

可搞定的事，而当时何清华学位论文的开题报告评审会，整个矿山机械教研室的教师全部参会，搞了整整一下午。

二、向液压冲击机构的工程设计理论体系发起冲击

(一)"一个挑战性的课题"

高效节能环保的液压凿岩设备在 20 世纪 70 年代初取得了突破性进展。这种设备因为相比气动凿岩设备有明显的优势，所以世界上先后有十几个国家数十个厂家、科研院所竞相参与研究与开发。几经竞争与淘汰，瑞典的阿特拉斯（Atlas Copco）和芬兰 Tamrock 公司研制的液压凿岩设备水平最高，应用得最多。当时中国的液压凿岩设备全部依赖进口。何清华所在的液压凿岩装备研究室承担着冶金部的重点项目：研制先进的液压凿岩设备。20 世纪 80 年代，液压凿岩装备研究室就推出了国内首台井下双臂液压凿岩台车，但作为液压凿岩设备核心的液压凿岩机的研发才刚起步。

液压凿岩机的关键部分是液压冲击机构。它结构并不复杂，主要由缸体、活塞、控制阀以及高、低压蓄能器组成，高压油输入后冲击活塞与控制阀芯形成特殊的位置反馈自动控制回路，活塞与阀芯运动频率高达 40~50 Hz，甚至可达 70 Hz，导致所有运动体始终处于加速度高达几十甚至几百倍于重力加速度这样一种剧烈的变速运动状态，因此，液压冲击机构的研究、设计、制造和测试都有很大的难度。瑞典的阿特拉斯等公司虽然研发出了先进的液压凿岩机，却没有建立系统的设计理论，其设计方法仍然处于依赖简单经验公式加试验的初级设计阶段。刚兴起的计算机仿真研究还受制于当时落后的计算机水平。到 20 世纪 90 年代前期，中国大学里使用的微型计算机的运算能力仍处于相当落后的状态，每秒钟只运算十几万次或二十几万次。当时的文献所报道的液压冲击机构的数字仿真还停留在不考虑控制阀的自反馈运动，只将活塞运动简单分为回程、制动、冲击三个阶段进行仿真研究。何清华研究生论文选题"液压凿岩机冲击机构数字仿真研究"的难度是显然的，特别是研究对象还是一台不成熟的样机。研究生期间，何清华就是在这样简陋的实验条件下，完成了一系列开创性的工作。

(二)恼人的传感器

当时,压力传感器和自制的速度传感器寿命太短,实验费用少,让实验者好不艰难!一场实验要准备小半天,而真正的实验时间才不过十秒左右。而且还经常出现这样的尴尬场面:一声令下后,压力传感器坏了,高压油冲向天花板或溅满人身,或速度传感器坏了没有速度信号,或光线示波器的感光纸驱动不及时,等等。很多时候实验只能半途而废。何清华从结构、安装方式、材料等方面一次次改进了速度传感器,降低了成本,实验时间可由十秒左右延长到一分钟左右。

(三)冲击频率上不去

正常情况下,何清华只要在一台成熟的液压凿岩机上通过实验数据验证他建立的冲击机构数学模型和仿真模型就可以了。但要在这台设计不成熟、制造不良的 YYG90 型液压凿岩样机上完成论文实验验证,同时要发现并解决样机存在的问题,则给刚刚进行科研工作的何清华带来不少的麻烦。首先碰到的大问题是冲击频率始终达不到设计所要求的每分钟 3000 次,不管如何加大输入流量,每分钟冲击次数总是停留在 2200 次以下。原因何在?是设计出了问题,还是元件质量问题?

多次调整输入参数都不能解决问题,他只好将凿岩样机拆开。经仔细检查和分析,他终于找到了原因:阀的换向非常快,速度大,则流量也非常大,在回油那一腔产生很大的背压,速度饱和了,也就上不去了;速度上不去,频率当然也就上不去。

当时的制造加工条件、实验经费和时间都有限,不可能重新加工一个新的阀来验证这个想法,何清华设法将控制阀芯的平衡腔直接通大气,再做实验,频率马上就上去了。他的分析被验证了,困扰了几个月的问题被解决了,他自然非常高兴。

最值得称道的是,何清华按照减小回油背压的思路,构思出一个新型控制阀结构。这个阀的结构相比原来的结构更简单。原来的阀有四个台阶,新阀只有三个台阶,而且自重也减轻了。后来何清华设计的 YYG250、YYG220、YC500、YC150 等液压凿岩机和液压冲击器都是用的这种阀芯。

（四）计算机仿真实验的艰辛

何清华为完成自己选择的这个课题真可谓吃尽了苦头。

当时的电子计算机不仅落后，而且非常稀缺，整个学校只有计算机中心有一台可用简单 Basic 语言编程的 Z80 计算机，还要排好长时间的队才能争取一次使用机会。后来，机械系有了几台运算速度十几万次的 Tras80 计算机，它不带软盘更无硬盘，只带一台打印机，且一般不给研究生用。何清华回忆说："机械系的计算机管理非常严格，假期和下班后不准使用计算机。我的研究生论文要在 1983 年 3 月份答辩，可是很多仿真实验还没有做。后来幸亏采矿系的研究生黄石钧暗中帮忙。采矿系的计算机管理没有那么严，假期也可以使用。于是，那年寒假，天气很冷，每天傍晚，黄石钧打开他们系机房门后，我就裹着大衣偷偷地进去。那时的计算机每秒钟只运算二三十万次，做这样一个大型仿真计算往往得几个小时才能得到一个结果。我只好在程序中设置一个 STOP 命令，算出一组结果，计算机就停下来，我就从冰凉的课桌上爬起来抄下这一组仿真结果，接着再启动计算机仿真运算新的数据。有一次，有一个采矿系老师进到机房，发现了我，问我是谁，怎么进来的，我只好撒谎说'黄石钧要我帮他计算论文中的东西'……"就这样，整整一个寒假，除了春节休了几天，他终于完成了仿真计算。

（五）简陋的实验条件

20 世纪 80 年代初期，学校实验室的设施还相当简陋，有时加工实验零件也不能满足需要。好在何清华有过当工人的经历，更有技术革新的能力，在这简陋的实验条件下，他完成了一个又一个的实验，也逐步使实验室变得完善起来。当然，在这些过程中他遇到过不少的险情。他回忆说："我是机械系的第一个研究生，机械系也是'文革'后期成立的，实验室也就相当简单。有一次为调整一根钢管的角度，用手掰夹在虎钳中的钢管，由于用力太大，钢管焊接处瞬间断了，我身体倒向后面没有防护网的排风扇上。这种工厂用排风扇功率大，我的左手撞上了叶片，被打得皮开肉绽、鲜血直流……"

大概是读研究生时做实验太艰辛，何清华留校后对实验室的建设、科研仪器的添置可谓殚精竭虑。

三、留校波折

(一)突然宣布"不能答辩"

何清华研究生毕业时论文撰写还停留在手写字、手绘图的时期。为了赶时间，也为了让字体更清晰美观，1982年冬天寒假期间，写得一手好字的易宇欣不分白天黑夜地帮助何清华把论文草稿誊写成正文，还帮助他描图。现在，从他保存的显得陈旧的硕士论文的封面上可看到落款时间："1983.3"，这表明何清华延迟入校后在两年零五个月的时间内完成了原创性很强的硕士毕业论文。在1980级研究生中他第一个完成论文，并定好3月份的一个星期四答辩。

没想到，一件想不到的事发生了：原定答辩的那周周一，机械系通知何清华不能答辩。本来一切准备就绪，连从北京钢铁学院请来的主持答辩的行业知名教授李大贻和高澜庆教授都准备动身了(当时的中南矿冶学院的矿山机械专业还没有硕士授予权，而北京钢铁学院有)。何清华找到当时新上任主持工作的副主任询问不能答辩的原因，得到的答复是"你没有学过机械制图、机械原理、机械零件等课程，要补课……"何清华说："当年我能上大学读完所有课程当然更好，但学校1980年招收的研究生中，仅有一个1966年毕业算是读完本科的，其余要么是'文革'中没读完课程的'红卫兵大学生'，要么是知识基础较差、课程浅显的'工农兵大学生'，还有就是像我这样'以同等学力'考进来的，而且不少人的研究生方向与他原来攻读的本科方向完全不同，难道这些人都不能答辩？"

后来，经过了解，这实际上是因机械系教师之间的矛盾引起的事件。何清华是"代人受过"。而何清华合情合理的申诉显然无效，只得找到合适的本科班"回炉"上课。可另一个问题非常现实：所补的课程上学期肯定不能结束，导致上半年无法完成论文答辩，不能毕业，无法分配工作。如此，下半年原单位长沙客车厂按规定就不能再给他发工资了。这对于何清华的家庭来说可不是件小事。临近暑假，机械系当时有影响力的古可教授说公道话了，"不管如何，你得先让人家答辩"。答辩自然格外顺利，研究生部也给他发了留校任教的通知，但要到各个处室办手续。手续最后办到教务处时被告知先补课，暂不能盖章。何清华的毕业分配就这样悬起来了！

无奈的何清华只得静下心来与本科生一起上课。课后，老师一般会给学生布置教科书上习题数量的三分之一为作业，但何清华把教科书上每一道习题都认真做完。除要求补修的机械原理、材料力学、电工学等课程外，何清华还自己补修了汇编语言、机械工艺等多门课程。要求补修的课程他都参加了本科生的考试且都获得了优秀的成绩，按理说他应该"过关"了，可这时中南矿冶学院的校领导班子处于交替之际，"留校"一事依然悬而未决。

何清华个人的留校问题竟然在机械系和校一级形成两种截然不同的意见。

杨襄璧教授在三十多年后回忆说："我们觉得他人才难得，特别是我们的液压凿岩机械研究所需要他，要求把他留下来。可当时机械系主任总强调何清华没有念过本科，基本功不一定扎实，怎么能上讲台？夏纪顺老师尽管据理力争，但也没有办法说服对方。风波闹得很大，双方争执不下。于是，夏纪顺等提出，你们不是说何清华没读过本科，理论功底不扎实吗？那就考一考他补修的课程，让分数说话吧！"结果，何清华考得很好。可反对的一方还是没有表态。

（二）生活拮据的大龄研究生

何清华 1980 年读研究生，之前 1978 年、1979 年妻子和儿子已先后到学校读书，一家人靠他在长沙客车厂的微薄工资和妻子的助学金生活，读研前女儿因病去世，他在工厂欠下一笔不小的医药费，每月扣 5 元，一直扣到何清华研究生快毕业。所以，一家人在生活中处处想办法省钱。周末回家（实为父母或岳父家）和返校，一定是等到晚上 9 时自行车默认可带人后，何清华才带着易宇欣骑车过河，在湖南大学放下她后再骑到中南矿冶学院，一次可省几角钱公共汽车费。

食量大的何清华研究生期间依然很能吃，早上两个馒头一碗稀饭共半斤，可不到中午又饿了，原因与吃荤菜少了有关。在这种半饱半饥的状态中，何清华却像牛入菜园一样摄取着知识。

何清华目前还保存着的那一堆笔记本和作业本，可说是五花八门。除了利用同寝室那位物探研究生不要了的计算机结果打印纸的反面外，还有许多是自制的白纸本，因为他发现购买大张白纸，自己裁成小张订成本子最合算。

1981 年暑假，何清华帮助搞教学模型生产的知青朋友创造性地开发了用于高等数学形象教学的模型，模型就是利用家中的锅碗勺，使加热后的各色有机玻璃成形，如此制作而成。他和妻子、几个弟弟忙了一段时间，赚了近两百元钱，再用这钱买了一台收录机学外语。

（三）陈新民批准何清华留校

何清华就在这种"走不了""留没定"的尴尬中过日子。此时，湖南交通学院向何清华伸出了橄榄枝，许诺的条件是可分两间带厨房、卫生间的房子。这条件对于何清华来说确实有较大的诱惑力，要知道，自他们一家人迁回长沙后，就没有过真正属于自己的住房——他们开始住在父母家厨房后面所搭的小屋里，后来又住在岳父在上大垅一片菜土中租的农民土砖屋中。1983年下半年，大部分研究生分配工作离开后，何清华一家三口搬进了他住的研究生寝室。当何清华向三位导师表达想去湖南交通学院工作的意愿时，他们一致反对，说："交通学院给出的条件是不错，但交通学院相比矿冶学院处于不同层次，从你个人未来的发展看，留在矿冶学院肯定好得多。你经历了这么长时间的困难时期，不要急，再等等。"其间，何清华还几次找到曾任矿冶学院第一任院长、时任学部委员的陈新民教授的家中讲述当前的困境，慈祥可敬的陈教授也是劝他耐心等待，情况总会好起来的。

转眼又过去一年多，一直到1984年临近暑假，机械系通知何清华办理留校手续。杨襄璧教授回忆说："为了把何清华留下来，我们便以液压凿岩机械研究所的名义向学校打报告要人，不通过系里，直接送到陈新民院长那里。陈院长爱才心切，果然批了。何清华终于留校了。"

虽然推迟了一年多，何清华在一波三折的研究生期间的收获还是空前的。短短几年中，他从一位机械工人快速进入他所向往的科学研究殿堂，对液压冲击机构的理论与实验研究取得了一系列突破性进展，为后续更深入的理论研究与工程设计奠定了坚实的基础。

第三篇

十五年教学科研

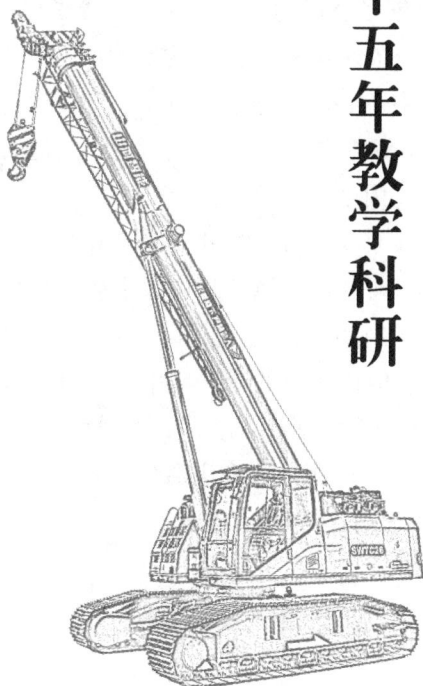

留校意味着何清华以机械研发为"业"了。一位先贤曾以"板凳要坐十年冷"来勉励科研人员要耐得住寂寞，对此何清华感触尤深。他认为："我其实是一个能够耐得住寂寞、沉得下心搞科研的人，至今我的内心深处依然有对技术的冲动，思考问题的角度依然带有技术人员的特质。"

当然，这种特质也是成就何清华机械事业的重要因素之一。另一个重要因素是，何清华一旦投入就有收获，这让他有着充分的自信。从研究生毕业到1999年创办公司的十五年中，何清华在科学研究、技术发明与工程设计方面的成绩充分展示出他在机械技术领域的高潜质。其中，在当时"厂校结合"搞科研的过程中还展示出他求真务实、吃苦耐劳的工作作风。此外，在团队管理上的公平公正和科研管理方面的理念，是他所负责的一个小小的课题组后来得以成长壮大的内生动力之一。

1984年暑假前夕，机械系矿山机械教研室党支部书记刘世勋通知何清华留校任教，同时安排他到甘肃天水风动机械研究所出差，参加机械部在那里召开的一个噪声实验室的鉴定验收会。这是何清华担任高校教师的第一个暑假，自此以后，他在任教的十五年中从未休过寒暑假。他的时间非常紧张，教学、调研、学校实验、矿山试验、产品设计、课题研究、著书写论文……总有干不完的事。每当回忆那一段充满激情和希望、付出艰辛也收获满满的岁月，他总是兴致勃勃，有着浓浓的回味之情。

一、创建液压冲击机构的研究设计体系

何清华留校后不久便成了杨襄璧的副手——担任中南矿冶学院机械系液压机械工程研究所副所长。说起来，这个原名为液压凿岩机械研究所的改名还是何清华提议的。"凿岩机械只是矿山机械中的一种。何清华当时认为这种叫法太狭隘了，建议改为液压机械工程研究所。这样一改，确实内容扩充了许多，

自然思路也就更开阔了，研究内容也广阔了。以后搞静力压桩机就是明证。"杨襄璧教授回忆说。

在那样繁忙的科研教学工作之余，何清华始终在延续他研究生阶段的液压冲击机构研究课题。在研究生论文的基础上，通过更深入系统的研究分析和实验验证，终于在 1995 年正式出版了第一本专著《液压冲击机构研究·设计》，2009 年该书再版并获国家图书奖。从这本原创性很强的专著可以看出何清华深厚的科研功底。综合研究生期间在这方面奠定的扎实基础，何清华在创建液压冲击机构的研究设计体系方面做出了如下几方面的贡献。

（一）揭示液压冲击机构运动机理

液压冲击机构的结构虽然简单，其运动体只有三个部分：活塞、控制阀、蓄能器，但是这三者的联合运动，其工作机理不同于一般的液压传动机构。首先它是一种位置反馈阀与冲击活塞相互控制形成二者高频自动耦合运动的特殊液压装置，是一种换向频率高达 30~60 赫兹的低压损、大流量的高频开关阀。当时这种机构在整个液压零件行业中较为罕见。冲击机构运动体在工作时始终处于加速度高达几十甚至几百倍于重力加速度的剧烈变速运动状态。因此，与一般液压传动机构不同的是，其工作油压主要取决于运动体本身的惯性力而非外部负载。由于油液流动是一种流量大小与方向剧烈变化的非恒定流，油液本身惯性力产生的惯性压力便成为重要的影响因子。何清华提出的"惯性油压"概念深刻揭示了液压冲击机构的运动机理。

（二）基于"三段分析法"的线性研究设计

何清华的研究生学位论文率先系统性地将国内外对液压冲击机构的理论研究归纳为线性方法和非线性方法两大类。只考虑冲击活塞运动，将冲击器运动的研究简化为一种基于理想状态模型的研究，以得出冲击器参数的解析表达，可用于粗放的研究设计。由于假设工作油压恒定，冲击活塞的加速度分阶段恒定，活塞的速度变化是线性变化，故称之为线性方法；而综合考虑冲击器运动体联合运动并尽量接近实际工况的冲击器运动过程很复杂，工作油压频繁变化，活塞速度变化呈非线性，所以称之为非线性方法。非线性方法可以得到冲击器性能参数和结构参数的解析解，但在计算机通用前，仿真数值计算还没法实现。所以在当时条件下，线性方法是唯一可行的。

冲击器活塞的往复运动过程分为回程与冲程，其中回程又分成回程加速与回程减速两个阶段，将冲击机构冲击活塞的运动独立出来，并假设油压恒定的线性研究方法有多种。何清华的导师杨襄璧教授将回程加速阶段活塞的加速度恒定为一种，将回程减速阶段的负加速度和冲程阶段的加速度的数值视为相同且恒定为另一种，也就是将活塞运动过程的加速度各阶段考虑加速度恒定，建立了当时比较认可的理论方法。何清华在实验过程中，发现活塞回程制动阶段与冲击加速阶段的平均加速度数值有较大差别，主要是因为密封阻力、黏性摩擦阻力、液压卡紧力在这两个阶段的方向相反。何清华提出了更接近实际工况的"三段分析法"的线性设计法，并定义了两个无因次量——回程加速段与冲程加速段的加速比 β 和冲程加速段与回程减速段的加速比 β_i。引入这两个无因次量后建立了新的数学模型。模型方程组的解析推导还是非常复杂烦琐的，何清华抓住上班、出差、休假期间的空余时间不停地反复推导、演算、验算，得出了一系列有价值的表达算式。这样，液压冲击机构活塞的运动学参数就都可以用冲击周期、冲击能量及定义的两个加速比 β 和 β_i 表示。根据运动所需加速度，即可得到冲击机构前腔和后腔的油压作用面积。通过对所需油量及损失油量的分析，可确定高压蓄能器的充、排油量及充气容积与充气压力的计算方法。他分析了加速比 β 对冲击机构效率的影响及对蓄能器的充、排油量和充、排油次数的影响，得到了具有参考意义的 β 的取值范围。只要给出冲击机构需要输出的冲击能量、冲击频率，选定合适的输入油压、冲击末速度和加速比 β，就可以将液压冲击机构的主要结构参数计算出来。经过实验分析对比，用何清华的设计公式计算得到的结果相对以前的设计方法更接近实际工况。后来，通过与计算机仿真方法结合，液压冲击机构的研究设计达到了一个完美的状态。

（三）基于计算机仿真模型的非线性研究设计

何清华读研期间，台式计算机技术的应用在中国刚开始推进，这一方面给他的研究带来了新的理念与方法，另一方面计算机的普及程度低，计算速度及性能差也给他带来不少麻烦。他在液压冲击机构计算机仿真研究设计方面做出了如下几项开创性的工作。

1. 仿真模型最接近实际工况

研究中同时考虑了活塞、控制阀、蓄能器及回油管油液从初始状态开始的物理运动过程；将冲击机构的一个运动周期根据实际运动规律分成了 12 个阶段，建立了 12 组仿真数学模型，并根据每个阶段的特点进行变步长仿真。比如对阀芯正开口区间压力突变的研究不采用时间步长而采用阀芯微行程作为仿真步长。此外还建立了蓄能器失效工况下的特殊工况仿真。建模时首次考虑油液的压缩性和胶管的膨胀性。建立了这些工况的仿真数学模型后就要编制仿真程序。何清华在专著《液压冲击机构研究·设计》的后面附了几十页的仿真程序清单。对于一个非计算机软件人员来说，要从零开始将有十几组仿真数学模型的计算变成能在计算机上可靠运行的仿真程序绝非易事。一行行程序的编写，一次次 bug 的发现和消除，折射出何清华作为研发人员所必备的耐力与定力。

2. 建立仿真求解的稳定判据，解决油液压缩性仿真不收敛问题

冲击机构数字仿真是一个多次循环求稳定解的过程，也是客观反映冲击机构从启动到正常运转的物理过程。在达到稳定前，活塞速度、工作油压、蓄能器储存的压力油等持续增加。在实际运转中，上述过程是瞬间完成并进入稳定工作状态的。如何选择合适的仿真终止判据至关重要，还要解决油液的压缩性将导致仿真程序不收敛的问题。之前北京钢铁学院一位也做液压冲击机构数字仿真课题的博士生在仿真程序中导入油液压缩性方程，经过四年努力，仿真程序还是不能收敛，没有得到仿真结果。何清华在研究生毕业后继续完善这个课题的研究，同样也遇到不收敛的问题。经过长时间的思考，何清华使高压蓄能器气腔容积进入稳定状态，即把循环起始与结束时的气腔容积相等作为稳定判据，并且通过先求压差、再求蓄能器的充排流量和补偿流量，成功地解决了上述难题。

3. 提出"准匀加速度数值计算方法"和"状态转换时的校正计算方法"

在当时的计算机条件下，采用常规的四阶 Runge-Kutta 法进行数值求解得到一个结果的时间长得令人无法接受，所以何清华利用数值法求解微分方程组时还须解决求解速度与求解精度的问题。但降阶使用精度又不够，怎么办？何清华根据液压冲击机构数学模型的特点，找到了一种巧妙的解决办法，既提高了运算速度，又能保证精度要求。这就是他提出的"准匀加速度数值计算方法"，即将做变加速度运动的物体的加速度在一个适当短的时间间隔内视为定值，然后采用匀加速运动的公式计算物体在这段时间的速度和位移。这个方法

不但物理概念清晰，而且经反复验证，在同样的精度下计算速度快了2~3倍，满足了当时计算条件下的仿真要求。此外，由于把冲击机构的工作状态细分成了12个阶段，在仿真过程中，每一次状态转换都将遇到状态识别，这实际上是对运动体位置的判断识别。即便采用很小的计算步长，多次状态转换及仿真多次循环带来的积累误差都将导致仿真严重失真。为了解决这个问题，他在每次状态转换时，推导并提出一套校正计算公式，消除了积累误差。准匀加速度计算方法和状态转换的校正计算方法有效解决了液压冲击机构数字仿真的速度与精度问题。

（四）"补偿流量"概念的提出

当时的研究认为，如果蓄能器失效会因泵流量不足而导致冲击速度大幅下降并产生液压空穴。在液压凿岩机的实验中，何清华发现，即便没有高压蓄能器，活塞的冲击速度的下降并没有想象中的那么大。这是为什么？从原有理论计算来看，如果没有高压蓄能器，油泵输出的流量远远达不到冲击末速度所需要的流量。多余的流量从哪里来？何清华反复对比了自己的实验和前人的研究方法，发现大家一直以来忽略的两个重要因素：一个是油液的可压缩性，另一个是高压胶管的可膨胀性。这两个因素在工作压力变化不大的一般的液压传动机械中是可忽略的，但是对于液压冲击器来说，它的运动体加速度的大小与方向变化十分剧烈，工作油压也随之剧烈变化，引起油液与高压胶管的膨胀与收缩，产生像蓄能器那样的充、排油作用。何清华将这种因压力变化油液膨胀、胶管收缩产生的流量称为"补偿流量"。正是这种"补偿流量"可以基本维系蓄能器失效后活塞的加速运动所需要的流量，但其压力波动较大，效率降低。

（五）回油蓄能器实际作用及设计方法

何清华注意到有的进口的液压凿岩机配备了回油蓄能器，有的没配备回油蓄能器，而且没有回油蓄能器的凿岩机的回油胶管损坏严重，甚至比高压进油管损坏更多。回油蓄能器的真实作用是什么？一般的液压机械为何不需要回油蓄能器？其实，当时回油蓄能器的真实作用和参数设计方法是缺失的。

当冲击器活塞在回程加速阶段以几十倍重力加速度向回油管中排放油液的时候，加速运动的油液自然也会产生惯性力，即产生了惯性回油压力。由于活塞排油是脉冲状的，如果没有回油蓄能器，回油管中就会产生较高的脉冲油压或者回油空穴，对回油管和油液性状都会产生不利的影响。何清华通过分析研究得到了科学的回油蓄能器的参数设计公式。在推导回油蓄能器的一个基本参数——排量的计算公式时，需要确定回油管中油液的位移量；如果通过回油运动方程求解则需要解四阶非线性方程，求解过程烦琐。他通过冲击器运动周期中回油量的变化规律的分析，找到了确定油液在回油管中位移量的简单、可靠、巧妙的方法。

（六）发明新型控制阀

给何清华带来很大困扰的是液压凿岩机因为控制阀设计不合理导致冲击频率与设计值始终差别较大。何清华按照减小回油背压的思路，重新构思开发了一个新型控制阀。这个阀的结构更简单，原来的阀芯有四个台阶，新阀芯只有三个台阶，自重也减轻了，更没有延缓阀芯换向的平衡腔。20 世纪 80 年代后期，冶金部下达了开发重型液压凿岩机的重点科研任务，何清华主持了这个项目。他采用上述线性与非线性的方法成功设计了一台国内最大功率的液压凿岩机的主要结构参数，并采用这种自主研制的新型控制阀，最后顺利通过了国家鉴定验收。后来他又开发了 YYG220、YC500、YC150 等凿岩机或冲击器，采用的都是这种阀芯。这个控制阀的设计方法一直到现在还在应用。

1995 年，何清华的专著《液压冲击机构研究·设计》问世。其中一些理论研究成果已形成论文发表在权威杂志上，而且被 SCI（《科学引文索引》，美国科学信息研究所编辑出版）收录。正如他自己说的，"这是我的第一本专著，虽然书的基本框架在读研期间已基本形成，但在更深入、更完善、更系统、更实用方面投入了大量的精力，比如为了测试瞬态流量，为了用新研制的 YYG250 型大功率液压凿岩机的测试结果验证仿真程序等，必须在传感器研制、动手实验、上机编程计算等多个环节上亲力亲为，所以历经十年才完成"。

该书是何清华液压冲击机构研究成果的一个集成，"一直作为相关专业的研究生教材，得到了同行专家学者的一致好评，数百位学者在论文编著中引用""世界顶级液压凿岩设备制造商，瑞典的 Atlas Copco 公司对何清华的专著也非常赞赏，多次邀请他访问"。

何清华创办山河智能后，山河智能的研发人员根据该书所表述的液压冲击机构设计理论体系，开发了液压凿岩机构设计界面，只要将有关参数输入其中，计算机就会算出相关匹配的数据来，设计者也就可以依样画葫芦了。2009

年，这本书修订后再次出版。

原北京钢铁学院即现在北京科技大学的高庆澜教授是行业知名专家，他在该书的前言中写道：

液压凿岩机与液压碎石器是新一代的凿(破)岩设备，它大幅度提高了凿(破)岩作业的效率，促进了生产的发展。而且液压冲击机构是该类设备的关键部件(动力传递机构)，它的性能好坏，决定了整机的优劣，因此国内外学者及有关厂家在这方面进行了大量的研究与实验，并发表了大量的研究与实验论文，但系统的专著却较少，且不够深入。

何清华所著《液压冲击机构研究·设计》一书，是他多年从事这方面研究的总结，是一本系统而深入的专著，其创新点主要有：

(1)在线性模型中提出了三段分析法，这更符合实际工况，并导出了系统的计算公式，可供研究设计使用。

(2)对能量损失、效率及高压蓄能器的充、排油量作了深入的分析，并导出了表达式，对优化液压冲击机构的设计方案有指导意义。

(3)在对工作机理深入研究的基础上，考虑油液压缩性及胶管膨胀等多种因素建立的数学模型、仿真模型和仿真程序，更接近实际情况，且达到了实用程度。

(4)提出的准匀加速度数值计算法和校正计算法，有效地提高了仿真计算的速度和精度。

(5)对回油惯性油压及回油蓄能器的作用，首次作了分析研究。

(6)建立了以冲击机构瞬态流量测试为中心的计算机测试系统。

高庆澜作为我国凿岩技术领域的权威，道出了何清华科研成果和专著的重大意义。

二、"井下与露天液压凿岩钻车研发第一人"

液压凿岩设备主要包括液压凿岩机与液压凿岩钻车两大部分。何清华对液压凿岩机的系统化创新研究十分突出，他是 20 世纪首次完成井下直接定位钻臂液压凿岩钻车和露天液压凿岩钻车研制的主创人员，也是国内首个完成计算机控制凿岩钻车即隧道凿岩机器人研制的主创人员。

（一）第一个科研任务——井下液压凿岩钻车

1984 年何清华留校任教的第一个科研任务就是到湖南省海拔最高的矿山——汝城钨矿完成中国第一台井下液压凿岩钻车的改造。当时，这台由杨襄璧老师主导设计的冶金部重点项目支持的液压凿岩钻车先在资源枯竭的湘东钨矿试用，再运到汝城钨矿，改造后正式用于巷道掘进。

从 1984 年深秋到 1985 年春天，何清华和杨务兹老师就在这里劳作。大半年时间几乎天天下到矿井干比一般工人还辛苦的工作，领略到了冬天的高寒和春天的湿冷。他勇于创新、善于动手、吃苦耐劳的能力与作风，得到了矿山维修工人和矿工们的高度认可。

何清华在这项工作中最大的收获就是为液压凿岩设备中另一大类产品——液压凿岩钻车的研制积累了极其宝贵的经验。

第一台凿岩钻车改造验收后得到了实际应用。在此基础上，新成立的中国有色金属工业总公司批准开发性能更好的中深孔液压凿岩钻车的科研计划。该钻车创新的关键是推进器与直接定位钻臂两部分。直接定位钻臂最早是瑞典 Atlas Copco 公司开发的，是凿岩钻车的关键部件，在行业中是最先进的。何清华根据实际情况将国外的直臂结构改成折臂，不但完成了新型钻臂的工程设计，还在国内首次提出了这种钻臂的设计方法和液压控制方案，公开发表了这方面的论文。新型中深孔液压凿岩钻车与铲插式装岩机、搭接式梭车配合，创造了每月掘进矿山岩石巷道超过 100 米的历史纪录。

进行井下液压凿岩设备开发的工业试验是对人耐受艰苦环境能力的一种考验。何清华回忆说，他从小就对进入洞穴有恐惧感，汝城钨矿做工业试验的地方选在照明设施还不完备的 850 新工区，到现场要经过好几公里若明若暗、坎坷不平的巷道。第一次走进去，强烈的恐惧感袭来……但他很快就适应了。后来，他甚至可以和工人们坐在堆放着炸药雷管的轨道平板车上进到掌子面。试验钻车钻孔后，要在孔中装上炸药放炮，雷鸣般的巨响伴随着浓浓的硝烟在巷道弥漫，让人好不恐惧。但这样的场景见多了，也就习以为常了。一次为了节省时间，在硝烟还没散尽时他就闯了进去，突然感到呼吸困难。"不好，缺氧"，他急中生智，将巷道中压缩空气管道的阀门打开，险情很快便缓解了……

这只是"矿山工作"对何清华的洗礼。后来，他在南岭山脉腹地的汝城钨矿经常一待就是一两个月，在工作、生活条件十分艰苦的环境中进行凿岩机械研发。在这里，他除了科研方面的收获外，还得到了一种心灵慰藉。至今，一谈起在汝城钨矿的日子，回忆与矿工朋友花一整天登上高高的还是原生态的五指峰时，总有一种难以言表的感觉。他还津津乐道地谈起过与杨务兹老师登上白云仙山顶，静看从山谷中滚滚而来的壮美云涛……

（二）国内首套露天液压凿岩钻车

20 世纪 80 年代，我国在铁路和矿山建设中开始引进芬兰、瑞典的露天液压钻车，这是一种高效节能的高科技产品。当时，中南工业大学和河北宣化风动机械厂共同承担了机械部的一项重点科研项目：开发国产露天液压钻车。杨襄璧老师很信任何清华，安排他担任这个项目的研发主管。

由于露天钻车钻凿的爆破孔直径比井下钻车大得多，所以还要同时开发与之相适应的重型液压凿岩机。20 世纪 80 年代各种条件还非常简陋，研制这两种在国内还是全新的产品难度很大，对刚从事科研工作的何清华的综合能力也是严峻的考验。何清华不仅出色地完成了这一项目，而且沿着自己开辟的道路走得更远、更好。从 1985 年到 1993 年，他先后主持了三代露天液压钻机的研制和两种重型液压凿岩机的研制。

1. 步行在京广铁路线上

为做好新项目的研发，何清华第一步工作就是调研。修衡广复线时，国家进口了几台国外的露天液压钻机，但这些钻机散落在从郴州到韶关的复线修建工地上。当时，从衡阳到广州的单线铁路只有慢车，而且慢车也不是每个小站都停。为了了解这些机器的工作情况，他只要打听到进口钻机在某处施工后，就立刻坐上慢车前往调研，并且往往是要在离施工处几十里处下车，再沿铁路线走上一个或两个小站。累吗？确实累！但何清华有应对的办法。他把走路看成是旅游，一个人静静地行进在铁路枕木上，很享受地看着沿途的自然风光……当然，这也是思考项目方案的好时光。

2. 在河北宣化和广东乐昌的日子里

1986 年春节一过，何清华就带上已完成的设计图纸与一位研究生刚毕业的教师、一名在读研究生一起到宣化风动机械厂共同研制 CLY120 型露天液压钻车样机。宣化厂的任务是完成他们已有的行走底盘的选型与配套改进设计，何清华一人要完成整机总体设计和所有主要零部件及液压系统的设计。他提出了"备用扭矩""备用推力"的设计方法，并相应设计了几种液压回路，实现了整机系统功率的合理匹配，为液压凿岩设备整机功率合理匹配提供了理论根据。

按照计划，当年 10 月要完成样机研制并运输到湖南郴州柿竹园有色金属矿上做试验。为确保任务按时完成，何清华加快了设计、绘图工作进度，掌握了研发工作的主动权。但生产的主动权却在厂方，他又一头扎进工厂，帮助车间解决了几个试制过程中的制造问题，得到了厂方和工人的信任，要他担任样机制造的现场调度。生产管理科居然派一位开工单的人跟着他在车间指挥样机零部件加工的工艺转序，随时签发派工指令。

与此同时，何清华还兼顾在广东乐昌有色冶金机械厂的 YYG250 重型液压凿岩机的试制工作。那里的关键零件采用的是他不熟悉的辉光离子氮化新工艺，试制时一度出现零件温度上不去、无法氮化的问题。从未搞过这种工艺的何清华竟然设法解决了。当时，活塞、钎尾还是采用落后的固体渗碳工艺，完全靠人工监视，一次渗碳要持续几天。晚上，工人疲倦了，监控不到位，加工出来的样品现场试验一下子就断了。为保证质量，何清华就自己通宵值班。一根活塞重达 10 公斤，钎尾也有好几公斤。为了尽快完成工业试验，何清华自己提上四五十公斤的活塞、钎尾在乐昌上火车赶到郴州，然后送往矿山试验现场。当时长 12 英尺（365.76 厘米）、直径 2 英寸（5.08 厘米）的钻杆在国内也是空白，何清华还跑到贵阳指导贵阳钢铁厂的钎钢分厂开发这种钻杆。

他同时还兼顾了一部分井下中深孔液压凿岩钻车在汝城钨矿的工业试验。在那几年里，何清华经常往返于河北宣化、广东乐昌和湖南的郴州、汝城之间，无卧铺，车又慢，多次被小偷拿走钱，提走包。

3. 大山深处的"试验场"

郴州柿竹园有色金属矿的矿物品种多达 143 种，已探明的矿产资源价值达 2000 多亿元，被中外地质专家誉为"世界有色金属博物馆"。原计划柿竹园有色金属矿的白钨矿采用露天开采方式，何清华他们研发的露天液压钻车完成工业试验后便由矿山购买下来。1986 年 10 月底，样机如期运到了矿山。不久，矿部却决定放弃露天开采而采用传统的井下气动风钻采矿。鉴于这是三方签了

字的机械部重点科研项目，柿竹园管生产的詹荣国副矿长决定还是在没有建成的露天采矿场完成钻车的工业试验。

后来成为何清华的博士生的朱建新教授当时大学刚毕业，跟随何清华参加了样机的工业试验。他回忆说："当时，柿竹园矿还是很重视何老师的这一项目的，专门将那条盘山公路最后的两公里修完了，将我们的露天液压钻车直接开到了那个山顶上做工业试验。我们住在招待所，到工地走盘山公路约 7 公里，爬陡峭小道的话只有一半的路程。我们白天在工地上做试验，晚上何老师还要在房间里画图，修改设计方案。当时带的零号图板，规格是 1189 mm × 841 mm，加上边框大概有 1.2 mm × 1.0 mm，何老师常住的小单间除开一张简单单人床外还有一张小书桌，画这样大的图难度可想而知。我那时年轻，白天干了一天，回到房子里就睡着了，可醒来见何老师还趴在图板上。这就是我们的生活。"

朱建新还回忆说："试验的山头没有电，我们这台机器是以电为动力的，需要从山下专门架一条线上去。我们和十几个工人一起肩扛电缆爬上山顶。当时是大雾天，我们拖着电缆在小道、林间、山顶穿行，大雾一散，发现我们刚才拖缆的路上，不是悬崖就是峭壁，只要一脚踏偏，就会跌下山崖。我想，如果是大好晴天，能见度高，我是没有胆量走这条路的。"朱建新在三十多年后回忆起当时的情景仍然心有余悸。他说："早上，矿里派个运输车把我们送到山顶上，中午是绝对不能回去的，我们就带点米面在山上煮熟填肚子。可山上风大，无法点火，我们就只好挖个猫耳洞，将锅子之类的东西放在其中。后来山上只有我们几个搞工业试验的人，山上中午就不做饭了，一般就撑到下午 3 点才下山吃中饭。下班是绝对没有车的，只能走路回去。有时，中途机器出了问题，临时需要回招待所找修理工具，当然是我下山，也就抄小路走，可以少走几里路。何老师开始不敢走小路，一个月后他的腿也练得和我差不多了，可以和我们一起快速抄小路下山了。山顶试验场全是石头，夏天地面滚烫，冬天寒风毫无遮挡。当时一住几个月，吃住条件差不算，没有文娱生活实在让人难受。那时，不像现在有电视、互联网等。生活上也没有保证。那个地方的人特别喜欢吃辣椒，干辣椒粉将白菜都染红了。何老师有痔疮，吃了辣就会发作，只好先用白开水将菜洗两遍再吃，也不知他吃起来还有什么味道。"

1989 年 4 月，历经四年，CLY120 型露天液压钻车终于通过了机械部的鉴定。YYG250 重型液压凿岩机也通过了中国有色金属工业总公司（省部级）的鉴定。这一年，"全液压凿岩新技术"获得国家技术发明三等奖。

1991 年，改进设计后的两台露天液压凿岩钻车运到了江西德兴铜矿。何清华参加了这里的交机试验，标准就是钻凿 3000 米长的爆破孔。尽管要求严格，何清华改进设计制造的两台机器依然不负期望，"表现突出"。这也为何清华几年的努力画上了圆满的句号。

现在，何清华还保留着在柿竹园有色金属矿和德兴铜矿的几张试验现场照片。从照片中他那一身脏兮兮的工作服可看出，他在体力上的付出与身边的工人们相比有过之而无不及。谈起当年在大山深处的试验活动，何清华深有感触地说，只有通过参与样机的制造、装配、调试及故障排除，才能积累到很多在课堂上无法获得的实践经验，才能让自己的研究与设计获得升华。

(三)独特的落锤式碎石机

井下矿山一般都有用于矿石输送的溜矿井，井口上面放置格筛防止体积过大的矿石掉入溜矿井影响后续的破碎作业。没有通过格筛掉入溜矿井的大块矿石采用"二次爆破"的方法将其破碎。这种方法危险大、效率低、成本高。受柿竹园有色金属矿委托，何清华在进行第二代露天液压钻机项目的同时，还进行了新型液压落锤式碎石机的研发。

他首先建立了这种碎石机的计算机仿真模型，解决了科学设计这种碎石机主要性能参数和结构参数的问题，再来解决防空打、锤头连接方式等难题。参加试验的朱建新回忆说："搞这项试验，除了技术上的难题外，还有环境的难题。试验在井下进行，爆破过后的烟尘、粉尘污染空间；巷道坑坑洼洼的。何老师平衡性不好，就经常崴脚，没有痊愈又继续下井试验。常常是早上进了巷道，试验做到下午三四点，错过了午饭时机，只好饿肚子。井下是'计划经济'，你没预先报餐，他们是不会给你送饭的。由于我们很难把握试验时间的长短，也就没有报餐，只好饿着肚子搞试验。"

(四)成果获得部级二等奖

何清华等在柿竹园一待就是六个半月。真是"梅花香自苦寒来"，液压落锤式碎石机通过试验收、改进，再试验、再改进……最后大获成功。1991 年 8 月27 日至 28 日，液压落锤式碎石机在该矿通过了中国有色金属工业总公司(部级)组织的技术鉴定。鉴定结论是"中南工业大学研制的液压落锤式碎石机是

一种新型二次破碎大块设备，它采用液压控制、落锤式冲击、悬臂式结构、固定安装的结构形式，主要由液压控制系统、立柱、悬臂及操纵装置等组成。它依靠悬臂的摆动、升降以及冲击器在悬臂上平移来实现其变幅移位运动，以保证冲击器能在一定工作范围内破碎。由专用行程泵、行程控制阀组及液控离合器自动控制冲击器的冲击行程，实现连续冲击和防空打""是高效低耗、使用成本低的产品，为我国井下和露天矿矿口大块破碎提供了一种极为理想的新型装备"。

1993 年，液压落锤式碎石机获部级科技进步二等奖。

（五）山在远方早出发

何清华在这个期间的科研成果"成"在矿山。20 世纪 80 年代一些地方的交通落后状况和治安问题，为他这一段的科研活动增添了不少"谈资"，也折射出这种活动另一种艰难之光。

朱建新回忆道："我们当时的路线就是长沙、郴州、柿竹园、东坡。开始到郴州的火车只能搭过路车，连张坐票也没有，只好站上 6 个小时到郴州，然后赶汽车到柿竹园。那时郴州扒手（小偷）特别多，经常是群体行动，我们这些操外地口音、一看就是书生的，自然成了他们重点'盯梢'的对象。那个时候钱不多，一般就夹在学生证里。扒手们也很厉害，我的学生证就多次被扒走过。一次，他们还算讲点'职业道德'，把里头的钱拿走了，把学生证给我寄到了学校。这事还真是'黑色幽默'。还有一次更搞笑，一群扒手拼命挤我，其中一个眼睛就盯着我的胸前袋子，我说，'别盯了，那是学生证，没有钱！'他居然在众目睽睽之下将学生证'夹'了出来，翻了一番，见里头真的没钱，又将学生证给我插了进去，然后又好像什么也没有发生过似的离开了。……何老师那时的出门穿戴让人一看就知道是一位斯文人，他对扒手的鉴别力确实太差，被扒的概率当然最高了。被人掏了包、割破了口袋、提走了行李包的事屡见不鲜。"

1. 风雪回家路

朱建新回忆说："一年春节前夕，雪下得特别大。从东坡矿招待所到柿竹园的长途汽车已经停开，我们要回长沙，只能先沿着山谷里的公路，在深过脚踝的雪地中步行。从山外风口呼啸涌入的山风夹带着冰粒漫空飞舞，让人根本看不见路，只能小心翼翼地摸索着前行。雪粒子打在脸上，噼啪作响，又冷又痛。何老师想了个办法，将一个塑料袋套在头上，只留两个小洞，眯着眼睛依稀看路……"

2. 令人留恋的露天电影

矿山晚上最好的文娱活动就是看露天电影。

夜幕降临后，电影开场了，长期生活在矿山的人们进入最惬意的时刻。

尽管工作紧张，何清华和朱建新他们也会花五分钱买张票，从招待所的房间中拿个方凳子，早早地在露天电影场占个好位置，聊着天等待电影开映。有时放新影片，观众特别多，等他们结束工作时电影早开映了，正面没地方坐了，他们就站在背面看。与那些长期生活在矿山的男女老少一样，他们目不转睛地盯着那被山风吹得微微晃动的银幕看得津津有味。散场了，他们踏着朦胧月色、吹着凉爽山风走回招待所，路上还意犹未尽地讨论着电影中的情节、人物……至今，何清华还经常不无留恋地回忆那段时光。

科研试验条件确实非常艰苦，但何清华的内心却非常充实。正是因为常在矿山生活，他对矿山有着不一样的情怀。这种情怀又驱动着他总想为矿山解决更多的技术难题。2018年国庆节，何清华趁假期了结了一个长久的心愿——重返汝城钨矿和柿竹园有色金属矿。站在东坡矿招待所外，看着远处那些高山，何清华满怀深情地回忆说："前面就是我们以前每天都爬上爬下的试验矿山啊！"他向人们讲述起每天上上下下的情景，讲述在"猫耳洞"中避雨的故事，讲述着山上大雨如注、山下阳光明媚的神奇，讲述在试验中得到的启示、收获，讲述着当年的试验与现在山河智能一些产品的技术渊源。

（六）破格晋升副教授、教授

科研、教学，何清华迎来了他的人生黄金时期。

何清华成为中南工业大学引人注目的青年教师。

1988年，停了多年的职称评定"解冻"。那个年代思想解放正在深入，各个行业、部门和单位对人才的需求特别大，在职称晋升、干部提拔上的"破格"成为快速建立人才队伍的重大举措。当时执掌中南工业大学的王淀佐校长特别重视这项工作。不过，与其他高校或者单位相比，这里破格的条件是"硬框框"，一共制定了"必要条件"和"充要条件"各三项共六条的破格晋升硬指标，包括科技成果奖、发明专利、著作论文等多项。依此，1988年，何清华毫无争议地

破格晋升为副教授。1990年底，机械系举行教授破格晋升申报者宣讲自己业绩的会议。何清华因为"硬货"多，只花了几分钟就将满足六个条件的情况讲完了。面对其他申报者比较冗长的汇报，主持人说"下面的宣讲请按何老师的讲法进行"。主持人这句话很有针对性，因为一些人的条件无法满足"六条"。1991年，何清华在省高评会上毫无争议地破格获得教授的任职资格。

那些曾反对过何清华留校的人沉默了，那些曾帮助过何清华的人欣慰地说："给我们争气了，我们没有看走眼。"

三、承担"大国重器"隧道凿岩机器人研制

（一）国家"863"项目花落中南工业大学智能机械研究所

早在1986年，何清华就开始参与、学习再现式凿岩机器人的实验室研究工作。经过十多年的研究和积累，何清华决定向更先进的凿岩装备发起冲锋。

"功夫不负有心人"，经过艰难的跋涉，何清华终于让这一项目花落中南工业大学智能机械研究所。

1. 一个心愿早萌发

20世纪90年代，随着我国大规模的基础建设的开展，在公路、铁路和矿山、水电的建设中也就有了许多隧道工程。

隧道施工是一项潮湿、多粉尘、振动大、噪声污染严重、劳动强度大的工作。在山体隧道施工中，"钻爆法"始终是主流。这种方法的难点是隧道断面的精度难以保证，不能有欠挖（小于设计断面）和过大的超挖（大于设计断面），普通的液压凿岩钻车很难保证精度。

当时，挪威、瑞典、日本已开始推出计算机控制钻车，何清华希望凭借在液压凿岩设备领域十多年的积淀冲击这个领域的前沿——隧道凿岩机器人。但他也知道，这必须得到国家863计划自动化领域智能机器人主题的项目支持，才有可能完成技术处于前沿且有实体样机的大项目。这样重大项目的立项对于何清华来说绝非易事，何况何清华的研究领域一直停留在机械类而非控制类。此时，中南矿冶学院已改名为中南工业大学，学校由隶属冶金部改为隶属新成立的中国有色金属工业总公司。何清华曾多次争取国家纵向项目，可结果是

"屡试屡败"。当他与国家智能机器人主题专家组成员接触几次后,得到的结论是"实力说话,关系在这里没有作用!"这更增添了他的信心,决心拼一把,以实力争取到这个项目。

2. 立项过程好几年

要获得当时顶级科研项目——"863"自动化领域重大项目谈何容易,必须满足两个最重要的前提条件。一是要让这些课题组顶级专家充分认识到自己的能力,二是要有足够的前期预研基础,这是最重要的。但前期预研就意味着在科研还未立项没有经费支持的情况下要先自筹经费组织队伍干起来。

这个团队非常精干,除何清华本人外只有四位研究生毕业后留校的青年教师——朱建新、郭勇、赵宏强、谢习华,外加一位退休教师,还有两位是何清华所带的在读研究生——吴凡、周宏兵。从1995年到1997年,何清华带领团队利用自己十分有限的课题经费完成了扎实的前期预研工作。

这些人夜以继日地工作,先后开发完成了庞杂的机械动力系统、机载上下位计算机控制系统、传感器系统、办公室系统等的总体方案和实验室验证样机系统。其间,他们多次邀请国家"863"的专家组成员和科技部高技术中心领导贾培发、王树国等到学校考察交流,逐步得到了他们对何清华个人能力及团队工作前期基础的认可。

何清华也应邀参与了一些"863"计划其他项目的活动。一次,他作为机械液压专家跟随"863"计划知名专家王树国(时任哈尔滨工业大学机电学院院长,现任西南交通大学校长)参加了帮助山东矿业学院隧道喷浆机器人完善改进方案的活动。该项目负责人是学院自动化系的苏学成教授。何清华与中科院沈阳自动化研究所的戴炬研究员分别负责提出机械液压和电器控制方面的改进意见,何清华从机械和液压控制方面提出了几十条意见和建议,苏教授及其团队高度认可。多年后,苏教授仍对何清华的学术水平给以很高的评价,对他的帮助表达由衷的感谢。应当说,这次活动也让贾培发、王树国等"863"计划专家实实在在地看到了何清华可以承担重大项目的能力。

经过两年的准备和酝酿,何清华团队向科技部提出了"隧道凿岩机器人"——"863"智能机器人主题重大项目的立项申请。1997年,科技部高技术中心在中南工业大学组织了高规格的立项评审会,评审专家除了以专家组组长贾培发教授为主的智能机器人主题的专家外,还有隧道建设、机械装备方面的

国内顶级专家王梦恕院士、姚福生院士、钟掘院士、唐经世教授、高庆澜教授等。经过一整天的严格评审答辩，专家们对何清华团队前期扎实的预研基础给予了充分的肯定。立项报告终于获得通过。

（二）攻坚克难闯出前进路

从 1995 年到 2000 年的五年多时间内，在保证其他同时进行的多项科研任务执行的情况下，何清华身先士卒，带领团队在"隧道凿岩机器人"项目实施过程中艰苦奋斗，克服了重重困难，迈过了道道障碍。

1. 柳暗花明南平路

"隧道凿岩机器人"这个"863"计划项目不仅是一个理论研究方面的纯基础课题，而且还要制作出一台实用化样机以供验收。所以，他们在经过一年多的理论研究后还迫切需要调研国内进口的同类产品，了解其在具体施工中一系列应具备的功能与性能要求。这些信息只有从比较成熟的产品中才能获得。1996 年春节前的一天，何清华与导师夏纪顺教授坐了近十个小时的长途客车，在严寒中翻越秦岭，后半夜才来到陕西的柞水县，第二天一早又走路来到西康铁路关键工程秦岭隧道的南出口，找到当时铁道部的第十八工程局在此施工的单位，了解他们进口的挪威计算机控制凿岩钻车的使用情况。师生两人查看了实物后，向这里的负责人说明自己是学校教师，想了解这台设备的基本功能，收集情况作为科研资料。他们解释了很久，对方却不予通融，好说歹说，最后这里的负责人只允许复印 30 页说明书。这一幕给他留下的印象太深了，但他向学生们讲述得更多的是，当时已经年过七旬的夏老师如何劲头十足地带他到艰苦的现场调研，如何面对冷漠的对方而毫无怨言。

1998 年的春天，何清华带领团队辗转来到横（江西横峰县）南（福建南平市）铁路一处隧道施工现场。这条隧道由当时铁道部第五工程局采用一台挪威进口计算机控制的凿岩钻车承担开挖工作。负责设备管理的年轻队长谢自韬热情接待了这支教授团队，不但复印了全套说明书，还请他们吃了饭，让科研经费拮据的研发团队感激不尽。当时，横在他们面前最大的困难是开发控制系统，这些资料虽然不能帮助他们了解控制系统的内核，但对了解软件的实用概念与功能的帮助很大。这让何清华团队明确了一系列实用化的开发目标，否则他们开发的控制系统功能还只能停留在概念化的层面上。

2. 持之以恒向前走

刚组建的团队成员少、积淀少、经费少。在正式立项前的两年多时间里，极为有限的科研经费都已用于购买计算机和实验验证样机的开发了。这段时间，何清华率领研究生与教师完成了一轮又一轮整体方案的制定、关键系统的深入研究和难题的攻克。1997 年他们提供给专家评审的理论研究、工程设计资料实际上已经接近项目完成状态，接下来的工作主要是样机试制了。

从事矿山机械专业领域的何清华对隧道凿岩机器人控制系统显然是比较陌生的，但他硬是一头扎进去，创造性地制定了控制系统一系列基本概念和整体方案，开发出与进口设备不同的各种传感器。至于机器人本体的总图、关键部件、关键零件及系统的工程设计图都是何清华亲自绘制的。好在这时何清华团队比其他团队先行一步，告别了手工绘图，采用了计算机辅助设计软件 CAD。由于绘图量实在太大了，以至于何清华在使用电脑时想了很多好点子来提高绘图效率，确保图面质量。立项通过后，何清华得了一场重感冒。他的弟子们都知道，每次何清华在长时间的紧张脑力劳动结束后，往往要患一次重感冒，这也足见何清华的付出之大。

隧道凿岩机器人这个重大项目的实施，充分展示了何清华个人出色的综合能力以及他的胆识和毅力。

（三）隧道凿岩机器人横空出世

2000 年 12 月 3 日，《人民日报》头版头条和当日中央电视台新闻联播报道了我国首台隧道凿岩机器人在湖南长沙通过了"863"专家组验收的消息，宣告了何清华教授主持的国家"863"计划重大项目——"隧道凿岩机器人"历经五年多的时间，终于获得了成功。

报道还采用了专家组对我国首台隧道凿岩机器人研制成功的评价："这一成果的取得，结束了我国在该类产品上完全依赖进口的局面，其主要技术性能已达到国外同类产品先进水平。"

对于这一成功，我国人工智能知名专家、科学院院士张钹教授为何清华的专著《隧道凿岩机器人》撰写的序言中作了如此评价："在何清华教授领导下，在较短时间里成功地研发出国内第一台计算机控制的隧道凿岩机器人样机，性能达到国际先进水平……该书的内容不仅涉及机器人领域的共性问题……同时

涉及特种机器人的个性问题，如任务动态规划、干涉判别、定位控制技术等。由于作者具有丰富的设计与工程实践的经验，该书……不仅有原理的叙述，而且深入到技术与工程实践的细节，具有很大的实用参考价值。它是特种机器人领域中一本颇具学术价值和实用价值的专著……"

重达三十多吨的机电液一体化的样机和这本高水平的专著，完全可以证明专家组和张铋院士的评价并没有拔高。何清华对自己取得这一成果感到欣慰，他颇有感受地说，这是"花精力最多的一个科研项目"。

这项开创性研发工作的重大意义体现在如下几个方面。

1. 机械结构与控制硬件的创新

这台隧道凿岩机器人采用操纵室可升降、宽度可调的门架式结构，解决了运输限宽限高、转场时需解体拆装的问题；采用直接定位式可伸缩的钻臂结构，尽管存在控制上的难点，但提高了工作稳定性与可靠性；提出了一种分配式电液比例控制技术，提高了可靠性，降低了成本；在控制系统设计上，采用上、下位机的结构，通过 RS232 进行通信，减轻了控制器的负担，提高了控制的实时性；自主开发了一套全方位集成控制手柄，很好地满足了钻臂定位要求。

2. 钻臂的运动学建模及变步长"试探性爬山法"求逆

这台隧道凿岩机器人本体采用了先进的直接定位式钻臂，但这种多关节的钻臂相对一般的直角坐标定位式钻臂在建模与求逆解方面的难度大多了。何清华的项目团队建立了由 8 个杆件、7 个关节组成的钻臂系统的运动学方程。传统的运动学逆解方法主要针对非冗余的机械臂，对于冗余机械臂的运动学求逆方法一般都比较复杂，并且很难找到最理想的结果。何清华指导博士研究生提出了一种"试探性爬山法"，用来求解冗余机械臂运动学逆解。

3. 钻臂的广义预测自适应控制(GPC)策略

与一般工业机器人的工作臂采用便于实现数字控制的伺服电机不同，这台隧道凿岩机器人直接定位式钻臂的驱动采用构成复杂耦合关系的双液压缸，由此带来的控制难度曾一度成为项目的推进瓶颈。在项目其他单位控制专家无法解决时，何清华率领团队提出了一种广义预测自适应控制(GPC)策略，解决了重达 2 吨多、长达 10 米的新型钻臂的直接定位控制难题。

4. 多个离散工作钻臂的动态规划

同一工作空间完成离散工作任务的各个钻臂工作进度一般都不一样，解决各个钻臂工作任务的动态规划问题是这个项目的难点。项目团队创新性地采用"质点删减法""遗传算法"等计算手段优化解决了多钻臂的各自钻孔顺序的动态规划难题，实现了在避免钻臂干涉的条件下，各臂完成任务的时间基本同步。这对解决机器人多任务动态分配问题具有重要的理论意义。

5. SUNWARD 隧道凿岩机器人的控制系统

当时世界上生产隧道凿岩机器人的外国公司都是采用挪威 Bever 公司与挪威大学合作开发的 Bever 系统，而且系统软件都是基于只能由该公司成套提供的专用计算机和各种专用传感器开发的，由此可知这种控制系统开发的难度。作为"863"高技术项目负责人的何清华是不可能购买一整套现成系统来完成项目研发的，何况项目经费也买不起。项目团队硬是在极为困难的情况下开发了包括硬件和软件在内的 SUNWARD 隧道凿岩机器人控制系统。系统还分为机载和办公室两部分。计算机采用能够买得到的工控机，各种适应恶劣工况的传感器完全是自主创新研制的。值得指出的是，由于当时机载工控机的内存只有几兆，他们为解决机载软件的存储大小和计算速度花费了不少的精力。

在国内外没有相关资料的情况下，何清华率领团队出色地完成了项目的基础研究、工程设计和样机试制三项难度和工作量都相当大的研发工作，成功开发了国内第一台计算机控制液压凿岩台车样机，达到了国际先进水平，并将学术成果整理成专著《隧道凿岩机器人》。在这一时期，还培养了硕士研究生 10 名、博士研究生 4 名。

四、让静力压桩机奠定新的人生基础

自 20 世纪 80 年代后期起，国有矿山企业都处于经营特别困难的时期，国家和企业在矿山机械化方面的投入几乎停止，从事这方面研究的研发机构与人员因为没有项目经费支持也很难支撑下去。何清华的这个小团队也不例外。这时，他们除继续进行液压凿岩领域中上述项目的研发外，还积极寻找其他领域

的项目。在先后从事的十几个项目中，液压静力压桩机项目让何清华进入了工程机械领域，也为他打开了人生的另一扇大门。

（一）湘乡矿山机械厂的技术副厂长

1984—1999 年是何清华从事科研教学的十五年，也是他响应号召走厂校结合之路的十五年。在这十五年中，何清华合作的厂矿很多，其中与当时设在湘乡市的二十三冶一公司机械厂合作时间最长最密切。总部在长沙的二十三冶与中南工业大学都隶属于中国有色金属工业总公司。20 世纪 80 年代后期，何清华所在的液压凿岩机械研究所与河北宣化风动机械厂的合作减少，与二十三冶一公司机械厂的合作关系日渐增强。

1988 年，何清华导师杨襄璧教授负责的液压凿岩机械研究所与二十三冶一公司机械厂签订了战略合作协议，同时派何清华担任机械厂的技术副厂长。合作的主要内容就是研究所以液压凿岩设备为主的矿山机械技术成果在一公司机械厂实现产业化，并由机械厂与中南工业大学分享所获利益，机械厂还同意每个月发 700 元现金给研究所教师做生活补贴。但不久学校认为这种做法违规，这种合作也就停掉了。二十三冶一公司是一家承担有色金属冶炼项目的建设与成套设备安装的企业，机械厂则承担成套装备中部分非标设备的制造与安装。该厂高精度的机械加工能力与热处理的能力非常弱，工人们对于液压凿岩机、液压凿岩钻车这类精度要求高的零件加工极不适应，叫苦不迭。在不拿工资的技术副厂长何清华的规划与亲自动手示范指导下，机械厂添置了比较好的机床和新型热处理设备，工人们的技术水平也日渐提高。何清华的一位研究生讲了这段日子里的一些事：他和何清华一个月要去好几次湘乡，经常是坐去邵阳的长途汽车中途下车，沿湘乡的大工厂——铁合金厂的围墙走到机械厂，晚上加班到很晚又走路到市里的招待所。为了完善零件渗碳与氮化的热处理工艺，保证零件的质量，何清华在非常炎热的夏天不顾蚊虫叮咬，自己坚持参加通宵夜班的值守，调整热渗碳或氮化热处理炉的煤油或氨气输入的参数，收集实际数据，完善热处理工艺，防止夜班工人因疏忽而造成的失误。除了工作艰苦，那里的生活也很不方便，工厂食堂的菜于何清华来说是奇辣无比，只得像在郴州柿竹园矿一样，先用清水洗了再吃。二十三冶一公司在湘乡县城的招待所条件也非常简陋，洗澡成为难事。何清华大热天通晚值守回来也只能用凉水简单洗一下……但已是教授的何清华却始终精神饱满，干劲十足，乐在其中。

在何清华的极力推动下，二十三冶一公司机械厂改名为湘乡矿山机械厂，液压凿岩机、防爆型液压凿岩钻车等产品在这里都相继研制成功，工厂的能力与形象上了新台阶，无论是工厂领导还是工人师傅都非常尊重何清华。

只是这个时期的国有矿山困难重重，矿山机械市场疲软，凿岩设备的销售量上不去，新改名的湘乡矿山机械厂也面临着严峻的形势。但厂方看到了一种现象：国内建筑工业如火如荼，工程机械需求日益旺盛。于是，厂方迈出了开辟新市场的第一步。

(二) 澳门老板带来的新机遇

1992 年，沿海地区开放城市正在大兴土木，房地产业强势崛起。珠海西区的房地产开发可谓热火朝天。区长钟华生提出的口号就是"今天借您一桶水，明天还您一桶油"，吸引全国的资金到珠海投资，移山填海，搞基础设施建设。在这个开发大潮中，澳门的容观祺老板与二十三冶一公司在珠海西区合资成立了劲力基础施工有限公司。劲力公司用上了湖北建筑机械厂仿制日本的 YZY160 型静力压桩机。容老板与何清华交往后对他的学识能力很认可，要求何清华为合资的施工公司研制两台新型液压静力压桩机，由湘乡矿山机械厂承担生产制造，每台价值 98 万元。这在当时算是大项目。何清华感到很兴奋，很快与对方签订了相关协议，并规定这一项目产生的专利属于中南工业大学，校方按产值的 5% 提取技术使用费。朱建新回忆说：那年 7 月盛夏的一天，何清华带领他和陈泽南老师等人坐长途客车前往珠海西区调研。从当天中午一直到第二天后半夜才赶到目的地。当时，正修建 107 国道，老路断了，新路又不畅通，一堵几个小时，被堵的车辆绵延好几公里，除了载人的客车外，最多的就是运猪的货车。他们的车经常长时间停在一辆装满猪的货车后面，炎热的骄阳下他们似乎能从自己满身的汗水中闻出猪粪味。

(三) 革命性创新的压桩机诞生

搞建筑必须先打基础，打基础广泛采用桩基础。古代人们就有将木头桩打入软弱地基中用于建房子的做法。预制桩是采用钢筋混凝土结构在现场或在工厂制作的一种现代广泛使用的桩基础。液压静力压桩机是一种使用液压缸将预制桩夹住，然后采用液压缸将预制桩压到地基中的一种桩基础施工装备，同时配上步履式行走机构完成机器的移动。

在珠海西区劲力公司工地上，何清华仔细考察了 160 吨的 YZY160 压桩机后，决心要研制一款全面超越的新型液压静力压桩机。经过五个多月的拼搏，一款高效节能、结构新颖、操作简便的 ZYJ180 型液压静力压桩机诞生了。这种压桩机不仅压桩速度快，还大幅度省电，经济效益十分可观。容老板非常满意，戏称它为"压钞机"。如此，湘乡矿山机械厂的产品不但在技术含量上升级了，而且销量和利润都大幅度增加。

在后来的日子里，何清华对压桩机又进行了一系列的创新。2003 年，ZYJ 系列液压静力压桩机获得国家科技进步二等奖。从 1992 年到 1999 年，从提出创意到完成工程设计，再到一系列新产品的问世，何清华在液压静力压桩机上的创新非常多，集中体现在以下几个方面。

1. "准恒功率"理论创造的高效节能

20 世纪 90 年代初，电力供应紧张，特别是输电设施系统差，基建工地基本上都是采用柴油发电机组发电，功率容量小、运行成本高，施工设备省电是施工商特别关注的。何清华首先想到的就是如何降低压桩机的装机功率，但这绝非易事。

何清华的第一个硕士研究生郭勇，概括了他导师的几个特点：一是观察细致。他记得，与一帮人一起去考察设备，其他人一晃而过时，何清华却从"细节中"发现了其中的"奥秘"。二是喜欢计算。有许多看似复杂的东西，他却用数字表达出来。参观机械展览时，他喜欢问一些参数，当场进行计算，以验证机器的功能。三是记性好。他自己研发的设备，经过很长时间后，关键零部件的许多尺寸数据他都能随时报出来，并随时纠正别人讲错的地方。

在珠海西区劲力公司工地上观察压桩机的工作过程时，他发现压桩油压变化有"突变"现象，即预制桩经过厚厚的软土层，压桩油压很低，而一旦进入作为持力层的硬质地基时，压桩油压产生大于穿越软土层油压好几倍的"突变"现象。何清华还发现湖北建筑工程机械厂生产的这种压桩机液压系统采用的是定量泵，采用一对压桩缸完成压桩工作。考察结束后，在制定新型压桩机的总体方案中，何清华把节能功能作为一个重点问题，用较长的时间进行了深入而缜密的思考。俗话说，机会总偏爱有准备的头脑。在一次出差的途中，何清华灵感一现：采用两对压桩缸先后参与压桩。这一方案很快进入具体的实施阶段：在软土层作业时只用两个缸径大幅度小于湖北压桩机的液压缸实现高速压桩；

进入硬质地层后，另外一对压桩缸启动，与前面的两个快压缸配合。四个缸可以产生比湖北压桩机大的压桩力。尽管压桩速度大幅度降低，但这个阶段只占整个压桩过程很短的时段。他们配合选用自动实现低压大流量、高压小流量的变量泵，形成了"准恒功率"压桩的理论，并发明了相应的机械装置和液压系统。新型液压静力压桩机的节能效果有了突破性的提升。湖北 YZY160 型压桩机最大压桩力为 160 吨、最大压桩速度为每分钟 1.8 米、装机功率为 70 千瓦。与之相比，何清华研制的 ZYJ180 型压桩机的参数分别是 180 吨、每分钟 2.2 米、44 千瓦。在压桩力更大、压桩速度更快的前提下，装机功率降低了 37%，实际运行功率至少降低了 50%。

2. 步履式行走系统的彻底变革

"何清华版"静力压桩机的步履式行走机构特别适合于自重很大的设备在软弱地基上的施工，这是用户的评价。原有压桩机存在步履式行走机构通用化程度低，拆卸安装困难，升降液压缸存在横向受力能力差，机构上力学设计不合理导致运动阻力大、机构易损坏等问题。针对这些问题，何清华对步履式行走系统设计进行了彻底变革：纵向与横向移动小车采用同一种球铰结构，大大简化了横向移动机构；整机转动后的横移机构增加了自动复位功能；在横移机构与机身连接处发明了一种特殊的位移补偿装置，解决了整机转动时产生的几何硬约束难题；压桩机纵向移动时单根升降油缸承受很大的径向力，"何清华版"静力压桩机上安装了他设计的一种特殊的联动油缸，巧妙解决了几何硬约束难题的同时将纵向移动推力均衡到两根升降油缸；升降油缸结构彻底变革后横向承载力突破性提升。

（四）让静力压桩机应用得更广泛

何清华根据实践需要，解决了边桩、角桩的施工难题和多点均压夹桩机构等一系列问题，使静力压桩机的应用更为广泛。

专家对"何清华版"静力压桩机的评述很多：

——（静力压桩机）项目成果以工程实际为出发点和归宿，包含液压静力压桩设备的多项首创性技术，拥有完全自主的知识产权；极大地促进了具有显著中国特色的绿色环保型静压桩施工产业化效果；有效地引导了传统桩工机械的更新换代，使建筑基础施工技术朝着文明、高效、节能、无震动、无噪声、绿色

环保等方向发展，也为防止"豆腐渣"工程作出较大的贡献。

——（静力压桩机）项目成果有力地促进了环保型施工方法及设备向海外发展，特别是在WTO带来的经济全球化趋势的今天，为实现我国工程建设机械出口创汇、节汇作出了贡献。

——（静力压桩机）项目成果极大地促进了行业的技术进步。特别是准恒功率设计方法及其压桩系统的提出，使整个液压静力压桩机的系统设计方法发生了本质的变化。

……

何清华的博士研究生、山河智能副总经理朱建新评价说："何老师眼光独具，发现了常人发现不了的东西，而且抓住了问题的关键点""这次静力压桩机的研制，是学术成果和经济效益的双丰收。这大概是何老师没有想到的，也是我们大多数人没有想到的。从此，何老师，还有我们，与工程机械结缘"。

在世界工程机械产品中，完全属于中国原创型的机型是很少的，而"何清华版"系列液压静力压桩机则是一款中国原创型的高效节能、绿色环保的大型桩基础施工设备，出口到中美洲、南亚、东南亚等地区以及俄罗斯等国。国内几乎所有的压桩机均"免费"模仿或克隆了"何清华版"。面对无奈的现状，何清华说，他促进了该产品向绿色环保方向发展，也促进了施工方法的推广、行业的技术进步，创造的是社会效益，心里安然。

何清华研发的这种具有"革命性变化"的静力压桩机获得了2003年度全国科技进步二等奖，成为那一年评选中工程机械产品获奖等级最高的，而且是唯一的项目。

回顾何清华在机械装备领域的历程，液压凿岩设备让他走进了科学研究的殿堂，液压静力压桩机的成功不但让他的研究领域从矿山设备进入更广阔的工程机械领域，同时为他日后创办企业走向人生新征程奠定了坚实的基础。

五、特色鲜明的科研之路

从1984年到1999年的十五年是何清华以科研教学为主的时期，其间除了完成了上述几项较大的科研项目外，为了研究所的生存与发展，他还完成了多项技术跨界较大的实用化项目。比如涟源钢铁厂炼钢电弧炉改造的项目，湘潭钢铁厂热电分厂消除汽轮机喘振项目，金川有色公司的选矿自动化项目，等等。何清华的科研之路在精神与行动层面上展示出一些鲜明特色。

(一)科研成果，强调实用

何清华特别追求科研成果的实际应用。他经常说，作为从事应用科学研究的人，如果成果不能应用到生产实际之中就会感到很没意思，也是说不过去的。无论是他的专著还是项目成果，基本上都展示了从理论研究、技术发明、工程设计、样机制造、现场服务到持续改善这样一个完整的系统化工作。

(二)深入现场，手脑并用

何清华在矿山凿岩设备研制中的吃苦耐劳事例很多，进入工程机械领域同样如此。他全程参与了第一台液压静力压桩机的试制过程。那时珠海的桥梁很少，第一台 ZYJ180 型压桩机从长沙运到珠海后，又花了一个通宵再加大半个白天才运到西区。在工地上，何清华主导并亲自动手参与了组装过程。由于缺少经验和工具，从到货后的当天下午开始，一直工作到第二天晚上 9 时多才完成组装调试。

(三)立足长远，舍得投入

研究型大学一般给予有项目有经费的课题组较大的自主权，项目负责人或研究单位负责人掌管经费专用账户的开支，项目完成后结余的经费可以用于购买科研仪器设备、改善办公环境等，也可以提成分配给项目组或单位成员个人。20 世纪 90 年代中期，何清华团队仅三位正式教师，科研经费只有几万元。当时，学校分配给他们半间办公室(与另一个教研室合用)，办公设施非常简陋、形象显得土气。平日生活非常简朴的何清华却决定装修办公室。他对大家说，我们白天大部分时间在办公室，工作条件改善了不仅工作方便，心情也会舒畅，效率就会提高。如果办公室没有人愿意待，怎么开展工作？怎么会出成果？他成了在中南工业大学第一个用结余经费装修办公室的人。果然，装修后的办公室成了老师们的"家"。

工程设计是何清华的"手艺"，传统的工程设计靠的是手工绘图，人称"爬图板"。辛苦不算，效率也较低，而且保存或复制的办法就是晒图。这时，计算机辅助设计的 CAD 软件已开发出来，但价格比较贵。何清华决定采购 5 台当时先进的 586 计算机和 5 套 CAD 软件。除学校计算中心外，他这里的计算机条

件成了最好的。但此举几乎花光了所里的课题经费。他要求年轻教师和研究生放下图板、铅笔、三角板等，拿起鼠标使用计算机绘图。开始时，大家遇到困难，使用不熟练，也对这个软件产生了怀疑。于是，他自己带头学习CAD，很快从手工绘图高手变成了计算机绘图高手。他特别讲究方便与效率，在大量的绘图过程中积累了经验。他还与团队一起，帮助当时流行的国防科大银河CAD完善了很多功能。因此，智能机械研究所成了中南工业大学第一个将计算机绘图成功用于工程设计的科研单位。

钱都用在了科研投入中，个人提成的收入也就少了，但是一段时间后，大家都非常感激何清华，说当时的投入非常值得，无论是对智能机械研究所的发展还是对个人素质的提升，都具有重要意义。

（四）重视团队，公平公正

学校科研团队分配结余提成经费一般都是当头的一人说了算，而且往往是不透明的，何清华则要大家讨论，制定了"系数分配法"，即确定每个人的分配系数，分配系数与个人能力水平、工作量大小等相关，再根据系数算出每人应得的金额。原则确定后，由核算人员分配到位。

对于这十五年的教学科研生涯，何清华用"十分充实"四个字予以概括。他结合当时的情景，道出了自己的感受。

时间用得十分充实。他从未休过学校寒暑假。建于20世纪50年代中南矿冶学院时期的那栋苏式建筑——采矿楼四楼是何清华待得最多的地方。如果不出差，他一天的活动规律是，早上从家中蹬自行车到采矿楼，中午简单地填饱肚子。晚餐因为妻子的工作单位在河东回来得比较晚，他下午下班后回到家先淘米煮饭。趁着煮饭时间赶到校门外的菜市场买菜。回到家时饭已经煮熟，他就赶快做菜，一荤一素一汤就是他家餐桌上的"基本模式"。妻子回来时，全家开餐。晚饭后，何清华又回到采矿楼四楼工作到22时左右。作为一个工科教授的他将炒菜过程也"程式化"了。人到七旬，他仍然记得当年做鱼"程式"，剖鱼几刀，剁鱼几刀，煎鱼几铲，煮鱼几分钟，多少时间做成。做事程式化可以省时，对于肩上担着科研、教学任务，要不断更新知识的何清华来说，时间永远不够，时间永远宝贵。

教学科研工作十分充实。当时，他的重大科研项目一项接一项，而且时间要求很紧张，只得交叉进行，理论分析计算、实验室试验、艰苦的现场工业试验等,轮换着来。在研究生们的能力没有发挥前,他个人专著论文方面的工作十分繁重,一些论文都是在出差期间借助可编程计算器完成的。作为教师,他还有一项任务就是负责本科生的实习与教学,给研究生上课与指导。除此之外,还得到矿山做工业试验,去工厂指导样机的试制,时间非常紧张,但他仍不忘运用出差时间更新知识。譬如说学习日语,他出差时常带一个小盒式录音机,小电池不耐用不合算,就自制了一个能装大号电池并能与录音机连为一体的大盒子。在一座难求、拥挤不堪的火车上,他将随身带的报纸铺在地上或别人的座位下面,坐在地上或躺在座位下,戴上耳机听日语……

他在工程设计上的作为更大了。有人曾如此表述,"讨论科学、技术、工程相互的关系,无疑将会突出从科学向技术的'转化'和从技术向工程'转化'的问题""工程活动是现代社会存在和发展的重要基础之一。工程活动不仅是特定目标的技术的综合集成,而且是在技术、经济、文化、环境等因素综合作用下的一种社会发展活动"。也就是说,科学发现只有"转化"为技术发明才能直接为人类服务,而技术发明则要"转化"为工程建造,即人们使用的器物才能实现其"有用性"。从科学发现到技术发明再到工程设计,都是一个再创造的过程。在这中间,工程设计就是要将科技人员心中的"物"通过图纸表现和制造环节变成现实的"物"。何清华就最善于表现心中之"物",这有他所绘制的图纸为证。

打开他的用于办公与研发的两台计算机,分类科学严谨、查阅方便明了的文件夹里面,有着海量的涉及管理、研发、市场、调研等的各种信息资料,能给阅读者带来震撼。在他的研发计算机 E 盘上有一个"何清华主导的工程设计资料"文件夹,都是各种以他为主开发的产品工程设计图纸资料,里面的总体设计及重要的零部件设计都由他个人完成。这些图纸共计两万六千张,光静力压桩机的图纸就有近两万张。当年智能机械研究所由他设计制定的该所标准就有几十项。要说明的是,这里只是实现计算机绘图后的资料,还不包括大量的手工绘图资料。

这些图纸除反映出何清华主导的产品工程设计的系统性外,也表明他对于这种工作的兴趣,甚至可以说到了钟爱的程度。

他的几任秘书都知道,出差途中用 CAD 软件不方便,他会随身携带一些白纸,一旦灵感来了,他就会画出构件的草图来。近几年,这种创意十足的草图就留下了一大摞。

87

工作的充实必然是业绩的丰盈，也必然是人生积累的深厚。何清华的这些业绩与技术积淀为他日后创办企业奠定了坚实的基础。

（五）走向产业，另有他因

在事业上获得成功的何清华在一些场合下总是说："其实我是一个耐得住寂寞、潜心从事科研的人，我喜欢创新也善于创新……"从他的几本原创性很强的专著和众多的技术发明中可看出何清华是一位极具研发特质的教师。为何他没有走向以科研为主的人生道路而是走向以产业为主的人生道路呢？学校对教师科研任务的考核时，最重视的是政府支持的"纵向项目"，而与企业合作的"横向项目"是"低价值"的。何清华在学校期间承担的科研项目为什么大部分是"低价值"的"横向项目"呢？笔者从多方调查了解，认为原因有两个方面：一是何清华不善于与学校的主管部门打交道。当时的中南工业大学，其主管部门是中国有色金属工业总公司（简称有色总公司）。1991年何清华被破格晋升为教授，教授申报国家项目主要来自主管学校的部委，何清华自己去申报项目却从来没有成功过，他说后来去北京连有色总公司的门都不进了。二是他在学术上的发展空间无端受到了制约，一度连硕士研究生的招收都被限制了，博士生导师的资格也被延后多年，他花费了大量精力去发展特种机器人、大洋采矿等前沿学科也得不到所在学院的支持。为了他组建的智能机械研究所的生存与发展，他只能利用自身超强的实际工作能力去找企业争取"低价值"的"横向项目"。其重大发明——液压静力压桩机就是这样诞生的，它为何清华开启科研成果产业化的道路奠定了坚实的基础。所以何清华很庆幸科研道路上曾出现的这些"坎坷"，正是这些"坎坷"，反而迫使自己人生道路转向更自主更广阔的空间！

第四篇

企业初创时期

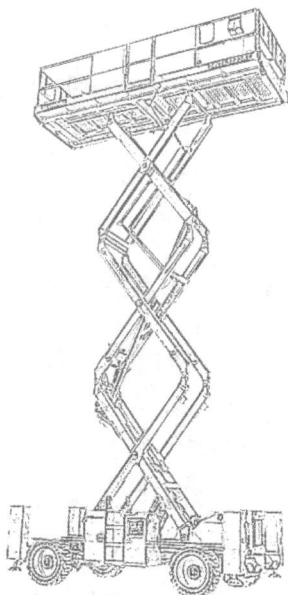

在机械教学科研领域潜心十五年，最揪心的事是什么？何清华会毫不犹豫地回答：科研成果不能转化为生产力，不能为国家建设服务，回不到科研的"出发点"。一路走来，何清华总是思考促进成果转化的问题，思考如何把转化的主动权掌握在自己这样的科研人员手里。

与一般纯"学院式"出身的科技人员不一样的是，何清华在工厂摸爬滚打十多年，懂得如何将纸上的东西变成产品，对产学研一体化有着多年的思考，因此创办企业也就成为何清华潜心机械事业路上的必然选择，也是水到渠成的必然结果。

一、创办产学研一体化的山河智能

创办企业，既是何清华潜心机械事业路上的必然选择，也是他性格的使然，即做自己喜欢的事。

（一）夙愿——自主做自己喜欢的事

何清华识字很早，初小时就可以阅读长篇小说。他看了《鲁滨孙漂流记》后产生了强烈的愿望，要成为现实生活中一个独立生活的鲁滨孙。他拥有各种木工工具，能自制各种木制品，包括木头枪、木头飞机、木头船、板凳等。只是因为当时家中贫寒，母亲管得很严，他不能将想法变为现实。1965年下乡当生产队长，何清华就一门心思带领队员们看书种地，将所在生产队办成了全农场最好的队。1968年，他带着一帮知青到江永千家峒创办了乌托邦式的大远小农场。1971年已在益阳泞湖公社农机厂的他还想回江永创办公社农机厂。为实现"自主做自己喜欢的事"，他选择了自办企业这一条路。

1992年，他给中南工业大学和中国有色金属工业总公司领导递交了创办液压凿岩设备公司的可行性报告。办好公司，他有这个底气，也认为是一次实现自己夙愿的机会来临。

(二)成立合资公司

何清华发明的液压静力压桩机除了授权二十三冶一公司湘乡矿山机械厂生产，还授权了广西建工集团的机械厂、长沙冶金机械厂生产。当时，这三家是国营企业，体制的弊端和多年积累的沉疴，使得它们对这项技术的推广很不力。长沙冶金机械厂在长沙是排在前列的大型重型机械制造企业。原来担任二十三冶一公司湘乡矿山机械厂厂长的许某某应他担任厂长的同学的邀请来到这里担任副厂长，共同整顿这家管理与效益都不好的大型国营企业。许某某极力促成何清华将更大吨位的静力压桩机授权给长沙冶金机械厂生产，因此这里先后生产了 240 吨、320 吨、600 吨等好几个型号的设备，每一个型号推出时都是当时最大吨位的压桩机。但这家国营企业积弊难改，管理混乱，整体效率低下，尽管订单几乎都是何清华带来的，可进入生产环节，一台压桩机四个月还交不了货。那些等设备施工的客户打电话找何清华催货，他只好以"停电"等做掩护，替厂方圆场。而且，厂里的产品质量问题也很突出，譬如，好不容易开发出当时压桩力最大的 ZYJ320 型压桩机，运到广东中山，客户用了不到一天，关键部件夹桩箱就开裂了，而厂方和客户"认识高度一致"，也不彻底检查机器，就认为是何清华的设计有问题。对于设计，何清华很自信，肯定是可靠的。在他的坚持下，将钢板焊接的夹桩箱打开一看，里面承担巨大夹桩力的加固肋板只是简单点焊而没有正式焊接起来，这就是厂方制造质量出问题了。施工不能停，只能连夜抢修。早春的广东有时晚上还是很冷的，身为教授的何清华带领人员冒着冷风在野地抢修，而长沙冶金机械厂的几个工人则坐在双排座卡车的驾驶室里避风。半夜修好机器后，何清华和几个同事站在卡车货箱中迎着冷风回住处，那几个工人依然心安理得地待在驾驶室中。身为副厂长的许某某尽管也陪在现场，居然也没办法指挥动那些懒散的工人。事实表明，在长沙冶金机械厂要进一步改进、完善产品会遇到重重阻力，即便强制执行也达不到目标。

何清华因为设计创新和动手能力都很强，能到现场解决生产中的实际问题，必要时还经常亲自动手处理制造和使用中的难题，得到了工厂领导和技术骨干的尊重。譬如，先后担任二十三冶一公司湘乡矿山机械厂厂长和长沙冶金机械厂副厂长的许某某就很尊重他，连是否离开湘乡到长沙任职的事情都听取他的意见。但在这种厂校合作的过程中，何清华感受到了很多力不从心的问

题，如交货周期长、产品更新慢、质量问题多等。他认为这是多年国营体制养出来的毛病。如何克服国企这种毛病？还有其他的成果转化方式吗？一份订单让何清华迈出了探索的脚步。随着"何清华版"压桩机在广东地区销售数量增加，何清华在广东地区声名鹊起。1997年的一天，中山一个要买压桩机的老板找何清华与许某某定一台380吨的压桩机，并提出原来生产厂的质量不好，交货期太长，要求另行组织人马生产。他俩当然非常愿意这样做，不过何清华提出要做就正式成立公司做，许某某却打算打"地下游击战"，组织一些人租个地方生产，任务结束人马解散，个人赚些钱就行了。在何清华的坚持下，许某某最后同意创办公司。何清华从有利于生产角度考虑，请二十三冶一公司湘乡矿山机械厂的副厂长杨某某加入进来。于是三人达成协议成立股份公司，何清华占股34%，许、杨各占股33%。但何清华的本意是中南工业大学占股34%，于是他给学校写了一个报告，说准备创办一个合资公司，请求予以支持。下面是当时何清华给学校某处的报告。

关于合股成立公司的报告

处领导：

　　我们机电技术与装备研究室近年来研究开发的专利产品——ZYJ系列液压静力沉桩机转让几个工厂生产后的总产值已达数千万元，获得了显著的经济效益和社会效益。由于提成比例太小和工厂拖欠转让费，我们得到的技术转让提成费还不足一百万元，大约相当于应得的一半。我们一直想自己组织生产，但因这种重达数百吨的重型设备生产难度大、占有资金多，并且缺乏熟悉生产工艺和管理的人员等而无法实现。

　　目前，有两个来自生产我们ZYJ系列液压静力沉桩机厂家的离退人员，他们熟悉制造工艺和生产管理，并且掌握了一定销售渠道，目前要我们与他们合股生产这种专利产品，并由我们提供技术，他们提供注册资金在长沙市高新技术开发区成立一个工程机械制造公司。经过近两个月的酝酿，特别是这两天的实质性协商，对方终于同意以我们为独立法人方成立这个公司，并草拟了公司章程等文件。我们出任董事长占34%的股份，对方各占33%的股份。由于对我们来说没什么风险，同时我校的科技成果能直接为长沙市的经济建设服务做一件实事，所以决心抓住这个能使我们研究室获得较大发展空间的好机会。为此，特向处领导提出成立合股经营的工程机械制造公司的申请。由于目前已有较可靠的订单，时间非常紧迫，所以希望能尽快给予批复。

此致

敬礼！

机电工程学院液压机械工程研究所

机电技术与装备研究室主任

何清华

1997 年 2 月 28 日

没想到，当时学校不同意。何清华解释说，不要学校出钱，办大了对学校是好事，还能为学校科研人员的科研成果转化开辟一条新路。但学校还是没同意。

正当一筹莫展时，何清华遇到了采矿系一位创办了复印公司的退休教师，对方问办公司的事情进展如何，何清华讲了学校的态度。这位老师告诉他："办公司不要学校证明，你拿身份证到工商局去办就可以了。"何清华将信将疑地问："是这样吗？"得到对方肯定的回答后，他第二天赶到长沙市高新技术开发区办公室了解办公司事宜。在了解何清华的教授身份，并且是用专利产品注册公司后，年轻的工作人员马上说代他办理各种手续。这时，何清华才对另外两位合资人讲可以正式开始办理公司的注册手续了。

合作办公司讲究一个"和"字，既然三个人合作，那么就给公司取名为"长沙三和工程机械制造有限公司"。没几天，高新区通知何清华，说是公司注册手续办好了。年轻的工作人员交给何清华一份工商局的登记证书，对他说："这就是你的公司了！"

为了明确合资公司与学校的关系，何清华后来又让合资公司与学校签订了一份与一般厂校合作模式相同的技术转让合同。

有关 ZYJ 系列液压静力压桩机技术转让协议书

为促进无公害静压桩施工法的推广，中南工业大学（甲方）和长沙三和工程机械制造有限公司（乙方）就转让 ZYJ 系列液压静力压桩机技术达成如下协议。

一、双方责任

甲方：

1. 提供设计加工全套图纸；

2. 提供产品使用说明书；

3. 提供主要配套外购件的清单;

4. 参加产品制造和使用的现场服务;

5. 协助乙方扩大市场。

乙方:

1. 负责图纸的工艺审查;

2. 负责加工工艺制订;

3. 负责加工制造、装配、销售。

二、在合作期间乙方按 ZYJ 系列液压静力压桩机销售价的 3.0% 向甲方支付技术提成费;

三、乙方不得向外扩散 ZYJ 系列液压静力压桩机的技术资料;

四、合作期暂定为五年;

五、未尽事宜,协商解决;

六、本协议一式六份,双方各执三份。

中南工业大学　　　　　　　　　长沙三和工程机械制造有限公司

(盖章)　　　　　　　　　　　　(盖章)

委托法人:　　　　　　　　　　委托法人:

联系人:　　　　　　　　　　　联系人:

电话:　　　　　　　　　　　　电话:

1998 年 9 月 28 日

他们将客户的预付款作为投资资金,租赁已基本停产的国营机床铸造厂的半间闲置厂房,合资公司就正式开张了。

(三)"道不同",合资公司解散

三和公司由何清华任董事长,许某某任总经理,负责日常经营。许某某精打细算的运作能力确实很厉害,他尽量少投入,一单做完后连废钢铁都处理得一点不剩,工人要买把榔头都舍不得,公章、账目、票据都放在手提包中,合资公司成了另一种意义上的"皮包公司"。虽然公司是盈利的,但实际管理者追求短期利益和不规范的管理行为与何清华从长计议、严格管理的经营理念之间的矛盾必然日益增大。而且,租赁的生产车间是以铸造为主的,并不适合机械制造；这里除了铸造厂自己外，还有其他企业也租赁了这里的厂房，这里就像个"大杂院"；加上各种设施年久失修，生产条件很差。三和公司置身其间，自然谈不上"独立形象"，又岂能做长久打算？

何清华一直在寻找更合适的地方。当时，有人告诉他，长沙市岳麓区区管观沙岭工业园内有个长沙车轮厂，厂房新建后基本没用过，有几家公司正想租用。何清华马上与之接触。时任岳麓区委书记的谢建辉比较一番后，认为何清华的技术型公司发展潜力大，同意以比别人低的租金租给三和公司。1998年底，在何清华的强烈要求下，三和公司的员工们冒着大雪将破旧不堪的厂房中属于三和公司的所有设备搬到了岳麓区观沙岭。许某某、杨某某虽然都属于在职人员，但不经常在公司，特别是杨某某认为公司前途不明，在公司时间就更少了。1998年9月，为了加强研究所的设计能力，何清华以学校研究所的名义聘请了原衡阳工程机械厂的技术负责人柏红专，年底又将长沙矿山研究院国家级检测中心的副主任龚进引进中南工业大学机电工程学院液压机械工程研究所。为了加强三和公司的管理，何清华安排龚进和柏红专参加公司管理，分别主管行政人事和生产。公司形象升了级，管理趋向规范，但何清华与许某某在管理理念和经营方针上的矛盾却越来越大了。如何和平分手成了迫在眉睫的事情。经过艰难的谈判，几经波折，终于达成了许某某、杨某某带着有效财产退出合资公司的协议。参与合资公司管理的龚进觉得以何清华为代表的校方从财务的角度来看太吃亏了，答应他们的条件太快了。可何清华说：以公司目前的状态做下去是做不好的，这种现状结束得越快越好，就当是从头开始吧！

何清华特别喜欢高山大河，爬山游泳是他为数不多的爱好，所以他将新公司取名为"长沙山河工程机械有限公司"。可是，那些有效财产被许、杨带走了，山河公司几乎就是个空壳，初期资产实力与许某某他们组建的新公司无法相比。

结束了与许、杨合资办企业的日子，何清华的企业实践翻开了崭新的一页。1999年8月28日，在喜庆的鞭炮声中正式开张的山河公司，与原三和公司相比完全不同，它以一种重视研发、立足长远的全新姿态展示在世人面前。尽管与许某某分手了，但何清华仍然公正地评价这位以前的合作伙伴。若干年后，他回顾这一段历史时说，要感谢许某某，因为他在静力压桩机专利产业化的过程中发挥了重要作用。他还认为，从许某某个人的经营理念来看他的做法也是正常的，可以理解的。但他坚定地认为，理念的不同，分手是必然的。他

办企业的初衷是加速成果的产业化，若仅仅是为赚钱就没有必要办这个企业了。这次合作的分手对他的另一个教训是，主要管理者必须具有共同的经营理念，必须规范对公司的管理。他以前担任董事长时不直接参与经营管理活动，只在从事产品研发的同时在一旁观察和感受企业的经营活动，而现在他直接掌管企业，就必须将自己的理念和认识等变成具体的管理手段。因此，山河公司一成立他就强调：公司一不准搞家族制，二不准搞帮派。何清华后来回忆这一段经历时说，在理清三和公司关系的过程中，龚进始终保持与何清华相同的经营理念，拒绝短期利益，在组建新公司的过程中发挥了重要作用。

（四）成立自己主导的公司

何清华在自己早期的办公电脑中找到一份长沙山河工程机械有限公司的"1999 年大事记"。

长沙山河工程机械有限公司(长沙三和工程机械制造有限公司)
1999 年大事记(含 1998 年底)

1998/12/22 经何教授的多方考察与争取，公司最终与长沙市汽车车轮厂签订《厂房租赁协议》。公司租下车轮厂在观沙岭工业园的整个新厂区，协议租期八年。

在此之前，公司租用长沙机床厂(新开铺)的半间车间，生产办公条件因陋就简，公司没有一个整体形象，生产经营断断续续，公司活动单纯集中在生产方面，市场开拓严重不足。

12/25 何教授一行从昆明购置旧机床设备 11 台件，价值 40 余万元。

1999/01/02 公司搬迁(1998/12/27 至 1998/12/31)，设备安装、调试。公司搬迁到观沙岭工业园后面临的形势：压桩机产品市场开拓乏力，管理层面上没有形成统一的追求目标，公司急需彻底结束"游击战"，步入正规、稳定的发展轨道。未雨绸缪，何教授多次主持召开恳谈会(如 1998 年 12 月 24 日，1999 年 2 月 3 日、2 月 10 日、2 月 12 日)，设想公司近中期规划，讨论 1999 年具体工作。力争 1999 年产值过 1000 万元。

02/26 "长沙三和工程机械制造有限公司"在新厂区挂牌。

02/28 公司召开董事扩大会。主持：何；参加：许、杨、龚、柏。议题：公司的建设与近期工作。会议提出：①在特定条件下造成的不规范管理机制，应尽快规范、严格起来。如职工工资定级与发放、食堂就餐、劳动管理等，并隐隐地提及了财务主管与出纳"夫妻制"问题；②加大市场开拓力度；③公司应着手形象策划、厂区环境整洁，加强公司产品宣传力度；④尽快结算公司从成立至今的财务；⑤着手新产品调研与开发工作。会上就杨、龚、柏三人分工安排如下。

杨：经营、生产计划；

龚：人事、行政、办公室、企业策划与管理、财务制度建立、外联、后勤；

柏：现场生产、新产品试制、现场技术与工艺。

03/01　公司进入长沙市 510 工程企业(民营高科技企业组，全市共 10 家)行列。

03/02—06　何教授、杨经理下广东，先后与 6 家意向客户洽谈，拉开公司迁址以来营销第一幕。市场反馈的信息：①我公司的技术实力与产品实占份额极不相称；②国家启动内需，刺激消费战略，带动了华南房地产回升，桩机市场呈现看好势头。

03/22　公司迁址后的第一批产品广告册出版。

03/22—24　何教授、许经理下杭州开拓市场。反馈的信息：华东地区非常适合预制柱基础施工，目前流行薄壁管桩以降低成本。解决薄壁管桩的夹桩问题是开发此市场的突破口。

03/29　公司首次着手工商年检。由于管理上的问题，公司成立至今尚未进行过年检。

04/14　省科委主任曾庆炎、工业处陈岳麓，市科委主任易宇欣来公司视察。

04/15　公司商标 SUNWARD 正式申请注册。

04/17　广东省基础公司一次订购的 2 台 680 吨桩机投料生产。

04/19　公司迁址后的第一台产品 120 吨桩机出厂。

04/20　晚上，公司召开第一次全体职工大会，研究所老师参加，共计与会者 36 人。中心议题：生产动员。

……

05/08　公司首次正式任命班组长、质检员及安全员。

05/12　岳麓区谢建辉书记、曹再兴副区长来公司指导工作。

05/24　公司成立至今的财务结算有了初步结果。与此同时，有关公司股

东权益调整已经多轮商谈，未果。

05/29　公司全面承制的"隧道凿岩机器人"结构件全面下料，外协加件陆续到达公司。

06/16　公司被授予省"专利技术产业化示范工程企业"。

06/21　国税六分局来公司年检。

06/22　湖南经视台记者来公司采访何教授，25日《经济环线》栏目以专题报道形式播出。

07/02　何教授题词"修身治业、兴企强国"。

07/17　三和公司各方合作困难加深，三方在原巨洲酒店共同讨论公司分立事宜，并达成如下一致的口头协议：自愿解散原公司，三方各成立一个新公司，三方均不再使用"三和"字样，许、杨表示新公司成立越快越好。

07/18　何教授主持布置新公司注册事宜，并定名为"长沙山河工程机械有限公司"。

07/21　采用"边桩""角桩"处理装置的680吨桩机出厂。

07/25　公司正式聘请省第一律师事务所盛永健律师为公司法律顾问。

07/30　"长沙山河工程机械有限公司"正式注册，领取营业执照。何教授任公司董事长兼总经理。

08/05　在观沙岭工业园主持召开三和公司三方股东会议。在区政府曹区长、工业园李正文书记的协调下，不同意三方分立协议的许、杨终于同意分立方案、解散原合资公司。

08/12　长沙山河工程机械有限公司首批产品广告册面世，标志山河公司独立形象宣传的开始。

08/14　长沙市谭仲池市长、岳麓区彭秋纯区长来公司视察。

08/26　三和公司三方达成分立协议，签字生效，三和公司宣布正式解散。

08/28　上午10：18，"长沙山河工程机械有限公司"正式挂牌成立。

下午，山河公司举行成立大会。中南工业大学液压机械工程研究所人员及公司全体员工参加，共计51人。

09/11　山河公司中山售后服务部挂牌成立。

09/15　何老师题词"科教兴产业，产业促科教"。

09/26　日本专家高桥义雄教授来公司参观。

10/06　公司投资扩建车间18 m×78 m。

10/26　省科委向长沙山河工程机械有限公司颁发高新技术企业证书。

10/27　李晓春来公司工作，同时被任命为副总经理，安排主管生产。

11/8　公司注册登记 E-mail：Sunward@ Public. cs. hn. cn。

11/20　厂区环境整治，种植草皮。

12/11　中央电视台二台《星火科技》栏目来公司进行专题采访报道，省科委副主任潘奇才同行来公司指导。本次采访报道内容在 2000 年元月 28 日如期播出。

12/16　公司首台适应薄壁管桩桩机顺利出厂（380 吨，杭州用户），首次采用薄壁管桩技术（专利号：ZL99249764.7）

12/17　岳麓区召开 1999 年经济工作总结大会，公司列入三家典型发言企业之一。29 日区委、区政府召开全区扩大会议，公司列入受重点表彰的两家科技型企业之一。

12/25　公司首台 800 吨桩机出厂，实现国内真正能压 600 管桩零的突破。

12/28　科技部"863"主题办专家成员视察隧道凿岩机器人项目进展情况。

12/29　公司网站 http：//www. Sun-ward. com. cn 正式登记注册。

12/31　公司全体员工合影，迎龙年千禧。公司召开职工大会，表彰先进（先进班长：肖春其；先进员工：张少凯、文辉、陈新煌；先进学徒：胡敬忠）。

　　该大事记如实记载了山河公司创立前后发生的重大事件，其中最重要的当然是山河公司的问世，相对已经五十有三的何清华多年的夙愿来说，这一天来晚了一点，但终于来了！

　　历史会记住这一天：1999 年 8 月 28 日上午 10 时 18 分，"长沙山河工程机械有限公司"正式挂牌成立了，地点在长沙市西北角的观沙岭。一位操办挂牌仪式者回忆："那天，我起了个大早，把用 10 毫米厚钢板割的字焊在钢板上做成的公司招牌从车间里搬到了工厂的大门口，用电锤打好挂钩，又去买了两串很长很长的千响鞭炮，在工厂的大门前，绕成两个大大的'8'字，象征着'8 月 28 日'——'发而发'，意味着山河公司兴旺发达，前途似锦。"

二、艰苦奋斗、高歌猛进的观沙岭时期

（一）进入区办工业园

20 世纪末，位处长沙市河西的岳麓区基本上是一个以城郊为主的行政区。改革开放初期，区里的观沙岭村因创办以制鞋为主的乡镇企业而闻名于全国，岳麓牌布鞋畅销国内外。观沙岭工业园就是基于这一基础而建立的，园区的基础设施还停留在 80 年代乡镇企业水平。进了园区牌楼后，是一条长约两公里的道路，大部分路段勉强能过两台车，路线弯弯曲曲。公路两旁除了少数几家企业外，大部分是郊区农户。山河公司租赁的车轮厂就在这条路的尽头。新建还几乎未使用过的厂区在工业园里还算是不错的。没有公共汽车进园，离车轮厂近两公里处有一个公交站，运行的是一路间隔时间长且收班早的公交车。如果晚上七八点后要离开工厂，就要走上近一小时的路才能坐上公交车。早期的员工还记得，如果晚上住在厂区，还经常会从厂区某个角落传来猫头鹰的叫声。原车轮厂的留守员工还在厂区内养猪养鸡种菜。日本 KYB 是一家知名的挖掘机液压元件制造公司，山河智能是它在中国的第一个客户。2002 年 KYB 技术人员到观沙岭现场调试挖掘机，看到挖掘机周围有一群活泼可爱的小猪仔时，感到非常惊奇、兴奋。

何清华在公司成立两周年上的讲话中有这么一段描绘了当时的艰苦情景，也记录了他勇往直前的心路。

回首创业以来的 720 个日日夜夜，酸甜苦辣，百般滋味。作为我个人，每当回想过去，也总是胸怀激荡、感慨万千。

公司创立伊始，我们除了义无反顾的精神和技术依托外，其他可以讲是"一穷二白"。我们依靠技术信誉获得客户的预付款才得以起步；在岳麓区政府帮助下，我们得以租赁现在的观沙岭厂区；我们克服了重重困难，才走上了正常生产的轨道。记得刚进驻时，厂区到处是野草、黄土，车间里面是猫头鹰的乐园，晚上还可以听到令人悚然的叫声。开始时，公司的员工屈指可数，吃饭时，人数不到两桌；交通方面，没有汽车，半夜下班后，需要步行到石岭塘坐公共汽车……

条件就是这样艰苦，对每一个人既是一种压力也是动力。俗话说，"有心人，天不负；有志者，事竟成"；世上没有免费的午餐，也没有白流的汗水。经过大家努力，山河公司这颗种子，终于发芽、出土，并开始茁壮成长……

现在公司各方面的情况都有所好转，但我们将继续秉承这种吃苦耐劳、自强不息的精神走向更加成功的未来。

至于办公、研发的条件就更简陋了。营销部就建在原企业规划的车库楼上；重要接待与会议室由原一楼的储存室改建而成，在这里曾接待了省市主要领导、"863"专家、多位院士等。新公司成立后，何清华研究所的教师就常来这里上班，从外面招聘的研发人员也越来越多，只能将原来很小的办公用房与单身宿舍打通，研发人员坐到原来是宿舍的房间里办公。后来，随着研发人员增多，就打通了好几间单身宿舍作为专门的研发办公室。不过研发人员单独建立了局域网，他们所使用的计算机和绘图软件超过国内大部分企业的水平。

这些简陋的车间与办公室始终保持干净整洁的环境，加上全面实现了办公与研发的计算机化，特别是实行了相比原来更严格、规范的管理以后，山河公司凸显出与一般企业不同的现代科技气息，给客户及各类到访人员都留下了十分深刻的印象。

（二）亲力亲为的董事长

企业正常运转起来，何清华的工作模式与节奏也随之发生重大变化。特别是在公司创立的前两年，组织架构不完善，厂区也没有单独的研发部门和营销服务部门，学校老师也没来公司正常上班，何清华只能一人扮演多种角色。

营销：在此期间，何清华凭借个人在压桩机产品的设计、制造、性能、成本、施工等方面的权威性与丰富的经验，对所有销售订单达成都发挥了关键性作用。早期产品样本、营销支持资料都是他亲自动手完成。客户评价这些资料"非常实在"。

服务：早期的新产品一款接一款快速推出，设计与制造难免会存在问题。当时整个运行体系还没完善，缺乏熟悉产品、处理故障的人员，一旦施工中出现零部件损坏或难以解决的故障导致停工时，客户就会心急火燎地给何清华打电话，也不顾及他的教授身份，讲话毫不客气。这时，何清华只能耐心解释，并及时赶到现场通宵达旦地处理问题，因为顾客就是上帝。有时为了省钱和省

时，他会亲手提着几十公斤重的零部件上火车赶往施工现场，顾不得满地泥水、油污，马上动手处理故障。

采购：公司生产中缺这缺那也是经常的事。为了保证及时供应，何清华常常自己开车到市里面采购，包括到旧货市场淘货，买到东西后又匆匆地赶回来。

设计与工艺：这是何清华承担的最重要的角色，因为这不是一般人能解决的，而且其中涉及大量的创新工作。例如，为快速开发出薄壁管桩压桩机，从设计到绘图，他都是亲自操刀。有时，上午将设计图纸送到制造车间，下午发现有不合适的地方就马上修改。他常常为改变加工方法直接跑到车间安排实施。在这种亲力亲为、快节奏的工作状态下，有一款机器从设计到出厂只用了 44 天时间。

类似的例子还有许多。

(三) 第一辆汽车是"昌河"

由于交通非常不方便，公司刚搬到观沙岭时就决定买一辆载人装货都行的面包车，于是选择了当时普遍使用的"昌河"牌。这种车是我国当时具有代表性的乘用车。这种面包车外形装饰简陋，只有四个挡位，排量 0.8 升，最高速度仅 80 公里/小时，但价格可不便宜，上完牌照接近 6 万元。公司创办初期资金紧张，何清华便拿出自家所有的积蓄先垫资买下这辆车，直到后来引进了外部资金才还回他。这辆车一共行驶了 22 万公里，是山河公司名副其实的"功勋车"。它一是通勤车。当时除了专职司机外，公司只有何清华会开车。为接送员工上下班，他每天早上开着车从桐梓坡家中出发，到溁湾镇接到以中南工业大学教师为主的员工，再到观沙岭上班。连司机共六座的车中最多时挤过 14人。二是物资采购车。到市内采购生产、办公、生活所需的物资，都是它"负重前行"。何清华曾多次开着它到旧货市场购买便宜工具、边角材料等。三是接待用车，接送客户。车买回来的第二天就送客户到黄花机场。四是驻外分公司的第一辆销售与服务用车。当时，公司的压桩机客户主要在广东广西地区，公司在那里派驻了服务小组，为能快速反应，这辆车也就随服务人员长期在那里奔驰。若干年后，当有人提议卖掉这台状况不佳的面包车时，何清华建议留下来，让它作为公司早期发展情况和中国汽车工业进步的见证物。这辆牌照为"湘 A17516"的墨绿色面包车现在是山河智能展示厅中的一件珍贵展品。

（四）竭尽全力建设制造体系

何清华认为，技术成果的实施和一个好产品的产生都必须依靠好的制造体系。尽管在观沙岭租赁厂区时期资金十分有限，他仍竭尽全力要建设数字化设计和制造体系。这一决心基于他的这样一种认识：从 20 世纪 60 年代末到创办公司，他当过十一年机械工人，从事过十九年的科研设计工作，对中国机械制造与西方的差距有特别直观的感受。他认为，西方主要发达国家经过了一两百年工业化的积淀和制造业文化的熏陶，经过一代又一代的传承，产生了一大批经验丰富、职业化程度很高的机械工人和设计工程师，积淀了大量系统化的制造工艺、制造诀窍、专用工具、专用机床、专用生产线等，而中国缺少这种积淀，要达到这样的程度是很难的，起码在相当长的一段时间内很难做到。但自 20 世纪 90 年代开始，数字化设计与数字化制造两项革命性技术经大规模推广后，他强烈地感到这给中国制造赶超西方制造带来了极大的机会。所以从学校时期开始，何清华在经费十分紧张的情况下，率先在自己执掌的研究所实现了工程化的计算机辅助设计，成为中南工业大学"第一家"。在公司起步阶段，为了让机械零件的冷加工和热加工尽快上一个台阶，他的公司在观沙岭租赁的厂房中就购买并安装了数控车床和数控热处理设备。

山河公司租赁的车轮厂厂区只有一栋两跨总面积不到 3000 平方米的车间。山河公司的销售额节节攀升，原有厂房远不够用，从 1999 年 9 月到 2001 年 9 月两年的时间内分三次自建了近 7000 平方米的厂房。为了省钱，便依靠原有车间一面墙上准备扩建的建筑"牛腿"，用了三个月左右的时间，于 1999 年 10 月盖了一栋约 1400 平方米的简易厂房，用于压桩机大型结构件的生产。为节省成本，建车间时采用了何清华提出的在地面轨道上行走行车的方案，这样建车间的钢梁就不需要很大强度了；窗户则是从广州旧货市场买来的别人拆掉的旧钢窗。2001 年上半年，公司开始小型挖掘机的研制，新来的小型挖掘机研发团队提出要有相对独立厂房的建议，但原有厂房已没有相对独立的区域了。时间紧迫，何清华提出先在新盖的钢结构厂房外侧再盖一跨约 1000 平方米的简单车间。大约一个月时间就盖好了，第一台小型挖掘机的研制就是在这里完成的。与此同时，山河公司开始了比较正规的厂房建设。2001 年 9 月 8 日，一栋面积近 5000 平方米的三跨钢结构厂房正式投入使用。这是一栋带行车的比较标准的钢结构厂房，也是何清华创办山河公司以来建成的第一栋正规厂房。当时他带着兴奋的心

情看着新落成的车间，就像在欣赏一件自己亲手设计的产品。

何清华喜欢在厂房建造过程中高一脚低一脚地到工地查看，特别享受建筑过程中的变化。这栋新车间采用包工不包料的形式请二十三冶经验丰富的工人现场制作安装，电器安装也是请研究所老师朱建新家乡的农村电工采用包工不包料的方式完成的。严格地说，这些属于"违章建筑"，价格自然十分便宜，而且当时像这种零星建筑也没有什么严格的报建报批手续，大大缩短了整个工程的完成时间，这对早期的企业发展还是非常有利的。当时，国企单位工人工作量少，收入很低，而干这种"私活"能使他们获得比平时高得多的收入，自然也很高兴。当然，这样的便宜车间问题也不小。一个大雨的晚上，一位工人跑到办公室对何清华说："何老师，你赶快到新车间去看看有没有问题。"两个人一路小跑，刚进入车间，车间顶部发出的巨大声响让何清华吓了一跳。他仔细一看，原来是雨点击打屋顶彩瓦的声音。盖车间时为了省钱，屋顶采用的是没有隔热层的单层彩瓦，虽然经得起大雨的击打，可敲打屋顶的响声确实大得吓人！此外，夏天室内的温度也很高，工人在其中劳作汗流浃背。尽管这样，对公司来说，解决了生产场地严重不足的矛盾，适应了公司年产值 1 亿元左右的产能规模。

（五）产学研一体结硕果

从 1999 年创立于长沙市河西的观沙岭，到 2003 年初搬到河东的长沙市星沙经济开发区，短短三年多时间内，山河公司尽管生产生活条件简陋，但凭借前期深厚的技术积淀和创新机制，创造了何清华科研教学十五年期间远不能及的多项科研成果，取得了一系列令人振奋的业绩。

为了适应市场的需求，"薄壁管桩压桩机""可压边桩和角桩的压桩机""H 型钢桩压桩机""结构新颖的 80 吨、120 吨小型压桩机""680 吨、800 吨超大型压桩机"等压桩机新产品频频推出。原长沙冶金机械厂设备厂房在长沙属于一流，却四个月生产不出一台压桩机；而山河公司在观沙岭简陋的厂房中不用一个月就能生产出四台压桩机。从 1992 年第一台压桩机诞生到 1999 年自己办厂前的 7 年多的时间里，何清华研制的压桩机由国企制造总销量没超过 10 台；山河公司成立的 3 年多的时间内就生产和销售了近百台。

山河公司第一年就进入"中国工程机械百强企业"之列。尽管受到企业拆分导致净资产几乎归零的影响，年底还是完成了工业总产值 726 万元，并实现了盈利，通过了省科技厅的高新技术企业认证，跻身省内"高科技企业"之列。

2000 年，山河公司成为国家"863"计划智能机器人主题产业化基地，国家"岳麓山大学科技园示范工程企业"，国家"促进专利技术产业化示范工程企业"。这一年，"863"智能机器人主题重大项目——隧道凿岩机器人通过科技部验收，填补了国内空白。至年底，引进战略投资者资金1300多万元完成股份制改造。2000 年实现产值 2700 万元，利税 780 万元。

2001 年 1 月，湖南省金融证券办发布 1 号文件，批准湖南山河智能机械股份有限公司正式成立。随后公司成为科技部创新基金支持企业，被誉为长沙工程机械"四小龙"企业之一。企业还通过了 ISO9001：2000 国际质量体系认证，压桩机夹桩机构获中国专利优秀奖（当年全省唯一获此奖项的企业，也是省内最早获得此奖项的企业）。挖掘机获第六届 BICES 国际行业展会的"造型与外观质量评比一等奖"，液压静力压桩机获长沙市科技进步一等奖。这一年，企业产值达到 5500 万元，利税超过 1000 万元，在中国工程机械界崭露头角。

2002 年，公司获得自营进出口权，所研发的多功能液压静力压桩机获湖南省科技进步一等奖，被确定为湖南"小巨人"计划企业、湖南首批制造业信息化示范工程企业。公司承担的"钻结壳振动切削采矿头研究"项目被确定为中国大洋协会的深海资源开采技术子项目。公司被评为长沙市利税大户、技术改造先进企业，列中国工程机械企业综合指数排名第七位。而让山河人最为自豪和兴奋的是企业发展取得了历史性的突破：全年实现"三个过亿"，即产值、销售、回款均超过 1 亿元。

山河智能的发展超出了人们的预期，也超出了何清华的预期。被认为是产学研标志性企业的山河智能受到社会各界的关注与重视。由储存室改建而成的会客室接待了前来考察的科技部领导、省委书记、省长、"863"专家、"院士行"活动的人员、中央媒体记者等。在令人炫目的业绩中，何清华感到最欣慰的是他创建了一个实实在在可以实现成果产业化的产学研一体化平台。此时何清华的身份还是中南大学博士生导师，带有 10 余名博士、硕士研究生。仅仅几年时间，何清华很快就完成了由一个纯粹的科研人员到科研人员+企业家的转型。用他自己的话表述就是"学者型企业家是创新资源的整合者和凝聚核"。关于创办产业与教学、科研之间的辩证关系，他的体会是"通过资源整合，个人的能力放大很多倍。以前 100% 的时间搞研究，但没有好的转化平台，只有很少一部分得到转化，即便转化了实际效果也不好。创办企业后尽管个人从事科研的

绝对时间少了，但由于创办了新机制的企业，实现了实质性的产学研一体化，不但成果转化的效果远远超过以前，而且科研项目完成得更好。比如'863'重大项目隧道凿岩机器人。很难想象：没有山河智能的参与能在这么短的时间内制造出这样高水平的样机？"

三、股份制改造让山河搭上了健康发展的快车

何清华多次说：山河公司成立不久就完成了股份制改造，除带来了起步阶段需要的资金外，更重要的是带来了规范的管理。

（一）歪打正着的股份制改造

山河智能壮大上市后经常有人会问何清华，公司开始时为何能规划得这么好？何清华的答复大体都是这样：当时成立公司的目的就是如何让自己的成果能按自己的要求实现产业化，不要说上市规划，连贷款都没有去想，可以说一切都是顺其自然。

公司创办后总体发展不错，很快成为长沙市的"小巨人"企业，所以好事找上门来：工商银行金鹏支行的金行长问何清华要不要贷款。当时，山河智能维持简单的扩大再生产，所需的资金问题也不大，何清华想了想，问对方"给多少"，对方回答说可以给500万元，没想到何清华却说只要200万元。这可是信用贷款啊，不需要任何抵押，何清华却挡回去一大半。这是工商银行给山河智能的首笔信用贷款。何清华讨厌赌博，认为股市就是个赌博场。2000年上半年的一天，国家体改委和三九集团房地产的两位先生在中央媒体上看了隧道凿岩机器人研制成功的报道后找何清华了解情况。何清华、龚进在长沙河西金洲宾馆里与他们谈了近三个小时。他们向何清华和龚进详细讲解了资本市场与股市是怎么回事。何清华得到三个概念：第一，股市确实有投机甚至赌博的成分；第二，股市能持续为发展中的公司提供资金；第三，公司上市后即是公众公司，反而要求更加规范的管理。当时，市政府还组织一些成长性好的企业参加政府主导的企业改制上市培训。商学院的许彩国教授被长沙市政府聘为辅导企业改制上市的高级顾问，许教授满怀激情地开展这项工作。2000年下半年，何清华在第一次参加市政府组织的培训会后对讲课的许教授说，有时间请到山河公司来看看，并顺手给了一张名片。2000年10月下旬的一天，许教授给何清华打

来电话，说是华泰证券到长沙辅导"西城电子"改制上市，问能不能带他们到山河公司看看。何清华热情地回答说"欢迎欢迎"。本来准备空手返回的华泰证券上海投行的总经理胡旭一行跟随许教授来到了新成立不久的山河公司。他们了解情况后很高兴，觉得"东方不亮西方亮"，山河公司比原来考察的几个公司更值得辅导，于是，双方很快签署了相关协议。

这年的 11 月初，华泰证券上海投行就从上海带来具有资格的会计师事务所与律师事务所的人一起进入山河公司。当时，成立股份公司是一件大事，要经过严格的审查，还要经过省级金融证券办的批准。其中，公司知识产权的处理和引入战略投资者是最关键的两项工作。

（二）中南大学突破传统的"倒三七"政策

股份制改造能如此顺利完成，时任中南大学校长黄伯云发挥了重大作用。

与 1997 年何清华要送给学校一个公司遭"拒绝"时完全不同，黄伯云院士任校长时与负责科研的邱冠周副校长都积极鼓励教授专家用自己的科研成果创办学科性公司。为此，学校还出台了当时震动全国的两个"倒三七"的政策。其中之一是，即便是职务成果，创办公司时知识产权价值的分配原则是学校30%，课题组 70%。学校同时对外公开发表了当时别具一格的观点：知识产权作为国有资产最大的流失就是放在那里没用。如果实现了成果产业化，创造的价值都在中华人民共和国的土地上。中南大学这样的理念与行动在当时的环境中确实产生了振聋发聩的作用。正是有了这样的理念，学校科技处为了解决何清华职务发明合法持股的问题，在一周内专门成立了一家由中南大学绝对控股的有限责任公司，按"倒三七"的原则成为湖南山河智能机械股份有限公司的小股东，同时促成了何清华公司在规定的时间内完成股份制改造。当时，中南大学只是个小股东，后来企业上市后却获得了上亿元的净收益。从这个意义上说，相对那些大进大出的科研项目，何清华对学校的实际贡献是较大的。

（三）顺利引进战略投资者

知识产权的问题在中南大学领导的大力支持下终于解决了，其他与改制有关的大量工作也基本完成。

接下来是钱的问题了。胡旭总经理对何清华说，目前最难的就是如何说服别人拿钱投资山河公司。的确，几乎没有任何固定资产的山河智能如何令投资

者相信呢？何清华首先找到了已经办公司多年的弟弟们，要他们投资山河。弟弟们商量后告诉何清华，他们最多只能投 60 万元。律师事务所邀请上海一家房地产老板朱祥民来山河考察，朱总到长沙与何清华交流了解情况后，马上决定投资 300 万元，饭都没吃就返回上海了。何清华邀请"863"专家组组长贾培发教授所在的清华大学国家重点实验室投资，最后这家实验室的教师们以个人身份向山河投资。山河公司的业绩和何清华个人的潜在优势助推了投资山河的势头，由个人控股的长沙市高创投决定投入更多的资金。证券公司从全盘考虑，说服他们减少了投资。岳麓山大学科技园已将投资的钱打到规定的账号上了，因为其为国有资产，证券公司还是说服其退回去了。不到一个月时间，华泰证券策划所需的 1300 多万元投资全部引进到位，原来以为是改制的难点问题没想到这么顺利得到解决。与此同时，何清华也拒绝了亲戚们加大投资的要求。

在一个多月的时间内完成这么多工作是难以想象的。山河智能内部的资料准备工作主要由临时引进的证券办主任马传健女士和公司会计李军雄等组成的精干班子奋力完成。其间，2000 年底何清华主导的隧道凿岩机器人项目通过验收，公司也被授予"863"智能机器人主题产业化基地。所以，何清华将股份公司的名称定为"湖南山河智能机械股份有限公司"。他对这个名字的解释是"智能"两个字包含两重意思，一是要让公司产品的技术含量越来越高，二是公司的发展主要依靠全体员工的智慧与能力。

至 2000 年底，经过大量的工作，企业改制工作圆满完成。2001 年 1 月，湖南省金融证券办下达 1 号文件，批准山河公司改制成为股份有限公司。山河智能在通程国际大酒店举行了隆重的成立大会，省市相关领导出席。当时分管金融工作的省财贸办主任是原长沙市市长袁汉坤，他在大会上风趣地说：山河这两个字很好，有山就有靠，有水就能活。

何清华对这两句话印象深刻，对新成立的股份公司充满信心。

四、告别观沙到星沙

（一）寻找新基地成了当务之急

尽管在观沙岭盖了三次厂房，但还是不能满足山河智能快速发展的需要，更适应不了拟上市公司的未来发展规划，观沙岭不到 30 亩（1 亩 = 666.67 平方米)的"塘"确实是养不了山河智能这条不断长大的"鱼"。观沙岭工业园与岳麓区政府当然不会轻易让山河公司搬到其他地方去，它们千方百计帮助何清华寻找新的拓展基地，派员一起考察了岳麓区范围内的一些地方。于是，身为高新技术企业的山河智能自然将选择的目光投向在岳麓区的长沙高新技术开发区。高开区主任陈松热情接待了何清华一行。经过多次协商，双方于 2000 年底达成了购地协议。协议(摘录)如下。

土地转让协议书

甲方：长沙高新技术产业开发总公司

乙方：长沙山河工程机械有限公司

乙方为兴办高新技术产业，需要建设用地。甲方同意将长沙高新区望城坡产业基地的国有土地提供给乙方使用。就乙方购买土地事宜，甲、乙双方依据《中华人民共和国土地管理法》及省、市有关地方行政法规，本着平等自愿的原则，经协商订立本协议。

一、土地地块坐落、面积、用途、土地使用权性质及年限

1. 土地坐落范围：位于望城坡产业基地 1-03(西侧)地块。(其具体四至范围以长沙市国土局高新区分局认定的红线坐标为准)。

2. 土地用途：根据该基地总体规划，该地块规划为产业用地，具体项目为隧道凿岩机器人等现代工程建设机械，项目以管委会项目评审小组审定的可研报告报管委会批准为准，并作为本协议审批用地条件的附件(具体规划布局以规划部门审定的为准)。

3. 土地面积：初步测定，该地块面积为 100 亩(其中包含甲方正在申报办理征用手续的约 30 亩土地，具体数量以专业勘测部门实地测量的数据为准)。

4. 土地使用权性质及年限：该地块土地使用权性质为出让地，依据甲方与国土部门签订的《土地出让合同》，转让地块的使用年限为五十年，从 1999 年 11 月 25 日开始计算。

二、土地价格(以人民币计价)

1. 上述地块价格为每亩 15 万元，按该地块面积 100 亩计，总价 1500 万元(大写：壹仟伍佰万元)。

2. 土地价格中包含了土地出让金以及办理土地红线转让手续须向省、市各有关部门缴纳的各项费用(不包含土地测量费、勘探费、土地评估费以及购

买地形图等费用）。

（一）付款时间约定

1. 第一次付款：考虑到土地所在地块基础条件完善还有一定时间，本协议签订后一星期内，乙方付总地价款 3% 的定金 45 万元（大写：肆拾伍万元）给甲方。

……

（六）本协议一式六份，其中正本二份，双方各执一份正本，二份副本，均具同等法律效力。

甲方　　　　　　　　乙方
代表：　　　　　　　代表：
电话：　　　　　　　电话：

2000 年 12 月 29 日

尽管签署了购地协议，但高开区土地的交付时间一再推迟，何清华团队多次到现场察看催促也毫无办法。何清华的夫人易宇欣当时担任国家级长沙经济技术开发区的主任，曾担任过高开区党工委书记的她感觉不便将山河智能从高开区引到经开区，何况岳麓区不会轻易同意山河智能迁离，虽然经开区有良好的条件接纳山河智能，此时也不好主动伸出橄榄枝。时间很快到了 2001 年下半年，离与高开区签订购地协议已大半年了，购地之事却毫无进展，何清华一筹莫展。

这时，经开区的副主任汤定一到观沙岭山河智能考察，虽然他知道山河智能当时的名声不小，但现场了解后没想到生产场地竟如此拥挤，同时也得到了山河购地没有进展的情况，觉得以工程机械为主的山河智能更适合到经开区发展，并表示，如果山河智能选择星沙，将很快得到土地。这让何清华很高兴。

汤主任回去后很快带领经开区招商、国土等部门负责人再到山河智能考察洽谈，何清华带领龚进、柏红专等人到星沙实地考察。经开区方面推荐了几个地块，何清华很快就选定了当时漓湘路末端南边的一个小农场所在的小丘陵地带。事后有关人士如此评价这个地方：北临漓湘路，西临东二线，东临东三线，西北高，东南低，南北方向的长度比东西方向的长度要长，格局宏大，气势磅礴，一目了然；三面环路，玉带缠腰；车水马龙，交通方便，真是一块风水宝地。购地协议很快签订了，一共235亩地，分两期交付，2001年9月30日山河智能与长沙经开区正式签订了第一期（100亩）土地购买合同，2001年12月20日又签订了第二期（135亩）土地购买合同，一共购地235亩。

山河智能要正式进入经开区还要解决企业跨区域搬迁的难题。山河智能在岳麓区短期内用地问题不能得到解决自然成为搬离最合适的理由，但所在地"留客"也有千般理由。几经努力，还是经开区对岳麓区承担了一定的税收补偿后，山河智能才正式落户星沙，购地协议才真正生效。

山河智能的星沙园区由湖南省电子工程设计院设计，总体规划设计从2001年11月开始到2002年1月18日定稿。第一期是两栋车间，一栋带部分单身宿舍的办公楼和以食堂为主的综合楼。

2002年1月28日，山河智能的第一个产业园正式开工了。奠基仪式很隆重，尽管何清华只希望有个简单庄重的仪式，但在团队成员的积极操办下，还是请了长沙有名的堪舆大师李某某策划主持了富有传统仪式感的奠基典礼。说来也巧，早春的江南细雨绵绵，奠基日前后都下雨，可奠基日当天不但没下雨，而且在仪式期间太阳还稍微露了脸，这让大家惊喜。看着山河智能自己购地的第一个产业园区拉开建设大幕，何清华脸上更是阳光灿烂。

虽说园区是由湖南省电子工程设计院设计，但为了快速、省钱、实用，何清华对整个设计倾注了大量的心血，几座建筑物的基本形式与数据都是他参与制定的。譬如，他强烈要求车间采用当时在内地还不太流行的彩板钢结构，并且亲自与一家家承建钢结构的厂家洽谈，从中进行比较，这样不但采购到了当时价格最低、质量上乘的材料，他还学到了不少关于建筑材料的知识。又如，三层的综合楼顶楼原设计拟都采用混凝土框架式结构，那样三楼就有很多柱子。受钢结构车间的启发，何清华就要求改为钢结构大跨度屋顶，整层中间没有一根柱子，为后来改造成大会议厅、员工活动厅创造了良好的条件，又省钱又省时。开工后，他几乎每个周日都从河西来星沙工地察看，督导质量与进度。在钢结构车间建设中途，他又强烈要求更改，理由是相隔16米的两栋车间连起来更好，不但面积大了而且对物流与布置都很有利。而这时，两栋车间的钢构立柱都竖好了。设计与施工单位觉得他的看法有理，在他的强烈要求下进行了更改。

不到一年，一期工程基本完成，18000平方米的厂房（何清华提议将它定义为A厂房，后续在这个产业园中又建了B、C、D共四大厂房），6000平方米的

办公楼和综合楼，挺立在当时漓湘路最东头南边平整后的一片红土地上。

何清华对山河智能的美丽梦想，终于梦圆星沙经开区，梦圆山河智能产业园。

2003 年 1 月 18 日上午 8 时 48 分，彩旗猎猎，气球飘飘，鞭炮轰鸣，在处处还显露出基建痕迹的园区中，在雄壮的国歌声中，山河智能新基地启用仪式开始了。湖南省、长沙市和经开区有关领导以及公司高管、外地贵宾等出席了仪式。副省长郑茂清和中国工程院院士钟掘教授等到会祝贺。

(二)再次增资扩股

星沙第一个自建产业园(后成为第一产业园)首期工程的完成给山河智能在形象和空间上带来了突破性的提升。近两万平方米的七连跨大车间当时在长沙还是首屈一指的。静力压桩机、小型挖掘机等产品相对独立的装配线，专门的机加工车间，分产品的铆焊生产、抛丸涂装车间、热处理车间等很快就将大车间 A 厂房排满了。综合楼四楼的一个大开间是技术中心，一排排现代化的卡座和研发计算机前坐满了年轻的研发人员，单独的计算机房里配备了分别用于研发网和办公网的服务器。各职能部门员工都配备了统一的卡座与计算机。何清华一人有三台计算机，分别与研发网、办公网和外网相连。车间与办公都强化 5S 管理，办公实行通透的大办公室制。整个公司形象在当时中国的制造业企业中处于超前行列。整个公司从上到下意气风发、斗志昂扬。这一年，公司完成产值 2 亿元，比上一年翻了倍，利税达到 3500 万元。

第一产业园首期工程需要资金几千万，不到半年厂房又不够用了，光靠每年的利润是支撑不了企业快速发展的，董事会决定再增资扩股，商定每股 2.48 元，增 1200 万股。凭借山河智能的良好业绩，招股书公布后响应还是很热烈的，其中大鹏投资通过一个月的审计同意山河智能的定价参与增资。大鹏投资的总经理张维很看好山河智能，承诺年底前完成增资扩股工作。有了资金的保障，何清华决定抓紧建设第二栋厂房，就是与 A 厂房相对的 B 厂房。这栋厂房更大，近 2.2 万平方米。临近年底，B 厂房的立柱都立起来了，大鹏投资张维总经理这时却告诉何清华说，大鹏投资已有的资金被大鹏证券投到股市中短时间拿不回来。资金计划突然被打乱，这让何清华十分为难。好在张维表态，一定会帮助解决。后来，何清华回忆说这是第一次感到办企业的压力。2005 年春节对他来说是个特别难过的年关。春节前，张维带来了化妆品牌"小护士"的老板李志达，李志达与何清华交流后马上拍板增资山河智能，也是饭都没吃就赶回北京了。不久，在没有签署任何协议的情况下，李志达给山河智能账上付过来 2000 万元，让公司的资金压力一下子缓解了。

2006 年，公司又开始了 C、D 两个大厂房的建设。D 厂房主要用于建立两条标准较高的抛丸涂装生产线。C 厂房长达 320 米，用于建立多条"Y"型板链式装配线，分别装配多种微型、小型挖掘机和滑移式装载机，每条线又有上车与下车的分装线和上下合车装配线。国外成熟企业的小型挖掘机装配线到底是什么样的谁都没见过，何清华带领团队一起策划了这个大车间的布置。装配车间使用最频繁的是处于下层的小吨位行车，何清华根据一本国外杂志上的车间照片就自己拟定了一种悬臂式行车方案，委托行车厂家依此方案生产了一批悬臂式行车安装在 C 厂房，不但美观方便，而且占空间少，也很安全。2006 年底车间竣工了，该车间有当时国内最好的挖掘机装配线，不少同行企业都来参观。

五、挖掘机制造体系的建设

2006 年底，山河智能长达 300 多米的大车间里建成了几条当时国内最好的挖掘机装配线，但包括配套关键零部件在内的整个挖掘机制造体系的建设与完善是一个十分庞杂的系统工程。这个建设过程，充分展示出山河智能先导式创新的特点。

改革开放后，长沙的装备制造业走在省会城市的前列，而长沙在改革开放前，却是一个工业基础薄弱的消费型城市，装备制造业比不上周边的株洲、湘潭。尽管工程机械主机的发展在中国独树一帜，但配套体系却很差，特别是挖掘机这种产品的配套体系。中国徐州、济宁、合肥、常州等城市分别都有挖掘机世界一线品牌卡特、小松、日立、现代等外资企业建厂。这些厂家依靠成熟的技术、成熟的市场和雄厚的资金，在当地复制式地建立了自己完善的生产配套体系，这也让位于这些城市的中国公司有很多现成的可以借鉴的东西。2003 年以后，何清华找关系到一些挖掘机配套企业参观。在这些配套企业中，他第一次看到了生产中使用的激光切割机、高速数控冲剪机、焊接机器人等。何清华回忆说：当时长沙的工程机械配套企业的装备基本上就是依靠几台二手的车床、钻床、镗床，几台焊机、手工或简易的火焰切割机。看到这些配套厂家有

着长沙主机生产企业都没有的先进数控设备后，他一时竟产生了打退堂鼓的念头。

《中国挖掘机产业五十年（1962—2012）》一书是这样评价山河智能的：山河智能是引领中国挖掘机民族品牌的先导者；除了在研发设计方面，山河智能依靠自身的力量在长沙这样一个制造业基础薄弱的地方率先建立起一个完整的挖掘机制造配套体系，从现代挖掘机的制造方面来看，山河智能也确实起到了先导者的作用。

此书评价恰如其分。

（一）国内最早的模具化制造的挖掘机驾驶室

2001年10月，山河智能的挖掘机在北京国际工程机械展上获得了外观设计一等奖。这与何清华一开始就特别重视驾驶室、覆盖件外观和功能方面的差异化有关。直到2002年上半年，山河智能生产的少量挖掘机驾驶室仍然是以从扬州请来的一位手艺特别好的钣金师傅为主手工制造出来的，但要批量生产，无论从质量还是效率上都是不可行的。当时外资品牌挖掘机的驾驶室开始都是从国外以总成形式进口的，后来量大了，国外的专业生产厂家就在中外合资公司的厂区中设立独立的驾驶室、覆盖件制造体系。如合肥日立厂区中就有一个称为"二宫"的企业专门为日立生产专门式样的驾驶室、覆盖件。但这些专业生产厂家都不能为中国品牌提供驾驶室，如果要委托开发自己的驾驶室样式，一套模具的费用就要超过1000万人民币！挖掘机驾驶室的制造门槛显然是比较高的，这也成了山河智能要批量生产挖掘机的一大障碍。情急之中，何清华想到长沙县有一些专门为卡车生产驾驶室的企业。2001年11月，他亲自带着山河智能制造体系的骨干找到长沙县原来的中国农用汽车发源地果园（公社），联系上一家名为德胜模具的小公司，请其按设计要求，为山河智能生产模具化的驾驶室。搞了半年多，这家完全按卡车驾驶室模式制造的公司所生产的挖掘机驾驶室始终达不到要求。模具是生产驾驶室、覆盖件的关键，而果园一带有一批经验丰富的以手工为主的模具制造技术工人，于是，何清华决定"整合资源"。2002年5月，何清华从果园招聘了以朱汉强师傅为主的一批技术工人，在观沙岭老厂区组建了一个薄板件班组，重新改进制造模具，批量制造出了当时国产挖掘机最好的驾驶室。星沙制造基地建成后，何清华决定建设正式的驾驶室生产线。他听说徐州有一家生产工程机械驾驶室的企业很不错，考察后才了解，它尽管拥有激光切割等先进装备，但生产的都是基本不用模具的外形比较方正的驾驶室，不能满足挖掘机的要求，与何清华心中的挖掘机驾驶室形象相差甚远。他想考察几家外资企业的生产线，可人家根本不让进门。山河智能只能自力更生建设生产线，发挥自主创新的优势，攻克一个又一个难题，包括组焊的气动或液压的工装都是自己开发的。为建设好这条生产线，山河智能随后又对第一产业园和第二产业园进行了技术改造升级。经过一番苦功，终于打造出国内先进水平挖掘机驾驶室、覆盖件制造体系，所生产的自主设计的驾驶室种类型号也是国内最多的。其间，山河智能发现蒙皮式驾驶室有一些缺陷，又率先研制骨架式驾驶室，还按国际标准建立了国家认可的驾驶室防倾翻、防坠物实验室。

（二）国内首家突破挖掘机液压缸制造门槛的企业

当时的挖掘机液压缸都是从国外的知名液压缸厂家进口。这些国外大品牌的专业厂家是不可能为刚起步的中国挖掘机制造厂试制数量很小的新品种液压缸的。为此，何清华只能在国内寻找合适的液压缸生产企业。调研中他才了解到，挖掘机对液压缸的要求竟是那么高，其他工程机械能用的液压缸在挖掘机上一般都不行。尽管在国内南方、北方、内资、外资中选择了多家液压缸制造企业为山河智能挖掘机生产配套的液压缸，可结果都不成功。面对一批批不合格的外购液压缸，何清华经过反复权衡，决定自己生产。

通过对这些液压缸厂家存在问题的分析，何清华得出结论：问题出在设计上，这些厂家设计的液压缸缓冲装置的缓冲效果、快速性、可靠性等都不能满足挖掘机在这方面的严格要求。于是，他带领团队详细研究了世界一流企业生产的挖掘机液压缸的缓冲装置，借鉴了它们各自的特点，形成了山河智能自己的设计方案……经过持续不断的努力，克服了机加、热处理、电镀、密封、焊接等一系列难关，建立了工艺稳定成熟的挖掘机液压缸生产线。自 2005 年开始，装着山河智能自己生产的液压缸的小型挖掘机批量出口到欧洲，得到了高端市场的认可。熟悉业内情况的专家评价说，山河智能是国内率先批量生产挖掘机液压缸的企业。在这个过程中，善于观察、勤于动脑的何清华发挥了关键性的作用。后来任公司副总工程师的郭勇回忆说，一次出去考察，在参观一家外资液压缸企业时，何清华凭借自己"优秀车工"的眼光发现了其中的一个奥秘：活塞杆摩擦焊接端面并非平面，而是中间稍凸的锥面。他顺手拿起旁边的钢尺一

靠，果然如此。陪同参观的外资企业老外高管会心一笑，同时竖起拇指。何清华由此马上想到，这种形状的端面在摩擦焊对顶的过程中能让中心低速区先接触并充分摩擦，同时有利于气体的顺利排出，有效保证了摩擦焊的质量。

（三）最早实施涂装后再装配的工艺

与汽车工业不同，即便是数量比较大的工程机械产品如装载机、挖掘机，都是总装完成后再进行整机涂装作业的。最后产品的美观度与汽车相比差距非常大，特别是内部的油漆污染情况不管怎样防护总是比较严重。何清华下决心一定要实现零部件先单体涂装后再进行总装配。工艺改革看似简单但实施难度很大。2006年9月，何清华应同行企业常林股份老董事长邀请到常州访问他的企业。访问中，何清华参观了其与韩国现代的合资公司（韩国控股）。在参观合资公司生产挖掘机的总装生产线时，何清华向合资公司的权总经理（韩国人）介绍了山河智能挖掘机先涂装后总装的工作模式，权总经理感到很吃惊，他说在中国生产挖掘机的外资企业都没有做到这一点。实现这种生产模式的前提有两个：一是实现每个零部件、每道工序的标准化作业，否则装配就成了修配，已涂装好的零部件表面也被破坏了；二是在总装过程中必须保护好零部件的涂装表面。何清华当时就提出，要用先涂装后总装的模式倒逼总装前后每道工序作业的标准化，倒逼整个制造体系管理水平的升级。在何清华的强力推动下，山河智能整个挖掘机制造体系从一线工人、车间管理人员到设计人员、工艺人员都动员起来了，群策群力想了很多有效的标准化作业措施，改掉了很多不良习惯。经过两年多的痛苦修炼，终于实现了浴火重生，挖掘机制造达到了行业的先进水平。看着一台台外观靓丽的挖掘机下线，何清华感到特别高兴，他将此方法不同程度地推广到其他产品的制造过程中。

（四）培育综合能力超强的配套企业

驾驶室、液压缸这两只大的"拦路虎"总体上算是驯服了，但系列化挖掘机的零部件种类成千上万，加上山河智能其他产品的零部件种类更多，如果都由公司自己制造，从资金、技术、管理及时间各方面来说都是不可行的。从行业发展惯例来说，这必须通过培育供应商来解决。即便是在中国建厂的国际知名品牌工程机械企业，也都是在其所在地的周边培育自己的供应商体系，而且早期在技术、资金与管理方面给予了有效的支持，从一开始给供应商提供的订单也是批量性的。快速发展中的山河智能虽然产品品种在快速增加，但由于产品、技术的成熟需要多次迭代的时间，开拓市场增加销量也需要时间，所以当时的山河智能给供应商提供技术、资金、管理等各方面的支持力度都是极为有限的，凭的就是一种相互信任和对光明远景的憧憬。譬如说，山河智能目前旗下的配套件供应企业长沙威沃机械制造有限公司（威沃机械）就是从当年第一家小配套企业（和昌机械公司）成长起来的。它在 2012 年被山河智能收购，现在能为山河智能提供约 15 万个品号的零部件，其工艺设备水平至少在湖南省内首屈一指，是山河智能最大最全最核心的供应商，也可以说是工程机械行业生产零部件种类最多的供应商。

这个战略供应商的成长过程也是和昌机械公司的成长过程。2006 年和昌机械由山河智能的三家小供应商公司合资成立。这三家小供应商公司中，有一家公司是现任山河智能执行总经理夏志宏创办的公司，其从 1999 年山河智能创立起就为山河智能供应钢材，到后来开始制作大型结构件等零部件。有一家公司是何清华弟弟的公司，何清华的弟弟们在 20 世纪 80 年代就创办了公司，在家具、教学模型及理发美容设备的设计制造方面处于那个时期的先进水平。何清华的三个弟弟虽然没接受高等教育，但个个都是能工巧匠，创新点子多，他们自己动手设计制造产品、制造专用设备并创办了公司。2004 年，山河智能研制微型挖掘机的机械液压组合操纵机构及各种小五金件时遇到障碍，何清华找到当时正大量生产理发美容设备的弟弟们，要他们帮助山河智能优化设计，开发模具并实现模具化制造。还有一家公司是李海创办的公司，他是高级模具钳工出身，曾担任过国营大厂长沙汽车电器厂的总工艺师。国企改制后，他利用自己的技艺创办了一家公司，也为山河智能提供零部件。2005 年，山河智能对配套件的质量、数量要求更高了，上述这三家公司的生产场地都不够了。按就近配套的原则，山河智能向市里打报告要求提供设立配套产业园的土地，最后获批 200 亩地，其中山河智能 80 亩，其余给了由上述三家公司合资组建的和昌机械公司。配套的产业园 2006 年 9 月开工，2007 年 5 月就全面投产了。到 2012 年被山河智能收购时为止，和昌机械先后在土地、厂房、设备上投资超过八千万元，其厂房、设备及生产布置基本上按山河智能的要求实施，如激光切割机、数控高速冲剪机、各种加工中心、焊接机器人等，都先于山河智能购买。2006 年山河智能上市前资金相当紧张，制造工艺、小零件设计加工、模具设计等方面的经验都比较欠缺。作为配套企业的和昌机械公司，在依托山河智能快

速成长的同时确实为山河智能的壮大发挥了特别重要的作用，体现在以下几个方面。

1. 一流的工程机械油箱制造体系

工程机械的液压油箱和柴油箱看似简单，但制造起来实非易事。何清华在参观山东济宁专为日本小松公司挖掘机生产油箱的配套企业后，感到要攻克从下料到焊接、磷化、检验、清洁的成套工艺，建设高品质的生产线困难不少，其中一般传统的磷化处理方法根本满足不了需要。和昌机械与山河工业工程部协同攻克了成套工艺难关，在山河智能体系中率先采用了激光下料和机器人焊接，建成了高标准的工程机械油箱生产线。

2. 挖掘机成套硬管总成

挖掘机硬质钢管总成对钢管材质、三维弯管成型、内壁无氧化焊接、清洁度及耐高压、耐压力冲击等都有很高的要求，以前只能从外地与外资配套的专业厂家购买。和昌机械通过购买数控三维弯管机、气体保护自动氩弧焊机、高压清洗机和各种检测设备等，坚持不懈地进行工艺攻关，逐步建成了高水平的生产线，满足了山河智能的需求，降低了成本。

3. 品种繁多的小五金件

挖掘机等工程机械上有多种小五金件，如各种形状与开度的门合页，各种门锁与锁扣，各种小件的安装支撑件，等等。这些看似简单，但都属于非标件，花钱也买不到（何清华早期曾委托一家韩国公司到韩国采购，结果行不通），其外形、功能都是一个品牌的象征，对下料、成型方式、模具设计、表面处理、抗震、精细制造等要求非常高，而在市场开拓初期每种零件的需求量却又不大。如驾驶室门锁，何清华曾设想采用汽车门锁，结果买来桑塔纳、捷达等门锁试装都不行。后来买来宁波一家专门制锁厂家的门锁，虽然装上去了，可整机卖到欧洲后居然发生了客户进入驾驶室后死活打不开、人被困在车里的极为尴尬的事故。没有退路，只能要求和昌机械限期解决。果然，和昌械机械没有辜负期望，经过攻关，最终拿出了合格的门锁。

4. 工装夹具的设计制造

何清华的机械生涯起步于机械加工，他对工装的重要性有着清醒的认识，也早就在这方面进行了探索。无论在沩湖公社农机厂、长沙客车厂，还是在山河起步时的观沙岭老厂，他在工装研发方面都有着许多成果。随着企业的不断扩张，对工装的需求也越来越多，而许多工装是没有现成品采购的，需要企业自己制作。

譬如说，山河智能的焊接工装夹具需求量非常大。在山河智能挖掘机生产线上的各个焊接工作平台上，有许多规格不一、高矮不同的立体几何件被固定在一个个工作台上，那就是"夹具式"焊接工装。有了这些工装，焊接师傅的劳动效率成倍提高。这些工装夹具中，焊接变位机、底盘翻转机的技术含量还比较高。

在山河智能，无论下料、焊接、机加、装配还是调试等环节，工装基本上是通过一线人员自己摸索，再与技术人员一起研究而设计出来的。这些工装也有定制开发，单件小批量生产，基本上由配套企业和昌机械公司承担。何清华评价说，和昌机械公司为山河智能提供了种类特别繁多的工装夹具。

5. 别具一格的航空产品零部件

山河智能从成立不久就先后开始研制两座机、五座机和无人直升机等系列航空产品。这些飞行器所需要的模具、五金件、焊接件、成型件要求很高，和昌机械公司通过工艺攻关，解决了包括 TC4 钛合金加工制作工艺在内的众多零部件的制造难题，为中国完全自主的飞行器的设计制造做出了很大的贡献。

在山河众多的配套企业中，和昌机械为何能成为这样一家综合能力超强的配套企业呢？何清华是这么说的：和昌机械生产一线拥有一支在现场管理、工艺工装、各种加工技术方面实战经验十分丰富的管理者和技术工人，同时还有一些点子多、创新解决问题能力强的人员。这些奠定了和昌机械综合能力强的基础。此外，最关键的因素是和昌机械主要负责人夏志宏的人品，他不图近利，着眼长远，有着与主机厂实现战略协同的观念、步调。当时，何清华对以挖掘机为主的配套体系了解得最深最全面，夏志宏对何清华提出的要求能够理解并执行得最好。何清华将自己从国外知名品牌企业的配套企业了解到的情况及时告诉给他们，比如生产什么产品需要什么设备，要达到什么标准，夏志宏

一般都会设法做到。对于试制新产品，何清华对夏志宏说，即便只试制一件，也必须有简单的工装或模具，不能纠结于单件的成本，否则就生产不了合格品。有一个比较典型的事例，何清华记忆尤深：有一天，夏志宏对何清华说，某某公司给了和昌机械一个比较大的起重机结构件订单，产品与山河智能的不冲突，他们打算另外租场地购买设备来做。何清华当然知道夏志宏的心思：这家同行企业比山河智能规模大，产品种类比较单一，给的价格相对也好些。这家同行企业也知道和昌机械为山河智能配套产品种类已经很多了，投入了很多的资金与设备，但由于市场开拓原因产量都不大，配套件的成品价不高，而成本却很高，投资回收期长。现在这个订单确实诱人，夏志宏自然想接下来，但这样一来，就可能影响对山河智能零部件的供应。何清华对夏志宏说，你们目前的人力财力都是有限的，只能优先保证山河智能的需要。夏志宏听从了何清华的意见，在没投入多少资金的前提下，短时间内为这家企业做了些配套件就终止了合作。何清华在肯定和昌机械的同时，也发出感慨：一家配套企业只有具备长远眼光，与主机厂建立真正的战略协同关系，才能成为一家综合实力强的企业。

（五）关键外购件供应体系建设

每个品牌的挖掘机的发动机、液压元件等关键外购件都有自己的经过匹配优化的相对比较固定的供应体系。对于当时还没建立自己的挖掘机品牌形象的年轻的山河智能来说，要达到这一境界实在是一件很不容易的事。

1. 国产橡胶履带正式出口欧洲

山河智能的小型挖掘机从 2004 年开始出口欧洲，其中经历了不少波折。欧洲的小微挖经常要在室内或建成的街道上施工，为不破坏路面，都采用橡胶履带。当时浙江有几家生产橡胶履带的公司，都说产品已出口到欧美国家，但山河挖掘机选择其配套批量出口到欧洲后，客户反映行走转弯当路况差时橡胶履带就脱落了。开始山河智能从自身查找存在的质量问题，譬如是否因为张紧力不够，等等。但采取措施后"掉链子"的问题仍然接二连三地出现，这确实令人头大。其实，中国当时出口的橡胶履带用在农机上，脱带的现象也经常发生，就是一直找不到原因，但因为装在农机上后果没那么严重，也就没引起重视。解决"掉链子"的问题，成了何清华的一个课题。在一次展销会上，何清华看到一家外国品牌橡胶履带的剖面结构,拍照反馈给配套厂家一对比,发现橡胶履带里缺少一个防止脱轨的钢制小零件。依此改进后的橡胶履带就完全满足欧洲市场要求了。后来,这个厂的老板说,这种履带他们做了这么多年,主要用在农机上,农机的要求低一些,他们也就没有深入地去了解和解决这个脱带问题。多亏了何老师,引导他们提升产品质量,解决了难题。后来,这个厂成了中国知名的橡胶履带生产厂,产品大量销往欧洲。

2. 日本洋马发动机的第一个中国用户

山河智能于 2001 年开始研制小型挖掘机,先后选择了国产和美国的发动机做配套,但都不能满足使用要求。这让何清华团队非常头痛,要知道选用一款发动机配套生产产品后,市场却反馈不行,其后果是非常严重的,造成的直接、间接损失都非常大。当时中国市场上基本没有国外小型挖掘机销售,也就没有样品可以借鉴。何清华在研究国外知名品牌小型挖掘机时发现,那些企业大部分采用日本洋马和久保田的发动机,这两家公司的系列小型发动机也确实是世界一流产品。于是,山河智能向这两家公司发出希望选择它们的发动机配套挖掘机产品的信函,但始终得不到回复。2003 年,何清华托朋友联系到洋马公司并第一次去日本向洋马公司当面表达了选择其产品作为配套的意愿,才算把这件事定下来,山河智能成了洋马公司第一个中国客户。随后,山河智能又选择了日本专为小型挖掘机配套的知名液压元件制造企业 KYB 公司(久保田)的产品。山河挖掘机配套了这样的发动机和液压元件后,成为国内第一家能批量生产销售达到现代挖掘机标准的企业。值得一提的是,当年洋马和久保田对山河智能的信函之所以不回复,是因为它们不相信中国的挖掘机企业达到了能选择它们发动机的水平,可现在这两家都激烈地竞争着山河智能的订单。

3. 力士乐通过山河智能进入中国挖掘机市场

博世力士乐是世界上产品门类最全、技术水平最高、规模最大的液压元件生产企业,但由于其对市场判断上的一些失误,只在销量很小的超大型挖掘机领域有一席之地,在挖掘机的其他领域几乎是空白。2003 年的一天,力士乐驻中国的人员找上门来,希望山河智能在 8 吨的挖掘机上采用其新开发的 LUDV系统液压元件。挖掘机对液压动力系统要求非常高,除要求挖掘效率、燃油效率具备优势外,还得在挖掘机的操控性上满足特别高的要求。力士乐派出了经

验丰富的配套工程师为其产品保驾护航，但经过一年多的反复调试检测，始终达不到要求。何清华经过仔细观察和反复琢磨，认为力士乐的调试方法有问题，并向其高层反映。果然，改变方法后再反复调试检测，大约经过近两年的时间，LUDV 系统液压元件变得成熟并达到使用要求。其间，何清华团队付出了巨大的努力，做了大量的创造性工作。随后，其他品牌的挖掘机也很顺利地用上了力士乐液压元件。挖掘机的发动机与液压元件并非简单选择装上就可使用，其与新设计的挖掘机之间存在大量的匹配调试工作，山河智能团队在这种匹配调试工作中展示出来的综合素质与水平得到了这些专业化配套企业的高度肯定与赞扬。

何清华回忆说："从观沙岭老厂那样一个简陋的条件下走到现在，我们率先在长沙建立了相对完善的高水平的挖掘机制造体系与配套体系，回想所经历的坎坷，确实有些不堪回首之感！"

六、踏平坎坷上市路

不少人对何清华说，你们真幸运，公司成立七年就上市了。何清华也不好做过多的解释。其实从 1999 年 8 月创立到 2006 年 12 月上市，山河智能发展过程中的波折还是不少的。

1. 一波波的资金压力

2003 年元月，山河智能搬进自己买地新建的产业园，研发、制造与办公的条件实现了跨越式的改善，全体山河人可谓兴高采烈。作为掌门人的何清华是高兴和压力同在。这压力来自资金。试想，一个白手起家、创办才三年多的重资产类别的企业，贷款几千万元买地、盖房子、买机器、开发新产品，负债率自然不低，掌门人肩负的资金压力可想而知。何清华夫人易宇欣是当时经开区的主任，长沙经开区的整体规划和升级为"国家级"都是在她的任期中完成的，当时一些人对她规划建造星沙大道这样的交通体系还是颇有微词的。同时易宇欣还制定了一些杜绝腐败的规章制度，其中企业买地价格和支付方式都有规定。山河智能买地按规定交完首付后每月都要支付一笔土地款，其数量相对于当时的山河智能而言并不是个小数目，这就给刚搬来的山河智能带来了流动资金的困难。2003 年底，易宇欣调任长沙市政府后，何清华马上给经开区领导打报告，这才延缓了土地款的支付。还有，山河智能在第二次增资过程中遇到的变故导致 2004 年春节前很大的资金困难，让何清华有"难过的年关"的感慨。此外，进入 21 世纪，中国证券市场政策不断变化、调整：推出创业板的呼声高一阵低一阵；后来创业板没开，推出了中小板；再后来则是股权分置改革……这就延缓了企业的 IPO。作为拟上市公司的山河智能搬迁到开发区后高速发展，在 A、B 大车间建成后，随后是 C、D 大车间和第二产业园的建设，接着又是挖掘机生产线的建设，等等。山河智能投入了大量的资金，原本想通过上市筹资，但一系列的政策变故延缓了进入 IPO 程序时间。山河智能这段时间的资金运作能力已经是发挥到了极致。好在何清华有一个"大心脏"，冷静应对，以毅力和智慧一次次将资金压力化解。

2. 队伍建设的困扰

企业越大，何清华越感到员工队伍职业化和操守方面的重要性。山河智能挖掘机 2004 年开始出口欧洲。欧洲这样成熟的高端市场对产品要求特别高，客户会在产品的性能、外观、可靠性、功能等多方面从很细微的地方提出很多问题或要求。同样，何清华对产品完美的追求也是执着的，有时表现得非常挑剔。然而，当时山河智能制造、研发方面的一些员工缺乏正规制造企业的历练和对高端产品的鉴赏能力，也就很难理解欧洲客户的要求，觉得他们提出的问题是"吹毛求疵"。同样，他们也无法理解何清华精益求精的特点和风格，觉得山河智能产品这样的设计、这样的制造水平已很不错了。还有一些员工和干部的操守问题，也对企业的健康成长带来较大冲击。如一位研发人员利用公司网络管理不健全的缺陷，将公司包括压桩机、挖掘机等所有的技术资料复制到一个硬盘上带走，让其流失到一些小公司去了，给公司的发展带来了较大的影响，公司利益受到巨大损失。还有几位公司重要的管理者为了获得更大的个人利益，带着公司的产品到外面创办公司。谈到这类事情，何清华感到很无奈，他没有时间和精力与这些人计较，也不知这种计较会导致什么结局。他只能坦然面对："我的发明与技术至少大幅度推进了液压静力压桩机和绿色环保施工工法的发展与进步。"他更看重自己的创造所带来的社会效益，更看重"义"这一中华民族优秀的传统道德品质。他非常赞赏夏志宏不因利舍义的表现，对夏志宏在最有条件另起炉灶的情况下仍断然拒绝别人诱惑的品格表示欣赏。

123

3. 功夫不负有心人

"机遇永远垂青有准备的人。"何清华为了更好地将自己的科研成果转化为能实实在在应用到生产实践中的产品创办了山河智能，更难得的是他还敢于承担压力超前建立产业基地，从而奠定了山河智能快速发展的坚实基础。

下表是山河智能成立后的主要业绩指标的增长情况。

山河智能主要业绩指标　　　　　　单位：万元

年份	营业收入	利润	税收
1999	726	87	31
2000	2700	322	115
2001	5500	656	235
2002	12000	1431	513
2003	17138	2326	1080
2004	23087	2634	726
2005	35011	3776	1182
2006	63789	8155	1802
2006 比 1999 年总增长	87 倍	93 倍	57 倍

附：2006 年何清华在上市路演上的讲话（摘要）

山河智能成立于 1999 年 7 月，以中南大学为技术合作伙伴，是一家实实在在的产学研相结合的高新技术制造企业。公司在发展过程中，逐步显示出"自主研发、精益制造、诚信经营"三大比较优势；颇具特色的"原始创新、集成创新、开放创新、持续创新"四种创新模式构建了公司的自主创新体系；"和谐、务实、进取"的人文环境，培育了一支事业型、专业型、务实型突出的员工队伍；抓住中国经济大发展和国际产业大转移的机遇，公司产品不仅成为中国市场上的亮点，同时还从一个较高的起点，在国际市场上展示出公司的实力与潜力。

山河智能成立七年来，经营业绩高速增长：1999 年 8 月，凭着 50 万元借款，租赁闲置的厂房，公司挂牌成立；2001 年 1 月，整体改制变更成为股份有限公司；2002 年，实现"三个过亿"，即产值、销售、回款均超过 1 亿元；2003 年，占地 235 亩、现代化的山河智能产业园投入运营；2005 年，受国家宏观调控的影响，在整个工程机械行业业绩大幅下滑的情况下，山河智能"逆市飘红"，保持了 50% 以上的增长率；2006 年上半年，主营收入和净利润分别同比增长 93.46% 和 181.71%，净资产收益率、应收账款周转率等重要财务指标在行业中处于领先水平，公司全年将完成主营收入 6.7 亿元，是股份制改造前的 2000 年的 26 倍，7 年平均增长率 76%，全年完成利润 8000 多万元。

山河智能作为工程机械上市公司中的一名新兵，面对目前中国与世界发达国家的差距和中华民族千载难逢的振兴机遇，将按照"修身治业、兴企强国"的核心理念，为创建中国产、学、研一体化标志性企业而努力。

2006 年 11 月何清华应邀到美国访问美国制造商协会 AEM，途中接到公司的电话，说是证监会要约谈，须马上赶回国。何清华感觉上市工作可能快有结果了，立即决定回到北京参加证监会的约谈。2006 年 12 月 22 日，何清华携夫人参加了深圳上市敲钟仪式。随后他接受记者采访，问是否特别高兴，何清华听到这么一问才意识到自己心里其实比较平静，并没有特别地高兴，仍然是那种顺其自然的态度。何清华回忆说，到现在为止，还没有一件比 1978 年知道易宇欣考上大学更高兴的事。

第五篇

技术研究历久弥深

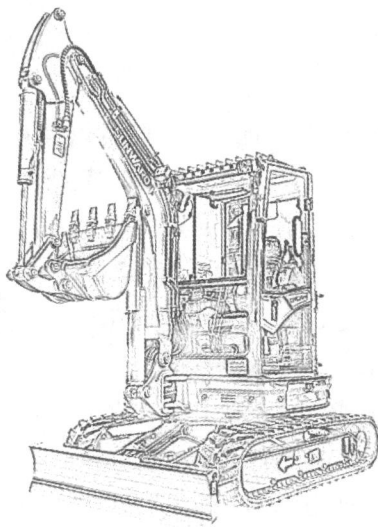

一路走过来，何清华不改的是"研发者"的本色，被业内称为"罕见的研发者"。

何清华在学校专职从事教学科研十五年，研发是他的主业，成果丰硕自是逻辑关系的必然（主要成就见本书第四篇）。1999年创办公司后，他作为当家人，主要精力当然是投入在管理方面，但在研发创新方面依然取得了令人惊叹的成就，因为他是个"对研发创新既喜欢又善于动手"的人。这些令人惊叹的成就，包括教学科研十五年里所取得成果的再创新、规模化的成果转化，以及更多的科研成就和研究生的培养。很难想象，在完成企业快速发展成为国际化公司的同时，他个人还在科学研究、技术发明、工程设计、研发体系建设特别是在成果产业化几个方面取得如此特色鲜明、影响深远的成果。

回顾山河智能的发展史，人们可以发现一个鲜明的特点，即从创立到现在，研发的各种产品都成功开发出广泛的市场，实现了良好的销售。研发出的第一台静力压桩机是这样，后来的凿岩设备、挖掘机机械、起重机械、旋挖钻机、双动力头多功能钻机等，特种装备领域多种无人化装备，航空领域多种飞行器等产品群都是这样。特别是近几年，一些国家层面所需要的创新性强的重要装备往往采用实物现场招标的方式采购，山河智能往往能在这样创新性强的实物招标竞争中战胜体量比其大得多的对手。对于大多数企业而言，这是不可思议的。然而，山河智能就创造了这种奇迹。何清华经常强调的一段话诠释了山河智能的这种能力：一个能提供好产品的企业，一定是在研发、制造与管理三方面都具备较高的水平。这也是何清华长期以来个人以身作则特别致力于这三方面工作的根本原因。

当然，一般人很难领悟这段话中的三昧，"个中人"何清华才能体会到其中沉甸甸的分量。在山河智能创立的初期（1999—2006年），实现第一台产品的销售可以说是必须要做的，因为，几乎白手起家的山河智能必须快速资金回笼。如果研发的产品不能及时销售出去，投入的资金就会"沉淀"，资金链就会断裂，生产经营就会难以为继。因此，山河智能必须以研发、制造与管理实力说话。正是这种靠实力说话的环境，让山河智能一创立就追求研发、制造与管理的高起点；正是何清华个人眼光、理念与能力的"硬扎"，才使得山河智能在市场面前有站着说话的勇气。山河智能新产品研发能做到首台(套)达到工程应用的状态，展示出了山河智能具有一种非凡的实力。这种实力的基础源自何清华深厚的技术积淀，长期的现场实战经验，重视管理、重视团队、重视体系的综合素质。

打开何清华自己建立的山河智能"研发档案"，不难看出那是他印在全球工程机械探索道路上一串串深深的脚印。

一、主要业绩

何清华从 1980 年自学考上研究生到 2019 年公司成立二十周年时，在工程机械领域的科学研究、技术发明、人才培养、成果产业化等方面都是硕果累累，其中大部分成果都成于他创办公司以后的二十年中。

(一)科学研究

承担省部级以上科研项目 53 项，其中，"隧道凿岩机器人"等国家"863"计划项目 7 项、国家科技支撑计划项目 2 项、"大洋钴结壳振动切削剥离的理论与实验研究"国家自然科学基金项目 1 项、"工程机械与工程车辆用多路阀实施方案"工业转型升级强基工程项目 1 项、"工程机械电液传动与控制系统关键技术研究及应用"等湖南省重大专项 2 项。

获省部级以上奖励 30 余项，其中包括国家科学技术进步二等奖 1 项(高性能液压静力压桩机的研制及其产业化)、国家发明奖三等奖 1 项(全液压凿岩新技术)、湖南省技术发明一等奖 1 项(工程机械瞬变大负载能量回收与利用关键技术及应用)、湖南省科学技术进步一等奖 4 项(多功能静力压桩机、一体化液压潜孔钻机、高性能旋挖钻机关键技术及产业化、智能挖掘机关键技术及应用)等。

(二)技术发明

获国内授权专利 331 项，其中发明专利 78 项，5 项专利获中国专利优秀奖

（沉桩机、压桩机的一种夹桩结构、机电一体化挖掘机及控制方法、超轻型飞机、工作装置能量回收系统）；国际授权专利 15 项。

（三）学术贡献

发表学术论文 371 篇，其中被 SCI/EI/ISTP 收录的达 108 篇。出版了《隧道凿岩机器人》《液压冲击机构研究·设计》《旋挖钻机研究与设计》《旋挖钻机设备、施工与管理》《工程机械手册：桩工机械》等 5 部专著，其中《隧道凿岩机器人》获首届中华优秀出版物奖。

（四）人才培养

共培养硕士 45 名，博士 22 名，带培访问学者 1 人，博士后 7 人（已出站 2 人）。其中，除少数几名硕士是在何清华创办公司前毕业的外，其他全部都是 1999 年创办公司后完成学业的。这些优秀人才一部分成为国内外知名企业的骨干，如曾益昆（华为）、阳昶（华为）、袁碧华（壳牌）等，一部分成为大学、科研院所的教授、博导、技术专家，如施圣贤（上海交通大学）、康辉梅（湖南师范大学）、周友行（湘潭大学）、廖力达（长沙理工大学）、蒋蘋（湖南农业大学）、潘钟键（长沙学院）等，还有一部分成为山河智能的高管如张大庆、朱建新、黄志雄和核心技术骨干如郭勇、赵宏强、谢习华、郝鹏、刘昌盛、赵喻明。

（五）成果产业化

通过省部级以上新产品新技术鉴定的科研成果 32 项，其中多功能静力压桩机、ES 系列能量回收型液压混合动力挖掘机等多项产品和技术居国际领先水平；一体化液压潜孔钻机等 9 个系列产品填补国内空白，其中一体化液压潜孔钻机、多功能旋挖钻机、双动力头强力多功能钻机等 3 个产品获国家重点新产品称号。截至 2019 年底，所创立的山河装备股份有限公司累计实现营收 379 亿元，利税 37 亿元。

（以上详见本书附录部分——作者注）

二、研发体系建设

山河智能的研发实力在世界工程机械行业和国内知名高校、科研院所的相近学科中具有很大的影响力，其中何清华亲力亲为主导构建的具有鲜明山河特色的研发体系发挥了决定性作用。

(一) 创立和谐、务实、进取的创新文化

早在 2006 年 8 月，何清华就对山河智能"企业文化进行了一些归纳总结，提取了企业文化的要素"，这种归纳总结体现在《企业文化及愿景展望》一文中。2018 年，他整理出《山河智能企业文化要素感悟》一文，标志着他对山河智能企业文化建设四梁八柱构架的成形。在这两篇文章里，他将"和谐、务实、进取的创新文化"置于山河智能企业文化的首要位置。

山河智能的这种创新文化为吸引人才、留住人才创造了良好的环境。山河智能的研发队伍与同行相比，一是开发同类系列产品所需要的研发人员数量少得多，二是核心研发人员基本没有流失，即便是薪酬要比有些企业低一些。

(二) 研发理念

何清华以自己坎坷而丰富的技术研发经历的感悟，给公司研发人员提出了24 个字的研发理念：创新源于市场，劳心尚需劳力，兴趣乐成成就，精品源自执着。对这 24 个字，他做了如下阐述。

创新源于市场。技术创新基本上是源于市场的需求。我们是搞应用科学，首先要重视实际，为社会创造财富。只有深入实践中去，了解市场，知道、理解客户需求什么，这样设计出来的东西才会越来越好。如我们的静力压桩机，如果我不充分接触市场，深入实践，就发明不了这个产品。到北欧、美国考察，了解到他们创造东西的欲望非常强烈，希望创造一个东西能够延伸人的能力，完成人徒手不可为的事情，这也是源于市场的需要。不管是原创性的，还是设备的某一项功能，抑或是功能的改进，都是市场的要求。市场是研发项目取之不尽的源头。

劳心尚需劳力。从事研发工作不光要动脑，还要动手。何清华在对创立公司前三十多年的经历回顾总结中得到一个结论，就是自己能比一般人做得好一点与喜欢并善于动手是很有关系的。只有你亲自动手，才可能知道你所研发出来的产品好不好。守在计算机前做设计是做不出好产品的。要真正把产品变成实用的、高效的、节能的，需要投入大量的精力，要自己动手，经历亲力亲为的过程。此外，经常动手对自己的身体大有好处。要摒弃数千年封建文化的负面

影响，如《孟子·滕文公章句上》中所说的"劳心者治人，劳力者治于人"，《论语》中所说的"四体不勤，五谷不分"。拥抱那些并不知名但具有积极意义的理念，如司马光所说的"学者贵于行之，而不贵于知之"，等等。

兴趣乐成成就。"一定要喜欢你的工作"是稻盛和夫的成功之道。兴趣能够让你快乐地工作并成就自己的事业。兴趣是最好的老师，也是最经得起风浪、最持久的人生动力。有了兴趣，无论是工作中遇到的困难，还是自己生活条件艰苦，抑或是面对外部各种各样的干扰，都会比一般人更坦然处之。其实圣人孔子两千多年前就说过："知之者不如好之者，好之者不如乐之者。"山河智能用人提倡的是事业驱动、兴趣驱动。

精品源自执着。精品的含义非常广，但一个基本含义是在品质、性能、成本等方面完美的产品。在日益强化的市场竞争中，在更广阔的世界市场中，这种完美的起点就更高且更具有时效性了。精品首先要在设计与制造上有突破，然后成熟于长期的检测试验、市场锤炼与持续改善之中，并形成相关理论、知识产权、生产诀窍。显然这是一个长期的、持之以恒的过程。精品诞生的过程中，需要的就是这种精神。精品的完美不可能一蹴而就。研发人员短时间的"爆发力"固然是需要的，但更需要执着的精神和持久的"韧劲"。其中包含大量看来不显眼，甚至是很琐碎的活动。总之，只在计算机前工作这种闭门造车式的工作作风是不可能造就精品的。

（三）先导式创新理念

何清华创办企业、进入市场后，马上以自己敏捷的感知和理性的思考，形成了自己的"先导式创新理念"。随着企业的不断成熟和创新的不断深入，这种先导式创新成为山河智能的一种模式。这种理念于企业有各方面的意义。

认识意义。经历改革开放的洗礼，我国企业产品技术的发展由计划引导转变为由市场引导。市场引导的模式又分为市场跟随式和市场先导式。市场跟随式就是看到市场上某种技术产品反应不错，企业就模仿或克隆制造，以快速切入市场。市场先导式就是市场上还没有（或者是中国市场上还没有）这种技术产品，企业通过研究分析，从基础研究或早期研究开始开发这种技术产品，引领新的市场消费。

选择意义。山河智能摒弃市场跟随式模式，以前瞻方式先于他人切入市场的先导式发展模式，给企业带来了差异化的发展先机。但先导式创新是一种更

132

复杂、更艰难的全过程产品研发模式，因为开辟道路的先行探索者的首要责任是扫除障碍，往往要经历更多曲折、付出更大代价。这也是一种更高境界的自主创新，可以显著增强企业的发展潜力，获得支撑转型升级、发展新兴产业的技术基础。

积累意义。山河智能以革命性创新产品——液压静力压桩机起步，高起点地、自觉地走上了自主创新的发展之路，并把创新作为一种基因植根于企业的生命之中。凭借先导式创新模式，经过多年发展积累，形成了具有鲜明山河特色、差异化显著的产品群。

战略意义。山河智能"一点三线"战略业务的发展历程充分展示了先导式创新的内涵与实力。

只有有长远打算、有胆识、舍得投入、敢于承担风险、有持久"定力"的企业才有可能获得支撑转型升级、发展新兴产业的先导式技术。

（四）先导式创新理念下的四大创新模式

在先导式创新理念的指引下，山河智能成立不久就提出了一套完整的创新模式——原始创新、集成创新、开放创新、持续创新，并根据山河智能自身的情况赋予了这四种创新模式新的内涵，把创新作为一种基因植根于企业的生命之中。2006年何清华作为湖南省民营企业的唯一代表参加了全国科技大会。以下是他的大会交流资料的目录。

自主创新　振兴民族装备制造业

——湖南山河智能机械股份有限公司

（2006年元月全国科技大会经验交流材料）

一、山河智能，工程装备制造业竞争中的小骏马

二、四大创新成就了企业发展

1.原始创新

2.集成创新

3.开放创新

4.持续创新

三、建设企业自主创新的体会

1. 自主创新是振兴民族工业的基石
2. 产学研相结合是"学科性公司"创新建设的平台
3. 学者型企业家是创新资源的整合者和凝聚核
4. 创新精神是自主创新的灵魂
5. 开放的政策环境是培育创新型企业的沃土

当时刚到湖南省委任职的张春贤书记在何清华的交流材料上批示：何清华教授"四个创新"的提法就是一种创新……

何清华对这四种创新模式进行了诠释。

原始创新。原始创新主要是针对那些无类似参考前提下，通过自主研发，取得首创性技术成果开发应用的创新。尽管山河智能是靠原创性很强的压桩机起步，但一般来说装备制造领域整机的原始创新难度大、风险大、机会少，所以公司将原始创新的落脚点放在工作机理、设计方法、控制系统、关键局部结构和装置的原创发明上。山河智能装备集团也依靠这种创新模式摒弃了模仿克隆他人产品的发展模式，高起点地、自觉地走上了自主创新发展道路，赢得了国内外同行的尊重。

集成创新。装备方面的集成创新可以理解为对已有的各种适用技术、基础元器件以及已有的小系统部件进行选择、匹配、融合（不是简单的物理混合），再加上局部的改善创新和系统优化，从而形成企业自身的新的装备产品或综合性的实用技术。山河智能充分利用这种创新模式使产品一举跳出国内装备制造业中产品"同质化"、低档次克隆的发展模式，形成了有自身鲜明特色和市场竞争优势的产品。

开放创新。企业的发展不能只依靠企业初创时期的以学校教师为主的研发人员，而是要通过构建良好的人文环境吸引大量来自全国及国外的优秀专业技术人员"加盟"。进而延伸到走出去、请进来，积极主动地与国内外科研机构、国外大公司、国外代理商等的教授、专家进行多层次的技术交流，从外部引进那些靠自主研发所需时间较长的技术和短期内很难靠自己培养的专家。

持续创新。持续创新主要体现在对产品和技术持续不断地改进、完善、升级上，以确保产品的竞争力。其重要性绝不亚于其他三种创新模式，有时这种创新比原始创新更加重要。这种创新模式重点是建立一种机制，能够保证一种产品和技术不断提升。其关键有两点：一是要使每一位研发人员的每一项工作都变成可以准确、有效传承的东西；二是要保证每一位从事改善、提升已有成果的员工与成果原创人员同样受到企业的重视。

山河智能的先导式创新理念在山河智能各个发展阶段、各个领域中都得到了实实在在的体现，如产品技术方面就有起步的液压静力压桩机、小型挖掘机、一体化潜孔钻机、隧道凿岩机器人、液压混合动力挖掘机等；在战略业务规划方面，山河智能刚成立不久就涉足了特种装备、通用航空，扩大了公司的业务范围；在管理方面，根据自身情况和行业发展情况，使管理重心向上或向下移动，管理机构适时变革。

(五)企业研究生院

山河智能没创办前，何清华指导研究生的模式就与众不同。学校教研室、研究所各位导师的研究生一般都是各管各的，何清华管理的智能机械研究所的研究生的选题、交流、答辩等培养工作要接受所里的统一管理。学校研究所各位导师指导的研究生累计有 50 名左右。创办公司后，公司技术中心成立了下属的研究生院，统一管理这些研究生，并在技术中心选拔一些技术人员作为这些研究生的副导师，公司同时支付研究生一些生活补助费。研究生的选题基本上与企业的技术与产品有关。研究生的试验条件是学校无法比拟的，很多试验都是在几十万到几百万元的公司产品上完成的，而且试验产品往往是在实际使用的工况中。山河智能创立的企业研究生院，一方面为学校培养了实际工作能力更突出的高层次人才，另一方面也让公司的研发队伍始终保持着一种年轻的、充满活力的力量，从而走在基础前沿技术研究行业的前列。

(六)高效、高能、高稳的研发团队

如果将中国工程机械行业中几个主要上市公司的研发团队做个比较，就会发现山河智能研发团队具有高效、高能、高稳的特点。

门类相同品种数量相当的情况下，山河智能相应研发人员的数量少得多。以挖掘机、旋挖钻机这两类技术含量高的产品门类为例，山河智能在行业中产品的种类是最多的，且性能也是领先的，但研发人员的数量不到同行的一半或三分之一。

在国家一些创新性强的特殊产品的实物招标或比赛的场合中，山河智能大多数是优胜者。一次，在西藏海拔 4500 米的高原上进行了一个多月的高原挖

掘机实物招标试验检测，条件十分苛刻，项目包括高原冷启动、作业效率、零下 40 摄氏度冻 24 小时再启动等。包括山河智能在内的 5 家业内挖掘机知名企业都要研制一台样机参加试验检测，最终山河智能挖掘机的几项主要指标全面领先。近几年，国家需要企业研发一些新的有人或无人类抢险救援设备、特种用途工程机械，不少项目也采取实物 PK 试验招标模式，山河智能斩获最多。譬如，近几年国家两次组织的越障无人车挑战赛，山河智能独创的"龙马一号""龙马二号"无人车都获得冠军，中央电视台对此进行了专题报道。在这些研发中，何清华都发挥了至关重要的特殊作用。

只有具备一定技术积淀的研发人员，其工作效率和工作能力才能跨上更高的台阶，而技术积淀又来自长期执着的工作。山河智能研发人员特别是主要研发骨干队伍是相当稳定的，如在液压控制类研发领域，国家在这方面的人才是非常紧缺的，而山河智能的研发队伍不仅最稳定，创新能力也是很强的。他们基本上抵制了高薪的诱惑而选择留在山河智能，为了一个共同的事业而勤奋工作。

（七）个人电脑中海量的技术资料

在山河智能的技术体系建设中，何清华本人亲力亲为，起到了表率示范的作用。打开何清华个人的办公与研发电脑，就会发现由他本人管理使用的资料的与众不同之处：一是资料的储存可谓海量。二是文档井井有条，查找方便。何清华常有些不同于一般人的见解，经常要求研发人员注意计算机里的"5S"管理，否则计算机存储器就会变成垃圾桶，需要资料时却找不到。打开何清华的计算机，可以看到涉及管理、营销、制造、研发等各个方面的存储量巨大但井然有序的文件目录。三是资料完整，特别是 1999 年创办公司后的历史资料丰富。

以下是截至 2019 年底何清华总结归纳分类的用于管理、研发等方面的公共共享资料的基本情况。

何清华主导的工程设计 CAD 图纸：共 2.23 G，25070 幅图，1414 个文件夹（未计他早期手工绘制的大量图纸）；

考察国内外企业的照片：共 87.4 G，26331 幅图，673 个文件夹；

收集其他企业的综合资料：共 10.2 G，4322 个文件，587 个文件夹；

各种研发参考资料：共 217 G，30290 个文件，1430 个文件夹；

工程机械参考资料(不含挖掘机):共 24.2 G,15168 个文件,851 个文件夹;

挖掘机参考资料:共 15.2 G,14682 个文件,537 个文件夹,其中明确指出可借鉴的共 1253 个文件,64 个文件夹。

此外,何清华国内外出差考察交流非常多,而且他自己会将每次外出的各种场合下的照片分类整理好。

国内考察:共 81.9 G,19663 个文件,469 个文件夹;

国外考察:共 293 G,72107 个文件,2035 个文件夹。

何清华非常重视设计的标准化、模块化,这在他个人的研究设计工作中体现得很明显。如在创办公司前他根据设计中常用的很多小零件,自己动手制定了几十项研究所标准,大大提高了设计的标准化和设计绘图的效率;在静力压桩机、隧道凿岩机器人等项目设计中就率先推行模块化设计的理念。

(八)不一般的手绘图

何清华说,随着公司管理方面事务性工作的减少,会在技术方面投入更多的精力,这是他的爱好与擅长。近些年,他不再担任公司的总经理,操作层面的事务性工作少了,在公司战略、宏观规划方面发挥更大作用的同时,在技术发明、项目攻关等方面也取得了突出的成效。

何清华存有不少的手绘图。这些很不起眼的图形简单、字迹潦草的手绘图展示出何清华出色的创造力。这些手绘图本身就很有特色:绘图用纸大部分是一面已经打印了东西的废纸,或者是某宾馆房间的便笺纸,等等;绘图时间较多的是清晨,绘图地点大部分是在办公室以外,如长沙到北京的航班上、柬埔寨金边宾馆里、大阪到东京的高铁上、德国慕尼黑的候机室里……内容涉及全新技术方案、新机构、新装备和制造方法等。

何清华会在手绘图完成后马上拍照用微信发给相关的研发人员,然后再指导、交流,有时反复多次。何清华说山河智能年轻的研发人员素质都很不错,他们可以让自己的简单方案在很短的时间内就变成工程图纸,变成实物,变成产品。比如,2018 年山河智能在国家无人车挑战赛中获得冠军的"龙马二号"无人车的整体构思手绘图,就是何清华于 2017 年 4 月 5 日在日本金泽到大阪的高铁上构思成形并绘制的。在 4 张 A4 纸上除了几幅手绘图外,还有 8 条详细的说明及设计中最重要的关注点。

这些手绘图的内容十分丰富，思维跨度也很大，有地铁建造的特殊灌注桩钻机，有水下挖掘机器人方案，有能够适应环境十分复杂、条件十分苛刻的排爆机器人，有挖掘机结构件的新设计，有大型凿岩台车的新方案，有节能挖掘机的新构思，等等。别小看这些手绘图，其中产生了数十项发明专利。正如何清华所言，自己比较大的创新灵感基本上都是在办公室以外的地方产生的，比如清晨的床上，走路的时候，出差的旅途中……

这种手绘图成为何清华创新工作模式的一种标志，他个人创新的潜能在这种模式中"井喷"。他创新的细胞非常活跃，新的观点、新的构想、新的思路火花不时迸发。与一般人不同的是，何清华的创新火花不会一闪而过，他及时用最简单的"符号"记录下来，这为团队创新开启了一道道大门，进而转化为实实在在的创新成果。

三、让静压预制桩设备继续"革命"

从 20 世纪 90 年代初开始，何清华在液压静力压桩机方面的革命性的系列创新形成了"何清华版"压桩机，这种压桩机也成了他创办山河智能的坚实基础。1999 年创办公司后，液压静力压桩机的发展获得了体系化的支撑，先开的花从此进入大结果、再开花再结果的成果产业化黄金时期。

2004 年 1 月何清华在人民大会堂参加了国家科学技术奖励大会。他的高性能液压静力压桩机获得国家科技进步二等奖，是 2003 年度工程建筑机械领域中唯一获奖项目。

2013 年，山河智能牵头制定了国家行业标准《建筑施工机械与设备液压式压桩机》，促使整个行业更为规范，朝更良性的方向发展。从 1998 年 6 月开始，何清华参与了广东省《静压预制混凝土桩基础技术规程》的制定，2001 年完成讨论稿，2003 年基本完成征求意见稿，2013 年正式批准向社会公告，前后历时十五年。这既说明一项规程标准的来之不易，也说明何清华在静力预制压桩设备创新的连续性。

2019 年 12 月新闻媒体的一则报道，进一步说明了何清华在静力压桩机领域创新的社会意义：工业和信息化部网站公布了第四批制造业单项冠军企业、单项冠军产品及通过复核的第一批制造业单项冠军企业名单，山河智能"液压静力压桩机"获评国家制造业单项冠军产品。

据了解，成功获评"制造业单项冠军产品"必须同时满足三个基本条件。一是产品在全球市场占有率排名前三；二是生产技术、工艺国际领先；三是产品关键性能指标必须处于国际同类产品的领先水平。制造业单项冠军，被誉为制造业皇冠上的明珠，在细分领域占领着行业制高点，是"中国制造"的核心竞争力所在。

何清华几十年如一日，在液压静力压桩机领域做出了突出的贡献，他创办的山河智能实现了成果的高效转化，批量生产的具有鲜明中国特色的系列高效节能静力压桩机走向世界各地，成为世界工程机械领域中国鲜有的原始创新的技术与产品。正是因为有了系列高效节能静力压桩机，才有了绿色环保的静压施工工法的全面推广，给世界预制桩的施工带来了革命性的变化。

山河智能创办以后，何清华带领他的团队在液压静力压桩机领域不断创新，不仅使其功能不断拓展，也衍生了一系列新产品，扩大了应用范围。

（一）新发明拓展了新区域

"何清华版"压桩机发明起源于广东珠海，到 20 世纪末主要市场仍在广东和广西。何清华将经济发达的浙江、江苏作为下一个突破重点。尽管他带着自己制作的宣传资料多次到这些地方与客户交流推广，但收效不大。他的压桩机打破不了当地简易、低效但价格十分低廉的绳索式压桩机统治压桩作业的局面。

1999 年底，杭州华超管道设备有限公司老总虞汉吾向何清华说："如果你的压桩机能压薄壁管桩，我就买你的。"杭州地区地基承载力很差，即便盖三四层的房子也要采用深达几十米的桩基础。为了降低成本，当地采用了壁厚只相当于正常管桩壁厚一半多的薄壁管桩，因此，压桩机的夹桩箱必须能产生大大超过压桩力的夹持力，同时还不能夹坏混凝土桩身，而承载力大的高强度混凝土管桩显然需要有更大的压桩力和夹桩力。何清华设计了有两层夹桩钳口的夹桩箱，夹桩液压缸由四个变为八个，总夹桩力增加了，但夹桩钳口面积增大一倍，单位面积受力即压强并未增大，桩身也不会损坏。这种"何清华版"压桩机在广东地区夹持正常壁厚的管桩效果很好，但在江浙地区夹持薄壁管桩就会导致破损，因此在浙江市场难以推广，也就有了虞汉吾"刺激"何清华的那段话。

为了突破久攻不下的浙江市场，何清华只能绞尽脑汁去满足客户的特殊需求。他当即回答虞总可以满足他的要求，虞总便说你来杭州签合同吧。其实何

清华在去杭州的火车上时头脑中还没有成熟的方案。为了减小夹桩压强，将夹桩钳口由 8 块增加到 16 块的想法很快就有了。但原有夹桩箱中横向布置的夹桩油缸数量在有限的夹桩箱空间中无法增加，且每个夹桩缸产生的夹桩力还不够。他一路思考到晚上住进宾馆，后半夜，结构独特的夹桩缸纵向布置再通过斜面增压的整体结构才在脑海中成形，他兴奋得无法入睡。天亮后，何清华找到虞总，很有底气地在合同上签下了自己的名字。

从杭州回来，何清华亲自动手进行产品设计，绘出了夹桩机构图，让车间进行试制。据当时工厂厂长张应才回忆，何清华的图是画了改、改了画，上午交给生产，下午又来修改。参加试制的工人也是加班加点，全力以赴，各方配合，进展很快。从何清华杭州回来到做成机器、申报专利，一共只用了 44 天时间。随后，山河智能的静力压桩机终于走出两广批量销售到浙江。

（二）大吨位产品战略

20 世纪末，广东一位基础施工方面的技术专家对何清华说，你开发的压桩机的压桩力目前达到 240 吨就可以了，再大就没必要了。何清华当然不满足于此。1994 年底，"何清华版"静力压桩机在珠海将直径 500 毫米的高强度预应力管桩压入强风化岩中获得成功。压桩机由只能压预制方桩到首次实现压预应力管桩，为后来静压桩施工技术的大发展实现了历史性的突破，也提升了机器的压桩力。20 世纪 90 年代后期，高层大型建筑物对桩基础承载力的要求越来越高，同时对打桩设备的噪声振动限制也越来越大，市场对静力压桩机大吨位化的呼声随之升高，大直径高强度预应力管桩的生产这时也很成熟了。

何清华在这方面的几个发明专利为大吨位化奠定了充实的基础。以"多对液压缸不同组合先后参与压桩的装置"为主的准恒功率压桩系统为提高压桩机压桩力提供了很大的空间，新型步履式行走机构解决了大吨位压桩机的行走问题，升降液压缸的特殊设计及其安装悬臂的创新设计解决了大吨位压桩机升降机构的刚度问题和拆装运输问题。直到目前，大吨位压桩机夹桩箱基本都是采用何清华的设计方案。还有压桩机采用三组多路阀控制压桩机的夹桩、压桩、泄压、松桩等，还有升降、行走、停止卸荷等多种运动，都是"何清华式"的。特别是大吨位压桩机对三组多路阀的要求更高，何清华设计的阀组方案操作简单、压力等级高、通过流量大、卸载充分节能。浙江一家公司就是靠何清华提供的方案做大做强的，后来被业界称为"压桩机阀的专业公司"。有了这些技术做支撑，600 吨、680 吨、860 吨、900 吨、1000 吨、1260 吨压桩机很快研制成功，并为大吨位压桩机带来了更大的发展空间。山河智能在大吨位静力压桩机方面的综合实力也越来越强。尽管他对被侵权感到无奈，而且到现在一些专利也过期，但其他公司还是无法撼动山河智能在大吨位压桩机方面的市场地位。

（三）边桩、角桩都能压

静力压桩机外形尺寸很大，尤其是大吨位压桩机可长达 20 米，宽 8 米，所夹持的预制桩都是放在压桩机的中央。但是，随着压桩机在建筑物林立的城市中心施工时间越来越多，大吨位压桩机无法在靠近墙边和墙角的地方压桩的问题凸显出来。为解决这一棘手的问题，何清华自己动手研制了一套可以安装在压桩机一端的独立装置，这套装置可以方便拆装，装在压桩机后就可以在离墙边和墙角很近处压桩。这种装置在广州市东风中路广东医学院宿舍工地上首次完成了边桩、角桩装置的试用。当压桩机在离已建成的宿舍楼不到一米的地方，压下第一根预制桩时，全场一片欢呼。随着边桩、角桩问题的解决，静压管桩获得更广泛的应用。

（四）持续创新实现多功能

自 1999 年创办公司到现在，二十多年过去了，早期主要靠何清华个人为主研发的局面已变成由年轻团队主导压桩机持续创新的任务。一项项大大小小的改善与创新让山河智能的静力压桩机在多功能、系列化方面始终处于行业的领先位置。

强化施工安全。增加压桩承载力监控记录仪、浮机报警监视系统。

一机多能。产品融合了独创的压钢管完成灌注桩孔施工的技术、管内夯扩增大灌注桩承载力技术，形成了能完成静压沉管、夯扩增强、灌注成桩三种工法的代表性产品——静压沉管夯扩桩机，成为山河智能原始创新的典型案例之一。

引孔桩机。静力压桩机将预制桩压入软弱地基的过程中有时会碰到一层或多层的所谓硬隔层，预制桩很难穿透，这成为制约压桩机应用的难题。为此，山河智能压桩机研发团队创造性地将一根钻杆从预制管桩中间的孔中穿过，在静压管桩的同时，钻杆钻透硬隔层，预制桩就可以轻松穿过硬隔层。于是，压桩机的使用范围得到了进一步拓宽。

压桩缸同步返回技术。"多对液压缸不同组合先后参与压桩的装置"是山河智能压桩机的核心技术之一,大吨位压桩机采用三对压桩油缸后进一步优化了压桩过程各阶段的压桩速度和压桩力,但三对液压缸完成压桩最后返回时时间比较长。为此,山河智能压桩机研发团队开发了压桩缸同步返回的专利技术,使得施工效率大大提高,进一步强化了山河智能大吨位压桩机的市场地位。

适应性创新开拓国际市场。东南亚是山河智能静力压桩机仅次于中国的大市场,为此,何清华率山河智能压桩机研发团队针对这些国家的建筑与交通的特点开发了一系列创新性突出的产品。如针对越南市场大量使用简陋低效的微型压桩机,何清华指导团队开发了压桩力只有几十吨的微型压桩机;在泰国市场发现河堤防洪特殊桩型的施工要求,他便指导团队开发了河堤防洪板桩的压桩机;为适应印尼市场的需求,小型压桩机还实现了悬臂伸缩,压桩机构升降后整体不拆机运输。

双层夹桩箱连续压桩系统。前些年,西北黄土高原地区诞生了一种解决黄土地基湿陷性的新工法,要求首先在地基上密集挤压成型一个个深达数十米的圆孔,再充填压实土石,其关键工序就是要快速成孔。客户对压桩速度已很快的山河压桩机提出了更高的要求。压桩机研发团队很快就研制出由上下两层夹桩箱交替夹桩、压桩的连续压桩系统。这种系统创造了一天完成高达两千米地基强化孔的惊人纪录。

(五)"压"向世界

高效节能、绿色环保、功能多样的"何清华版"静力压桩机不仅从南到北、从东到西,在中国大地上奠定了无数建筑物的基础,而且还远销到世界各地,在各地留下了深深的"足迹"。

在非洲修桥。长期工作在尼日利亚的中土集团承担了拉格斯的一段跨沼泽地的公路桥梁建设,而山河智能静力压桩机的主要任务就是在沼泽地上进行桥梁桩基础的施工。全桥有364个深达二十多米的基础桩,地基承载力小、易陷机,工期紧。山河智能静力压桩机不负众望,在尼日利亚首次采用静压施工方法过程中,充分展示了其工作流畅、压桩速度快、质量好、连续作业的优势,为项目部赢得了工期。

在印尼施工。印尼是山河智能静力压桩机的大市场。印尼泗水有个山河智能的忠实大客户陈先生，其前后购买了四十多台以压桩机为主的山河产品。爪哇岛东部，包括美丽的巴厘岛近年来新建的建筑物基本上都是由山河智能静力压桩机完成的桩基础。巴厘岛新建的国际机场热带风情浓郁，包括候机楼在内的所有建筑的基础也都是由山河智能静力压桩机完成的。

在越南忙碌。近年来，越南实施系列改革，加之低廉的人工成本，吸引了大批外资企业进驻于此，促成本土企业纷纷崛起，带动建筑施工市场需求大幅攀升，越南也成为工程机械设备各大品牌竞争的主战场。在基础桩施工设备的销售市场，山河智能的产品独占鳌头，得到了客户的广泛认可。在几乎所有的越南大型建设工程基础桩的施工工地上都能见到山河智能静力压桩机的身影，有的工地同时可看到几十台山河智能静力压桩机施工的壮观场面。这是山河智能拓展海外市场的经典案例，也是山河智能在践行"一带一路"倡议的一次成功远征，更是"何清华版"静力压桩机魅力的展示。

岁月的脚步匆匆。在风云变幻中，那些能够留存下来的，都是经过磨砺而成的经典。"何清华版"液压静力压桩机经历了市场洗礼，在一代代研发人员的不断改善中，精益求精，产品功能更多、阵容更大，这款中国特色鲜明的产品二十多年始终保持世界技术领先，销量领先。因为"何清华版"的发明，静力压桩机发生了"革命性变化"，中国建筑史，特别是民房建筑史发生了革命性的变化。这种变化不仅仅是建筑行业的，更是社会的。像压桩机静静工作一样，建筑行业施工工法也在悄悄进行着，质量不可控的沉管灌注桩和噪声大、油烟污染大的柴油打桩锤已渐渐退出市场，中国减少了遮蔽蓝天白云的环境污染因素。

四、隧道凿岩机器人横空出世

2000 年底，中央电视台《新闻联播》、《人民日报》头版报道了中国首台自主研制的隧道凿岩机器人通过了"863"计划专家组验收的消息。这台重达三十多吨的高科技成果样机能够在这么短的时间内基本达到实用化产品的层级绝非偶然。

这个项目经历了预研、立项、研究、设计、试制、调试、验收等阶段，每个阶段特别是立项阶段的情况都是复杂曲折的。这个项目能够成功立项的一个重要原因就是何清华创办了山河智能。如果没有这个模式独特的公司，不但立项

成问题，而且即便立项了要完成试制也困难。"863"计划专家在了解了何清华的个人能力之外，还多次到山河智能现场考察才决定让这个重大项目由何清华团队承担。这在本书前面的篇幅中已作介绍。由于这个项目实施过程跨越了何清华创办公司前后两个阶段，所以有大量的工作，特别是工程设计和样机试制调试、总结分析等工作都是在创办公司后由他亲力亲为完成的，主要设计图纸是他个人在 1998 到 1999 年期间完成的。作为总设计师，他主导了包括产品说明书、移动式维修间在内的全套工程设计资料的完成，工作量可想而知。有过丰富制造经验的何清华，在设计过程中除了保证性能外，还特别重视根据各种不同的工况去考虑整机各个部分的结构的工艺性和工作过程的操作方便。如同样是门架式结构，何清华的设计方案相对于当时进口的知名品牌产品来说，很多方面都有实质性的创新：四个模块化的液压马达独立驱动的行走轨轮总成方便了整机的拆装，加上宽度可调整的门架和可升降的司机室，完美解决了门架运输超高超宽和现场组装工作量大的问题。此外，在攻克制造调试中的难题方面，何清华也发挥了关键性的作用。液压螺旋翻转装置是一个关键零部件，加工要求高。当时企业租赁的厂房条件非常简陋，更谈不上有数控机床，要在这种情况下加工间隙很小的 16 线的大导程螺旋副是很难的。何清华找了很多机加工能力强的企业都无能为力，最后还是他协同中航工业下属的中南传动公司共同想办法解决了这个难题。何清华还用一个简洁方便、可靠直观的办法巧妙解决了这套翻转装置输出扭矩的检测问题。当时国内还没有检测多自由度工作臂位置所需的高精度角位移传感器、大尺寸直线位移传感器及多功能电控手柄等。而这台隧道凿岩机器人上所需的电控类配套件都具有专用性质，要求抗干扰、防碰撞、防泥水等，即便花高价买国外品牌，人家也不会给你，可谓难题成山。但何清华硬是靠自己的技术积淀和创新思维绞尽脑汁研制出了这一系列核心元器件。

首台样机(整台设备)无论从外观造型、零部件的制造水平还是从整体布置的细节上看都可以与世界一流产品媲美，而且这台样机没有一个零部件是复制别人产品的。世界知名同行企业日本古河公司的一位资深工程师井上先生仔细查看这台隧道凿岩机器人样机后对其由衷地称赞(这位已过世的日本人因技术精湛、服务到位被中国铁路央企评为劳动模范)。正如何清华自己说的，作为研发人员，这个项目他亲力亲为，投入的精力是最大的。这个项目在理论研究、技术发明、工程设计、制造工艺等方面处处都彰显出自主创新的特色……

五、进军工程机械的排头兵——挖掘机

创办公司不久，何清华就对公司只有静力压桩机这种按订单式生产的种类多、数量少的产品感到忧虑，一直想寻找一种量大面广、技术含量更高的产品。挖掘机当然是个不错的选择，但当时中国挖掘机市场的现状是，美国的卡特，日本的小松、日立、神钢，韩国的大宇、现代，欧洲的沃尔沃等外资品牌的生产企业，在各地政府特别优惠的政策支持下，凭借它们在技术、制造、营销、管理等方面的成熟而在市场上大行其道！国内好几家生产工程机械的国营骨干企业在 20 世纪 80 年代后期就引进了挖掘机的产品资料和制造技术，甚至还购买了当时罕见的数控机床。这种"消化不良"的引进技术模式在外资品牌挖掘机的冲击下很不成功，国产品牌很快就几乎全军覆灭了。只有玉柴引进国外技术生产的 1.3 吨和 3.5 吨的小型挖掘机还有一席之地。

当时的山河智能在厂房、设备、资金等各方面显然都无法支撑大型挖掘机的研发，只能选择小型挖掘机作为突破口。但山河智能当时的技术团队对挖掘机产品与技术的了解几乎是空白，因此，何清华认为至少要引进能带进门的人才。

（一）终于入了门

2001 年初，国外液压元件企业丹佛斯的一位年轻销售经理黄永对何清华说：一位前玉柴的研发骨干阎季常很想将中国的小型挖掘机作为一个事业做起来，他现在在北京一家代理国外液压元件的公司工作。何清华马上找到阎季常，共同商议研制小型挖掘机的项目。阎季常写了一份详细的市场分析报告。

小型液压挖掘机国内国际市场的分析

在这里指的小型液压挖掘机严格意义上说应该是微型液压挖掘机，一般指 6 吨以下的挖掘机，我们在这里讨论的可以扩展到 8 吨产品。

1. 小型挖掘机在世界各地的生产情况

发达国家和地区的大规模的基础建设早于 20 世纪 60 年代结束，从 70 年

代起国际上已形成小型液压挖掘机的需求市场。小型挖掘机虽然只有20多年的生产历史，但发展非常迅速，在1990年已达到67000台，占挖掘机总产量的46%。

当今小型挖掘机主要生产厂家如下。

1.1 日本久保田公司（KUBOTA），主要产品为KH21（730 kg）、KH36（1180 kg）、KH41（1460 kg）、KH51（2415 kg）、KH66（2820 kg）、KH101（3560 kg）、KH151（4890 kg）及KH191（5690 kg）等。竹内公司（TAKEUCHI），主要产品为TB25（2650 kg）、TB36（3500 kg）、TB45（4500 kg）及TB68（6800 kg）等。

1.2 美国山猫公司（BOBCAT），主要产品为X-220（1300 kg）、X-225（2272 kg）及X-231（3300 kg）……

1.3 德国雪孚公司（SCHAEFF），主要产品为HR1（720 kg）、HR02（1290 kg）、HR4A（2290 kg）、HR8A（3150 kg）、HR18（4680 kg）及TB15（1135 kg）等。

……

1.9 韩国大宇公司（DAEWOO），主要产品为DH50（5000 kg）、DH55（5500 kg）等。

1.10 国内微型液压挖掘机主要生产厂家情况

国内在20世纪80年代初便开发微型挖掘机，主要以上海建筑机械总厂、贵阳矿山机械总厂为主，但都没有形成规模。直到1989年，广西玉林柴油机厂引进法国PEL-JOB的样机开发出WY1.3，1993年引进德国AIRMAN开发出WY2.5、WY3.5挖掘机，基本形成了系列化、规模化的生产。

……

4 针对现状，山河的发展思路

4.1 生产安排

在公司设立之初，只做组装。充分利用长沙及长沙周边的国营生产厂家，焊接加工主要结构件平台、底架、工作装置等；而配重块、发动机罩与驾驶室要保证外形，需要比较专业的厂家生产。在有一定市场之后，要有自己的厂房与设备及熟练的技术工人……

……

4.3 加大培训力度

中国众多的国营工程机械生产商一直停滞不前，发展缓慢，其中一个很重要的原因便是没有企业文化，没有技术培训，即使有，也是走过场，没有深刻的东西。

其中技术培训必须含员工的技术培训和用户的技术培训，用户的技术培训非常重要，而中国的大多数厂家却不太重视这一点……

企业文化的重要在于如何形成敬业爱岗，以公司为荣，工作责任心，等等。

4.4 建立销售网络

与各地的工程机械销售商合作，构建一个强有力的销售队伍。实际工作中主动很重要，这是中国的实际国情，特别在一个新的产品进入市场时。目前小型挖掘机对于整个中国市场还是比较陌生的。

……

阎季常

2001.04.09

当时，阎季常满怀激情，很快来到山河智能组织队伍开始了 SWE42 型挖掘机的研制工作。他找来曾经从事过挖掘机业务的钟灵敏、宋晓林等技术人员，还从扬州请了一位手艺不错的钱师傅手工制作挖掘机的驾驶室和覆盖件。何清华与他们一起夜以继日地工作，同年 10 月就拿出一台外观漂亮、工作参数看起来也不错的挖掘机。这台机器参加 10 月下旬的北京国际工程机械展，引起了展会组委会和国内外客户的关注，还获得了展会的外观造型奖。随后，在观沙岭工厂小批量生产，前后共生产了近 20 台 SWE42 型小型挖掘机。当时市场上除了玉柴外，国产小型挖掘机品牌剩下的就是山河智能了。形势确实令人振奋，研发团队也很高兴。

但是，市场反馈的信息却有点令人沮丧。试用发现这种挖掘机存在一些设计问题与制造问题，不说开拓市场，就是现有产品的销售都成问题。2002 年底，项目负责人阎季常对何清华说："原来以为自己在小挖的设计与制造方面能力不错，现在看来有差距。我的能力就这个样了，也很难沉下心搞设计了。我还是离开为好……"他走了，随他来的几位都陆续离开了山河智能。尽管如此，何清华对他们仍予以充分肯定，说他们"在山河智能迈入挖掘机事业之门方面做出了历史性的贡献"。

随后，山河智能挖掘机的发展通过一系列艰难的开创性工作，才达到现在的状态。其中，何清华个人在项目整体规划实施和设计制造方面的创造性工

作，发挥了决定性的作用。

（二）设计了山河智能第一台打开市场的挖掘机

在挖掘机项目负责人阎季常和从外部引进的几位挖掘机研发人员陆续离开后，从未设计过挖掘机的何清华仔细研究了客户最不满意的 SWE42 型挖掘机的工作装置。凭借对四连杆机构优化设计的功底，他很快发现了这种挖掘机原设计不合理的症结，通过优化设计拿出了新的方案，保证了合理的挖掘曲线和最大挖掘力。山河智能的研发人员张新海完成了具体的设计绘图。还有一个问题是履带张紧装置早期失效影响了挖掘机的正常使用。当时大家都认为是黄油嘴的质量问题造成的，何清华却敏锐地发现是张紧油缸设计不合理造成的，改进设计后一举彻底解决了问题。像这样的改善例子还很多。就这样，重新设计的 SWE45 型挖掘机成为山河智能第一款真正打开市场的挖掘机产品。

（三）设计了第一个重要工装

挖掘机及各种工程机械的结构像人一样有一套骨骼系统，这个"骨骼"就是主要由钢材焊接加工而成的结构件。

行走底盘是挖掘机最重要的部件之一，其中称为"底架"的结构件不但形状复杂，而且有一些处于不同平面的机加工面加工方法的选择也非常重要，对于挖掘机主要性能影响很大。挖掘机团队认为，底架要全部焊好后再整体加工回转支承的安装面和两个行走马达安装面，当时合肥市的挖掘机合资企业"合肥日立"就是采用的这种方法。为此，"合肥日立"花 3000 多万元买了日本东芝的大型加工中心加工 20 吨级、30 吨级的挖掘机行走底盘的大型复杂焊接件底架。当时还"蜗"在观沙岭的山河智能是没有能力购买这样昂贵的加工中心的。何清华开始也考虑过采用购买动力滑台自制组合机床来进行这一环节的加工，但实施难度依然很大。他认为，可以将底架分成马达安装座、行走边梁、回转支撑座等小结构件制作，再组焊成型。可在讨论这个方案时出现了分歧。何清华则自己拿测量工具到工地测量多台国外品牌挖掘机行走马达安装座螺栓安装环形面厚度的均匀程度，证明国外品牌挖掘机的行走底架也是采用分体加工后再组焊的方案。于是，他动手设计了一个将分别焊接加工好了的回转支撑安装中间体、两个行走边梁和两个行走马达座共五件组焊起来的焊接工装，解决了挖掘机行走底盘复杂结构件的低成本快速制造的难题。至今何清华还不理解当时日立与合矿（即合肥矿山机械厂，系国家生产挖掘机的骨干企业）成立的合资公司为何要从日本东芝进口两台昂贵的大型加工中心，高成本低效率地加工挖掘机的行走底盘座。令人叹息的是，在合肥市政府力推日立独资建厂后不久，日立与合矿合资的"合肥日立"便消失了。

（四）慕尼黑的感慨

2004 年 3 月，何清华带领研发团队中的三位年轻人到芬兰、德国考察了一番，前后花了十多天时间。这是他第一次到欧洲，当时 1 欧元兑换人民币超过 10 元，而当时山河智能一般员工的月工资才 1000 多元，在那里一瓶矿泉水就超过 20 元人民币，于他们来说实在有点"高消费"，大家就尽量喝自来水（欧洲自来水可以喝）。何清华对首次欧洲之行感慨自然很多，其中最主要的是他作为一位纯观众参观德国慕尼黑工程机械 Bauma 展时受到的强烈刺激，这更增加了他追赶国际先进水平的压力与动力。慕尼黑国际博览集团是世界十大展会公司之一，该集团在德国慕尼黑每三年举办一次的 Bauma 展是工程机械行业规模最大、水平最高的国际性展会，展会面积相当于 88 个足球场。

这一届德国 Bauma 展给他的第一感受是差距。偌大的会展场地，中国工程机械所有参展企业"龟缩"在一个不起眼的地方。发达国家品牌公司展台的规模、产品的种类、展品的精良对第一次到欧洲参观行业顶级展会的何清华带来的冲击之大与感慨之多可想而知。他回忆说："先不说行业巨头卡特、小松展台的宏大气势，中国军团的整体气势还不如韩国的大宇（即现在的斗山），我在大宇的展场前停留时间比较长，真的眼泪都要出来了。真切地感到国际专业化展会是真正体现企业实力也是国家实力的地方，不怕不识货，就怕货比货啊！"

（五）中国挖掘机首秀欧洲大型展会

山河智能自 2001 年携带挖掘机参加北京国际工程机械展会后，每年都参加国内的大型展会，尽管规模不大，但展会上以挖掘机为主产品，技术风十分浓厚，因而吸引了不少欧美客户的关注。其实，何清华 2004 年去欧洲的另一个原因，就是芬兰一家创新型的小公司参观技术型的山河智能后希望双方能合作研制新产品。一位定居意大利的英国人哈斯本是英国 HP 公司的老板，他与几位从事国际其他品牌工程机械代理销售的人在 2004 年中国上海 Bauma 展上寻找合作伙伴，发现山河智能的产品技术相对当时中国其他品牌优势明显，经过

仔细考察交流后签订了战略代理商协议。为此，哈斯本等人在意大利专门组建了 HPM 公司在欧洲代理销售山河智能以挖掘机为主的产品。2005 年 4 月，意大利历史名城维罗纳三年一届的 Samoter 工程机械展开幕了，这个展出面积超过 10 万平方米的 Samoter 展会属于欧洲 Bauma（慕尼黑）、INTERMAT（巴黎）三大工程机械展之一。HPM 公司在这届展会上高调展出了山河智能多台挖掘机产品。外观漂亮富有特色的"山河绿"挖掘机和大气漂亮的展台吸引了大批观众与客户的关注。这是完全自主的中国品牌挖掘机首次高调亮相在世界顶级市场的大型展会上，也是中国品牌的工程机械产品首次在发达国家的国际大型展会上的规模化亮相，在市场上引起了轰动效应。相对之前山河智能在欧洲发展的几家代理商，HPM 公司很快就实现了年销售近千台的纪录。同年，《人民日报》刊载了山河智能挖掘机是中国客户最满意产品的报道，这个时候国产挖掘机其他品牌还处于起步或没什么影响的状态。可见 2001 年从零起步的山河智能挖掘机进步的速度是惊人的！随后，山河智能于 2006 年参加了法国巴黎 INTERMAT 工程机械展，2007 年参加了慕尼黑 Bauma 展，而且一届比一届规模更大、产品更多。特别是 2007 年的 Bauma 展上，何清华站在山河智能的室外站台上，看到络绎不绝来山河智能展台的世界各地客户，回想三年前以一个普通观众的身份参加 Bauma 展的场景，不禁感慨良多，真实感受到中国企业伴随国家快速发展的自豪，以及追赶发达国家的信心。

不过潜伏的问题也很快暴露出来。当时觉得欧洲人长相都差不多的何清华及山河智能团队不知道欧洲市场绝不是一家代理商可以搞定的：一是欧洲当时是世界上最大的挖掘机市场，二是尽管欧洲国家都不大，但文化、经济、消费习惯等差别非常大。尽管 HPM 公司是地地道道欧洲人办的公司，但他们也不清楚自身的综合实力实际上完全支撑不了自己野心勃勃的市场拓展规划，靠各个国家二级代理也是搞不下去的。几年后，HPM 公司结束了山河智能代理商工作，并且在结束期间利用山河智能不熟悉欧洲法律玩了个花招，让山河智能损失了一千多万元。这笔"学费"及后来发生的一些事情也让何清华明白了只凭对人的信任是不行的，看起来显得文明诚信的西方人，其实也有欺骗人的时候，而且骗人手段很"高明"，因为他们在市场风浪中历练得更成熟。当然，山河智能至今能保持欧洲高端市场中国挖掘机品牌第一，HPM 公司还是起到了助推作用。

（六）欧洲高端市场的综合效应

在山河智能陈列馆里，有一台该公司生产的小型挖掘机。与一般同类型挖掘机不同的是，这台机器上挂着琳琅满目的布熊、布猪、布猴子之类的装饰品。

山河智能芬兰的二级代理尤卡是一个喜欢别出心裁的年轻人，他想让山河挖掘机创造一个挖掘机公路行驶的吉尼斯纪录。2010 年 6 月 1 日，他开着这台挖掘机以每小时 4 公里的速度从芬兰最南端的汉科出发，往北行进，历时 29 天，行程 1000 公里，于 6 月 29 日到达紧靠北极圈的小城库萨莫。到达之日，库萨莫包括政府官员、"圣诞老人"、多家媒体人在内，几乎占城市一半人口的市民到城市广场举行盛大的嘉年华式的欢迎仪式，这中间还有一些与何清华同住一个宾馆的前一天赶到的外地欢迎者。热情的人们将尤卡高高举起扔到水池，然后是多人讲话、表演，历时两个多小时的活动就是为了欢迎这个明星式的年轻人，光尤卡给大家签名就花了将近半小时。何清华深深地被这种场面感染了，特别是看到这台驾驶室顶上飘扬着中国国旗的山河智能品牌挖掘机缓缓驶入广场时，一股强烈的自豪感涌上心头。这台无故障行驶 1000 公里的挖掘机证明了自己带领团队十个年头的努力没有白费。尤卡 29 天平均每天行驶 9 小时以上，一路上每天发布新闻到网络上，让更多人认识了山河智能，认识了山河智能的产品。SUNWARD 在欧洲已成为一个品牌。活动结束后尤卡在网上拍卖这台挖掘机，何清华作出决定，将这台山河智能的功勋挖掘机回购并长期保存在公司的展示厅中！

何清华总结山河智能挖掘机拓展欧洲市场的情况时说：欧洲可说是工程机械的发源地，也是目前产品技术水平的制高地，企业早期开拓这样一个高端市场肯定要付出很大的代价。但正是这样一个高端市场倒逼了山河智能的产品设计在性能和外观上的创新，产品制造在精细化和可靠性上的高要求，最终倒逼了全体员工的创新意识、品质意识和鉴赏能力的实质性提升以及整个公司管理水平的持续改进。何清华说，如果你的产品与欧洲品牌雷同或侵犯了他们的专利，在展会上就会遇到麻烦，他们甚至会拖走你的设备。他还说，自己是个完美主义者，早期对员工谈产品的问题时，由于员工鉴赏力不够，他们不仅自身很难发现问题，还总是很难接受别人发现的问题。现在从设计到制造，员工的综合鉴赏能力与欧美企业相比已不相上下。这是靠长期历练积淀才具有的内生式能力与动力。

拥有先导式创新理念的山河智能在 21 世纪初就成为国内率先开发出口到

欧洲的无尾型挖掘机、轮式挖掘机的企业。

（七）"引领中国挖掘机民族品牌的先导者"

《中国挖掘机产业五十年（1962—2012）》是"中国挖掘机发展史上第一部具有重大史学价值的著述"，"详细记录了中国挖掘机行业的形成与发展，回顾了挖掘机产业链上下游企业成长与壮大的整体演变过程"。

这本书中写道：

2011 年，公司挖掘机突破 5000 台。挖掘机成功入选世界二十强，标志着山河智能挖掘机已经成长为世界级的品牌。

……山河智能在短短十年（2001—2011 年）时间里白手起家，异军突起，一举进入世界挖掘机二十强的"三昧"为：自主创新，挖掘机品牌的灵魂与基石；精益生产，挖掘机品牌的保障与支撑；诚信经营，挖掘机品牌的要义与法则。

……山河智能之所以能够十年内进入世界挖掘机二十强，关键就在于何清华。"从知青到教授，再到企业家，其将先导式创新引领企业的发展，使山河智能成功进入世界机械企业五十强、世界挖掘机品牌二十强。"

《中国挖掘机产业五十年（1962—2012）》还从三个方面总结了何清华的成功要诀：战略，诞生在先导式创新模式下的挖掘机梦想；贡献，引领中国挖掘机民族品牌的先导者；启示，先导式创新促进挖掘机行业健康发展。

《中国挖掘机产业五十年（1962—2012）》评价何清华说：

十年来，山河智能挖掘机在何清华教授的带领下，在寻求自身发展的同时，更推进了行业的进步。在挖掘机行业中，几年前的"迷信外资品牌""产品同质化""无序的价格竞争""二手挖掘机泛滥"等现象充斥市场，而山河智能自主品牌挖掘机的崛起，在很大程度上改变了以上局面。

六、摘取皇冠上的明珠——挖掘机的前沿技术创新

挖掘机以其技术水平和市场容量被称为工程机械皇冠上的明珠。众多世界级挖掘机企业历经数十年的竞争打磨，挖掘机产品的完美与成熟已达到相当高

的层次，要在这类产品上实现比较大的创新显然是很难的。但山河智能在何清华个人与团队多年不懈的努力下，硬是在挖掘机领域取得了多项前沿性的创新成果。

（一）智能挖掘机

何清华在世界性展会上深入、全面观察分析总结的劲头在企业老板中是罕见的。他注意到欧美国家有一些专门从事挖掘机控制的小公司，经常模拟性展出一些有关挖掘机工作装置工作时实现挖掘姿态控制的软件与硬件，一些大品牌的挖掘机生产企业会购买这些小公司的成套控制系统，将一般挖掘机改造为智能遥控挖掘机，但展会上并没有展出智能遥控挖掘机产品。山河智能的挖掘机进入欧美市场后不久，何清华指导研究生开启了这项研发工作，并获得了国家"863"项目的支持。2005年7月19日，由湖南山河智能机械股份有限公司承担的国家"863"项目——"挖掘机的机电一体化及制造信息化"顺利通过了"863"专家验收，显示何清华团队在挖掘机智能控制技术方面取得了实质性的进展。据当时参加项目实施的何清华的博士生张大庆说："山河智能是国内第一家做液压挖掘机机电一体化的企业。这是何老师的一个战略决策。他看到了挖掘机智能化发展的方向。"也可以说，挖掘机机电一体化和信息化是其智能化的"初级阶段"。何清华团队没有辜负国家的期望，在2005年完成了这一项目。

以下是当时的报道：

2005年7月19日，由湖南山河智能机械股份有限公司承担的国家"863"项目——"挖掘机的机电一体化及制造信息化"顺利通过了"863"专家验收。该项目的圆满完成，预示着中国在跻身世界先进挖掘机的研发与制造方面取得实质性进展，同时也标志着湖南山河智能机械股份有限公司开始步入制造信息化的新殿堂。

2008年，首台SWEROB智能挖掘机在山河智能下线，它将多传感器的数据融合技术、无线AP技术、遥控技术、虚拟仪表技术、机器人控制技术以及声、光、电技术等进行有效结合，设计了具有在线自学习功能的挖掘机两级控制结构智能控制系统，实现了对挖掘机器人的多重模式（手动模式、遥控模式、自动模式）下的冗余控制，保证了整机的安全性能及可靠性，展示了整机的自

动化水平。在采用电池驱动样机之后又推出了柴油机驱动的样机。这两台外观靓丽、制造精良、性能可靠的智能挖掘机多次在慕尼黑、巴黎、拉斯维加斯、北京、上海的工程机械国际大型展会上与观众互动演示展出。山河智能成为在这类展会上第一家展示产品级的智能挖掘机企业。

2011年，湖南省科学技术厅组织的项目科技成果鉴定会上，与会专家一致认为："智能挖掘机整体技术达到国际先进水平，小型挖掘机的智能化控制技术居国际领先水平。"

2012年，中央电视台十套《我爱发明》栏目制作的"智能挖掘机关键技术及应用"产品之一的SWE-17E智能挖掘机专题节目——《智慧挖掘》在黄金时段播出。节目播出后引起广大观众的极大兴趣及业内专家的密切关注。

2013年，山河智能的"智能挖掘机关键技术及应用"项目荣获湖南省科技进步一等奖。目前，山河智能的智能遥控挖掘机已批量应用到排爆、抢险等特殊挖掘作业之中。

（二）油电混合动力挖掘机

一台中等吨位挖掘机的油耗约与十台乘用车相当，一贯重视产品高效节能的何清华在山河智能从事挖掘机研制起就带领团队开始了这方面的研究。他基于在液压冲击机构研究中对液压回路各种压力损失的仿真实验研究经验，指导研发人员从各个细节优化挖掘机复杂的液压回路，有效降低了回路上的局部损失与沿程损失，原有挖掘机的能耗降低了5%~8%。

日本小松公司的油电混合动力挖掘机将上车回转制动时的动能转化为电能储存起来，并在下一次回转启动时又释放出来，这一节能方式成为21世纪初混合动力节能挖掘机设计的典范。2006年起，何清华带领团队开展了液压挖掘机混合动力节能技术的研究工作。在坚持一系列基础研究的同时，何清华还承担了包括"863"计划和科技支撑计划在内的多个国家级项目，成为首个承担国家级混合动力工程机械项目团队成员。2009年，山河智能相继承担了科技部"工程机械混合动力系统的优化控制及能量回收技术"和"新型混合动力工程机械关键技术及系统开发与示范应用"两项科技项目的研究，国家项目的资金在一定程度上缓解了公司油电混合动力挖掘机项目资金的压力。尽管小松公司等外资品牌油电混合动力挖掘机的工作原理都一样，但用于能量回收与释放的关键元器件都是不对外销售的各家公司自己的专用产品。何清华的团队必须研发这些元器件,其中挖掘机电动式回转装置兼有发电机与电动机功能的研制最具有挑战性。2010年8月,山河智能完成了国内首台商品化油电混合动力挖掘机的自主研发。

(三)液压混合动力挖掘机

虽然油电混合动力挖掘机的样机达到了工程化阶段的要求,节能效果与小松公司的产品不相上下,但增加的制造成本让一般客户难以接受。这种油电混合动力挖掘机国内外品牌因售价高,市场销售遇到了较大阻力。于是,何清华提出了另一条思路:挖掘机工作装置下降时具有的势能和上车回转制动时具有的动能是挖掘机工作中被浪费掉的两种能量,如果能以液压能的形式将这种势能和动能储存起来,在工作装置上升和上车回转启动时将上述储存的能量以液压能的形式释放出来,就可以大幅度降低挖掘机的能耗。他设想以液压储能器作为储能元件,并先后提出了多种实现这种储能、释能的方案。项目团队经过多年艰苦细致的努力,在"基于新型动臂结构"和"压力耦合"两种节能挖掘机的开发方面取得了突破性的进展。其间,从原理性、创造性方案的构思到元器件的性能与可靠性攻关,到专用集成阀组的研制,到挖掘机节能与操控性矛盾的解决,到一次次的内部试验检测,再到矿山严酷环境的长时间考核,经历了多次失败后终于研制出世界上首创的液压混合动力挖掘机。

这种节能挖掘机的性价比大大优于已有的油电混合动力挖掘机,因而在矿山得到了批量的应用。这个项目先后申请及被授权了20多项专利,其中包括国外的PCT专利。这个项目也是山河智能主持的国家科技支撑计划项目"大型机械能量回收与利用关键技术开发与应用"中的核心部分,山河智能因此成为国内工程装备节能技术研究及应用的重要基地。项目成果荣获湖南省技术发明一等奖,制定产品技术标准4项。鉴定专家的评价是"节能挖掘机整体技术达到国际先进水平,其中能量回收利用技术居国际领先水平"。SWE385ES液压混合动力挖掘机荣获"2015年中国工程机械年度产品TOP50"。

获得湖南省发明一等奖并不是一件容易的事。评审专家评价这项发明的价值时认为,何清华团队在以下三个方面取得了突破。

(1)针对挖掘机在瞬变大负载工况下功率需求波动剧烈导致能量损失大与能量回收困难等问题,提出了基于液压储能的泵马达可升压能量回收利用原理,发明了新型多缸动臂交互驱动与回收节能结构,提出了二级能量分配决策

下回转启动与制动能量回收方法和蓄能器剩余能量 SOP 状态估算方法，在实现挖掘机节能目标的同时，优化了节能系统结构，提高了可靠性。标准作业工况下，燃油消耗降低 18.2%、排放烟度降低 58%。2014 年 7 月经湖南省机械工业协会组织完成该产品技术鉴定，结论为"节能挖掘机整体技术达到国际先进水平，其中能量回收利用技术居国际领先水平"。这样，在其他一些企业纷纷放弃混合动力挖掘机的时候，山河智能却能独辟蹊径，找到符合国情的发展道路，并使产品具有国际竞争力。

（2）针对工程机械能量回收系统关键共性技术特性与多领域适用性需求，发明了基于电气储能的泵—马达—电机的多源能量回收利用系统；建立了多源能量等效油耗函数模型，提出了多动力源系统的能量回收全局变量瞬时优化控制策略与基于再生辅助调速的能量回收控制方法，实现了多源系统能量高效回收利用和作业性能的协调优化目标。

（3）自主开发出具有完全自主知识产权的动臂势能回收利用阀组、回转流量自匹配液压模块等多种能量回收系统的核心元件，构建形成了工程装备瞬变大负载能量回收与利用系统完整的软硬件自主配套体系。

一个原理性的创新、一套装置的完善不等于整台机器的实用化，特别是在严酷环境下，整台挖掘机的实用化还得通过上万小时多种复杂恶劣工况下的实地现场可靠性试验后才能完成。何清华团队研制的液压混合动力挖掘机在条件恶劣的矿山一次又一次、一批又一批地长时间工程考核过程中出现了许多意想不到的问题。团队的现场工作人员长期住在山上极其简陋的房子里，在北风呼啸、滴水成冰的晚上还得到外面仅有围墙的露天厕所方便；天上骄阳、地面烫脚时还得趴在机器上处理故障……何清华自己也多次在这样的气候下来到试验现场爬上机器与团队成员一起分析交流、制定对策。节能挖掘机自 2016 年才开始实现批量推广。2018 年 12 月的统计数据表明，节能挖掘机的销售额超过 5 亿元，每年减少燃油消耗 280.6 万升，可降低二氧化碳排放 0.78 万吨。

七、中国滑移式装载机的先行者

何清华曾将小型挖掘机、滑移式装载机和伸缩臂叉装车这三类市场容量大的小型工程机械产品比喻为欧洲工程机械中的"三剑客"。在滑移式装载机方面，一家西班牙企业促成山河智能成为中国的先行者。

（一）不速之客带来了好消息

2004年的一天，一个扎着马尾式长发的西方年轻人来到山河智能，这个精干帅气的西班牙人名叫"水果"（Fruitos），是西班牙 ACM 公司的营销负责人。他对接待他的何清华等人神秘地说：他们了解到山河智能技术力量强，这次来主要是他们 ACM 公司想与山河智能共同开发一种销售量非常大的工程机械产品；这种产品山河智能以研发制造为主，ACM 公司参与研发，主要负责除亚洲以外市场的销售……他还夸张地说，这种产品的销售量将是成千上万。

这种产品实际上就是滑移式装载机。何清华对这种产品的市场还是有一定了解的，但对其销售量心存怀疑。尽管如此，他觉得，年轻的山河智能有这样一种产品旺销欧美市场，当然是一件求之不得的事。而且他还觉得凭山河智能的技术力量，研发出这种产品是完全可能的，因而非常重视这个"送上门"的好项目。山河智能很快与 ACM 公司的代表"水果"（Fruitos）达成了协议，并制定了项目的初步推进计划。但是，当时中国不但没有这种产品，而且还只有极少数人见到过，何清华也只在欧洲展会上见过，其性能、用途还很不清楚。于是，何清华提出，尽快到欧洲考察，摸清几个品牌公司同类产品的情况。

（二）多彩的西班牙调研之旅

很快，何清华又开始了 2004 年的第二次欧洲之行。9 月，他带了黄志雄和他的还未毕业的研究生张海涛一起去西班牙考察，ACM 特别热情地接待了他们，吃住由他们负责，几乎没有在同一餐馆吃过两餐，还多次游览了世界闻名的、风光迷人的西班牙地中海海滩。体魄壮实的 ACM 公司老板卡诺引导何清华一行参观了他的发电机组的动力箱生产厂。他对此项目很重视，专门成立了一个项目团队，聘请曾在西班牙一家可造军舰的国营造船公司担任过总经理的约伦斯先生担任项目主管。这位资深的专业化管理者向何清华团队讲述了这个列有时间节点的项目管理计划。何清华一下子就看中了这种表格化的、工作完成时间节点清晰的项目管理方法，并很快将它推广到公司的管理工作之中。ACM 公司租来了四个品牌的滑移式装载机，何清华团队与 ACM 研发团队一起对这些设备的结构性能进行了详细的分析研究，制定了研制第一款滑移式装载机的时间节点。

（三）见识了西方人的夸张评价

在西班牙考察期间，卡诺先生非常高调地向何清华等介绍了他们的研发工程师的情况：这位某某某是非常优秀的机械设计工程师，那个某某某是非常不错的电气工程师……在这之前，芬兰一家小公司找山河智能洽谈一个合作项目时，这家小公司的老板也推荐了几位他认为"很不错的技术专家"，但何清华一行与他们接触后发现那些"很不错"的人实际能力与所介绍的情况相差太大了。尽管何清华已经见识过西方人的夸张，但经过考察觉得 ACM 公司还算是个有一定规模的公司，设备条件比当时的山河智能还强一些，老板卡诺推荐的人应该不错，于是也就与这家公司达成初步合作协议。协议商定，ACM 公司从这些"很不错的技术专家"中派两人到山河智能技术中心参加设计，连同山河智能的黄志雄、周凯等一共 5 人组成滑移式装载机研发小组。

这之后，按 ACM 公司方专家约伦斯为主制定的项目计划书进行了分工，小组成员按分工进入紧张的设计工作中。但进展没有达到计划的要求，ACM公司老板卡诺向何清华抱怨说工作没抓紧。开始，何清华总是要求山河智能方面的研发人员黄志雄等加快进度，后来发现，山河智能研发人员是按时完成了任务的，而 ACM 公司研发人员的任务拖后一大截。最后，只好削减 ACM 公司人员的任务，且只安排他们进行那些简单部件设计。尽管这样，就是那些简单部件的设计扫尾工作还是山河智能团队完成的。

对于滑移式装载机，双方团队成员都是陌生的，但山河智能团队成员的敬业精神、学习能力和设计能力远超成立时间早得多的 ACM 公司。见识了西方人的夸张，何清华也觉得有意思，平日聊天时也会调侃："西方人吹起牛来比我们厉害多了！"当然，见识了这种夸张，何清华对自己团队的信心也就更足了。

（四）心大力不足的 ACM 自己撤退了

为了保证项目的如期完成，何清华在设计把关、制造工艺、外部协调沟通等方面倾注了大量的精力，这样一种全新的产品终于在短短的八个多月的时间内拿出了外观、性能都还不错的样机，这也是中国产的第一台滑移式装载机。

如何打开市场，尽快实现批量生产，是合作双方必须面对的问题。当时以中国为主的东南亚地区还是滑移式装载机的处女地市场，较长时间内都不会有多大的市场，只能寄希望于曾承诺"主要负责除亚洲以外市场"销售、"实现最大市场销售"的 ACM 公司了。但山河智能很快发现，ACM 公司根本没有这样的能力，在拿走第一批几十台的订单后就没有下达确定的销售订单了，即便是他们原先看好的西班牙市场的销售也没多大起色。但山河智能又不能自己在这些地区销售……因为在与 ACM 公司签订的有效期长达二十年的协议中，西欧市场归 ACM 公司经营。尽管何清华列举了很多对方没有履行应尽职责的地方，但还是不能取消合约。一年多后，这家公司感到实在是没有能力实现自己的"雄心壮志"了，提出只要他们有需求山河智能就优惠供货的条件后，自行结束了与山河智能的合作。

ACM 公司退出后，山河智能依靠自身的努力，在滑移式装载机领域中继续耕耘，创造性地开发了系列化产品，尽管市场没有 ACM 所预计的那么好，但还是逐步将滑移式装载机销售到了全球几十个国家和地区。

八、初心不改的凿岩设备研制情结

从 1980 年研究生时期起到现在的四十个年头中，如果列举何清华亲自动手或主持研发过的凿岩设备类的技术与产品，可说是琳琅满目，无人能及。大类中，有用于地下的和用于露天的，有液压的和气动的，有凿岩机和钻车，等等。其中，他个人在理论研究、工程设计、工业试验、成果转化方面全身心投入、花费精力最多的成果在推广应用方面实效最差，这自然让他的情绪受到打击，却又感到无奈。体制的变更导致市场取向改变，他是无法把控的。但是，何清华心中那个"凿岩设备情结"始终没有泯灭。

（一）坚信花开果硕

何清华从研究生时期开始研究设计的液压凿岩机、地下和露天液压钻车都取得了一系列成果，获过省部级科技奖励，只是因当时矿山不景气和制造水平的限制没有大批量推广应用。后来，国外这类成熟的产品批量进入中国市场，国产自主研发的产品受到了强烈冲击。

"难道花开无果？"何清华多次问自己。他的回答是否定的，仍坚持在这条设备研发道路上继续前行。

2000 年底，中央电视台《新闻联播》、《人民日报》头版报道了中国首台自主研制的隧道凿岩机器人通过了"863"计划专家组验收的消息。铁道部从事隧

道开挖的知名院士王梦恕也参与了立项和验收。可一个残酷的现实是，铁道部当时刚完成把几十个工程局剥离、由国资委直管的大改革，这样一来，原来由铁道部统一购买大型施工设备如大型凿岩台车再分租给各工程局的体制一下子被打破了。各工程局为了减少投入、降低成本也就不再购买大型设备，大型隧道的钻爆法施工又很快回到 20 世纪 80 年代手持式风钻"打炮眼"的落后状态。这让何清华始料未及，但他没有轻易放弃，自己带着资料到一些施工局去游说推广，最后好歹做通了隧道局第三工程处领导的工作，同意在新建渝怀线（重庆到怀化）的圆梁山隧道试用。

何清华马上带领技术骨干开着一辆 13 座的金杯小客车去落实试用的准备工作。汽车在险峻异常的称为"奇观公路"之一的湘西矮寨公路上行驶了很长一段时间，路况极差，令人直冒冷汗。接着，汽车又在路况极差的工地道路上剧烈颠簸，好不容易才来到了渝怀铁路圆梁山隧道施工现场。在满是粉尘的隧洞施工掌子面，何清华看到几十个工人一人拿一把风钻，站在简易搭建的三层施工门架上在岩面上钻孔。风钻强烈刺人的噪声和爆破孔中排出的浓浓粉尘，长时间伴随着这些作业的人。何清华不由得感叹：大型隧道开挖的施工环境比原来矿山小隧道施工的环境还差得多，这些作业人员的生命安全和健康环境真让人揪心！调研后，他舍不得住宾馆，与司机轮换开车，连夜赶回公司，第二天早上继续上班。让人气恼的是，费了这么大力气，最后得到隧道局答复是，因隧道地质变化，不同意试用机器了……

难道努力积淀这么长时间的技术成果就这样闲置不用了？抱怨与等待是没用的，何清华继续寻找着机会。

21 世纪初，山河智能开始研制钻孔灌注桩施工设备旋挖钻机。这是一种比较复杂的机电液一体化高端工程机械，高达几十米、重达几十吨的钻桅在施工过程中有一个自动调垂直的功能。由于钻桅调整垂直度是由两个对称布置的液压缸的复合运动完成，强耦合性导致很难制定合适的自动控制策略。2003 年山河智能推出的第一台旋挖钻机钻桅的自动调垂直的控制器硬件软件，像国内其他品牌旋挖钻机一样，都是从国外采购的元件分立式系统。何清华团队发现旋挖钻机钻桅变幅调整装置及控制方式与隧道凿岩机器人直接定位式钻臂变幅装置的结构和控制方式相同，也是采用复杂耦合关系的双液压缸。这种机构的控制难点早被何清华指导的博士生在"863"项目——隧道机器人的研制中攻克了。他们创造性地提出了一种广义预测自适应控制（GPC）策略。

前期的付出与积淀很快发挥了作用，山河智能第二台旋挖钻机下线时就用上了自己开发的控制软件，率先在国内实现了旋挖钻机钻桅的自动调垂直功能。随着旋挖钻机一年年产量的增加，"863"重大项目隧道凿岩机器人研发过程沉淀的关键技术在新的项目中发挥了越来越大的作用，何清华及团队的巨大付出终于有了收获。

真是"失之东隅，收之桑榆"！

（二）圆了一体化潜孔钻机的梦

20世纪90年代，何清华与当时中国最大的露天凿岩设备制造厂（河北）宣化风动机械厂（后来改为宣化采掘机械厂）有过多年的合作，但当时机械部的骨干企业、号称中国露天潜孔钻机龙头企业生产的露天潜孔钻机实在是太落后了，"一台电动机通过皮带传动，带动共轴安装的两对开式传动的齿轮，其中大模数的130齿的大齿轮体积庞大，再通过两级开式链式传动机构带动两条履带的驱动轮……"20多年过去了，何清华居然还能如此清晰地描述当时中国最好的潜孔钻落后的传动系统。当时，何清华多次向该厂领导提出共同开发空压机与钻机一体化的新型高效节能潜孔钻机，但一直没有得到积极的回应。他还提出了由中南工业大学与宣化厂组建合资公司的方案，但对方最后选择了与美国企业合作，最终的结果是这个中国凿岩设备骨干企业彻底消失了。

1999年创办山河智能以后，埋在何清华心中深处的"凿岩设备情结"又再一次唤起了他开发一体化潜孔钻机的念头。于是，年轻的山河智能将开发一体化潜孔钻机的项目提到了议事议程。但是山河智能的财力是无法支撑先自筹资金开发产品后再销售的，所以寻找相信何清华和相信山河智能而又有长远眼光、有购买创新产品意识的客户是第一要务。

1. 找上门的电动潜孔钻机客户

山河智能早期的研发人员都是中南工业大学智能机械研究所的教师和何清华的研究生。林宏武是山河智能第一个从校外招聘的直接与公司签订劳动合同的技术人员。当时，加盟山河智能的技术人员中很少有多年从事矿山机械研究经历的，因此，林宏武一到山河智能就成了协助何清华重新开展矿山机械开发的重要助手，他向很多矿山推介了山河智能在凿岩设备领域的技术基础。

机会居然找上门来：江西的宜春钽铌矿主要生产稀有金属钽、铌，以满足

国防工业电子元器件生产的需求。当时，该矿采矿钻孔主要采用的是四台电力驱动的河北宣化厂生产的 KQG150 型潜孔钻机，其设计落后，使用年限长，故障率高，维护成本高，钻机需要的压缩空气由相距几公里远的集中空压机站通过弯弯曲曲的钢管送过来，途中供气压降损失大，管道漏气造成的能耗损失也特别惊人，而且机器移动不方便，钻孔效率低下。2003 年，钽铌矿准备购买新设备扩大产能，了解到国际知名品牌阿特拉斯等厂商可以提供高效率的一体化潜孔钻机，但是价格和使用成本非常高，而且还没有电力驱动的产品。于是，矿方张总一行来到湖南，慕名找到中南大学与山河智能，希望能够开发先进的钻孔凿岩设备满足他们的需求。何清华了解矿方要求后，提出了新钻机的六个技术创新点，矿方虽然认可了创新点，但还是不放心将产品交给从没生产过这种钻机的山河智能。张总带着这六个技术创新点来到宣化采掘机械厂，希望能按此改进，但对方明确表示没有这个技术实力。张总抱着吃螃蟹的心理，对何清华说：他相信山河的技术实力能开发出矿里需要的设备。就这样，双方签订了正式合同，开始了合作。

凭借何清华团队在凿岩设备领域的技术积淀和山河智能企业的新机制，中国第一台一体化潜孔钻机很快便被研制出来并交付宜春钽铌矿使用。"高效——一台钻机的能力远远超过矿山原有四台宣化老钻机；节能——节省电费30%以上；环保——消除原来钻机打钻时粉尘白茫茫一片的现象……"宜春钽铌矿为这台钻机总结了十个优点。十多年后，这台作为中国潜孔钻机发展重要里程碑的产品依然在宜春钽铌矿发挥着重要作用。

首战告捷，何清华向着潜孔钻机领域更高的目标前行。当时，国内大型矿山使用的都是进口的柴油机驱动的一体化潜孔钻机。外国品牌钻机基本不生产电动的潜孔钻机，柴动潜孔钻机成了中国大型矿山的标配。因此，要想推广一体化潜孔钻机，研制柴动一体化钻机成为何清华团队必须跨越的门槛。

2. 破天荒获得柴动潜孔钻机订单

2004 年 10 月，始创于 1907 年、被誉为"中国水泥工业摇篮"的华新水泥股份有限公司公开招标两台柴动潜孔钻机。这家"百年老店"为国家和地方经济建设做出了突出贡献。北京 20 世纪 50 年代的十大建筑、北京亚运村、葛洲坝、京珠高速公路、长江中下游数十座公路铁路大桥、举世瞩目的三峡工程等国家重点工程，均选用华新水泥。

当时，参加招投标的主要是国际知名品牌公司，有美国的英格索兰、瑞典的阿特拉斯、日本的古河及芬兰的汤姆洛克，而山河智能公司的潜孔钻机生产才刚刚起步，仅生产了一台电动潜孔钻机。

以下是山河智能凿岩设备研究院院长林宏武（林）与英格索兰销售代理（索）的对话。

索："是哪个公司的？"

林："山河智能公司。"

索："哪里生产的？"

林："山河智能公司。"

索："不可能！"

这名销售代理不屑地走了，很有点"走着瞧"的味道。

这名销售代理说"不可能"是因为他完全不相信中国还有企业能生产一体化的潜孔钻机，要知道外资企业在 21 世纪初报价四百多万元一台的设备还是有足够高的技术含量的，对于年轻的山河智能来说，要拿到这个订单确实存在"不可能"的成分。因为按招标书的条件，一是要求柴油机驱动，二是要求应标企业的产品至少要有三年以上的使用业绩。当时的山河智能只有一台电动的、使用才一年多的潜孔钻机产品，柴动产品当时能提供的只是电脑上的一张方案图，严格地说，这次的投标是废标。但这个订单对于山河智能来说太重要了，何清华认为在正式招标前必须去找华新水泥的领导介绍情况力争订单。这之前，林宏武已经与当时华新水泥主管生产与设备的李大康副总经理有些交流，李副总对何清华的经历很佩服。于是，何清华与林宏武一道来到湖北黄石找到李总，详细介绍了他自己坎坷的经历，特别介绍了自己在矿山机械凿岩设备领域多年的经历和成果，创办公司的初衷和期盼研发中国人自己的凿岩设备品牌的强烈愿望。这些让技术人员出身的李总大为感动，顿时产生了与何清华惺惺相惜的感觉，热情地表示愿意支持民族制造业的发展，并表示会到山河智能和电动钻机使用现场考察。华新水泥公司考察后肯定了山河智能的能力，为可靠起见，选定了山河公司 SWDB165 柴动潜孔钻机及国外进口钻机各一台，两台机器在同一工地作业，在现场摆开了擂台。经过对比，两者的作业效率相当接近（同为每台班 8 个孔），而为了避免钻机在辅助时间仍然使用大功率发动机浪

费油料，配置了大小两台发动机的山河智能 SWDB165 钻机每班省油 120 升。

这时一个情况发生了。因地质情况复杂，山河智能钻机与进口钻机都因卡钻而损坏了钻杆。华新公司给两家公司打电话，要求迅速解决配件以恢复生产。山河智能技术团队在接到电话一小时内派出专车装上一套钻杆连夜出发，到目的地解决问题，前后不过 18 个小时，解了华新水泥的燃眉之急。进口钻机的生产企业 42 天后才将冲击器与钻杆从公司本部寄到工地。这一比较，可靠性高下立见。在后来的日子里，华新水泥把山河智能的潜孔钻机作为标配，到 2018 年，华新水泥集团先后购买了山河智能 40 多台潜孔钻机，成为山河智能的标杆客户。

2005 年 5 月一体化液压潜孔钻机通过湖南省新产品鉴定，2006 年获湖南省科技进步一等奖，2012 年 5 月获国家重点新产品支持政策。

3. 山河智能潜孔钻机大家族的产品种类是世界上最齐全的

在国内，山河智能的一体化潜孔钻机的市场占有率达到了 70%，在俄罗斯西伯利亚严寒零下 42 摄氏度、纳米比亚酷暑 45 摄氏度、西藏甲玛矿区高海拔 5300 米等工地也都成功应用，成为一种"全天候机器"，并批量出口到俄罗斯、蒙古、澳大利亚、南非等几十个国家。

目前，山河智能潜孔钻机大家族的产品种类是世界上最齐全的：以动力形式划分，可分为电动、柴动和柴动行走电动作业三大类；以变幅钻进结构划分，可分为钻架式和钻臂式，前者又可分为高钻架和低钻架两种，后者又可分为固定臂、折叠臂两种。

除了几大门类的标准化产品外，山河智能凭借先导式创新理念，为客户研制了一系列定制化的衍生品钻机。其中影响力大的有：航道钻机，切削钻机，挖掘机改装的潜孔钻机，高原型潜孔钻机，切削、凿岩双用钻机。

其中航道钻机的研制难度较大。2006 年长江重庆航道工程局要整治改善三峡库区的航道，为了提高工作效率和降低操作人员的劳动强度，决定向国际著名的钻机生产厂商阿特拉斯、山特维克、英格索兰、日本古河求购航道钻机。但这些公司都没有生产过航道钻机，国内也只有河北宣化一家公司生产老式的航道钻机，满足不了高性能的要求。长江重庆航道工程局通过互联网联系到山河智能凿岩设备研究院院长林宏武，双方决定合作开发 SWDW165 高性能液压航道钻机。山河智能提供的航道钻机开发新方案得到了长江重庆航道工程局局机关的一致认可。在开发航道钻机过程中，何清华协助解决了在湍急的河水中钻孔的定位问题，开发了能随动的钻机防浪涌装置，解决了四米潮差浪涌损坏机器的难题。长江重庆航道工程局对这种钻机的评价是"工作效率高，辅助时间短，操作人员劳动强度大幅降低"。因此，自 2007 年购买了两台山河智能发明研制生产的航道钻机后，长江重庆航道工程局现在已成为山河智能的老客户了。到目前为止，该局用于长江航道整治的钻机全部由山河智能提供。而整个长江航道的疏浚全部由山河智能的航道钻机施工，2020 年夏天重庆朝天门码头有 14 台山河钻机同时作业。

（三）露天液压钻车终于站稳市场

何清华是中国研制露天液压钻车的第一人，他为此付出了极大的努力。但从 1985 年到 1992 年，因种种客观原因最终只生产了 3 台。

1994 年，铁道部负责设备采购的机械物资处王树和高级工程师要何清华尽快改进他设计的露天液压钻车，要求行走底盘采用液压驱动，整机动力由电机驱动改为柴油机驱动。王树和还对何清华说，1989 年参加何清华露天液压钻车鉴定会时就有采购意向，但看到行走底盘实在是太落后了，也就作罢了。其实，何清华与宣化风动厂合作对露天液压钻车进行第二轮改进设计时就曾强烈要求重新设计行走底盘，但负责底盘的宣化厂方依然我行我素，所以底盘还是老样子。

何清华不愿放弃这个推广露天液压钻车的机会，准备大规模优化原来的设计，研制新型露天液压钻车。但是，在当时的工业配套体系下做这件事是十分困难的，想要新型露天液压钻车的性能真正达到世界水平几乎是不可能。譬如说，现在要选择发动机、液压件、空压机等配套件有很大的空间，要选择履带行走底盘的"四轮一带"及车载螺杆式空压机等也是很普通的事，但当时却很困难：首先，在"四轮一带"的选择上花了大量的精力，最终决定采用东方红 54 拖拉机的"四轮一带"与液压马达驱动相结合的方案；其次，将固定式空压机改装为车载式空压机也花了很大的精力，空压机的加载卸载自动控制系统完全是重新研制的，其他重要部件也做了重大改进设计。当时，国营工厂大都设备落后、资金紧张，不愿意投资，何清华只好从有限的课题经费中拿钱出来购买柴油机、空压机和"四轮一带"等，再与工厂合资生产这些产品。何清华与当时中国有色最大的装备制造厂沈阳有色签订了研制合同，并将所有设计图纸和外购

件都交给了沈阳有色。没想到，这个名气斐然的大工厂居然很快就放弃不干了。没有制成样机，厂方也就不付给何清华所带领的智能机械研究所研制经费，更为荒唐的是，厂里连智能机械研究所花钱买的外购件都不准拿走。

创办山河智能后，将这种高效节能的产品真正推向市场自然是何清华追求的重要目标之一。但实现起来并不顺利，一是早期的产品是以当时国内落后的配套件为基础设计的，无法与已大举进入中国市场的世界知名品牌的成熟产品竞争。二是何清华此时的工作角色发生了变化，毕竟没有时间像当年在液压凿岩领域那样，扮演独当一面、自己承担主要研制项目负责人的角色。此时，他深深地感受到研发人员早已青黄不接了，急缺人才。三是产品技术要达到与世界百年企业竞争的综合门槛还是很高的。他开始尝试从外部引进曾经从事过液压凿岩设备研发的人员继续这个产品的开发。从 2008 年开始，近三年时间过去了，虽然他自己付出了不少精力，公司也投入不少资金，但最终所研制产品的性能、可靠性达不到客户的要求。这促使他下决心按山河智能的理念建立自己的凿岩设备研发、制造、营销团队。从 2011 年起，直到 2016 年才推出了在矿山施工中能与世界一流产品同台竞争，且在一些重要性能方面超越它们的产品。

钻车的使用者在钻孔效率即单位时间在岩石上钻孔的进尺相当的前提下，最关心三个指标：一是柴油消耗，二是钻杆消耗，三是除尘效果。何清华指导下的团队在这些方面做了大量的工作，让山河智能的露天液压钻车站到了世界先进行列。首先在发动机、液压系统、液压凿岩机的匹配控制上下功夫，通过自主研发的专用液压凿岩阀组和自制控制器实现了从发动机到液压泵再到液压凿岩机的自适应控制，在钻孔过程中可以适应变化的岩石硬度，自动调节冲击力、推进力及回转扭矩等参数，提高了凿岩速度，减少了燃油消耗。

何清华自 20 世纪 80 年代起就开始关注自动防卡杆的研究。目前山河钻车在钻孔过程中具有 RPCF（回转压力控制推进压力）、RPCI（回转压力控制冲击压力）、FPCI（推进压力控制冲击压力）三重保护功能。这是一种山河智能积淀多年形成的钻孔过程智能化的自适应逻辑控制技术，最大限度防止卡钻，大大降低了高价钻杆的消耗，显著降低了凿岩成本。露天液压钻车除尘系统的效果在中国的要求越来越高。经过反复的设计计算和长期的现场试验，山河智能钻车的除尘效果终于站到了行业的领先位置。在一个知名大矿山的一次矿山环保检查中，只有山河智能的钻车达到有关标准而被允许施工。此外，山河钻机独有的自动换钻杆装置、故障自诊断系统等都表明一个产品级成果的诞生绝非易事。2011年以后，如果没有培养锻炼出以年轻人为主的，能够在客户一次次的质疑、责备中顽强地反复进行设计—试验—再改进—再试验的骨干团队，何清华付出那么多的努力就会是逝去的烟云。

一个体现实力的施工案例：山河智能露天液压钻车在老挝某水电站建设中，钻凿 f 值为16~18的硬岩，40摄氏度以上的高温，每天18~24小时的高强度作业，硬度高的河底钻孔作业全部由山河钻机完成，比同工地上的其他品牌钻机早完工半年，客户三个月收回机器成本。

2016年4月22日，在国内外众多施工现场表现出色的山河智能全液压钻车项目获批湖南省经委2016年度全省工业领域"百项重点新产品推进计划"重点新产品研发项目。

（四）日本市场仅有的中国工程机械

由于种种原因，中国对日本的工程机械出口长时期处于空白状态。2011年3月，里氏9.0级地震导致福岛县两座核电站反应堆发生核蒸汽泄漏后，日本的核电站停止运行。日本兴起了建设光伏发电站的热潮。建站首先要在地面上建好光伏板的安装支架，支撑支架的桩基础采用挖孔浇筑带预埋螺栓的混凝土灌注桩。这种方法效率低、成本高。之前，山河智能发明了一种螺旋地桩机，可以将钢制的螺旋地桩快速旋入地基之中，在国内外的光伏发电站和其他一些施工中得到了很多的应用。这个独创的产品在2011年后出口了数百台到日本，一台设备一天就能完成600多根桩基的施工，比原来的灌注法提高工效10倍以上。日本平缓坡地上的太阳能电站几乎都是用山河智能螺旋地桩机完成基础施工的。这也是中国唯一批量出口到日本的工程机械。2015年4月13日，"高性能螺旋地桩钻机研制及产业化"项目获批湖南省经信委2015年全省工业领域"百项重点新产品推进计划"重点新产品研发项目。

九、中国旋挖钻机的创新者

山河智能有个"地下工程产品集群"的称呼。何清华多年前定义了地下工程装备的概念：地下建筑工程（简称地下工程）包括地下空间工程与建筑基础工程两大类。前者指的是各种交通隧道、矿山巷道和各种地下仓库硐室等，后者

指的是各种桩基础、各种地基强化施工等（包括有的处于水下的同类工程）。在地下工程施工中采用的众多装备统称为地下工程装备，也可相应分成地下空间装备和建筑基础装备两大类。山河智能在地下工程两大类施工中都有系列化的高性能装备，在行业中形成了门类最完善的产品集群。

山河智能是靠一种建筑基础装备——"何清华版"压桩机起步的。这种设备主要用于将工厂化生产的预制桩压入地基之中以形成建筑物的桩基础。"钻孔灌注桩"是建筑基础施工中很重要的一种基础桩形式。这种建筑基础桩是先在岩土中挖孔，然后在孔中放入钢筋笼、浇筑混凝土形成基础桩桩身。这种基础桩尤其在超大型桥梁、超高层建筑中发挥了无可替代的作用。历史上钻孔灌注桩施工的设备种类多，性能也参差不齐，其中旋挖钻机是应用最广泛、功能最强的一种钻孔灌注桩施工设备。这种设备诞生于欧美，在欧美等发达国家应用比较广泛，但由于这种机电液一体化的设备结构复杂、价格高昂，在中国一直到青藏铁路这种高原、高寒、地质条件复杂的高难度施工中才获得真正的推广使用，从20世纪末到21世纪初中国企业才开始研制这种设备。何清华说："我们还是比较早就关注到这种设备，20世纪90年代上海浦东建设初期，我带领几位老师和研究生到上海调研液压抓斗项目时就发现了日本生产的比较简易的塔式旋挖钻机，因为这种钻机钻孔时经常采用一种桶式钻头，所以我们学校研究所将它命名为桶钻。后来中国不知谁给它取名为旋挖钻机，我认为并不科学，因为桩孔钻进的设备钻具都要旋转……"

旋挖钻机的复杂程度、制造难度大大超过静力压桩机，山河智能的旋挖钻机研发工作始于租赁厂房的观沙岭时期。何清华和他的团队首先面临的难题就是研发设计团队的培育。开始实际设计画图的就是几个毫无这方面经验的年轻人。朱建新的设计画图能力可以说是经过何清华在20世纪90年代初亲自指导而成长起来的，其设计画图相比他人更细致规范，所以将朱从管理压桩机研发调到负责旋挖钻机的研发。这时的何清华除了绘制个别创新方案图之外已不可能像以前那样承担更具体的绘图设计工作了。面对这样一种复杂装备，在总体上，在一些关键细节上，甚至关键制造工艺上，何清华还得身先士卒，带领团队一起攻克一个个难点，进行系列性的突破，还得指导博士生完成一系列理论计算、试验优化等工作。

经过十多年的积淀，品种最多、性能最好、创新性最强的山河智能旋挖钻机大家族形成，其目前是公司"地下工程产品集群"中建筑基础装备的核心产品。山河智能旋挖钻机的发展之路门槛更高、付出更多，但也是创新更多、自主性更强，在发展模式、智能控制、创新发明、理论研究、工业试验及产品集群等方面充分展示了先导式创新的特点。在何清华的主持下，公司"在长期的设备研发与应用中，一直重视对施工工艺及现场管理的研究，关注设备施工及管理的全过程，通过点滴的积累、实践、总结，形成了一套行之有效、极具推广价值的旋挖钻机施工工艺与管理理论"，后来发展成为"装备、工法、工程"相结合的模式，走出了产品发展的新路子。

（一）走整机总体设计之路

对于这样一种源自西方的设备，山河智能应当采用一种什么样的技术路线呢？国外旋挖钻机的总体结构分为用挖掘机改装和整机总体设计两大类。前者往往用于偏小型的旋挖钻机。当时国内厂家研制的基本路线就是采用挖掘机改装的模式，除钻桅及整套变幅调整机构、操作装置等少量自制外，其他就是一台拿掉了动臂、斗杆的挖掘机。显然这是一条"捷径"。何清华认为挖掘机与旋挖钻机两者的液压动力系统因工作方式、负载形式的差异很大，导致"挖掘机改装模式"相对"整机总体设计模式"的旋挖钻机在液压动力系统、整机结构等方面的匹配性肯定要差很多。尽管进口一台现成的不要工作装置的挖掘机改装成为旋挖钻机的研制难度小、上量快，但何清华还是决定采用整机总体设计的模式来开发山河智能的旋挖钻机。

1. 性能优异的伸缩式行走底盘

挖掘机改装的旋挖钻机有个最大的缺陷就是稳定性不好，施工中，甚至在平地行走时，稍有不慎就会产生"点头"和"翻车"的事故。为了解决这类大型移动式设备的稳定性问题，何清华和他的团队开发了专用液压伸缩式底盘。这种底盘伸缩部分的配合精度很重要，要整体加工方形孔配合面的难度大、成本高。当时山河智能还没有这样的大型加工机床，何清华提出了一种镶块式的局部加工组焊制作方形配合孔的方案。由于可以采用优质材料、高质量加工和表面热处理制作镶块，伸缩式底盘的配合精度高、耐磨性好，而且制造效率高、成本低。定制化的专用行走底盘让山河智能旋挖钻机的稳定性成为亮点，并可实现360度范围内钻孔。这种能够侧面钻孔的功能在沿船边、岸边成线布桩的作业中具有很大的优势。

2. 钻桅变幅机构的优化

长达几十米的钻桅是钻机的导轨，加上动力头、钻杆、钻具等，其质量可以达到几十吨，钻桅在整机运输和施工中的姿态靠液压缸驱动的四连杆式变幅机构来调整。何清华发现，其他旋挖钻机的钻桅处于水平状态时，变幅升降时要求不带钻杆或者钻杆动力头要处于特定位置，原因是变幅机构的驱动力不够。何清华指导优化了变幅机构的四连杆装置，在油缸驱动力相近的情况下，变幅力矩增大且变化更均衡合理。钻桅水平升降时解除了上述的限制，减少了机器的辅助工作时间。

3. 智能控制系统

旋挖钻机是由机械装置、电控系统、液压系统、动力系统组成的复杂系统。从第一台旋挖钻机诞生起，何清华就带领团队围绕提高效率、降低能耗、操作简便、作业安全持续深入地开展整机控制系统的研发，获得了一系列开创性的成果。

旋挖钻机工作装置的核心部件是钻桅，大型的钻桅高达 35 米、质量达 70 多吨，由一对呈三角形布置的液压缸驱动。实现这种惯量大、耦合性强的空间运动机构的自动调垂直的控制难度非常大。基于早期在隧道凿岩机器人方面的技术积淀，山河智能率先自主研制出钻桅自动调整垂直度的自动控制系统，调整垂直功能比国外进口控制器更快更准。

电液动力控制系统是旋挖钻机的关键技术。山河智能在产品研发初期就通过大量的试验与分析，开发了适应旋挖工况的电子控制系统，实现了不同工况下发动机与液压主泵功率的合理匹配，提高了效率，降低了油耗，解决了国内旋挖钻机的控制系统主要依赖进口、核心技术受制于人的短板问题。

山河智能一系列自动化作业功能的开发，如渣土卸后自动返回钻孔位置、钻桅的自动放倒与立起、钻杆自动加压、钻孔深度自动检测、钻杆伸缩故障的自动报警、油温自适应的散热系统、自动怠速、动力头挡位调节、发动机功率模式选择等的自动化功能与操作控制面板的集中显示和操作手柄的简化结合起来，跨越式地提升了钻机操控的水平。

大型旋挖钻机在运输过程中需要从大平板车上面开下来或者开上去，操作者坐在驾驶室里根本看不到履带下面两条窄窄的钢梁，耳中只听到刺耳的嘎吱嘎吱的金属撞击声，恐惧感是很强的。山河智能率先开发了遥控上下车的功能，客户赞赏道：遥控驾驶着大型旋挖钻机上下运输车的感觉真是太好啦！

（二）几项引人注目的创新

德国宝峨公司是以生产旋挖钻机为代表的建筑基础装备行业的龙头与标杆。从1950年开始，其集团总裁卡尔汉兹·宝峨博士将宝峨公司逐步发展成为世界性的著名的基础工程承包商和设备制造商。这家公司的技术人员曾几次到国际展会山河智能展品前拍照。有一次上海宝马展，何清华一清早来到山河智能展台，就看到三四个身穿宝峨标志服装的西方人在一台旋挖钻机新产品前多角度拍照，一看就是技术人员。这台新产品是山河智能独创的可用大直径潜孔锤施工的多功能旋挖钻机，能在特别坚硬的岩石上快速钻凿桩孔。事实表明，尽管旋挖钻机诞生很多年了，但山河智能依然能让它变得更多姿多彩。下面是何清华的几项创新成果。

1. 大型旋挖上车稳定装置

旋挖钻机施工过程中，强大的扭矩与推进力使钻头切入不均质的岩土中时产生的波动大，峰值大的反力最后传递到整个旋挖钻机的上车，一会导致上车的回转装置制动力不够、钻孔位置偏移，二会引起回转支撑轴承早期损坏。何清华在上车与底盘之间有限的空间中，设法布置了一种结构新颖、操作方便的上车稳定装置，实施后效果很好。这种原创性强的发明让山河智能的旋挖钻机具有了独一无二的特点，自然得到了客户的青睐和同行的关注，在大型国际展会上特别引人注目。

2. 发明高速抛土装置

桶式钻头是旋挖钻机最常用的钻具，钻桶在岩土中旋转钻进，土体便进入钻桶之中，充满后提出来，上车转到一边被卸掉。钻进时被挤压黏附在筒壁上的渣土一般不能自己掉下来，要用一些特殊的方法弄下来。这种旋挖钻机驱动钻杆回转的动力头上的减速机具有高低两挡转速，钻进时用低速，抛土时用比钻进时高得多的转速将钻桶中的渣土甩下来。这种专利减速机当时是由国外一家公司供应，品种少，价格高，供货不及时，且容易损坏。围绕这个问题，何清华率领他的团队经过四年多时间，进行了好几种创新方案的反复研发试验，才

开发出一种可靠有效的模块化装置，可方便实现动力头的系列化开发，很好地解决了快速抛土的难题。

2013年9月24日山河智能副总经理朱建新在接受记者采访时对这种装置进行了解答："旋挖钻机抛土快慢是影响旋挖钻机施工效率的因素之一。利用动力头正、反转卸土和上下抖动钻杆卸土是传统的方法，在实施中均出现了一些问题。为此，业内一般采用双速减速机传动方案，完全依赖进口。该进口减速机型号单一、价格昂贵、可靠性差，无法实现高速抛土功能旋挖钻机的系列化开发。山河智能研发了一种快速抛土方法及装置，可以同时实现动力头的多种工作模式。这种新型装置运行可靠、结构简单、工作稳定、维修方便、制作成本低。"

当年，一位记者见证了这种快速抛土动力头的实际使用效果：在长沙某工地上，对带高速抛土功能的山河智能SWDM22型旋挖钻机与某公司生产的同级别机型进行施工比较。在抛土阶段，SWDM22用时为11秒，而另一台为22秒，SWDM22将抛土用时缩短了一半，高效抛土效果十分明显，而且噪声显著降低。

3. 履带式高钻桅钻机的附加稳定装置

超大型旋挖钻机及同类产品双动力头钻机的钻桅高度可以达到数十米，其在施工工地上的稳定性尤其是行走移位时的稳定性特别重要，因为失稳导致翻车所带来的损失是极大的。

何清华提出了一套完整的附加稳定机构方案，它由四个可升降的滑靴组成，两个一组，可以很方便地安装在钻机行走履带梁外侧，但这要求两个一组的滑靴既要保持连接在一起，又要能够浮动以适应不平整的地面。大家提出了几种方案，都不太理想，最后何清华想出来一种用粗钢丝绳连接的又简单又可靠、成本特低的连接方案。这再次展示了他尽量用更简单的方法解决问题的设计理念。

何清华在旋挖钻机的设计与制造方面的创新思维与实际方案还很多，比如他发明的一种动力头驱动套活动键，相比行业标杆宝峨公司的专利，明显具有更简单可靠的特点。又如山河智能第一台旋挖钻机像其他厂家一样外购动力头，何清华发现其设计上存在一些不合理的地方，第二台旋挖钻机就采用了自制动力头。其中，他设计了组合式的传动大齿轮与驱动套，优化了材料，提高了大齿轮的性能，还大大降低了制造成本。

（三）并非一帆风顺

山河智能的先导式创新是一种更复杂、更艰难的全过程产品研发模式，因为开辟道路的先行探索者的首要责任是扫除障碍，往往要经历更多曲折，付出更大代价。

1. 初试荆门

整机总体设计的旋挖钻机早期的不完善是不可避免的。特别是这样一台大型设备，在野外施工现场，即便是一个小问题都可能使人焦头烂额。山河智能第一台旋挖钻机真正用于施工是在2003年的冬天，何清华带着副总经理龚进和项目负责人朱建新跟随从运输平板车上下来的旋挖钻机走到高速公路高架桥桩基础施工现场，那是在大平原中的一块农田里。要在钻桅上安装一个附件后才能施工，没有起重机，也没有升降工作台，钻桅离地三米，只能站在一台双排座小货车的驾驶室顶上操作。由于一个大销轴的公差配合选择不合理，只能举高大锤慢慢打进去，很是费力，大家轮番打。打了一会连龚进都没力气抢大锤了，年近六十的何清华亲自上阵……他们一直忙到傍晚，在寒风呼呼的野地里好不容易才找到一家农户可以给大家煮饭吃。何清华还记得这个农民说他是从湖南农村"倒插门"来到这个人少田多的地方的。黑夜来临，何清华与山河智能的十来个员工一起高一脚低一脚，黑灯瞎火地走了很久才分别找到几家农户住下来。当时这里农村的住房条件非常差，很多还是稻草屋面。

2. 上车回转机构小齿轮坏了

2005年的一天，何清华刚到北京不久，负责售后的小伙子陈晓林打电话来："何老师，刚来北京的一台旋挖钻机的上车回转机构的小齿轮断齿了……"何清华一听感到头都大了。这个故障可大了，处理时要将几十吨重的上车吊起来……匆匆赶到现场时看到一身油污的陈晓林疲惫无奈地待在机器旁，何清华爬上去，看到回转减速机的外壳都开裂了。这是山河智能销售的第四号机，这样的问题前后出现在好几台钻机身上。这可是在山河智能旋挖钻机刚刚走进市场最敏感最关键的时期呀！山河智能旋挖钻机的设计有问题的消息不胫而走……最后还是何清华找出了问题。他对提供回转装置总成的世界最

强的液压元件供应商力士乐说，肯定是你们回转机构的液压制动与机械制动参数不匹配，液压制动不充分的时候机械制动就开始了，旋挖钻机上车回转快，转动惯量比一般的起重机大多了，相当于紧急制动的冲击力非常大，从而导致这么严重的零件损坏。最后问题解决了，但公司因此受到的经济损失是很大的。同样的问题还有不少，这便是先导式创新所付出的代价，但山河智能技术体系获得了宝贵的经验。

（四）"双动力头钻机"——开放创新的典范

1. 一位山河智能技术专家的回顾

我叫钱央云，是山河智能公司基础装备研究总院的总工程师，加盟山河智能至今已是第十二年了；能有幸认识何老师，与山河智能结缘走到今天，还有一段曲折的过程。

也许与大多数的技术人员的成长过程不同，我走上产品研发之路是从成为一名工人开始的。20世纪70年代初由于历史原因，刚过16岁还没有初中毕业的我被分配到首钢机械厂工作，经历了十九年从学徒到研发设计技术员的历练。80年代末，机缘巧合我去了日本东京，入职三和机材株式会社从事工程机械产品研发设计工作。在海外的这十余年间学到了先进技术、获得了多项发明专利、取得了多项新产品研发成果。也正是这十几年祖国改革开放发生了翻天覆地的变化，作为炎黄子孙却未能参与其中添上一砖半瓦，内心时时感到愧疚和不安。于是在2002年春天，我抱着"要让二十年后的自己毫无愧色地面对祖国的富强"的信念和梦想回到了北京。

回国后先是倾己所有创立了北京东方泰晟公司，后又与首钢合作成立了北京首钢泰晟公司，主要研发制造国内稀缺的环保高效的新型桩工机械产品。尽管这个公司是我担任总经理，但经过几年努力，憧憬的事业目标未能实现，还走入了人生的低谷。怀揣的报国梦想就此破灭了吗？不能甘心！自己反省和总结了失败的教训，振作起来重新开始。

经过调查研究，我的视线集中在了湖南长沙的山河智能公司，于是用快递给何清华董事长寄出了一封自荐信。没想到的是信寄出的第三天就接到了何董事长亲自打来的电话并表示"欢迎来长沙面谈"，如此快的回应和热情的邀请让我感动不已。

当时对山河智能公司还不是很了解，只知道是中南大学的老师们创办的一家上市公司，在行业里享有响当当的名气和口碑。为了这第一次的登门拜访，我准备了足有几十页介绍自己及项目的PPT讲稿，可自己工人出身、学历不高（函大毕业）、没有职称、年龄偏大等不利条件，让已经坐在飞往长沙班机上的我不由得有些忐忑不安。

从见到何董事长、他和蔼可亲地让我称他"何老师"的那一刻起，原来的不安和紧张就完全没有了。更让我没有想到的是，当我打开PPT才讲了几页，只介绍了自己的经历、回国的目的和拟开发产品项目的概要，还没有展开详细介绍的时候，何老师就打断了我说："不用讲了，你的经历跟我差不多，我也当过工人……欢迎你来山河智能工作。"如此简捷的判断和决定，让我惊讶不已！是真的吗？一时还有点反应不过来。何老师好像看出了我的心思，对我说："我们是以技术创新为理念和导向的科技型企业，'开放式创新'是创新理念的内涵之一，我们是以开放式的胸怀广纳各方人才，看重的是实际工作能力和担当，不问出身学历……"一席肺腑之言让我心潮澎湃、激动不已。

2008年11月我怀揣复燃的报国梦想离开北京来到长沙，正式加入了山河智能公司这个充满朝气奋进的团队。

随着我国经济及建筑行业的不断发展，建设工程对基础装备施工的质量、效率、环保等方面的要求越来越高。其中，在复杂地质条件下的大直径桩基础施工难题、普遍存在的桩孔护壁用泥浆对环境严重污染、钻机使用功能单一等问题亟待研究和解决。结合市场需求，为研究探讨解决上述技术难题，我到公司报到之后，在何老师的直接领导下立即成立了项目研发小组。经过多年努力，我们创新研发并试制成功了拥有自主知识产权的全液压SWSD双动力头强力多功能钻机和SWCH全液压履带式桩架产品。2010年首台产品下线，2016年形成十余个型号的系列产品、批量生产投入国内外市场，取得了不凡的经济及社会效益。

上述系列产品的研制成功，何老师的亲自指导和直接参与起到了最关键的作用。

项目起步之初，何老师就指示我们要树立先导式创新的理念，要研发出有自主知识产权的产品。何老师说过一句话："我很不喜欢做与别人相同的东西。"我至今记忆如新。我从事产品研发多年，深知要达到这种自主和差异化创新研发的境界，不仅要有扎实的学术理论基础，更要有丰富的实践经验和

阅历。

何老师是这样说也是这样做的。

我们所开发的产品项目及其技术领域,几十年来一直是日本企业处于垄断地位。多年来国内有企业或以仿制、或以引进技术等方式进行生产制造,但都没有撼动日本企业的技术优势及其在国内外市场的垄断地位。例如在韩国及东南亚等地,日本的相关产品的市场占有率几乎达到100%。

在何老师的带领下,我们主要针对现有产品技术在整机稳定性、动力供给、施工操作性及适应性等方面存在的技术难题着手进行研发。在开发过程中何老师不仅整体指导把关,还亲力亲为画草图提具体的创新方案及实施方案。

例如,何老师作为第一发明人的发明专利"一种履带式桩架及其安装方法",在大型工程机械稳定性、双发动机供给系统、安全便捷组装等关键技术方面实现了创造性突破,一举解决困惑行业多年的技术难题。该专利获得了湖南省专利一等奖,获得了日本、韩国等PCT国际专利授权。

再例如,为解决大直径桩施工的潜孔锤使用寿命短和效率低的难题,何老师亲自画图提出了"自公转大直径潜孔锤"的技术方案,经实施取得了很好的效果,大幅提升了大直径潜孔锤的使用寿命和效率。该技术方案同样获得了国家发明专利和日本、韩国等PCT国际专利授权。

在全液压SWSD双动力头强力多功能钻机和SWCH全液压履带式桩架产品的开发过程中,在何老师的亲自指导和参与下,在国内外领先的关键技术的研发方面取得了丰硕的成果,共获得国家发明专利授权十余项,获得PCT国际专利授权五项,迅速实现了创新技术的产品化及市场开拓。目前已形成了拥有自主知识产权和独特核心技术的SWSD/SWCH系列产品。2010年开始在国内销售,并于2014年开始在国外市场特别是在韩国和东南亚市场实现了批量销售,取得了很好的经济效益和国内外市场的认可和好评。

以韩国市场为例,据韩国海关数据统计:

2015年,双动力头钻机/履带桩架的新品销售增长率:第一位中国山河智能公司;第二位日本车辆株式会社。

2016年,双动力头钻机/履带桩架的新品销售台数:第一位是中国山河智能公司;第二位是日本车辆株式会社。前者的当年销售数量达到后者的1.67倍。

在传统的长期被国外垄断的双动力头钻机及履带桩架的技术领域,山河智能公司研发的全液压 SWSD/SWCH 系列产品，以自主创新差异化的鲜明特色、以关键核心技术的高起点高水准，突破了国外企业的技术垄断，挑战了其市场的霸主地位。经过实际工程施工的验证及客户评价，我们的产品不论从技术价值的角度看还是从经济价值的角度看，都处于国内外领先的地位。

回想归国以来十八年的经历，为什么当初没有成功，而在山河智能却成功了，为什么之前近乎破灭的梦想，在山河智能却成真了，主要是因为有何老师创新理念和家国情怀的指引，有山河智能企业文化和完善平台的依托，有山河智能优秀团队的共同拼搏……

2. 开放创新降低了研发门槛

何清华说："钱会云是一位非常优秀的、理性的研发人员。他是日本一家知名桩工机械公司的台柱子研发人员，回国创业当总经理，当发现自身在企业管理方面的短板后找到我说，自己就想当一名研发人员，只要能让他的设计推广应用到实际施工之中就可以了。所以我毫不犹豫地欢迎他加盟山河。"

钻孔灌注桩的桩孔开挖设备也是一个大家族，旋挖钻机是这个大家族中分量最重的产品。日本车辆株式会社和钱会云所在的三和机材株式会社所生产的钻机是灌注桩施工的重要桩工设备。有实践经验的钱会云加盟山河智能后，山河智能提前开始了这类钻机的开发。日本的这类产品在市场上几乎一统天下。何清华倡导的先导式创新理念和"我很不喜欢做与别人相同的东西"的思维，让钱会云牵头的项目组开始了研制适合中国市场的有山河特色的新型系列化钻机。何清华认为这类钻机在名称与分类上是不清晰的。如国内所说的桩架，何清华说，所谓桩架，只能算是这类产品中的一个带有一定通用性质的履带式基础动力平台，根据需要，桩架上可以不配动力头，也可以配一个或两个动力头，动力头可以是液压驱动的，也可以是电力驱动的；钻桅上可以装柴油打桩锤、液压打桩锤，也可以装长螺旋钻，还可以改成单轴、多轴的地基处理搅拌机，等等。

山河智能根据国内市场需要，在桩架产品的基础上开发了一系列新型钻机，因其有别于旋挖钻机，何清华将它命名为"双动力头强力多功能钻机"。

具有丰富实践经验的钱会云的到来充分体现了山河智能开放创新的效果，降低了公司进入这个领域的门槛。在何清华本人的参与和策划下，"双动力头强力多功能钻机"项目取得了很好的效果。钱会云与首钢合作几年几乎没有实

现有效销售，但在"加盟"山河智能后，尚在双动力头钻机推广期间就使其实现了5亿元以上的销售额，在实现个人理想的同时也获得了比他单干时更好的经济收益。

3. 性能超群的"双动力头"

主管技术的副总经理朱建新介绍了山河智能这一独有产品的三大特点：

"软""硬"通吃。用他的话说是，这种钻机"软""硬"通吃。吃"硬"，如果遇上较硬的地层，可搭载带合金刀具的短螺旋钻头直接强力钻进取土；如果遇上合金刀具钻头都对付不了的坚硬岩石，则可换上大直径潜孔锤将岩石凿碎后"吹"出来。吃"软"，如果遇上"软"土，如在江河三角洲、冲积平原等软弱地基上钻孔时，孔壁随时都可能坍塌，传统的做法是采用泥浆护壁工艺，而这种掺有化学添加剂的泥浆对环境污染很大，处理起来很困难；遇到流沙时，即使用泥浆也成不了孔；遇到溶洞时，灌注的混凝土会全都流失……使用双动力头钻机作业时下动力头驱动的钢套管跟随螺旋钻进入地基后，这些问题都迎刃而解了。没有了护壁的泥浆，流沙溶洞都被套管挡住了，现场环境、施工工期与成本问题都得到了圆满解决。

高效成孔。在黏土、砾石层等较软的地基上钻孔时，上下动力头分别将长螺旋钻和套管同步钻进地基，钻出的渣土顺着螺旋面连续不断地从套管中排出孔外，相对旋挖钻机一桶一桶地钻进再提出孔外的施工方法，其效率要提高好几倍，二三十米深的桩孔一般二十多分钟即可钻完。如果在坚硬的岩石地基上钻孔，只要将长螺旋钻换成后面带螺旋面的大直径潜孔锤就可以与套管同步实现硬岩地基的连续冲击钻孔，相对其他方法，效率提高很多倍。

高垂直度。在大深度的止水咬合桩、逆作法开挖前的基础桩施工等情况下，桩身的垂直度要求很高。双动力头强力钻可以在满足高垂直度的前提下实现桩孔的快速钻进。

4. 业绩斐然的"双动力头"

2012年7月28日，山河智能双动力头强力多功能钻机工法推广研讨会隆重举行。中国工程机械工业协会桩工机械分会副秘书长郭传新，北京市建筑工程研究院前副总工程师沈保汉，中国建筑东北设计研究院总工程师张丙吉，海南设计院副院长黄坚，山河智能装备集团董事长、总裁何清华以及来自全国各地的客户共计 200 余人参加了此次研讨会。中国工程机械工业协会桩工机械分会副秘书长郭传新对这种钻机给予了高度评价。他认为，双动力头强力多功能钻机技术达到行业世界领先水平，填补了国内市场的空白，具有广阔的市场前景。众多客户介绍了双动力头强力多功能钻机在重大工程中解决的一个个施工难题的精彩案例。

该钻机的核心技术已获国家发明专利等多项专利授权。2013 年该产品通过了湖南省经信委组织的鉴定，鉴定结论为"国际先进，填补国内空白，其中双动力头全液压驱动技术国际领先"。SWSD2512 双动力头钻机于 2013 年被评为"十大桩工机械产品"，2013 年被评为湖南省首台（套）重大技术装备认定产品，2014 年被评为国家重点新产品，2015 年获得中国 21 届发明博览会金奖，等等。

依据该钻机制定了两项"标准"。由于双动力头强力多功能钻机及其工法是山河智能独家利器，因此，国家有关部门委托山河智能牵头制定了双动力头钻机行业标准，这就是后来国家颁布的《建筑施工机械与设备　双动力头钻机》（JB/T 12635—2016）及企业标准《SWSD 系列双动力头强力多功能钻机》（Q/OKBY 017—2011）。

5. 韩国市场独占鳌头

双动力头钻机是韩国目前应用最多的一种基础桩施工设备。过去，韩国市场一直被日本垄断，那里所使用的几乎都是日本车辆株式会社的产品。历经近两年艰辛的努力，2014 年 5 月山河智能的第一台双动力头钻机出口到韩国。

2015 年山河智能旋挖钻机在韩国市场实现新机销量第一，2016 年在韩国新机销量第一且比上一年增加 70%，已稳定占据领先的市场份额，形成涵盖大、中、小机型共计十个型号的系列产品，产品功能及可靠性已得到市场的检验和认可。该产品在稳定韩国市场地位的同时逐步在新加坡、日本以及香港、澳门等地打开了高端市场。到目前为止，山河智能的双动力头钻机系列产品在韩国市场的占有率始终排在第一位。何清华说：这个业绩真可谓来之不易！

6. 曲折的全面创新之路

相对旋挖钻机，双动力头强力多功能钻机的系统更复杂，有上下两个动力头，要完成多种作业的起重卷扬，要求主卷扬提升力更大、提升速度更快、钻桅的高度更高，多节组合的钻桅导轨全程直线度要求也非常高。山河智能推出

的这种钻机钻桅高度达到数十米，客户特别关注这种大型设备的现场拆卸与装配。何清华在这个项目的现场调研、技术创新、难题攻关、团队建设、市场开拓等方面发挥了关键性的作用。

在早期，客户使用设备后，出了几个比较棘手的问题。从设计层面看，日本产品采用的是同样的结构，但在使用过程中并没有出现问题。何清华根据山河智能产品的使用工况提出了改进方案，最后解决了问题。

山河智能的组合式大直径潜孔锤专利创新点的主要部分都来自何清华的创意，其中单体潜孔冲击器采用可自转钻头设计方案后效果尤为明显。

2012 年 11 月上海宝马展上，山河智能展出了国内首创的双动力头强力多功能钻机。一个中文名叫俞泰银的韩国年轻人参观后找到山河智能的代表，说这样的产品可以在韩国销售。次年初，何清华带团队去韩国考察市场，拜访潜在的客户，感觉市场不错。随后俞泰银带领多个客户到山河智能考察，但迟迟没有签下正式的订单。经详细了解，山河智能现有的机型及很多细节方面还不适合韩国市场的要求，加上韩国客户对这种价值百万美元一台的中国品牌产品仍然心存疑虑。确实，山河智能研发团队在此之前还没有完全了解日本产品在韩国的整体情况和实际施工的全过程，而这对于改进产品、打开韩国市场都是非常重要的。

于是，在一个冬日，经过韩国潜在客户的帮助，他们找到了正在仁川机场施工的日本产品。但是，只能隔着铁丝网观看，不能进入现场。为了对比韩国常用桩基础施工的工法特点和施工效率，何清华手持手机在雪地里拍摄了几个工作循环的镜头。拍了几十分钟，他的手都被冻僵了，尽管如此，手中的镜头始终很稳定。为考察一台停在雪地里的日本同类产品，朱建新竟爬上了滑溜的钻桅……他们反复地调研，不停地讨论，不断地改进，终于在 2014 年 5 月赢得了客户的信任，第一台双动力头产品得以进入韩国市场。俞泰银也加入了山河智能，成为山河智能韩国公司的销售总监。

7. 一次韩国行，机器大升级

现任基础装备事业部总经理朱振新讲述了在韩国期间何清华身先士卒带领团队解决市场一线问题的情况，说是"几件事让我深受感动"。

何老师对好不容易打开的韩国市场特别重视。2014 年第一台桩架出口到韩国时，正在东南亚出差的何老师应客户要求直接从那里坐飞机赶到韩国参加这一重要活动。

随着到韩国的机器增多，需要解决的问题也多了起来，而且解决这些问题需要研发、制造、服务、客户交流等环节的配合。在韩国服务的那个团队里我最年轻，英语也还可以，也就参与了这项工作。尽管何老师之前还不认识我，但还是要我担任了临时成立的韩国项目组组长。

2016 年，何老师出差韩国，到达后马上赶去第一个客户的施工现场，仔细听取客户的详细介绍。这位客户很专业，他认为，山河智能的桩架与日本相比，操控性、稳定性等都很强，但钻孔效率比日本机器低……何老师听后，怀疑液压动力系统的匹配有问题。他提出，如果将两组液压动力系统协同匹配工作就可以提高效率。当时，我在长沙，何老师当即通知我尽快将这台设备的液压动力系统相关的原理图、技术参数等通过微信发给他。我研究生毕业才一年，看到董事长要求加我的微信，非常感动。何老师接到我发的资料后，就在宾馆里研究起来，提出了如何让原来相互独立的两组液压动力系统协同匹配工作的实施方案。他要我尽快通过分析计算拿出工程实施方案。就这样，何老师在韩国指挥、等待，我组织一帮人马白天冒着火辣辣的太阳在公司的测试场测数据，晚上在办公室进行数据分析。经反复测算，果然发现原匹配数据确实不合理，于是设置新的数据，将匹配的方案优化再优化。按此方案改进后，效率提高了 10% 以上。这个消息传回长沙后，我们欣喜万分，同时十分佩服何老师的专业敏感性。

我们在何老师的指导下，解决了液压系统不适应双动力头施工工况、液压与动力系统功率匹配不合理、能耗大等问题，为后续设备的升级奠定了理论基础。同时也形成了我国系统的旋挖钻机设计理论。这不仅填补了我国旋挖钻机设计理论的空白，而且也成为山河智能在旋挖钻机开发领域的独门绝技，一直传承下来。

随着性能及可靠性不断提高，山河智能的双动力头钻机不仅在韩国的市场占有率越来越高，市场的拓展面也越来越广，还走向了东南亚。

8. PK 日本产品

山河智能与后来参与生产这类产品的厂家不同，它不是简单仿制、复制别

人的产品，而是通过充分调研，针对别人产品的不足，以发明创新、技术升级为导向展开产品的研制工作。

通过大量的客户走访，山河智能了解到韩国市场上现有产品的稳定性欠佳，而有的为了满足客户要求升高了钻桅，结果稳定性更差了。何清华指导团队采取底盘结构参数优化、上车重心优化、独创的附加稳定装置等一系列提高钻机稳定性的措施，让山河智能双动力头钻机的稳定性全面超越竞争对手。如山河智能某个型号钻机的桅杆升高至 48 米后，其稳定性仍然超过日本的同级别 45 米高钻桅机型的稳定性。

何清华还特别关注如何提高这种大型设备装配、拆卸的便捷性和安全性，并在这方面取得了多项创新专利。

何清华带领团队考察竞争对手产品时，发现操作电控系统整体设计落后，工人操作手柄多达 20 个，信息化程度低，故障诊断几乎没有现代手段……针对这些情况，他要求团队充分发挥公司在液压电控方面的优势，以高标准设计山河钻机的操作控制系统。

现在，打开山河智能钻机驾驶室一看，就会明显感到它在操作控制显示方面要领先日本产品一个时代：全面实现电液控制，大屏幕显示。特别是钻桅的立起和放倒、钻机钻孔过程操作等复杂动作都只要选择好模式再按一下电钮，就可以让机器自动完成。这些都是世界首创性的功能。

总之，何清华特别重视产品门类相应的体系化创新，认为这是保持产品技术领先于竞争对手的基础。

（五）全球首台自行式全回转全套管钻机

2018 年 4 月，央视财经频道推出了《大国重器》第二季，在第三集《通达天下》中，出现了一大片"山河绿"。

据经历过镜头中场面的工程人员回忆：出现在《大国重器》画面里的工地位于贵州贵阳，时间为 2017 年 11 月。那天，秋高气爽，艳阳高照，在喜庆的鞭炮声中，全球首台自行式全回转全套管钻机——山河智能 SWRC170 首钻成功。这是一个填湖造地工程，之前有三支施工队伍进场均因塌孔垮孔而无法完成成孔作业。一般的无独立行走的全套管钻机在此工地也不能发挥作用，施工陷入僵局……最终施工方寻访到山河智能的 SWRC170 自行式全回转全套管钻机，与山河智能的旋挖钻机配合施工，平均钻进一米耗时不过两三分钟……

地质条件很差的地基中中小直径和中等深度的钻孔灌注桩孔壁坍塌的施工难题解决了，大直径大深度的钻孔灌注桩施工中孔壁坍塌、流沙溶洞的问题又随之提到日程上来。解决这些问题的传统做法是采用只有回转下套管功能的全回转钻机、配套动力站、履带起重机和旋挖钻机四台设备，钻一个孔再通过起吊、安装等作业全部移到下一个桩位，但这样施工效率低、成本高。

何清华与团队和客户一起反复研究讨论，创造性地提出一种全新的钻机，将动力头、动力钻、专用起重机与履带行走机构合四为一，采用无线遥控操作，配合旋挖钻机作业，施工效率比传统方法提高至少两倍以上。在项目启动阶段，他亲力亲为，提出了总体设计方案，明确了设计思路和研发方向。项目组根据他的要求完成了初步方案。在方案评审会上，他再次提出了创新性更强更实用的方案。方案前后经过五次评审，打磨细化后才最终确定下来。

这是世界首创的第一台产品，当它整机下线时，无论是外观造型还是制造水平都令人眼前一亮！钻桅顶部巧妙布置了特殊的可360度回转的大吨位起重机，具有自动对准孔心的功能，可自主完成套管的装卸及其他辅助吊装作业。这是一台名副其实的多功能产品，可配合冲抓斗、旋挖钻机等钻孔设备同步施工，彻底解决了泥浆护壁对土壤和环境污染严重的问题，可有效应对卵/飘石地层、溶洞地层、厚流沙地层、强缩径等地质条件，特别适用于钢筋砼结构尚未清除的情况下各类灌注桩、置换桩、咬合桩和地下连续墙作业，在旧城改造、厂房翻新扩建、清障拔桩和城市地铁、高铁、道桥、城建桩的施工中可发挥巨大作用。

SWRC170自行式全回转全套管钻机的首钻成功，为解决复杂地质情况施工提供了利器，也为山河智能成为世界一流的桩工产品供应商锦上添花。

2018年，湖南省经济和信息化委员会、湖南省财政厅联合发布了《湖南省制造强省专项资金首台（套）重大技术装备奖励和智能制造示范企业、示范车间奖励拟支持项目的公示》，山河智能SWRC170自行式全回转全套管钻机成功入选并获得资金奖励。这是山河智能自2015年以来连续第四年获得省首台（套）产品认定奖励。

（六）第一部有关旋挖钻机的专著

山河智能的企业愿景是做装备制造领域世界价值的创造者。这是何清华提出来的，自然也是他的愿景。学者出身的何清华创办企业后仍然保持了学者的

精神世界，他在创新研制产品的同时特别关注相应的理论研究，以期为行业的发展做出更大的贡献。

旋挖钻机是一个高能耗的机电液强耦合复杂作业系统，其工作对象从泥土、软岩到硬岩，地质条件变化大，工况复杂多变。那时，企业生产旋挖钻机主要参照现有旋挖钻机的结构性能参数，以简单类比、模仿的方式进行设计，工程设计缺乏理论指导，导致旋挖钻机机型雷同、在系统匹配上不尽合理。

为了解决这些问题，何清华指导研究生和公司相关的研发人员在特别繁重的产品工程设计、调试试验的过程中，经过反复的分析计算、试验验证，研究、总结、建立了旋挖钻机作业参数设计、工作装置的结构优化、全局功率匹配等工程设计理论，编写了《旋挖钻机研究与设计》一书，结束了旋挖钻机简单类比仿制的粗放式设计模式，填补了该产品工程设计理论的空白。

业内专家认为何清华和他的团队在研发旋挖钻机中的理论和技术突破集中在以下四点：

- 提出了旋挖作业参数设计方法；
- 提出了旋挖钻机工作装置的机构优化设计方法；
- 提出了旋挖钻机的全局功率匹配方法与节能控制理论；

- 开发了高效节能的旋挖钻机电液控制系统，解决了复杂大惯量工作装置快速、平稳自动控制的难题，提高了旋挖钻机的自动化水平。

以上理论研究表明，何清华和他的团队奠定了旋挖钻机的工程设计理论基础和优化方法，填补了我国旋挖钻机设计理论的空白。山河智能自身在旋挖钻机方面的技术基础也就更加深厚。

中国工程机械学会创始人、同济大学石来德教授评价如下。

《旋挖钻机研究与设计》主要的创新有：

（1）进行了旋挖钻机钻进阻力和回转阻力矩的理论与试验研究，提出了旋挖钻机工作载荷的理论计算方法。

（2）分析了旋挖钻机工作装置的力学行为，建立了变幅、钻进和提钻等典型工况下工作装置的力学模型，并分析了其力学特性，提出了旋挖钻机变幅机构的优化设计方法。

（3）研究分析了旋挖钻机液压系统及泵控、主卷扬、动力头、行走和回转等回路的工作特点，以SWDM20型旋挖钻机为例，详述了旋挖钻机液压系统的设计方法。

（4）深入研究钻桅、回转平台等大惯量装置与强耦合系统的运动控制技术，提出一种广义预测自适应控制策略和降速预测制动方法，分别实现了钻桅垂直度的自动控制和大惯量回转平台精确平稳自动复位，解决了大惯量装置与强耦合系统的控制难题。

（5）深入分析了钻孔作业系统各环节不同工作工况的能量损失，针对不同工作阶段与工况条件，研究了负荷敏感功率模式控制、极限负荷控制的功率设定、全局协调发动机、变量泵与负载间的功率匹配等节能控制策略，提出了一种旋挖钻机功率匹配与节能控制方法。

……

他还认为，"本书不仅对旋挖钻机的一系列关键技术进行了深入的理论研究，而且形成了较为完整的设计体系，具有很强的理论指导意义和较高的工程应用价值""特别难能可贵的是，作者及其团队利用其研究成果，开发出自身特色鲜明的系列化旋挖钻机，并成功批量应用于中国及世界数十个国家的基础工程之中。在国内产品同质化现象严重的今天，在高端装备制造领域能够开发出从关键部件、控制系统到外观造型都有别于世界同行的产品，充分表明他们在中国制造到中国创造的道路上迈出了坚实的一步"。

自武广客运专线全线展示"山河绿"旋挖钻机以后，何清华率领他的团队抓住契机，不断开发出功能更强大、制造更精良的旋挖钻机。"桩的直径越大、桩孔越深、地基越硬，越能展示山河旋挖钻机的优势"已成为大批高端用户的共识。何清华由此拥有 PTC 专利 3 项，发明专利 22 项，实用新型专利 57 项，软件著作权 1 项；出版专著 2 部——《旋挖钻机研究与设计》《旋挖钻机设备、施工与管理》；参与编写国家标准《旋挖钻机》（GB/T 21682—2008）；培养博士 2人、硕士 9 人；研制出 17 个规格型号的高性能旋挖钻机产品，"达到国际先进水平"；2012 年获湖南省科技进步一等奖（"高性能旋挖钻机关键技术及产业化"）；2019 年 SWDM360H 旋挖钻机获中国工程机械年度产品 TOP50 金口碑奖。

十、山河智能的强基工程

真正学者出身的企业管理者自然会重视企业的基础技术。国家前些年提出的工业强基工程包括基础材料、基础零部件、基础工艺、基础产业技术四个方面。何清华说山河智能的强基工程的内涵是基础研究、基础元器件和基础试验三个方面。

（一）基础研究

正如何清华所说的，他是一个能够耐得住寂寞、沉得下心搞科研的人，从研究生期间开始，遇到技术问题总是喜欢探寻机理、分析计算。他一直在带硕士生、博士生和博士后，所带的20多名博士生和40多名硕士生都是在他创办公司后毕业的。有别于其他企业，山河智能有个长期保持50名左右的硕士生、博士生的研究生院。何清华非常重视研究生院的工作，该院采用学校导师和企业导师相结合的培养模式，创造了多维效益。公司丰富的课题和试验资源为研究生的培养提供了单纯学校无法比拟的条件，最终是人才培养和企业的基础研究双丰收。从与何清华个人紧密相关的产品技术开发项目中可看出，基础研究占了较大的比重。在推出大量创新产品的同时，论文、专著等成果相对一般企业而言是非常突出的。何清华认为，山河智能的先导式创新体系首要的支撑就是基础研究，如果没有先于他人在基础前沿的技术研究，先导式创新就成为一句空话。

（二）基础元器件

尽管何清华专注于矿山机械领域，一直从事专业装备的开发，可他特别爱好和关注电控与液压元器件的开发。尤其是他经历了开发主机时受到电控、液压元器件落后状态严重制约的艰难和无奈后，这种爱好和关注更加强烈。这也推动着山河智能基础元器件的研究。

1. 电控元件

何清华一直认为电控技术能够赋予传统机械新生命。从事隧道凿岩机器人重大项目的经历让他更加全面深刻地认识到这一点。尽管旋挖钻机、挖掘机等产品一开始就实现了控制软件自主开发，在行业中也率先做到了，但由于主机产品数量不大，基础条件差距大，控制器的自主制造开始是不必要也不可能的，一段时间内只能从发达国家进口。山河智能对控制器的研究设计工作很早就启动了，2008年推出了第一代控制器装机试用，六层集成电路叠加的控制器主板都是自主设计的。由于山河智能控制器设计在算法等方面有自己独特的地方，而且控制对象就是很熟悉的本公司研制的产品，所以其控制器的特点明显，即控制精度高、功能齐全、可靠性高。除控制器外，GPS/北斗定位模块、倾角传感器、各种高性能显示屏等都是山河智能自主研制的，这类电控元件除满足自己产品的需求外也供应其他企业。山河智能的工程装备，包括一些无人化的装备都采用公司研制的电控元件，这也为实现公司产品的定制化和差异化打下了坚实的基础。

目前山河智能已成立了信息产品事业部，拥有现代化的生产线和高水平的各种检测设备。但这条道一路走来并不顺利，当时主持这个项目的张大庆博士道出了自己的心路历程：实施这个项目时，何清华对显示器、控制器这两种核心元件自主开发、设计、制造的决心让人惊奇，更令人钦佩。一般来说，工程机械企业对元器件要么采购，要么与厂家合作开发。如果采取收购高水平的电子核心元器件企业的方式，公司投入大、实施难。但何清华没有任何犹豫，坚决走自主研发的道路。为此，他在研究院成立了开发小组。也就是说，别的企业是从商业角度来看待核心元器件的，而何清华是从关键核心技术角度来看待元器件的。他提出"核心技术自主化"的观点在国内是比较早的，但在完全自主开发的过程中，他遇到了重重困难，经历了许多次失败，有时似乎看不到成功的希望。但他没有动摇，勉励大家坚持、再坚持。有时虽取得了一些进展，但投入与产出不成比例，让大家产生了疑惑，他却一再鼓励大家再努力、再加油，坚定信心不放松。经过近十年的努力，终于获得体系化的成功。这对山河智能产品的技术进步发挥了重大作用。山河智能主体产品核心电控元器件的自主配套，在行业中是领先的。如自主开发的显示器和控制器就用在了双动力头多功能钻机上，该产品出口到韩国，就比日本同类产品高一个档次，从而打破了日本在这一方面的垄断。

2. 液压元件

从20世纪80年代起，何清华的研究项目中就有他自己设计的液压元件，

如与众不同的液压锁、专用阀、集成阀、多路阀等。

他发明的液压凿岩机的高频换向阀，成就了中国自主开发的液压凿岩机；设计了液压凿岩钻机多路阀的双阀联动操作机构；设计了体积小、工艺性好、性能可靠的液压锁；创造性地设计了由多组锥阀集成阀块叠加组成的阀组，并以此为主设计了露天液压钻机的新型液压回路；发明了液压静力压桩机便捷使用的新型液压回路及专用的多路阀组，并广泛应用于中国几乎所有的静力压桩机制造公司。这样的经历自然使得何清华在创办公司以后要在液压元件方面有所作为。

何清华在中国发展核心液压元器件的认识方面有自己独特的见解。在政府部门、科技界主要强调研发创新时，他却提出中国高端液压元件的发展要突破设计和制造两道门槛。他认为，中国液压元件企业要在设计方面达到具有明显特色的系列化产品在较长的时间有一定难度；真正世界级品牌的液压元件企业如德国力士乐、日本川崎系列化产品的外部造型、内部结构等一看就知道，差异化十分明显，这是一个从一开始就有自己的顶层设计，再经过长期积淀发展的结果。中国液压元件企业只有推出差异化明显的产品系列才是真正突破了设计门槛。

188

他还认为，国内从 20 世纪 90 年代开始仿制国外知名品牌的产品，尽管可以利用各种手段去精准测绘、精确化验，不少企业特别是一些国营企业花了大把珍贵的外汇进口机床，甚至是引进技术，可产品始终达不到应有的性能与可靠性。这就是没有越过制造门槛所致。国外高端液压元件除个别的产品外，已没有专利的限制。因此，从实用的角度出发，突破制造门槛，复制拷贝别人的产品是最合算的。但突破制造门槛中间有一个被忽视了的问题，那就是管理环节。仅有高端装备与基本工艺，没有与之相适应的管理体系同样不可能做出好产品。直到最近十年来，一些民营企业如恒立液压在突破制造门槛上下足了功夫，才可以生产出工程机械所需的相当大部分的高端液压元件，性能与可靠性也达到了国外同类产品一流水平。但这些企业都缺少这方面的核心专利，只是简单克隆与模仿，甚至一些企业生产的液压元件连产品型号编制方法都与国外一样。

何清华认同国内液压行业从"突破制造门槛"入手，提高中国高端液压元件水平的做法，但他和山河智能走的却是从基础技术的创新来提高液压元件的发展之路。十多年前，在一次国家组织的如何发展工程机械高端液压元件的研讨会上，何清华强调主机厂参与液压元件研制的优势，认为这能在液压系统的创新与集成方面催生出新的液压元件，加速对已有液压元件的改进，诞生升级换代的液压元件。

基于上述认知，何清华带领团队一开始便摒弃业内的以仿制为主的方式，转而采用以先导式创新的思路来开发高端液压元件。山河智能在突破液压元件制造门槛和设计门槛方面做了一系列开创性的工作。

首家批量生产挖掘机液压缸的企业。何清华曾克服重重困难，在国内率先批量生产可以满足欧美高端市场要求的液压缸。他不但攻克了制造方面的一系列障碍，还在液压缸缓冲装置方面有创新。当时挖掘机液压缸也是制约中国挖掘机产业的关键液压元件之一。

率先拥有自主控制阀的挖掘机。挖掘机的控制阀是决定挖掘机性能的关键元件。山河智能的挖掘机拥有一种具有平地与挖掘两种工作模式的新型主阀（ZL201010232583.1），这是国内企业首家自主开发的挖掘机主阀，装有这种主阀的挖掘机不但具有良好的平地功能，改善了功率匹配，而且提高了效率，降低了油耗。这款挖掘机主阀开始委托日本企业生产，但限制其只能卖给山河智能，目前在山河的无锡工厂生产。这款主阀的研制成功是何清华团队多年技术的积淀。何清华让他的第一个硕士生郭勇带领其他研究生从控制阀的一系列基础研究开始，包括对多路阀阀口特性、流场等进行仿真和试验研究，开发了多种阀口面积的计算程序。何清华非常关注液压件的设计细节，凭借个人的学识与经验发现了多路阀阀芯的设计与制造上的一些关键因素。何清华在参观日本液压元件制造商时了解到，日本厂家生产的一些控制主阀只能卖给拥有这款控制主阀知识产权的挖掘机主机厂，而拥有自己的控制主阀的挖掘机主机厂还是不多的。何清华下决心要研制自己的挖掘机控制主阀，这意味着还要同时创新研制挖掘机的新型液压回路以与控制主阀相匹配，这样山河智能才能真正拥有具有自主知识产权的挖掘机控制主阀和差异化明显的新款挖掘机。挖掘机在挖掘、装车、平地、修坡等多种作业工况中液压系统的能量消耗情况是很复杂的。何清华团队进行了长时间的详细试验分析，在找出能量损失规律的基础上，设计了新的液压回路及新的控制主阀。他在组织无锡必克公司突破复杂油道铸造和精密加工方面也付出了很大的精力。这款中国首创的挖掘机控制主阀的诞生是何清华团队长期进行基础研究和系统应用研究的结果。

3. 国家强基工程一举中标

国务院于 2015 年 5 月 8 日发布了《中国制造 2025》，工业强基工程是其中的国家战略之一。"四基"（关键基础材料、核心基础零部件、先进基础工艺及基础产业技术）是这一工程中的核心，液压元器件就包含在其中。

2015 年的工业转型升级强基工程（工程机械与工程车辆用多路阀实施方案），山河智能在国内 9 家投标单位中排名第一中标。国内知名的液压元件专家、人称"王人爷"的王长江在评标结束后主动打电话给何清华说："我还不知道你们前期做了那么多创新扎实的工作，你们中标是应当的……"

何清华提出了"高端液压元件的设计与制造两个门槛"的观点，从"设计门槛"这一关来说，何清华团队在国内是干得最好的。一方面，他们在对中大型挖掘机控制主阀能量流规律的理论分析和原理性试验验证等基础研究方面做得很扎实；另一方面，他们对主阀内部原理与结构的创新在国内也是一流的，拥有多项国内和国际发明专利，实现了不需要主泵供油且防止低速吸空的动臂下降完全再生、斗杆内收的阀体可变再生以及挖掘时可单动作合流、复合动作双泵独立的能量最佳利用。此外，为了降低压损、提高控制性能还有多项结构上的创新措施。

在突破这类阀难度最大的制造门槛过程中，何清华和他的团队也采用了新的制造手段，进行了大量的工艺攻关工作，比如率先采用阀体流道的 3D 打印技术加工复杂泥芯，推广初期的小批量制造采用成组技术原理。总之，山河智能研制的挖掘机控制主阀从外形结构到内部原理都充分印证了山河智能先导式创新的理念与实力。

4. 其他液压元件

挖掘机、旋挖钻机、起重机等工程机械分成上下可以相对回转的两部分，分别称为上车与下车。这两部分工作时所需要的液压油通过一个称为中央回转接头的部件来传输。中央回转接头实际上就是一个回转阀。此外，山河智能的液压混合动力节能挖掘机等新产品中都有自己研制的专用液压元件。这些对产品性能具有关键影响的专用液压元件的研发与制造要求都非常高，何清华团队经过长时间反复试验验证，才使其走向成熟。

(三)基础试验

工程机械整机及零部件的研发样机试验和量产产品的出厂试验是非常重要的,其中试验装置或试验台是重中之重。何清华在这方面的创新也是十分突出的。

1. 首创的旋挖钻机试验装置

旋挖钻机的性能主参数是动力头的回转最大扭矩。其他厂家产品样本上标注的都是计算得到的理论扭矩。崇尚实践的何清华认为一定要通过实测得到真实的扭矩。此外,旋挖钻机在实际钻孔环境中基本上不能长时间保持在最大扭矩或某个设定的扭矩下工作,而这种保持恒定扭矩工作的试验又是很有必要的。旋挖钻机的扭矩最大可达到百吨米级别,扭矩试验台的设计是有难度的。一开始山河智能委托一家专门提供这类试验装置的公司来完成,但评审其设计总体方案时,何清华认为不合适,并提出了新的设计方案。最后由山河智能自己研制出国内首台旋挖钻机扭矩试验台(国外有无不得而知),其结构新颖合理,测试简便可靠。

2. 新颖的挖掘机挖装标准试验台

衡量挖掘机效率与能耗性能的试验一般采用尽量标准的工况来进行,但在自然环境中要持续、方便地进行比较标准的工况对比试验则几乎是不可行的,所以行业中也没有相应的比较规范的挖掘机效率能耗试验标准。何清华很早就打算设计一种世界上还没有的挖掘机效率能耗试验台,但受到公司场地与发展的制约,一直到2019年山河智能的新基地工业城建设到一定规模才实施。何清华认为挖掘机的挖掘装车复合动作是衡量其效率能耗的典型工况,则以此典型工况为基础设计了一个新颖的试验台,采用一定规格的钢球作为挖掘介质,保证了在长时间的挖掘过程中介质的参数没有实质性的变化。还有一个创新就是设计了简单可靠的挖掘介质自动循环装置。该装置配合何清华研发的瞬时油耗计量系统,可以方便准确地对比、检测挖掘机的效率、能耗等性能。

3. 节能型脉冲压力试验台

中大型挖掘机控制主阀要长时间承受高低压变化频繁的油液压力冲击,为

了保证其可靠性和使用寿命，在 5 MPa 至 50 MPa 之间变化的高压油对铸造的阀体内腔要进行数百万次的冲击。传统的脉冲压力试验台就是将铸造阀腔中的油液压力升到 45 MPa，然后释放油压降低到 5 MPa 后又再升到 45 MPa，其中，油液被释放的压力能就白白浪费掉了。何清华了解这种脉冲压力试验台的工作原理后很快就想到如何让浪费的能量再利用，拟定了一个一次同时试验两个阀体铸件的方案，依靠一个可以往复运动的柱塞两端分别连接两个阀体内腔，让升高与降低的压力油通过往复运动的柱塞在两个阀腔中产生震荡，外界输入的能量只是补充震荡中的压力损耗而已，这样脉冲压力试验台的能耗肯定会大幅度降低。何清华将自己的构想讲给公司的高级技术顾问方庆琯教授听，最后由方教授完成具体设计。在中船 704 所完成了试验台的制造，一台漂亮的世界首创的节约能耗三分之二以上而且一次可以完成两个铸造阀体试验的脉冲压力试验台诞生了。

以上这三种完全不同形式的试验台的诞生充分展示了何清华的创新能力和崇尚实践的精神。

十一、特种装备亮点纷呈

"特种装备"是何清华给山河智能制定的"一点三线"三大战略业务之一，主要包括特种工程机械和用于应急救援、反恐排爆等特殊环境条件下的装备。这项业务的构想诞生于公司成立之初，历经近 21 载打磨淬炼，如今特种装备板块不断创新、稳步推进，在军民两个领域均取得了不错的业绩。

（一）山河制造亮相朱日和

人们一定对 2017 年庆祝中国人民解放军建军 90 周年朱日和阅兵记忆犹新。这一年的 7 月 30 日，在朱日和训练基地各种主战装备以排山倒海的阵势开过之后，接着就是工程防化保障部队接受军委主席的检阅。在 36 个分列式方队中，工程防化保障方队显得尤为特殊。在这个方队中有综合扫雷车、轮式冲击桥、喷洒车等，其中 4 辆轮式装甲工程车阵队格外引人注目，当日的《新闻联播》中两次出现它们的镜头。这就是山河智能的产品。民营企业获得国家重大项目绝非偶然，这是何清华团队的家国情怀、不追求短期利益的理念以及持之以恒的务实精神与创新能力为项目的获取与成功积淀了坚实的基础。

主管特种装备的张大庆博士回忆：轮式装甲工程车项目由原总装工程兵装备研究所牵头，该所是项目总设计师单位，在寻找能承担研制任务的合作单位时，他们的选择是非常慎重的，经过详细的调研考察与比较，最终选择了山河智能。山河智能在该项目中是副总设计师与总装单位。这种在陆地可以高速行驶的工程车可以完成挖掘、推土、夹抓、起重、破碎、排障等多项功能，其技术水平在全世界都处于领先地位。历经五年多的时间，样机完成了高原、高寒地区的严酷试验，行车数万公里。试验团队扎营在海拔4500米的荒郊野岭，住着帐篷，在缺氧和强紫外线环境中艰苦奋斗一个多月，已经65岁的何清华也到现场考察指导。到目前为止，这种先进的高端工程车已批量列装部队。

（二）无人平台异军突起

2016年3月，陆军装备部公开发布了一则重要信息：为推进地面无人系统装备技术创新发展和转化运用，拟举办第二届"跨越险阻2016"地面无人系统挑战赛。6月中旬山河智能收到了邀请参赛的信息，6月28日特种装备板块负责人张大庆召开了关于如何参加这次比赛的预备会议。这时离要求参赛设备到位的时间只剩下两个月了。特种装备事业部召集专题会议，会上研发、管理人员都纷纷发言，说出了自己的担心，也提出了自己的建议。基本意思是，这次参赛，面对的参赛对手都是在传统兵器领域竞赛经验丰富的院校及企业强队；这次竞赛对山河智能来说是一个全新的领域，研制准备时间十分仓促，比赛对参赛产品的创新性要求高，还要能攀越1.2米垂直墙，跨越1.6米壕沟，涉水0.8米河滩，等等。这些条件、因素汇到一起，让山河智能处于十分不利的地位。大家倾向性的意见是，以一台公司相对比较成熟的轮式未爆弹探测车为基础开发参赛试验的无人车。还有人说，这次参赛其实是"探路"，如若期望拿到名次，几乎是不可能的。在会议桌中央的何清华一边听着大家热烈的发言，一边大脑在快速思考，一个新方案突然像闪电一样快速呈现在脑海中，他马上对大家说：既然是参加越野障碍赛，就要有创新性的新方案才能经受严酷的环境考核，如果采用轮式未爆弹探测车的模式参展没有任何获胜的机会。我现在有一个新方案，要挖掘机研究院配合研制……

会后，何清华从研发楼的5楼快速走到2楼的挖掘机研究院，找到从事滑移装载机设计的工程师们，边画草图边讲解如何将两组四轮驱动的车体铰接起来，然后通过液压缸主动改变两个车体之间的相对位置，可以有平行、中间拱、

两头翘三种状态，相应产生八轮驱动、两端四轮驱动、中间四轮驱动……工程师们很快理解了他的构思。他要求大家三天后拿出初步总体方案。挖掘机研究院的工程师很快提出了无人车各种状态的控制系统方案。在随后参赛联合攻关的会议上，何清华介绍了已成形的总体方案，并指出一定要让参赛车在公司内部完成超过比赛标准的试验。特种装备研究院、挖掘机研究院的工程师等相关人员制定了详细的项目实施计划，不同制造板块的管理骨干也明确了自己的任务和重要性。张大庆负责整个项目的推进，确保无人平台（无人车）在 8 月 28 日发运初赛场地——黑龙江的塔河试验场。其中，还要留出足够的调试试验时间。大家夜以继日地工作，何清华也经常参与解决一些设计上的难点和细节问题。8 月 23 日，无人车下线进入调试试验阶段。这台结构新颖的无人车顺利完成了在公司内的测试，在预定的时间内达到发运条件，前后仅用了 54 天的时间。

特种装备研究院副院长赵喻明回忆说：根据何老师的草图，经过研发同事们连日的设计完善，用时半个月就完成了全部的图纸设计。在试制过程中，何老师仍念念不忘试制进度，每天处理完繁杂的事务，吃晚饭的路上都要去 C 厂房的装配车间现场关心下各种物料的到位情况。为了确保无人平台下线时达到参赛标准。何老师指示在山河工业城的工地上堆了高坡，挖掘了宽 1.8 m、深 1.6 m 的坑，障碍参数指标都超过了比赛指南所列指标，为的是让无人平台得到严格的检验。无人平台下线后首先是平地跑车试验。何老师仔细观看了无人车的操纵调试，指挥实现了预先设定的平行、中间拱、两头翘即两种四轮驱动、一种八轮驱动、原地转向等功能。他还亲自坐上了无人车的货厢，要同事用遥控器操控车往前奔跑，一路呼喊着"再快点，再快点，要全速，把驱动电流给到最大"。他还告诉赵喻明："你们要把调试视频发给我看，即使我不在现场也可以通过看视频，与你们讨论我提出的想法。"何清华对研发工作的严谨态度，感染着身边每一位同事。至今，每当同事们回忆起那一幕，都感叹何清华真是壮心不已！

何清华担心去参赛的同事没有信心，不敢大胆放手比赛，在发车临行前的周末，特地来到现场，鼓励大家放下思想包袱，强调比赛不是最终目的，严谨求实、敢于创新才是山河文化精髓，通过参赛进一步激发大家的创新热情。他还说，给无人平台取名"龙马一号"，寓意这台特殊的设备具有像龙和马那样腾飞奔越的超强能力，更是寓意团队具有积极向上的龙马精神。一番话说得大家热血沸腾。

9月10日，何清华出现在了黑龙江某县的比赛现场，其他参赛队听闻年过七旬的他亲临现场，都肃然起敬：这到底是一个什么样的企业，他们的车跑起来真是猛！确实，到处都是野山坡的塔河试验场，"龙马一号"的表现可谓是鹤立鸡群。在多种越障比赛中，"龙马一号"以最快的速度通过了各种严酷的障碍，其中几项都是其他参赛队不得不放弃的科目。"龙马一号"夺得了预赛第一名。"新兵"夺魁，让赛场那些"老军工"队伍惊讶不已。

北京某地是决赛场地。当时有媒体如此报道这场比赛情景："山河智能车队与北京机械研究所的灵霸1号车队、装甲兵工程学院的铁骑5号车队、北京广微科技公司的狼蛛车队分在山地输送组E组。比赛中，山河智能无人车（'龙马一号'）机动灵活，反应迅速，在复杂的河滩赛场如履平地，用时最短，顺利连续越障，率先抵达终点，取得第一名。"

"山河智能夺魁'跨越险阻2016'"，这一消息不胫而走，一时在工程机械和军工装备领域引起了广泛关注。公司在一段时间内成了业内"网红"，许多媒体朋友都纷纷来约，想多了解和报道山河智能和风评极佳的"何老师"以及"龙马一号"。12月15日，何清华在长沙接受了中央电视台十套（科技频道）《走近科学》专栏记者的专题采访和现场实况录制，第一次讲述了关于"龙马一号"的故事，并进行了现场解读："'龙马一号'可以简单地理解为铰接在一起的两节无人车。一般底盘遇到凸起的墩台等障碍时，会因为底盘离地间隙不够高导致托底等问题；'龙马一号'的独特支持在于它会自动翘起后，增大前后接近角和离去角，通过变形实现跨越障碍；要是遇到深坑障碍，中间的铰接机构可以锁止提高刚度，这样它前面跨过去以后，中间的轮子可以悬着通过；当整个车子跌进深坑障碍时，后面一节推着前面一节进行爬坡，后面一节竖起来将前面一节顶上坡面去，前面一节顶上去后运用自己的力量将后面一节拖上去。可以说，这个'龙马一号'几乎没有过不去的坎。"

"龙马一号"的表现还引起了外媒关注。2017年6月，英国《简氏防务周刊》报道称，"龙马一号"的液压关节构造使得车体能配合地形改变姿态不至于翻覆，易如反掌地翻越1米的高墙和壕沟。中国开发出最新型"龙马一号"无人平台，可以成功克服多种艰难险阻，未来将会助力中国军队野战能力的提升。

2017年7月15日，中国军队中英文宣传片向全世界发布了献礼建军90周年的宣传片，这部名为 *PLA Today!* 的宣传片介绍了中国各种新型军事装备，

其中以"战场智能输送车"名称出现的"龙马一号"也在该片中亮相。何清华和他的山河智能公司用2个月时间创造了"龙马一号",通过这样一个赛事,在无人车领域四两拨千斤,一时名声大噪。

在"龙马一号"夺魁两年后,山河智能受邀再次参加"跨越险阻2018"比赛。如果说两年前山河智能夺冠是黑马的话,那么2018年,山河智能蝉联冠军,标志着山河智能在无人平台方面的创新与实力跨上了新的台阶。

"龙马一号"靠双体车联动模式的变化来适应复杂的地面形态,相对于常规铰接式双体车,其最大的创新是通过液压缸主动地改变两个车体轴线相交的角度,而不仅仅是自由地适应地形的变化。

对于2018年比赛的创新点,何清华集中思考如何让单体车也具有"龙马一号"那样强大的越障功能。其间,他多次深入海边、边境线和西藏高原地区考察当地的地形情况,同时对无人平台的机动越障模式做了解析。他提出:无人平台的越障,本质上是平台重心的提升,可以分成三种形态,第一种是依靠无人平台的动能冲上障碍,简称"冲越",为了承受大的冲击力,车体必须达到足够的强度;第二种是通过无人平台特殊机构的驱动主动提高车体的重心位置,让车体攀爬上障碍,简称"攀越";第三种就是"冲越"与"攀越"两种越障模式的综合,简称"冲攀越"。

他为这种尚未"出生"的单体车取名为"龙马二号"。为了让单体的"龙马二号"无人车兼有两种越障功能组合形成"冲攀越"功能,何清华利用空余时间一次次琢磨。2017年春天,他按每年的惯例去日本访问一些重要的供应商,4月5日坐上了日本金泽到大阪的高铁,表面上看他在眯缝着双眼欣赏窗外快速掠过的景物,其实头脑里翻滚着创新的风云,"龙马二号"就在这风云中渐渐地清晰了。他拿出几张A4纸,构思草图,具体设计中的几个关键点很快呈现在纸上。下车前,他将这些草图拍照通过手机传送到公司相关的微信群。除了车体中间有四个离地距离不变的驱动轮以外,这台无人平台车的创新集中在车体两端具有四组可以独立驱动、独立摆动的双缓冲主动摇臂式轮式行走装置。这四条模块化的轮腿式结构具有很强的创新性,通过这四条轮腿不同状态的组合可以形成多种行走与越障模式:低地隙四轮驱动+原地转向,高地隙可调四轮驱动,八轮驱动,轮腿高抬"攀越",轮腿高抬"冲攀越",两侧地隙有高低适应纵坡行走,八轮驱动跨越宽壕沟,轮腿摆动轮胎锁定模拟四足行走,等等。

这种新的无人平台具有仿生骏马越障机理:骏马利用腿部关节的变化在跨

越障碍时展现出力量与姿态的完美结合，"龙马二号"通过创新的轮腿机构映射简化了骏马的越障运动过程。

新颖的双向缓冲可摆动轮腿，动感的船形机身，多种行走模式，机身前后上下左右的自由变动，加上漂亮的沙漠迷彩涂装，"龙马二号"刚下线来到山河大道上就令人眼前一亮！

在北京多天多项目的比赛中，外形奇特靓丽、功能强大可靠的"龙马二号"不负众望，比分超越一众对手，成功蝉联比赛冠军。中央电视台十套（科教频道）对此作了专题报道。

9月16日，挑战赛结束，中央军委、陆军、海军的众多首长来到北京比赛现场观看典型参赛装备的演示。何清华作为民营企业参赛的唯一代表陪同首长们观看表演，当"龙马二号"作为全场第一辆动态演示装备顺利完成任务时，何清华和他的"龙马二号"给首长们留下了非常深刻的印象。

张大庆博士对这次比赛活动作了一些描述与总结：

两次比赛中，军方的各级指挥与技术人员以及专业媒体工作者都认为山河参赛设备一是创新性突出，二是像个正规产品，工作可靠制作精细。

"龙马二号"试制出来投入试验时，何老师到野地查看试验情况，感觉大家有些畏首畏尾，怕搞坏设备不能参赛，就嘱咐大家，一定要在比比赛更严酷环境中去验证，不要怕搞坏了平台，要放开跑，要冲撞式爬陡坡、越沟堑……

在赛后闭幕当天举办的峰会论坛上，何老师作为受邀企业代表发言，在回顾山河智能军民融合方面的发展历程后，对中国无人化装备的发展提出了自己的想法与建议，并再次强调一个在性能、品质与成本各方面达到优良级的产品，无论是军品还是民品，一定要依托一个在创新、制造与管理三个方面都达到先进水平的企业。他的观点得到了与会者的赞扬与认可。

（三）爆炸物拆解机器人

2018年，国家有关部门向几家创新型装备制造企业寻求危险爆炸物拆解机器人的方案，其中包括山河智能公司，这是因为需求方从2016年无人车挑战赛上"龙马一号"的突出表现看到了山河智能的综合能力，不过当时需求方最看好的

是一家专门研制机器人的上市公司。何清华带领研发人员到需求方全面详细了解工作环境与拆解对象的情况后，感觉难度确实很大，机器人不但要有较强的越障行走能力，能在复杂的环境中找到爆炸物后安全抓取出来，而且要在确保安全的前提下采用特殊方法拆开外形尺寸与内部结构并不是很清楚的危险爆炸物。

3月7日，在返回长沙的航班上，何清华就如何让机器人完成这些复杂危险的工作冥思苦想着。他认为，在这样一种非结构化的环境中，一般单臂机器人的工作模式几乎是不可能完成这项任务的。对机械制造非常熟悉的何清华脑海中突然闪现出采用"工装"与"机床"的念头。首先设计一个可适应一定范围的"工装"，能够在有基准的前提下固定住爆炸物；然后引入机床加工的模式，在工装旁边安装特殊的拆解装置，这样就可形成一个比较好的结构化环境，以完成难度最大的爆炸物拆解工作；机械臂只完成爆炸物的抓取和安放工作。在这趟航班上，何清华画出了总体构思草图。回到公司后他向团队讲述了自己的方案，大家都很认同这个独特的构思，随后他一个细节一个细节地指导年轻工程师完成爆炸物拆解机器人的三维动画。几天后，再向需求方形象地介绍了这个方案，这种打破一般思维的创新方案得到了认可与赞许，其创新性与实用性明显优于那家专门从事机器人研制的公司。

以上事例充分地展示了何清华的创新能力。在他的带领下，山河智能在无人平台领域中异军突起，一支年轻的、踏实肯干的队伍也迅速成长。随着更多的项目推进，公司在这方面的发展规划也更加完善，目标更加远大。

何清华个人与山河智能在无人化装备方面的综合创新能力与务实进取的精神得到了国家相关单位的认可。在2019年向国防部首长的汇报交流会上，何清华说：中国无人化装备的发展是一个多层次的相辅相成协同发展的积淀成型过程，不可能一种模式、一蹴而就、一步到位，应该由简至繁，先有效可靠地解决突出的现实需求问题，在使用中增强研制单位与基层使用单位的互动，实现逐步迭代，不断改进升级，推动无人化装备的体系化变革发展。

十二、通用航空的先导者

（一）惊艳珠海航展

2008年珠海航展上有一个室内展台引起了各方的关注，那就是名不见经传的山河科技公司的展示区。不大的展示区密集展出两座轻型飞机、两座三角翼飞行船、飞鹰无人靶机。特别是那架外形靓丽、做工精良的全碳纤维复合材料轻型飞机更是引人注目，一群又一群不同航空公司的空姐或坐到座位上或站在飞机前拍照留念，个个兴趣盎然。几个身穿飞行服的中国空军飞行员在仔细查看这架飞机后也进入驾驶舱中体验了一把。国外飞行员、中国航空界专业人士、有关方面的领导同志也前来观赏交流。一批批观众到飞机前留影，多名媒体记者也纷纷以少有的热情到展位采访拍摄……人们对这家飞机生产企业感到好奇，特别是了解到这些飞行器的设计、制造都是中国企业自主完成的就更感到不可思议了。何清华本人当然成了关注的焦点。

面对记者的采访，何清华将他的"航空情结"展现在公众面前：他读初小时就对飞机有强烈兴趣，那时学校的课外活动小组中有航模小组，想要参加，一个学期要交大约五毛钱材料费。十分拮据的家中不可能给他这些钱，他只能眼看着其他同学将用木头片和橡皮筋手工制作的飞机送上蓝天而羡慕不已……创办企业后直到2002年，一个机缘让他进入了通用航空领域。当然不仅仅是个人爱好，他一是感到中国通用航空未来有很大的发展空间，二是感到中国的航空发展是政府主导，从军用飞机开始，由上而下发展起来的，他想另辟一条以民间为主从下面开始低成本高效率的发展路子，为发展中国的航空产业做些开创性的工作。

（二）"处女作"一波三折

拥有航空梦的何清华也清醒地知道，要有合适的机会才能跨入这个门槛很高的行业。平时他也关注相关的信息。2002年7月24日晚上，经国防科技大学一位教授引荐，何清华与在中国寻找合作开发小型直升机的美籍华人丁守清先生在一家宾馆开始了首次洽谈。经过几轮深入交流谈判，月底就初步达成了共同研制小型直升机的协议，目标首先是研制两架350公斤重的遥控无人直升机样机。样机设计与制造主要由美国人丹尼斯负责，样机费用由湖南山河智能机械股份有限公司提供。一晃近三年的时间过去了，样机的交货时间已远远超过原定的日期。最后因为丁守清没有按要求付给丹尼斯费用，样机已不可能按计划交给山河智能了。无奈之下，山河智能找丁守清要回了全部研制费用后直接与丹尼斯签订合作协议。2005年6月何清华到洛杉矶的一个各种航空爱好者聚集的小机场中考察丹尼斯的小作坊式的公司，感觉其各种能力有限，便要

他到长沙来与山河航空团队共同研制。但自视能力不成问题，且认为中国人这方面基础太差的丹尼斯拒绝了何清华提出的要求，坚持在美国洛杉矶自己研制，结果交货期同样大大延误了两年多。于是，何清华几乎是命令式地要丹尼斯到长沙工作。2008年底，丹尼斯才同意把项目搬到中国来做。项目在中国落地后，何清华带领山河航空研究院的技术团队深度参与到项目开发过程中，很快对总体技术方案进行了重新梳理，将发动机选型（由风冷 Rotax 503 改为水冷 Rotax 582 发动机）、旋翼双跷跷板方案设计、机架机构优化、英制系统转为中国的公制系统等重要环节进行了调整。在这个过程中，何清华带领的山河技术团队发挥了关键作用，极大地加快了项目进程。几个月后，项目组便完成了飞虎无人直升机全新方案的设计与样机试制，并在2009年10月份的北京国际航展上推出了飞虎无人直升机。这款飞虎无人直升机成为当时参展最为靓丽的无人直升机，在业内引起巨大反响。2009年北京航展后，在进行更深入的试验时发现了一系列较大的问题，同时暴露出丹尼斯在力学与计算方面的能力缺陷，他的判断有时完全与实际结果相反。不能再依靠他解决问题了，何清华只好解聘了这位日薪很高的专家。

　　尽管这时山河航空研究院还没有一位航空科班出身的技术人员，但何清华还是要求这支团队开展更深入更系统的地面试验，并提出一些具体的创新实用的实验方案，如飞机关键部件的静强度测试、防摔机离地压载运转测试等。通过试验与计算发现丹尼斯设计的旋翼效率很低，重新设计优化后的旋翼效率得到大幅度提升。2011年终于完成了遥控飞行测试。接下来，山河航空研究院的技术团队完全立足自主研发，开始了飞虎无人直升机的进一步优化与自动驾驶等核心技术的攻关。2012年9月，飞虎无人直升机完成了首次空间立体航线自主飞行测试。2013年9月，参加了"湘江-2013"军民融合动员演习，在山河工业城现场成功地为时任国防部长常万全一行进行了动态飞行演示。但后来由于市场开拓长期没有实质性进展，何清华只好按下了无人直升机项目的"暂停键"。

　　就当时而言，这一项目在国内同类型机型中完全处于领先地位。该产品的研制、起步要大大早于国内大型国企，投入的人力物力相比是数量级上的差别。飞虎无人直升机作为山河进入航空领域的"处女作"，其历史地位是显而易见的。

(三)"女神"轻型飞机的诞生

2006年5月，何清华出差欧洲，在意大利威尼斯附近参观了一家制造轻型飞机的小公司，他很快对这种外形靓丽的复合材料小飞机产生了浓厚的兴趣。何清华曾在2005年6月于美国洛杉矶坐了丹尼斯制造的非常简陋的小飞机，那是他第一次坐这种航空发烧友使用的、没有认证也没有经过充分试验的飞机飞上天空，虽然有些紧张但非常兴奋。当看到这种用碳纤维制造的精美的飞机，何清华非常兴奋，要求负责技术的迭戈（Diego）先生带他飞上天好好感受一番。迭戈带着他坐上一架两座轻型飞机在湛蓝的天空上遨游了一番，然后在周围是农地的草地上平稳地降落了。这架飞机的外形与性能都比一年前在洛杉矶坐的桁架结构飞机强多了。在两人交流过程中，何清华了解到迭戈可以帮助山河智能研制这样的飞机，还可以在欧洲代理销售山河智能的产品。看到飞机制造过程中人工比例很大，中国制造欧美销售，而且投入不算很大，何清华于是决定与迭戈合作。

迭戈先生爽快地答应了何清华的邀请，不久来到长沙签订了聘用协议。除迭戈先生外，还有他的儿子Alex和另一位意大利专家Walter先生。迭戈先生在欧洲通航领域是小有名气的专家，既是飞行员，也是飞机制造技师，还懂飞机设计，但是他只能用手绘制不是很规范的草图，不会计算机绘图（三维和二维CAD）。何清华是这样评价这些外国专家的：在与迭戈等外国专家的合作中，我们发现了他们共同的特点，这些人实践经验非常丰富，爱好并擅长驾驶飞机，特别是熟悉从实际操作驾驶的角度去评价改善飞机的性能，这是我们团队甚至是中国航空界最缺乏的。但他们的理论计算能力、现代三维设计软件的应用和对严格的规范标准的认识都很欠缺。在与迭戈先生的合作中，山河科技的航空项目组形成了一种奇异的互补：遇到实际操作中的难题或缺乏经验时，工程机械出身的工程师们就向外国专家请教；涉及原理、图纸设计与理论计算的工作，则由山河科技的人员自主完成；样机制造出来，飞行性能和驾驶操控性能则由迭戈等外国专家反复在各种飞行状态中去测试感受；山河科技的工程师根据他们提出的一次次的整改意见及时落实到位。在这种良性互动的合作氛围中，山河科技仅用两年时间就研制出国内首台Aurora SA60L轻型运动飞机样机。2008年10月样机下线，11月山河首次参加珠海航展，便出现了前述的"惊艳珠海航展"的情景。

何清华说，丹尼斯、迭戈等外国人对他的航空人生至少有两大影响：一是让他实实在在感受到了民间航空的魅力与面貌；二是从他们身上看到了兴趣与工作的高度融合，感受到了一种自然天成的航空文化。

（四）"黑飞"促成了"女神"的冠军地位

这种轻型运动飞机的研发从一开始就是瞄准欧美发达国家市场的，所以样机出来后取了个洋名阿若拉（Aurora）。后来由于遭遇2008年的世界经济危机，欧美市场需求严重萎缩，飞机进入欧美市场的前景变得暗淡。这时候，何清华果断决策，先做国内认证，等国内认证完成，国内的通航市场应该会逐步发展起来。

阿若拉的首飞，是在衡阳一个闲置的军用机场完成的。当时的研发团队专心于飞机设计，没有来得及与民航相关部门对接。当阿若拉首飞新闻被媒体报道后，民航与驻地空军主管部门正式给山河科技来电，告知阿若拉的首飞是属于没有获准的"黑飞"。也正是首次"黑飞"，促成了何清华团队开始与民航部门打交道。民航中南地区管理局适航审定处的梁海明副处长第一次到山河科技全面了解情况，听了何清华团队在通航领域埋头耕耘多年的情况后，被他们的执着精神感动了，也惊喜他们取得了如此丰硕的成果……事情朝着好的方向转化。

当时，国内还没有这种轻型运动飞机相应的适航认证标准，考虑到中美航空认证标准兼容互认度大，何清华从美国拿到了FAA的相应的适航标准，组织团队将所参考的美国ASTM轻型运动飞机设计标准翻译成中文交给民航局方面。2008年底，在梁海明的引荐下，何清华率领他的团队成员第一次来到中国民航局（CAAC），向适航司汇报了开发阿若拉飞机的详细情况，并把翻译的ASTM标准递交给中国民航局适航审定处，建议尽快出台中国的轻型运动飞机适航标准，促进国内通航飞机自主研制与发展。由于发展通航的国家战略已推进好几年了，民航适航司领导对何清华和山河科技进入通航领域秉持的是开放态度，这让何清华和他团队的成员悬在心中的石头落地了。2009年5月，在山河科技的直接推动下，中国民航局发布了《轻型运动航空器适航管理政策指南》。国产轻型运动飞机才有了可以进行认证的审定标准。2009年7月，山河科技成为国内第一家申请轻型运动飞机认证的民族品牌企业。

随后，山河航空团队开始了艰难的反复的试飞、整改工作。山河科技在长沙高开区租赁的厂房是没有机场跑道的，这种状态对欧美等世界各地从事飞机研制的公司来说是不可思议的。山河航空团队只好在完成一次整改后将机翼拆下来运到外地，重新组装后再试飞。正式机场在几百公里之外，而且预约飞行的日期太久，几乎没有可操作性。迫于无奈，只好将拆开的飞机运到开阔的地方，比如到偏远少人的湘江泥土大堤上进行"黑飞"试验等。在这期间，迭戈高超的飞行技能、丰富的经验和超人的胆识发挥了关键性作用，阿若拉飞机优异的操控性就是在这样一次次的试飞中改进而来的。中国民航局适航司对山河阿若拉飞机的操控性给予高度认可，飞机的适航认证飞行得以顺利通过。在申请认证近两年后，山河阿若拉飞机于 2011 年 6 月 29 日通过了中国民航局的型号合格审定，成为我国首款通过中国民航局认证的自主品牌型号的轻型运动飞机。时任适航司司长段时军亲自给阿若拉颁证，且祝福山河科技"小飞机"做出"大市场"。随后，山河阿若拉飞机在国内创造了一个又一个第一。

2012 年珠海航展的飞行表演节目单上出现了湖南山河科技的名字，安排了 Aurora SA60L 飞机每天表演的时间。民营企业自主研制的飞机参加国际航展的飞行表演，这可是特别引人注目的第一次！航展期间，这架外形靓丽、性能超群的轻型飞机矫健的身影每天出现在飞行表演的上空，一个个连续筋斗、侧滚、大倾角盘旋的精彩表演引来了观众的阵阵喝彩！从中央到地方的各种媒体都做了广泛的报道。高强度的飞行特技表演是很多轻型飞机无法做到的，这表明何清华带领团队在国内率先采用碳纤维复合材料研制的飞机在操控性与安全性方面达到了国际一流水平！

附：

第八届中国航展飞行表演节目表（11 月 21 日）

表演时间	耗时	飞机型号	架数	表演单位
09：30—09：40	10 min	SR22T	1	美国西锐 CIRRUS
10：06—10：29	23 min	Red Eagles	2	美国/USA
10：29—10：36	7 min	枭龙/JF-17	1	巴基斯坦空军
12：06—12：16	10 min	SR22T	1	美国西锐 CIRRUS
12：16—12：26	10 min	SR22T	1	美国西锐 CIRRUS
12：44—12：59	15 min	阿若拉 SA60L	1	湖南山河科技
12：59—13：14	15 min	PC-6	1	PILATUS

203

2014年珠海航展新华网报道：

11月6日，经过近800公里、4个多小时的飞行，国内第一支"全国产"飞行表演队——"山河飞行表演队"从株洲山河科技机场直飞珠海金湾机场。表演队使用4架山河阿若拉 SA60L 轻型运动飞机，6名在编飞行员均为中国籍，有经验丰富的原空军资深飞行员，也有刚取得民航执照的年轻飞行员。飞行队伍的年龄涵盖了"60后""70后""80后""90后"，队员们管自己就叫"6789编队"。2014年8月成立以来，经过近三个月的艰苦训练，基本达到了预期的目标……航天博览会上献上"山河飞行表演队"的处女秀。

市场的发展正如何清华所预测的一样，从2012年开始，中国的通航市场逐步开始启动。为适应不同客户的各种应用需求，在 Aurora SA60L 轻型运动飞机基本型号基础上，山河又完全自主开发了国内首款高原型、首款电喷型、首款夜航版、首款自动巡航型等，还开发了航拍、植保、驱鸟的专用型飞机，这些拓展型飞机，均已取得型号合格证和生产许可证。山河科技的阿若拉运动飞机取得了先发优势，阿若拉系列轻型运动飞机国内市场占有率达60%以上，牢牢奠定了山河科技在国内通用航空领域同类产品的领头羊地位。这些年来，阿若拉 SA60L 轻型运动飞机创造了国内多项第一，2019年，还顺利通过美国 FAA 的适航认证，成为首款在美国通过适航认证、有自主知识产权的国产复合材料轻型运动飞机。

阿若拉 SA60L 系列轻型运动飞机拥有十多项专利，先后获得"芙蓉杯"国际工业设计创新大赛企业优秀奖、首届中国优秀工业设计奖金奖、中国外观设计优秀奖。

（五）五座机再跨新高度

2014年，何清华基于两个方面考虑，开始布局五座飞机的研制计划，这款飞机须获得更高级别——23部认证。之所以开发这款新产品，一是两座与五座这两种飞机在世界通航大国美国的数十万架飞机中占有70%以上的市场份额；二是运动飞机毕竟是通用航空的入门级产品，山河要在通用航空制造领域拥有更高的地位，必须步入高端，向23部认证的飞机产品进军。

2016年10月首架五座机科研样机下线，11月样机参加珠海航展。相比阿

（四）

若拉两座飞机样机的研制，这款飞机研制速度更快。前期市场调研和总体方案结束后于 2016 年 2 月正式开始工程设计，包括公母模具的设计开发和样机的制造，前后只用了 9 个月的时间。这个型号相比两座飞机，设计难度更大，自主性更强。这架外形更漂亮的飞机完全由山河科技本土团队自主完成，其中最体现自主性的机翼设计是工程师们借助天河超级计算机一个断面一个断面精心优化设计完成的。2018 年 10 月 2 日科研样机成功首飞，新华社报道"我国首款全复合材料五座飞机'山河 SA160L'在湖南成功完成首飞"。2018 年 11 月，科研样机参加珠海航展，引起了央视媒体和国内外同行的高度关注，中央电视台二套(财经频道)在飞机旁采访何清华并做了专题报道。国内首架按 CAAC 23 部认证的复合材料轻型飞机——山河 SA160L 飞机的诞生对于中国通用航空具有里程碑意义。

(六)无人机技术在艰难中走向自主

何清华从 2002 年无人直升机研制起便开始了艰难的航空之路。正如他常说的，人的能力有长便有短，山河科技的市场拓展能力是个短板，尤其在市场化很差的通航市场中更是一筹莫展，所以一度国内先进的飞虎无人直升机为主的无人机研制工作实际上在 2009 年开始就不得不处于停滞状态。但何清华心中载人航空器和无人航空器并举的战略并未改变，所以山河科技无人机项目利用极为有限的资金，采取难易结合、远近结合的多种模式自 2014 年再度开始推进，组建了特别踏实能干的富有使命感的精干队伍。目前在飞行器本体设计制造和飞行控制系统开发两方面都跨上高水平台阶，奠定了山河科技无人机技术自主性强、呈体系化的坚实基础。

针对专业化的客户，开发出了多种性能相对更优的专业类多旋翼无人机，既解决了特殊用户的实际需求，也为企业创造了效益。

外形独特的有效荷载 1000 公斤、可持续飞行 70 小时的 21 米翼展的双发无人机的设计尽管由于客观原因在完成整体设计后就没有往下实施，但仍然充分展示了山河科技固定翼无人机的设计能力与效率。

荷载 100 公斤的飞玥无人直升机经过四年多的全自主设计已试制成功，其外形科技感十足，拥有专利的变桨机构紧凑可靠，优化后的旋翼效率更高。目前性能已超越当年因出口中国而受到制裁的日本雅马哈同类机型。已开始应用于航磁探测、森林防火等场合。

一些潜在用户提出了阿若拉改无人机的需求。这种 700 公斤等级的大型固定翼无人机的同类产品在国内是很少的，更没有一家小型民营企业能够自行研制成功。何清华深知，要搞中大型无人机，飞控技术的自主性至关重要。为此，他组建了精干的无人机飞行控制系统研发团队。通过夜以继日的不懈努力，配装山河科技自主研制的飞控系统的阿若拉无人机于 2019 年 1 月 23 日在湖北漳河机场完成预定航线飞行任务，成功完成首飞。试飞结果表明，整机飞行性能优越、操控性优秀。山河科技通过这个项目，完全掌握了中大型固定翼无人机飞控核心技术，并获得湖南省首台(套)重大技术装备认定。

目前，山河科技的无人飞行器正在向更高的目标稳步前进。

(七)独特的山河航空发展之路

在百度上输入"山河科技"搜索一下，便可得到数以千万计的信息。2017年何清华到加拿大访问当时生产 19 座以下飞机的维京航空时，该公司管制造的副总告知，他在读的 MBA 课程案例中就有山河科技，表明山河科技在国内外已有不错的名声了。山河科技这一系列引人注目的业绩与何清华开创的这条与众不同的发展之路是密切相关的。

1. 兴趣与事业是长期坚守的原动力

已走过十八个年头的山河航空产业直到近几年才略有盈余，何清华几乎将个人能拿得出的钱都投入山河科技之中，山河科技及山河智能的管理者们也投入不少的资金。山河科技管理团队和研发骨干的个人收入明显低于山河智能其他板块同类员工，而且大部分人家在长沙，工作在株洲，一周回一次家。如果没有一定的事业心和使命感是很难这样长期坚守的。公司从上到下充满事业驱动力是山河航空人能够排除万难、长期埋头执着工作的原动力。

2. 非科班人员创造中国通航新纪录

何清华带领的团队在中国通航领域创造了一个又一个第一，但这个团队从研发、制造到管理人员在相当长的时间内没有一个是航空科班出身的。现任山河科技总经理邹湘伏是山河航空团队的第一批研发人员，也是阿若拉飞机的研发负责人，之前他是山河液压破碎锤的研发骨干。山河航空研究院的总工程师也是阿若拉飞机的主设计师，他之前从事的机械设计种类就更多了。他曾经是国内知名的长沙阀门厂最优秀的设计人员，来山河智能先后是潜孔钻机、挖掘机、滑移装载机的研发骨干。现在，山河科技已充实了许多来自航空专业的骨干。

2008年山河科技公司成立，山河航空产业由项目式运作转为公司化运作。何清华认为，以研发人员为主的项目式管理模式必须马上转化为以公司管理团队为主的管理模式。于是任命有较全面企业管理经验的朱孟雄担任山河科技总经理，他是湖南农大学农机的。2008年，新成立不久的山河科技搬到长沙河西高开区租赁的厂房中，开始有了独立的形象。同年11月在珠海航展上引起轰动的阿诺拉两座轻型飞机和其他航空产品就是从这里制造出来的。在相当长的时间内，研发是山河科技管理的重头戏，主要管理者在航空领域的熟悉程度也必须达到足够的水平，所以何清华力荐当时的山河航空技术负责人邹湘伏尽快走向高层管理岗位。2012年邹湘伏正式担任了山河科技的总经理，他目前在中国通航领域是专家型的管理者，已有不错的名气了。在碳纤维复合材料零部件制造领域有一定影响、负责生产与工艺管理的副总谢向国也是非航空院校毕业的年轻人。

山河科技技术与管理形成以非航空领域人士为主的人才格局确实很特殊，但并非何清华刻意所为。一是当时国内也没有能设计制造碳纤维复合材料飞机的人才，二是择业时正规航空院校毕业的学生不太可能选择各方面条件都很差的山河科技。但何清华的成才之路激发出这些非航空科班出身的事业追求者刻苦钻研相关的设计、制造、认证等工作的知识，他们先后自学了空气动力学、飞行器总体设计、飞机气动设计、飞机结构设计、复合材料结构设计与工艺、复合材料力学、民航规章及飞机型号认证技术，掌握了一些专业设计软件，如翼型设计优化软件XFoil、飞机气动特性分析软件AVL。几位航空院校毕业的骨干在承担飞机气动、强度关键基础技术工作的同时也开始承担主机开发项目。

3. 何清华发展通航的理念

何清华认为，中国的航空产业是从上面也就是从国家层面开始发展的，其优越性不言而喻。但中国要发展数量和品种更庞大、市场化更充分的通用航空产业，就应当借鉴美国航空产业从下面即从民间开始发展的模式，从而在飞行器数量和从业人员数量方面形成金字塔式的结构。这样做，产业形式也随之更

207

市场化，才能快速持续发展中国的通航产业。同时，市场化、多样化的航空产品与技术以及更活跃的通航产业人才才能构成航空人才金字塔更宽广的基底，才会孕育出具有颠覆性的创新人才，从而为中国整个航空产业注入更多的活力。正是基于这样的构想，为了尝试以新模式、新机制发展中国的航空产业，何清华从零开始执着耕耘了十八个年头，尽管从其个人的投入产出来看是严重不对称的。

何清华认为，中国航空产业特别是新兴的通航产业一定要由研发、制造、市场一体化的企业来主导。他认为，改革开放后中国航空国家队仍然采用研发、制造、市场相互分离的独立法人公司来开发产品与技术是造成投入大、见效慢的主要症结。工程机械等民用装备在改革开放前也是这样的模式，但真正进入市场后原有模式很快就自然瓦解了，经过市场的冲击洗礼，无论是国企还是民企，留下来的都是研发、制造、市场紧密联动的优势企业。山河科技的两座与五座飞机是中国通航产业从设计到制造唯一全自主知识产权的碳纤维复合材料现代化通航飞机，为此何清华经常呼吁政府要为新模式的通航企业成为通航产业的主体制订相应的政策。

"不做与别人一样的产品"，这是何清华经常对研发人员说的一句话。山河科技首个产品阿若拉飞机诞生的过程尽管那样艰难，但飞机外观依然获得了工信部海选外观造型十佳中排名第二的荣誉。在大型无人机总体设计时，何清华反复对研发人员说，他不希望有人说山河科技的产品像全球鹰！性能超过日本雅马哈的荷载 100 公斤的飞玥无人直升机变桨机构属于山河科技的专利，外形也是自己特有的。在更大的项目规划中山河科技也越来越凸显自主创新的色彩。何清华力推将国产碳纤维预浸料用于通航飞机的制造。为了同时满足提高性能与降低成本的目的，他提出了一种温压成形工艺，在提高原来手工铺贴工艺的材料性能与效率的同时，相对一般大飞机的高温成形而言，还降低了成形温度与压力。

何清华高度重视试验的重要性，要求研发人员尽量把一些可以在地面模拟的结构强度、可靠性等试验做扎实，他自己也带头提出一些创新性的试验装置与方法。如无人直升机移动式测试平台，两人座轻型飞机强度测试系列平台，通用飞机静强度、疲劳测试通用平台，飞控开发平台，飞控飞行测试平台等，都与他的创新性设计分不开。他建议更多地通过地面测试，确保零部件结构和功能的高可靠性，不带问题上天，极力降低航空产品的开发风险。

筚路蓝缕近二十年的山河科技仍然前行在艰难爬长坡爬陡坡的征途中，但何清华在通用航空领域，带领团队开辟了一条成本更低、效率更高、迅速跟进国际水平、自主性强的创新发展道路。他的理想是，低空开放后，国人驾驶的在祖国蓝天上自由翱翔的飞机都是由中国人自主研制的，而不像中国汽车工业，地上跑的汽车至今还是以国外品牌为主。

第六篇

山河特色的企业管理

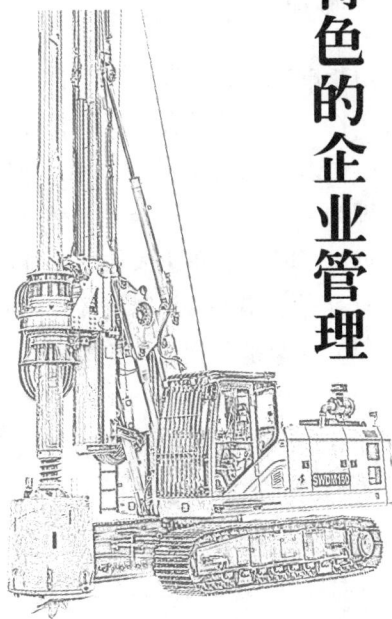

何清华因兴趣结缘机械，因机械创办企业。他凭着自己对企业管理独具匠心的实践，独立思考的所得，独到之处的感悟，积累形成了独具特色的山河管理模式。

一、何清华的管理感悟

无论哪种管理模式，都是管理者的感悟在程式上的应用。山河智能独具特色的管理模式中蕴含的理念大部分来自何清华的感悟。

（一）管理也是一种技术

何清华的"管理也是一种技术"观点和管理大师彼得·德鲁克的观点"管理是一种工作，因此管理有其技能，有其工具，也有其技术"有异曲同工之处。

从科研人员走向企业管理者的何清华在实践中发现，管理也是有"套路"的。管理的重要性不亚于技术，必须克服浮躁，静下心来研究管理，抓好管理。他曾讲过，管理一个高速成长的企业，必须具有高超的技术。

2004年他在获得"紫荆花杯杰出企业家奖"时发言："各种看似繁杂的企业活动实际上都像是一列在预定轨道上行驶的火车，规范且目标明确。要让我们的企业驶上这样一条轨道，让企业各级人员的行为成为一种习惯进而上升为一种文化却非易事！……唯有利用现代科技手段扎扎实实不懈地工作才是尽快做强做大的正道。"

何清华还把他的技术思维运用到管理中，提出"金刚体"模型、"技术营销"理念等，倡导利用信息化手段把管理先规范化，再优化，最后固化。

他提出"分子分母论"。他把公司的综合经营指标用分数来表示：将成本看成分子，将销售额看成分母，分子越小，分母越大，企业的经营效益就会越好。公司的目标是要以较小的投入获取较大的效益。

何清华也承认，管理有的时候还是一门艺术，在某种程度上是一种妥协，这与技术是不一样的。

(二)管理第一，技术第二

"管理第一，技术第二"，这是何清华在山河智能初创时期就提出的观点，后来又得到进一步强化。

何清华认为，"靠技术起家的企业管理者要认识到，创建企业以后，管理是第一位的，技术是第二位的！只有先进的管理才能确保技术的进步"。何清华把管理上升到了哲学的高度来认识，形成了自己的"管理与技术的辩证法"。

何清华认为，技术是有时效性的，没有一流的管理，领先的技术就会退化；有一流的管理，即使技术二流也会进步。企业摆脱对技术的依赖、对资本的依赖、对人才的依赖，走向"自由王国"的关键是管理。通过有效的管理构建起一个平台，将技术、人才和资金发挥出最大的潜能。

何清华"管理第一，技术第二"的观点，强调了企业管理的重要性，特别是对科研技术出身的企业掌门人具有启示作用。

(三)信息化管理克服人性的弱点

何清华认为："人性是有弱点的，比如管理上不愿意共享，希望有自己的小地盘，等等。而信息化平台可以将企业的工作都放在一个透明规范的平台上，人性的一些弱点就自然被克服了。"

山河智能从成长初期就重视信息化工具的使用，注意克服人性的弱点，避免人情化和主观意识，以实现科学化的管理。以技术为例，早期，有的研发人员就不喜欢把自己画的图纸或写的报告共享给其他人员，总喜欢藏着掖着，一旦他们离职，还对公司造成较大损失。后来山河智能启用 PDM/PLM/RPM 系统，就完全克服了这方面的弊端，研发时不仅公开透明，还可协同设计，促进了知识积累与沉淀。

但是在早期，推行信息化的阻力是很大的，相当于"破除个人习惯，树立组织行为习惯"。何清华对信息化工作实施"一把手工程"，从公司级一把手到各部门、各小组一把手，层层推动，终于建立了山河信息化体系，为大运营、大制造、大营销提供了强有力的支持。

（四）好的产品来自企业高水平的体系

"一个好的产品，一定是来自在技术、制造、管理上都达到高水平的体系，缺一不可。"

这个观点类似于"短板理论"，是山河历史经验的总结。早期校企合作期间，再好的设计，没有制造的支持，也难变成产品，更谈不上精品；制造方面，如果效率太低，质量太差，成本太高，也难为社会接受，难以成为商品；而管理就是整合资源的能力，如果不能达到一个和谐的状态，最后也将是捉襟见肘，"拆掉东墙补西墙"。

相对来说，山河智能的技术创新能力比较突出，而市场地位与技术地位不太匹配，所以何清华多次提出"要将技术优势转化为市场优势"，山河智能的质量方针是"四精"——精准设计，精益制造，精心服务，精细管理。

（五）技术型创始人是创新资源的整合者

"企业创始人实际上是扮演一个资源整合者的角色，其中技术型的创始人更是创新资源的整合者。"

企业家是社会经济宝贵的稀缺资源，对资源整合起到不可或缺的作用，其个人的素质和价值取向对构建以企业为主体的自主创新至关重要。国外，很多成功企业的创始人都是行业专家，如日本的松下幸之助、美国的比尔·盖茨等。

山河智能之所以通过二十年的努力，取得突出的成绩，掌门人是关键。何清华作为中南大学教授，山河智能董事长、首席专家，在创办、领导企业的路上走得比较顺畅，得益于其对企业创新资源高度的整合能力，这种能力源于丰富的人生阅历、良好的综合素质、强烈的事业追求和对技术与管理关系的把握。专业上，他是业内行家，对技术有着广博和深刻的了解，不仅能把握发展的前沿趋势，更擅长理论与实践的结合，身体力行解决技术和工艺的难题，是让人心悦诚服的技术权威和领军人物。思想上，他对创新有着天生的敏感和执着。他提出了"企业创新资源"这个概念，把专职技术人员甚至生产一线的骨干技术工人都视为构建公司创新体系不可或缺的力量，在这一点上山河智能就比一般企业拥有更多的创新资源。

山河智能还坚持不唯文凭论，不搞"师生店""家族店"，从一线工人到技术与管理人员，皆以能力与品德立足；他提倡任人唯贤，用人原则为"五重"，即重事业驱动、重团队精神、重实际能力、重开拓进取、重工作绩效。某西欧代理商曾说："我们与山河智能合作，首先是被它的产品所吸引，觉得非常不错；但是到山河智能考察，觉得比产品更吸引人的是它的团队，一个非常专业、团结的团队……何清华董事长在山河智能发展过程中起着非常重要的作用，可以说，没有他就没有今天的山河智能，就没有我们之间的合作。他对山河智能、对我们都是不可或缺的。"

二、源于实践的战略思考

（一）发展战略"一点三线"

2016 年 2 月，春节前夕，春寒料峭，春意萌动，山河智能每年一度的经营大会即将召开。这一次会议非比寻常。

工程机械行业自 2012 年以来持续下探，丝毫没有见底的迹象。2015 年大家普遍感觉到了寒流，并且是"三九"之寒，发展有着"断崖式"的停滞。环视行业，哀鸿遍野。据统计，受四万亿投资拉动一股脑而上的那些小型工程机械企业纷纷倒闭，那些投入巨资跨界而来的企业大佬也默默收拾行囊准备离开。一些大型工程机械企业此时压缩生产规模，大规模地裁员，由此引发了一起起的事件。

那几年，山河智能也是身陷其中，难以独善其身。公司 2015 年账单已经出来了，营业额还不到 2011 年高峰时期的一半，并且净利润为负，这是公司创立以来的第一次。再加上公司业务铺得较宽、战线较长，资金供应捉襟见肘。

针对这些问题，在 2015 年底，何清华早早就想好了来年的工作主题——强信心、深反思、定战略，以高度的责任感与紧迫感拓展数年来的工作成果；并且，在年终会议上所作报告的核心内容也由他亲自撰写。

事后回头来看，这次会议的重要性，堪比山河发展进程中的"遵义会议"，这是一次力挽狂澜的会议，也是团结一致向前看的会议。

这一年，对于山河智能和何清华来说，具有特别意义："我们经过了时代的洗礼和历练，在风雨中成长，在挫折中前进。"

也就是在这次会议上，何清华首次提出了"一点三线"发展战略。

"一点"就是聚焦装备制造。

制造业是国民经济的主体，是立国之本，制造业的核心是装备制造业，装备制造业是工业化的根本保证。山河智能的愿景是"做装备制造领域世界价值的创造者"，坚定不移地守住这个"点"。

"三线"就是发展工程装备、特种装备、航空装备。

这"三线"确定了山河智能立足装备制造领域，走专业化、精品化、差异化发展道路，并且提出了近期目标要求。

工程装备：

● 地下工程装备：液压静力压桩机，遥遥领先；旋挖钻机与双动力头钻机突击龙头地位；桩架、盾构机等其他创新产品体现多维贡献力。

● 凿岩设备：夺回市场龙头地位。

● 挖掘机械：挖掘机械整体进入前八，小微挖进入前四。

特种装备：工程兵第一，进入其他军种，成为军民融合骨干企业。

航空设备：业务拓展，海外并购，企业上市。

行业调整的这五年，也是何清华思考的五年。"我们正处在由行业高速发展向理性发展的转型时期。"在一次讲话中，他这样提醒山河智能管理团队。"一点三线"发展战略的提出，是何清华深思熟虑的结果。它标志着山河智能战略的调整、业务思路的成熟、产业方向的确立，也标志着新的发展开始，所以何清华在2015年的年终会议上还提出了"二次创业"的口号。

这个战略也让有些不知内情的人感到惊讶："山河智能不是生产挖掘机吗？怎么搞起了飞机、装甲车？"其实，"个中人"却认为这是水到渠成的事，用何清华的话来说就是"特种装备和航空装备，我们在这两个领域投入了十多年"。

（二）战略原则"效益优先、员工共赢"

员工与企业的关系定位一直是所有企业管理者思考的问题。

计划经济时期，"人民当家作主"的确有它的价值与意义，但旱涝保收的"大锅饭""铁饭碗"机制滋生了员工的惰性，导致传统国企在市场经济大潮中失去了活力。改革开放后民营企业迅速崛起，并逐渐成为中国的经济主体，企业用工以招聘为主，这种用人方式多变、不稳定，员工们没有归属感。

2012年至2016年上半年，工程机械企业大洗牌。这次大洗牌的"副产品"之一就是裁员，小企业直接关门走人，大型企业成千上万地裁员，有的企业裁员幅度达到了 70%～80%。而山河智能此时不仅没有大幅裁员，反而趁这个机会引进了一些优秀的技术与管理人员，这些人员日后成长为山河智能的业务骨干。

这是山河智能的一个特色，也是何清华对员工与企业关系深层次思考的结果。平常，他就注意到，员工与企业所思考的不在一个出发点上，没有做到同频共振。有一段时期，山河智能员工存在着两个突出的问题：一是个人职业化发展不明晰，一切向"钱"看，没有向"前"看；二是对公司不信任，公司发展事不关己。譬如制造体系的员工，大部分是以件计酬，到当月做到了大概八千元的工资时就不想干了，也不管公司营销需求的紧急程度（以前的分配体制是多干了也拿不到，用于任务不紧时的预提留）；而营销体系的员工，不太关心成交条件，只想把产品卖出去，自己先拿到一部分提成再说，也不管货款能否全部收回来。

正是利益观的差异，导致了员工与企业目标追求的差异。这次行业大调整也给了企业调整员工关系的一次机会。

何清华结合山河智能的实际，终于在 2016 年度经营会议上正式提出了自己的观点，他特别郑重地诠释了山河智能的战略原则。

一是效益优先。尽管企业的效益有多维性，但经济效益即企业必须有利润与现金流是企业存在的基础，有了这个基础才能谈其他效益。盈利能力是企业经营效益与企业实力强弱的真实表达。山河智能成立以来盈利变化情况的严峻事实表明，企业必须实实在在地将经营效益放在最优先的位置来考虑，特别是在强调理性发展的新常态下更应如此。山河智能成立以来一直重视企业的经营效益，但是行业调整近五年来，效益越来越差，其中尽管有宏观大环境的强势影响，但主要还是企业自身的理念与管理出了问题，说明以"效益优先"的企业经营理念推进的阻力非同一般，还得采取更有效、更强硬的措施，让"效益优先"扎根落实到每位员工特别是每位干部的头脑与行动之中，为此必须建立相关的长效机制。

二是员工共赢。员工与企业共赢列入企业的战略原则，但它不是"大锅饭式"的或慈善式的模式所能实现的。日本"经营之神"稻盛和夫的全员参与的阿米巴经营模式无疑是值得推崇的，尤其在日本这种以年功工资为核心的薪酬制度下其发挥的效果会更佳。山河智能推出的"经营体"模式也是全员参与企业经营的理念，但它与阿米巴经营模式最大的不同是员工与企业共享"经营体"的

效益。员工不仅可以获得更多的经济效益，而且成本意识、管理能力等的提升将使他终身受益。所以要将经营体视为实现员工与企业共赢战略的有效载体积极推进。

当这两个战略原则提出后，也有一些人问，"员工共赢"之外是否还要考虑"股东与社会多赢"？何清华明确指出，企业的发展肯定是要多赢的，但这里主要强调员工与企业的关系：相辅相成、双赢发展。

在"效益优先、员工共赢"战略原则的指引下，何清华在山河智能进行了更深入的实践，主要有以下几个方面。

1. 四个"共同体"

何清华认为，针对员工与企业利益，必须求得最大"公约数"，让员工和企业结成共同体——精神共同体、命运共同体、目标共同体、利益共同体。

精神共同体，即不仅员工与企业立足于"共同理想"这个精神基础，还要把员工集合在爱国主义的旗帜下，激发员工焕发出振兴民族产业的成就感、自豪感，从而在精神上实现个人—企业—社会的升华。

命运共同体，即确立企业与员工共患难、同进退的理念。在这一点上，山河智能已取得了实质性的进展。在行业大调整时期山河智能没有大幅裁员，传递了"同进退"的强烈信号。实践证明，"命运共同体"得到了员工的认同。有的员工在公司成立二十周年征文集《山河智能，我的家》中写道："有一种感情，叫相濡以沫共患难；有一种默契，叫心有灵犀一点通；有一种责任，叫唇齿相依同进退；有一种自豪，叫并肩携手共成长。""公司的发展与员工的命运息息相关，如果公司是乘风破浪的巨轮，我们每个人都是船员，只有真正把自己的命运融入公司兴衰中，才能全心全力地工作，实现自身最大的价值。"

目标共同体，即企业需要强大，员工需要幸福。"只有把企业当成家，才能在梦想的道路上与企业的方向一致。"在这一点上，山河智能及其员工确实做到了共同成长。在公司，有出身农民工的全国人大代表，有四位省部级以上劳动模范，更多的人从普通工人成长为管理骨干、技术人员。女焊工周志红在山河智能与铁屑、弧光、焊丝相伴近二十年，她不仅被评为公司劳模，还在2014年的长沙经开区焊工比武中取得了第一名的成绩。品管部的周辉初到山河智能时只有16岁，曾被何清华"怀疑"是童工，二十年过去了，他成了公司品质管理的负责人。

利益共同体，即企业与员工共同享受发展红利。随着企业效益的增加而增加员工的工资收入、福利等。2018 年，"平均月薪较 2015 年增长 50% 以上""人均年福利支出约两万元"。2018 年底，公司还实行了骨干员工股权激励，员工可以按企业合伙人的模式，参与并共享发展成果。

2. 工资协商制度

一般在民营企业中，尤其是在企业发展的早期阶段，许多员工把自己定位为打工者，"我出劳动力，老板给钱"。何清华一直想改变这种"纯粹劳动力买卖"的关系，提出了"山河家园"的概念，推行"经营体"模式，协商考核，多劳者多得、技高者多得。

在民营企业，职工方可以与企业方协商工资？

山河智能不仅回答可以，而且在 2015 年就行动了。何清华对此的要求是以"双方满意，相互体谅"为标准。自 2012 年开始，随着国家基础建设投入的放缓，工程机械行业发展进入了"冬季"。到 2015 年，行业发展几乎到了"冰点"。为了降耗增效，公司人力资源部与工会主席张爱民沟通，提出在"更新"当年绩效考核管理办法时收入能不能考虑"下"的问题。

通过与职工交流谈心，工会主席张爱民发现职工也很理解当时企业的处境。最终，工会和行政方商议"抱团取暖"，保证月薪低者收入不变或略有提高，月薪高者收入"考核打折"。《绩效考核管理办法》签订时，有一幕让张爱民至今回忆起来仍然印象深刻，"签完新的薪酬办法后，当时的陈刚总经理起身，给职工方代表们深鞠一躬"。

这之后，山河智能形成了一套"能上能下"的工资集体协商制度：将工资与企业效益挂钩，效益好时，收入要"上"，但也允许在效益下滑时收入能"下"。

2018 年，山河智能的发展迎来了丰收季，营业收入同比增长 45.73%，利润同比增长 165.33%。在当年的"双代会"上，何清华表示，"我们要让广大员工认识到经营管理层的决心：在产业爬坡过坎的关键时刻，公司上下只有通过共同努力，才能助推公司经营目标的完成，才能将山河这个大家庭打造成一个奋斗的平台、一个干事创新的新平台"。会上，人力资源部与工会代表围绕工资、女职工权益保护等进行了集体协商，最后确定年内工资增长 8% 以上、提高体检标准 50%、为一线员工购置午休折叠床等。

2018 年，山河智能被评为长沙职代会和工资集体协商示范企业，排在湖南

省总工会典型交流材料第一位。同年，工会主席张爱民被选为中国工会十七大代表。他在接受《工人日报》的采访时说："山河智能企业创始人何清华为中南大学教授，素养很高，关心员工疾苦，支持工会工作。公司的战略原则是'效益优先、员工共赢'，这也是工资集体协商的基本原则。工资集体协商既要讲究合法合规性，也要立足企业实际，讲究合理性，只有这样，才能达成和谐劳动关系。和则两利，和则长远。"

3. 股票激励机制

有一件事，在行业内反响热烈：山河智能于 2018 年 12 月 2 日召开第六届董事会第二十四次会议，审议通过了《关于公司〈2018 年限制性股票激励计划（草案）〉及其摘要的议案》等，于 2018 年 12 月 3 日公告了《2018 年限制性股票激励计划（草案）》。

局外人看到这种"公文"可能摸不着头脑，但山河智能的员工却非常明白，这其实是一种依法进行的内部股票奖励。不久，山河智能发布了 2018 年限制性股票激励计划拟授予激励对象名单，一共 584 人，共授予 3243 万股限制性股票，他们"均为公司或公司控股子公司高级管理人员、中层管理人员、核心技术人员及业务骨干"。激励条件为：第一个解除限售期，以 2017 年营业收入为基数，2019 年营业收入增长率不低于 47%；第二个解除限售期，以 2017 年营业收入为基数，2020 年营业收入增长率不低于 62%。这个激励，意味着昔日的"打工仔"成了公司股东，公司与员工已经"一体化"，员工从为老板干活变成了为自己干活。

通过这个举措，企业与员工结成"共同体"，以合力推动企业发展，员工共同享受发展红利。2020 年 6 月，第一期解除限售成功实现。

4. 共建山河家园

相比其他机制，"共建山河家园"作为一种综合性的人文关怀，主要体现在物质层面，员工的获得感、存在感也随之增强。

何清华在部署 2019 年度工作时提出："让员工特别是制造体系的员工'体面地工作'是一项系统工程，今年一定要正式启动。这项工作包括两个重要方面，一是要通过启发、培训与督导使员工懂得什么是体面地工作，包括个人仪容的清洁、整洁等。二是要设法改善员工的工作环境，特别是制造体系的工作条件，要设法改善硬件条件，消除现场粗笨、肮脏、危险的作业。"

他还要求："今明两年，我们还要进一步打造'爱心山河'福利体系，建设员工活动中心，打造绿色健康的智慧化食堂，使所有山河人在山河大家园中真正实现'快乐工作，健康生活'！公司的党工团盟要在山河家园的建设过程中发挥核心作用，也期盼大家为山河家园建设积极建言献策。"

2018年3月，何清华在接受记者采访时说到了山河智能2017年业绩大幅增长的内外因，其中重要的一条就是队伍的稳定。他说："在低迷时期，我们保证了骨干队伍的稳定，对骨干员工完全没有裁员，且在低迷时期我们骨干员工的工资也有增长，体现了山河是一家有担当的企业，为国家、为员工做出了应有的贡献。"

2019年前后，按照何清华的要求，山河爱心超市、员工活动中心、餐饮中心等相继建成，全员平均工资超过8000元/月，年薪超过10万元，这对作为内陆城市长沙的制造类企业来说，应该处于中等偏上的水平，员工的幸福指数大幅提高。

"家"的感觉非常重要！正是因为有了企业对员工的这种担当，也就有了员工的奉献。2019年，山河智能实现总营收74.27亿元，达到历史最高点，同比增长29.05%；归母净利润5.03亿元，净利润达到5.17亿元，同比增长12.31%；经营性净现金流突破7亿元，实现7.37亿元，同比增长12.9%。

在此基础上，何清华进一步号召大家，"要上下一条心、拧成一股绳，实现三年大增长，向着年收入200亿元的目标奋进"。

5. 以人为本

关于以人为本，首先体现在何清华的以身作则上，再体现在他的推己及人上。

与何清华打过交道的人，都有一个印象：生活简朴，为人谦逊。在公司内部，大家都叫他"何老师"，而不是"何总"或"董事长"，他在公司有一种难以名状的亲和力。观沙岭时期，经常看到这样一道风景：他的车上经常搭乘着顺路的普通员工。大家打趣道：董事长亲自开车送员工上下班。虽然这只是一句普通的说笑，但从中可看出何老师在大家心目中的人格魅力。他也喜欢大家叫他"老师"。他身为老师，决不唯文凭至上，强调的是能力和品德。他多次强调："知识分子，并不是高文凭、高学历，而是拥有知识的人。"

何清华的生活非常简朴，他不抽烟、不喝酒、不打牌，每天除了工作还是工作。公司的办公室也是他的休息室，一般情况下，他吃住都在公司。本来，何清华可以尽情享受通过奋斗得来的物质生活，但他没有这样做。至今，他开的是国产车（哈弗 H8），用的是华为手机。2018 年在长沙世纪金源酒店举办公司年会，大堂保安看到何清华本人，不由感叹"这才是真正的老板"。置身于现代物欲横流的社会，他却能出淤泥而不染，在公司上下树立了一面人性的旗帜。

廉洁自律方面，何清华更是为人师表。在公司内部，他提出"公正、廉洁、勤奋、激情、大度"的职业作风，并身体力行。用他自己的话说"公司那么多签约酒店，我都没有任何签字权"。有的时候，如果菜点多了，在没有贵宾的情况下，他还会安排人把剩菜打包带回去。连公司食堂包厢的服务员都说："他们二老（指何清华与顾问易宇欣）真的很注意节约，见不得浪费。"公司发展了，他始终鼓励员工提高职业化水平，依靠"经营体"平台，通过诚实劳动，实现个人价值。他倡导公序良俗，曾站在高堂（人民大会堂）之上呼吁"奢靡之风不可长"；他针砭时弊，提醒"生于忧患、死于安乐"，要求建章立制，齐抓共管。

何清华的宽容大度与慈爱之心，可以用大海来比喻，并且人们离他越近、与他相处时间越长，越是体会深刻：不管涓涓细流还是奔腾大江，不管清清碧水还是浊浊黄河，都归于大海，并在大海中得到沉淀和净化。他具有这种清污祛垢、厚德载物的胸怀。

他关心当年一同上山下乡的知青们，虽然时光已过去五十余年，但始终不曾忘记他们，他每年向湘知公益基金捐赠就是为了帮助有困难的人，逢年过节的时候还在惦记他们……用何清华自己的话说，"这些人真的不容易，都已经七十好几了，留下的时间也不多了，希望他们过个无忧的晚年"。

对公司员工，何清华更是关心至深。2018 年初夏的一天，他吃了午饭后到车间转一转，发现很多员工用纸板睡在地上、铁板上、机器旁。他拍了很多照片，发给工会领导，要求整改。后来公司规定，只要是一线员工，全部配发折叠午休床。这个举措十分温暖人心。许多新员工在座谈会上都称赞山河智能很有人情味。

至于人文关怀，何清华在每年的年度报告中，都要承诺做几件实事，譬如2020 年，提出"通过智能化食堂、爱心超市、活动中心、宜居、洁衣、洁车、捷行等七个行动全面构建员工能感同身受的'员工家园'，让员工更体面地生活，提高员工获得感，让'山河家园'实实在在成为全体员工事业与命运的共同体！"

（三）管理建模"金刚体"

"金刚体"模型第一次与大家见面是在何清华 2016 年经营工作报告中所说的"构建并夯实支撑企业发展的金刚体"。"金刚体"模型结构如下。

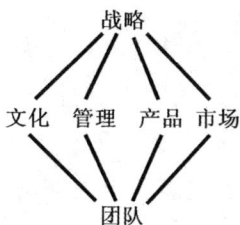

```
            战略

  文化  管理  产品  市场

            团队
```

这个模型充分展现了何清华的技术思维。他根据山河管理现状，对这个模型进行了详细说明。他说，"金刚体"结构非常稳固，由企业发展核心元素组成，也寄托着他对企业发展"历久弥坚"境界的向往。

处于模型乾位的是"战略"，表示"一点三线"等战略目标要高调宣贯、高举高打、层层落实、经常督导。回顾山河的发展，公司在战略上经常是"先知先觉"，战略上的正确赢得了同行的羡慕与社会的尊重。但同时也要看到，过去对战略也缺少笃定不放和"死磕到底"的精神，所以也失去了一些机会。

处于模型坤位的是"团队"，它以管理干部为核心，是企业发展的源头与基石，也凸显了企业"以人为本"的理念，就像"企"字的构成一样，没有"人"，"企"就变成了"止"。企业的发展离不开员工，没有称职干部管理的各种团队就如同散沙，是支撑不了山河智能这个高楼大厦的。山河智能团队建设成效较大，但与不少优秀企业相比差距也不小，特别是重要管理干部的建设差距更大。

模型的中间是"文化、管理、产品、市场"四个要素，它们顶天立地、承上启下。何清华分析，山河的文化与产品（技术）得到了不错的认同，但管理（特别是分公司、子公司管理）与市场这两根支柱为相对"短板"。

根据这个模型，何清华进一步分析并提出了山河的"三个自信"：文化自信、技术自信、团队自信。

2016 年初，经过长达五年持续下滑，工程机械行业与山河智能处于发展的最低谷，"道路向何处去？"有的人选择了坚守，有的人选择了退却，有的人还在观望。何清华也在思考。在会上，他说，山河经过十六年的发展积淀，特别

是这两年面对严峻的外部市场环境，在管理变革、团队建设、市场开拓、技术创新、企业文化五个方面展开了一系列深入细致的工作，取得了不错的阶段性成果。尽管公司面临诸多困难，但还是可以坚持"三个自信"。他郑重地向全体员工宣告，山河的选择是清晰而确定的——

山河智能的主业工程装备将继续坚持做大做强，不会整体业务转型；特种装备已有近十年的积淀，借助"军民融合"的国家战略将进入快速发展时期；航空装备早在公司初创不久就开始介入，历经十多年不懈努力，业绩已蜚声中外，随着国家低空开放的实质性进展将有更美好的前景。面对山河的"一点三线"发展战略，山河智能的供应商、代理商以及每一位山河员工都要参与这个战略之中。

"金刚体"管理模型的提出，既反映了何清华作为一个"理工"学者的目光和思维，也显示了他身为企业管理者的深思熟虑。在公司发展中，有了这个管理模型，就可以目标明确地检视"金刚体构件"的工作状态，取长补短，查漏补缺。

三、与时俱进的集团管控

（一）山河管理发展沿革

企业在时代大潮的裹挟中前进，与时俱进，适时宜也。何清华一直在探索山河智能特色的管理模式，在不同的"风口期"，采取了不同的策略。

1. 扁平集中

在山河智能创立的前十年，即 1999—2009 年，实施的是扁平化管理。那个时候层级少，以部门制为主，便于目视化管理与集中管控。目视化管理的特点是层次少、决策快、反应快、效率高。举个例子，"老山河"们应该都记得"全员周早会"。那个时候，每周一的早上，全体员工分部门按划好的区域站在一起（迟到的员工要站在最边上的"迟到区"），会议由公司领导亲自主持，主要内容为上周情况通报及本周重点工作，像制造/技术/营销情况、人事任命、奖惩通报、管理制度、董事长讲话等，员工尤其是一线员工能够直接感受到公司高层的想法与意图，也知道公司发生了什么大事。"全员周早会"是扁平化管理的典型代表。后来由于员工越来越多，受场地等客观条件的限制，"全员周早会"在2006年就取消了，改为以部门为主的周例会或者事业部"早餐会"等形式。"全员周早会"这个模式还是很受基层员工的欢迎的。多年以后，有一位离职的老员工见到何清华，讲起这段往事，还充满了眷恋。他还说，后来山河越来越大了，领导也难得见到一面，公司发生什么大事，有的员工还真的不知道。

这种扁平化管理在小规模、小体量的阶段非常奏效，但企业发展到一定规模，特别是有着质的飞跃后，管理模式的变革势在必行。

2."三位一体"

2010年前后，工程机械行业非常火爆。火爆到什么程度？连做酒的（五粮液）、造船的（熔盛重工）、做家电的（美的）、做纺织的（恒天集团）等都加入了这个"捞金"行列，2011年行业达到当时的阶段性顶峰。在这种环境下，山河智能高速增长，做大的欲望也很强烈。为此，开始探索管理新模式，"三位一体"全事业部模式呼之欲出。

山河智能推行管理重心下移，设立了桩工机械、挖掘机、凿岩设备、工业车辆四大事业部，实行"三位一体"机制，即各事业部集制造、研发、营销三大功能于一体，运营基本上自成体系。采用"三位一体"的优点，一是权力下放，增加了基层的活力；二是可以快速响应市场需要；三是加强了信息互通，增强了研发部门的市场意识；四是锻炼了一批干部。

有利亦有弊，"三位一体"体制在增加企业活力方面体现了其优势，但也显示了其不足。加之遇上了一个特殊时期——中国工程机械行业由火爆开始"沉底"，也就放大了这种不足，或者说在实施过程中也暴露出其弱点，产生了一些问题，主要表现为：一是局部失控，各行其是，有"诸侯化"趋势。各事业部有相对的自主生产、经营权力，总部的控制权相应地减弱了。譬如说，行业竞争加剧，事业部为了完成销售指标，不考虑回款要求，将一些产品"低首付""零首付"发货，导致后来公司有上亿元的应收款拖延好几年，不得不坏账计提，有的还成为烂账。二是机构设置臃肿，办事效率低，与行业下滑期公司降本增效的举措产生矛盾。

后来，何清华反思了这种体制。他认为，"三位一体"模式，管理重心下

沉，决策层前移，"让听得见前线炮声的人决策"是其长处，但是在实行这一体制过程中存在着集团管控弱化的问题。"三位一体"机制的推行，干部队伍是关键，素质要跟得上企业发展；成熟的体制也很重要，要求有一套可以复制拷贝的管理体系。如果这两点做不到，会造成人员无所适从、管控失度的现象。

3. "大运营"

2014 年，为了应对"断崖式"下滑的外部环境，以及整顿内部"诸侯化"的发展趋势，何清华经过考虑，果断提出"大运营、精模块"管控模式。他解释，"大运营"的基础是各模块间、各模块内部子板块间以及各子公司间的信息、资源共享，形成大计划、大调度、大平台、大数据的运营格局。"大运营"的管理工具是信息化手段在各模块、各管理层面中的充分应用。"精模块"指的是实现公司营销、研发、制造三大模块的精耕细作。分模块管理可减小管理者工作的幅度与难度，有利于模块工作的专业化、精细化、高效化。

这个"大运营"模式产生的效果显而易见，尤其是从 2016 年下半年开始，迎来了行业发展的又一轮高潮，山河智能乘势而上，实现了五年（2015—2019 年）增长五倍的殊绩。何清华回忆，这种减小管理幅度、扁平管理架构、精细管理流程、实现资源高度共享的管理运营模式，在行业长时间低迷时期发挥了极其重要的作用，为最近几年的快速健康增长、创造公司历史上的业绩新高峰奠定了坚实的基础。

4. 事业部

进入 2020 年，公司已进入一个"大增长"的全新发展阶段，过度集中的管理已不能适应快速响应市场需求的发展要求，管理重心下移势在必行。加上多年来干部队伍的成长已奠定了一定的人才基础，准事业部模式应运而生。准事业部班子成员经过一段时间锤炼，再成立真正的事业部。

这是在对"三位一体"和"大运营"各自优劣势总结基础上的管理创新，是几大共享平台支持下的事业部制，既能充分调动事业部研发、制造、营销快速聚焦市场的主观能动性，形成工作合力，又能充分发挥营销中心、制造中心、技术中心三大共享平台和财务运营、人力资源、信息化等职能模块服务一线、监控过程的作用，确保公司利益最大化，运营政令畅通。

（二）微观上经营体

1. 理念的提出

有句古训"天下难事，必作于易；天下大事，必作于细"。大企业必须化小，管理必工于细节。这是很多企业家一直都在探索的问题。

日本的"经营之神"稻盛和夫创造了阿米巴经营模式。所谓"阿米巴"（Amoeba），在拉丁语中是指单个原生体，即"变形虫"的意思。这种生物由于其极强的适应能力，在地球上存在了几十亿年，是地球上最古老、最具生命力和延续性的生物体。所谓阿米巴经营概念，就是以各个"阿米巴"的领导为核心，让其自行制订各自的计划，并依靠全体成员的智慧和努力来完成目标。通过这种做法，让每一位员工都能成为主角，主动参与经营，进而实现"全员参与经营"。阿米巴经营模式使企业内部成为相对独立的经营单元，通过文化的力量让所有员工参加经营，创造价值，走向成功。可以说，这一模式激活了企业中的每个"细胞"，凝聚成企业发展的磅礴力量。稻盛和夫创立的京瓷公司、第二电信公司，均位列世界五百强，并且他还在近八十岁高龄之际接管了巨亏的日本航空公司，仅一多年就扭亏为盈，其中，阿米巴经营理念功不可没。自然，这一经营模式启发了何清华。

何清华在2015年经营工作会议上，正式提出了"经营体"这一概念，并将其视为实现"员工共赢"战略的载体。他要求，"'构建经营体'是年度工作的重中之重。要求将集团公司这个大经营体，层层分解为若干个小经营体，以利润（率）、人均效能等为管控目标，采用倒逼机制，成本、费用与个人绩效逐级分解挂钩，让'直接听到炮声'的一线管理者对'市场'及时响应，促使各基层单元主动聚焦市场、聚焦效益，形成人人控制成本、人人创造效益的新运营格局"。

2015年6月24日山河智能召开经营体运营启动会议，何清华说："为什么我们要学习阿米巴经营模式？第一，山河目前组织架构的变更刚刚告一段落，动作变化太大。第二，现在我们生产模式的离散度很大，将来可以形成相对标准化的作业。"以"激励全体员工为了公司的发展而齐心协力地参与经营"的阿米巴经营模式，与山河智能当时的状况相匹配。

"经营体是一个发展潮流。许多大企业遇到的困难更大，但它们也在把企业化小，向小微方向发展。""华为是一个国际性的公司，它的竞争对手都是世

界级的顶尖高手,我们不得不佩服它。它不搞上市,坚持员工共同持股,分享利润。我认为我们公司的经营体模式,就是要做到让员工分享企业的利润,而不是简单拿提成。"

2. 经营体管控

何清华对经营体的具体描述是"经营体有几个典型特征与要求:①明确目标。要求在保证公司总体经营目标的前提下,完成各级经营体目标的分解,将总体目标分解到每个组织、每个人、每道流程。②平台管控。经营体不是管理者一包了之的大包干,而是相应管理大平台承担各项日常基础管理工作,让经营体管理者全力聚焦主要经营任务。"

他说:"经营体跟原来'三位一体'事业部制的独立经营单元是有区别的,我们强调的是在平台管理下的经营体,不是原来的经营单元的模式。

"进入互联网时代,管理本身就是一个利用互联网的信息化的手段,完全可以实施企业管理的高度扁平化,可以把大量的基础性工作交由平台来完成。如果每个经营体依然按照原来事业部的模式搞,各有一套班子,可能又会出现极大程度上的资源被重复占用。

"我们的经营体可以分为营销类的、制造类的、研发类的。职能部门也可以认为是一种服务类的经营体。每个经营体下面还可以分二级、三级经营体去覆盖。"

何清华设计、成立的经营体管理小组是经营体有效运作的保障。运营中心以财务运营部和人力资源部为主,从年度经营计划指标的分解开始,全年对各经营体运行质量进行分析、监控、提醒,在年终决算时确保奖惩的兑现。近几年,山河智能每年都要举行一次别开生面的会议:年度目标责任状签订大会。会上,主要经营体的负责人都要与分管公司领导签订目标责任状,会议隆重而庄严,仪式感很强。

经营体的实行起到了立竿见影的效果。譬如,过去对一些业绩好的部门采取打折的办法,搞所谓的"平衡",挫伤了这批人的积极性。推行经营体体制后,运营中心确保承诺的兑现。2017年,公司与销售总公司签订了目标合同,奖金共计300多万元。在兑现过程中,有人提出大环境"利好"的因素要考虑,何清华坚决支持运营中心严格按合同办事。这一"商鞅徙木立信"的举动,在山河智能引起了强烈反响。在制造体系推行经营体也产生了良好效果,如旋挖钻机的生产，前几年下计划时，制造方面的负责人总是说只能每月生产25台，经营体推行后，在不大量增加人员的条件下，每月生产了60~80台，有时甚至是100台；员工们的工资平均也都在1万元以上，并且按件计酬，上不封顶，大家的干劲更足了，2018年、2019年连续两年的大年初三，许多人都来加班了。

3. 经营体的核心是"人均效能"

在实施经营体过程中，有一个重要概念，即"人均效能"。何清华认为："人均效能是一个相对概念，与标杆企业进行对比，不仅要看绝对的'大'与'小'，更要看相对的'强'与'弱'。未来工程机械企业的发展方向之一就是'专注细分领域，品牌差异化'，从'规模化'向'精细化'转变，逐步淘汰缺乏核心竞争力的实体。

"人均效能的指标量化，为我们开展经营体、大运营管理提供了很好的基础。这些指标不仅可以横向比较来知道个体差别，也可以自身纵向比较来知道是进步还是退步。

"员工要涨工资，公司要降成本，这并非一个矛盾体，只要提高人均效能——工作效率，涨工资与降成本可以同时实现，企业高效益、员工高待遇是可以实现的双赢。

"经营体概念的提出，进一步将员工的利益和企业的效益紧紧地连接在一起。"

譬如，营销人员的工资提高后，导致销售收入增加更多，"万元销售收入工资含量"就会降低，达到了双赢效果。制造体系也差不多，一线工人的工资增长，导致工业增加值涨幅更大，"万元工业增加值工资含量"就会将低，员工与企业都感到高兴。

4. 经营体形成山河的管理特色

实践证明，经营体是推动山河管理不断走向成熟的重要因素。

其一，经营体为企业效益提升奠定坚实的基础。经营目标与平台管控的分离，使全公司的运行顺畅了，经营单元和管理部门各司其职，分工明晰。经营单元与绩效直接挂钩，可以充分地释放活力；管理部门按"关键数据"进行考核，从宏观上"管住"。因此，何清华认为："经营体的管理模式是我们山河的一个特色，实践证明是当前状态下一种有效的、很好的管理模式。"

其二，推行"经营体"的另一个重要管理目标是培养干部。经营体模式赋予了经营体负责人的责任。经营体的负责人既要肩负"创利"的使命，也要对企业尽心尽责。而这样的岗位正好淬炼骨干。因此，何清华明确要求："要用经营体培养干部。经营体不但要让责任干部获得更多的经济利益，还要让责任干部的成本意识、经营能力等综合能力获得实实在在的提升，并使他终身受益。""这也是公司发现培养后备干部的重要途径。责任干部要让自己的团队深刻认识到自身的成长、个人收益的保障一定是通过共享经营体的健康发展来实现。所以说经营体也是大家的命运共同体，只有不断提升经营体团队的综合素质特别是培育经营体意识才能保证命运共同体的良性发展。"

何清华在2019年度经营工作报告中进一步要求，"今年对已经成长起来的经营体，在制订与利润、现金流等主要财务指标等价的目标的同时，授予相应的经营管理权，在分配上充分显示出'效益优先、员工共赢'的战略原则。只有通过这种良性发展的经营体层层把关，才能使公司的经营质量可靠改善提升，逐步形成可复制的经营体管理模式"。因此，何清华要求将经营体做深做细，发扬光大。

（三）"三统一"原则

关于统一意志，何清华始终强调这一点，特别是"三位一体"期间他多次讲到。他说，"在我们身边存在一些很不好的现象：不认真学习和研究公司的发展思路、战略部署，不及时传达贯彻公司的工作要求，上面讲上面的，下面干下面的，你讲你的，我干我的，自我感觉良好，我行我素，政令不畅，执行力不强……"进而他要求"树立管理的权威、统一意志、强化执行力"。

关于系统性地提出"三个统一"，即统一意志、统一行动、统一模式，最早出现在2017年一次人事任命会议上。后来他在2019年、2020年的年度大会上多次强调。这说明，公司在不同阶段面临着同样的需要重视的问题。

公司的重大决策由上至下地传递，必须建立在"三统一"的基础上。鉴于当年"三位一体"管理模式的后期，公司出现集团管控弱化的情况，以何清华为主的公司决策层痛定思痛，找出自己的软肋，即过去对企业文化、精神不够重视，对人的要求不够严格，使企业的意识、精神由上至下传递时出现断层，没有形成统一意志，从而在统一行动、统一运营模式方面走了不少弯路。将意志、企业精神通过战略、文化、管理传递到企业各个层面，形成企业独特的优势，是山河智能努力追求的方向。

何清华说："公司重大的工作原则，大家可以广泛讨论，各抒己见，但是一旦确立以后，就要统一意志，真抓实干。《三大纪律八项注意》的第一条是'一切行动听指挥'，只有步调一致才能取得胜利。"同时他要求"各子模块负责人必须树立公司利益最大化的全局意识，切忌怀揣与公司总部博弈的思想，否则不利于公司，最终也不利于自己的成长"。

（四）内涵式增长

2011—2016 年，工程机械行业经历了一个大 U 字形的起伏，仿佛坐过山车。那段最艰难的时期简直让人窒息。何清华事后回忆，山河智能在 2015 年底几乎到了最困难的边缘。而他作为掌舵人，是不能轻言放弃的，他必须带领团队，并表现出异于常人的自信与坚定。困难时期的五年，是他深思、求索的五年，就像当年当知青时一样，"处在人生最低谷，自学数理化"。他认为"山河发展要从外延式增长转变到内涵式增长、效益型增长的轨道上来"，并为此付出努力，这可以从该时期的年度经营报告的主题看出来。

2012 年：重效益、强执行，以完善集团管控为中心；为实现 2012 年山河智能装备集团内涵式增长而努力奋斗。提出，相对标杆企业要做到"占用较少的资源，创造较大的价值"，"不能仅靠外部市场火爆增长拉动和扩大规模的外延式增长，更应该走增强管理内功的内涵式经济增长，加强集团的软实力……"

2013 年：以规范化管理为基础，实现集团效益型增长。年内要求"四个提升"——企业品牌的提升、经济效益的提升、管理效能的提升、人力效能的提升；开展"四个有效"——有效销售（重点保现金流）、有效生产（重点降库存）、有效费用（重点保利润）、有效工作（重点提高人均效能）。这些举措取得了良好的效果，实现了效益增长的目标。

2014 年：统一意志，强化责任，严格管理，提升市场突击力。由于经营单元体量不大，相关负责人素质欠缺，因此对"三位一体"的全事业部进行了调整，建立以大计划为导向的多维考核体系，坚持"以数据论业绩、靠业绩论能力"，倡导"山河基本法"，坚持矩阵式管理，让善于听见市场"炮声"的人来决策。

2015 年：大运营、精模块，构建经营体，奠定集团新跨越的基础。通过运营模式的完善与固化、相应岗位职业化人员的培育、相应流程制度的梳理完善等三项举措，夯实内部管理基础，逐步形成可复制的、可有效指导经营体运行

的成熟管控模式。

2016年：强信心、深反思、定战略，以高度的责任感与紧迫感拓展工作成果。这是一个历史性转折。面对严峻的外部市场环境，公司在管理变革、团队建设、市场开拓、技术创新、企业文化五个方面展开了一系列深入细致的工作并取得不错的阶段性成果。何清华要求大家保持"三个自信"（文化自信、技术自信、团队自信），对山河事业充满信心；提出了"一点三线"战略（聚焦装备制造，发展工程装备、特种装备、航空装备三大业务），对部分区域、部分产业进行调整，明确了"效益优先、员工共赢"的战略原则，呼吁大家同舟共济、二次创业。

不经风雨难以见彩虹，没经过市场风暴洗礼的企业不可能成为真正健康的企业。经过这一轮磨砺，山河智能变得更加理性，何清华感觉更加踏实了。

四、让制造成为核心竞争力

（一）自主制造

何清华在企业创办不久就提出："让制造成为山河核心竞争力。"制造是成果转化中不可或缺的一环。关于制造的重要性，何清华体会尤深。

在创办山河智能前，十五年的校企合作经历让何清华认识到，必须把制造这个关键环节掌握在自己手里。当年，设计图纸出来了，生产工艺也出来了，可到具体制造环节时卡壳了，以前合作的老国企体制僵化，工人积极性不高，几个月做不出一台机器。交货期限到了，机器还动弹不得。面对客户的催促和上级的追责，何清华哭笑不得，还要给制造厂打掩护——"原因是经常停电"。

这让何清华认定，要自己掌握制造的主动权，尤其是核心零部件的制造。从某种意义上说，山河智能就是为突破制造瓶颈而诞生的一个平台。何清华回忆说："在中南工业大学时，静力压桩机虽然开发出来了，可自己没有制造能力，只能找国企合作。在当时那个体制机制下，合作企业四五个月都生产不出一台。而山河智能初期就凭几十个工人、简陋的设备，一年却能生产十多台，公司做大后更是一个月上百台。"因此，他认为：不能自主制造，任你科研成果如何重大，设计理念如何先进，研发产品如何有前景，变不成产品就是"纸上谈兵"。

（二）精益制造

在公司创立早期，何清华就提出建设核心制造体系的概念，主要包括关键制造、精益制造、制造工艺三个方面。

关键制造就是产品的关键技术部件必须自己制造。与国企大而全的"橄榄"型和与此相对的"哑铃"型不同，山河智能从产品的实际情况出发，关键技术部件立足于自己制造，以保障公司及产品的技术优势。

精益制造就是准时化生产。与软件行业"只有第一，没有第二"的口号相似，何老师提出"不是精品，就是废品"。在以买方经济为特征的当今，一个产品如果不是一流制造，就不能承载其经济与实用性的目的。

制造工艺就是"know-how"，即技术诀窍。科技无边界，在设计技术逐步趋于公开化的当代，"工艺出精品，精品出效益"日益显得重要。公司为此重点建立与完善工艺体系的组织结构，制定工艺体系的文件，严格工艺纪律，在关键工序设计制造关键工装。

后来，随着企业发展，何清华对精益制造又有了新的理解，他认为现代化的精益制造包含三层意思：一是涉及现代精益化生产的内涵，如及时响应、敏捷制造、六西格玛管理等；二是涉及传统意义上的精益求精、精雕细琢的思想；三是涉及最大限度降低制造成本的意识。山河智能追求的是构建并完善自己低成本、高品质、高效率的制造体系。如果将图纸给别的企业，它也制造不出这种性价比的产品，则说明精益制造相对成功了。他还提及，事实上的精益制造必须建立在全体员工积极参与的基础上。

（三）柔性制造

何清华还渴求一种改变。既然山河选择了先导式创新、差异化的发展模式，就必须有相应的制造体系——"多品种、小批量"生产与订单式生产，而这必然导致建设"柔性制造"体系。

为适应"定制制造"，须建立弹性生产体系，即在同一条生产线上通过工艺与设备调整来完成不同产品的生产，满足多样化要求。因此，零配件供应商要与装配厂保持近距离，及时交货并尽可能降低库存，从而实现对市场需求变化的灵敏反应。在山河工业城，专门为山河智能配套的长沙威沃公司，承担着上十万种物料的制作，虽然与主机厂"分灶吃饭"，但两家却没有"厂际边界"。

"柔性制造"的精髓在于"弹性"。这就需要提高企业的应变能力，不断满足用户的需求。正如山河智能制造技术研究院院长所说的，"柔性生产对于企业来说，一是要求企业'能生产'，即客户的要求你能满足；二是'能快速生产'，即马上切换到为客户生产上；三是能高质量生产，即你的产品能保证质量。我觉得柔性制造不是单个环节可以做到的，而是一个体系。我们的制造板块用什么材料，用什么机器加工，什么时候加工完毕，都严格地按下达的计划执行，这是刚性的。柔性制造就是应对那些特殊客户群体，不打提前量，突然插进来的产品订单要求。因此，制造环节就得应对这种临时插进来的任务"。

"柔性制造"对于企业来说，不是件容易的事，要形成一个体系。

在设备方面，山河智能不仅有下料、焊接、机加、装配、调试等多样化设备方面的保证，也有工装、夹具方面的保证。面对插进来的任务，制造环节必须做到灵活机动。工程装备（尤其是大型装备）这种离散式的生产与汽车流水式的生产是有很大不同的。

在人的方面，山河智能制造环节的员工大多是"多能工"。小挖装配车间主任说，据统计，在山河智能装配线上的多能工达到了70%以上。这里的装配工不像有些工厂，一辈子的工作就是拧几颗螺丝。山河的员工必须操作各种机器，车、钻、刨、磨、铣等工种，样样都来得；还要熟悉整台产品的各个部位，上车平台、下车底盘、液压管路、电器系统等；也要懂得产品的多种型号，因为各种机型的加工与装配路线是不一样的。山河智能注重员工这方面的培养，不仅指导他们看懂作业指导书、工艺文件等，而且安排师傅带，培养他们掌握"十八般武艺"。

（四）智能制造

在这方面，何清华的思维很有前瞻性，从"山河智能"这个名字就可以看出来。他对新兴技术很敏感。教学科研时期，他就从传统的矿山机械入手，逐步向信息化、智能化方向转变。他的研究生毕业课题就是"数字化仿真设计"。后来他组建智能机械研究所，在中南工业大学率先将计算机用于工程设计。1998—2000年，他牵头承担了国家"863"计划重大项目——隧道凿岩机器人，并被评选为中国人工智能学会智能机器人专业委员会常务理事。

创立山河智能后，他主要围绕三个领域开展智能制造的应用：一是在数字化设计和仿真方面，全面应用仿真验证和虚拟制造技术，缩短研发到制造的周期；二是在生产过程中开展数字化制造，通过智能装备、工业生产物联网搭建、公共资源精细化管理、仓储物流、质量管控、生产管控等手段，降低生产过程对人的技能依赖，生产出更高品质的产品；三是通过物联网服务平台，通过大数据的分析处理，为山河智能的研发、品管、营销、售后人员及代理商以及客户带来便利，实现保姆式服务。

何清华讲过，要用"信息化管理克服人性的弱点"。但要改变一些人的工作习惯，推行阻力是相当大的。在他这个"一把手"的推动下，公司已建立以 ERP 为核心的 PLM、MES、SCM、CRM、OA 等多维信息化配套建设；激光切割、机器人焊接、加工中心、自动化涂装、柔性化装配、智能化仓库、DNC 集成等已在生产现场广泛应用；GPS/北斗系统已用于开工监测、远程诊断、风险控制等方面。

面对 5G、区块链、人工智能等新兴技术，把山河工业城打造成"山河智慧城"的规划呼之欲出。

2018 年，山河智能获评国家级智能制造试点示范项目，何清华获得"中国推进智能制造杰出 CEO"荣誉称号。

（五）制造竞争力四要素

按照何清华的想法，制造竞争力包括四个要素。

一是产品质量。质量是企业的生命线，只有向客户提供他们满意的产品，企业才能生存发展。在客户多元化选择的情况下，一件产品如果没有客户购买，就不能成为商品，只能进入库存，并有可能成为废品。山河智能保证产品质量的措施主要是控制开机故障率、早期故障率、保内换件率等指标。

二是生产周期。必须响应客户要求，缩短生产周期，提升生产效率，提高库存周转率，降低库存。为了缩短生产周期，山河智能采取"大制造"运行模式，一切围绕订单转，通过运营中心对制造资源进行调度，分管制造的公司副总对人、机、物具有最高决策权。

三是劳动生产率。这是一个相对概念，包括人工与组织效能，发达国家的工资较高，但相对产出不一定高。"现在我们统计的是'万元产值的工资含量'，而将来要发展到'万元工业增加值的工资含量'。"

四是生产成本。包括设计成本与制造成本。企业只有在相对低成本的运作中才能有足够的利润去支撑客户的满意度，也才能实现良性发展。在生产与供应环节注重控制人、机、物消耗，以降低生产成本。

山河智能严抠细抓这四个要素，确保以最小的资源创造最大的价值，从而保证自己的核心竞争力长盛不衰。

五、时刻倾听市场的"炮声"

"没有经历市场化熏陶和锤炼的技术或不以市场化为导向的管理是难以在市场上占据领先地位，成就伟大公司的。市场化是每家成功的公司绕不过去的一个槛，企业'成'也营销，'败'也营销。这不仅是营销部门的事，更是公司高管和各级干部的事，是全体员工的事。"（摘自何清华 2010 年度所作的报告）

企业必须经历市场风雨的洗礼，才能健康成长，而这对于学院派出身的何清华团队来说，确实先天不足。正因为如此，山河智能创办二十年来，何清华花了很大精力构建了公司的营销体系，补齐经营链条上这个短板。

（一）技术营销的理念

何清华高度关注营销，并一直在塑造山河特色的营销。

他对山河智能的营销定位为"技术营销"，"发挥产品技术核心竞争力的优势，努力将山河智能的产品技术优势转化为市场竞争优势"；他提出了"通过先导式创新与差异化策略，领先竞争对手一步，占据市场主动地位"的山河智能营销策略等。

他特别强调技术与营销的联动。技术人员只有深入实践，了解市场，知道、理解客户需求什么，设计出来的产品才会越来越好。营销人员要脱离低层次的"吃喝营销"，要善于发现客户的隐性需求，真正为他们解决实际问题。

正是这些观点，指导着山河智能的营销开疆拓土，取得了令人瞩目的成绩：靠技术 PK 打开市场，高原挖掘机成功夺标军品项目，潜孔钻机成为华新水泥的标配，大型桩架产品在韩国完胜日本产品；中小型挖掘机打开欧洲高端市场；切削钻机打开苛刻的日本市场。

（二）在四个层面布局

随着企业的发展，根据产品特点，何清华从四个层面优化构建山河的营销体系。

直销板块，做到稳中求进。直销产品主要是地下工程装备，包括液压静力压桩机、旋挖钻机、双动力头多功能钻机、桩架等。2015 年，山河智能的直销额只有 4 亿元，而 2019 年达到了 27 亿元。在为实现 2020 年总销售额 100 亿元的目标奋斗中，何清华要求这一板块的销售必须在稳定中继续增长。山河智能不仅在这一板块持续开发新的产品，而且不断寻找开发新的大客户，探索新的合作方式。

挖掘机板块，补齐短板。挖掘机的营销对山河战略发展非常重要，有"得挖机者得天下"的说法，挑战也非常大。主管营销的龙居才副总经理说："这一块的天花板比较高，增长潜力比较大，但竞争太激烈了。"对于这一板块，应对办法一是加强内部平台建设，二是加强渠道建设。挖掘机销售，得渠道者得天下，必须把营销点建好、管理好，做到国内挖掘机销售网点全覆盖。建点的原则就是何清华提出的"专业化、专营化、规模化"。寻找的代理商对象不一定要经济能力很强的，但必须是独家代理的，即只经营山河智能的品牌。不管市场如何变化，代理商只认一家。对于某些代理商，山河智能采取了参股的办法，但前提是山河智能必须有经营过程知情权。对于这种经济实力不是很强的代理商，如果他们愿意随山河智能一起成长，山河智能将与其真诚合作。这样的代理商，一个省可以有两三家。这样，山河智能减轻了压力，代理商也减轻了压力，还加强了管理。

国际营销板块，重新布局。山河智能国际营销部门从原来的营销总公司中独立出来，成立国际营销公司，直接向高层领导负责。在美国、日本、韩国、俄罗斯以及欧盟等五十多个国家和地区进行了国际商标及专利注册以及产品的 CE、GOAST 等各项国际认证。在海外建立了十几个子公司和全球区域性配件中心及仓库，与国内外经销商共同建立了基本覆盖全球的营销服务网络。目前"SUNWARD"品牌产品已经遍及全球一百多个国家和地区。2015 年 4 月 25 日，在全球工程机械行业目光聚焦法国巴黎 Intermat 展时，山河智能比利时子公司——山河欧洲重工隆重开业，并且土地与厂房全是自主产权。山河智能持续投入，把比利时子公司打造成集服务、装配、销售于一体的新公司，服务网络逐步覆盖至欧洲其他国家，并且加强了员工本地化，从知名同行引进负责人阿诺德先生。现在的山河欧洲子公司无论是资源配备还是服务质量均跨上了一个更高的台阶，销售业绩也取得了跨越式提升。据了解，截至 2019 年 8 月，山河智能产品欧洲保有量已超 20000 台。

差异化产品板块，快速突破。最终要达到的目标为：一体化潜孔钻机等凿

岩设备要迅速恢复其市场龙头地位（2011 年山河智能凿岩设备为行业第一）；履带吊、越野轮胎吊、高空作业平台等小众设备要快速崛起，实现子行业领先；联合开发小型盾构机用于城市地下管廊建设；特种装备、航空设备行业特殊，要在国家允许的范围内实现业绩最大化。

（三）在四个方向发力

何清华在近年经营工作报告中对营销体系建设进一步发力。

第一，强化市场占有率意识。"市场占有率是衡量集团营销能力的最终标准。虽然公司近年来产品的市场占有率意识及实际效果都有大幅度提升，但强化市场占有率的体系化、常态化措施与考核尚有较大差距。在这里，再次大声疾呼：'市场占有率意识要强化强化再强化！'"

第二，加强营销硬件条件建设。他要求，"公司市场体量如果要进一步扩大，营销体系的现状是一个瓶颈。这几年，我们较排名靠前的竞争对手落后了很多。所以，不管是国内还是国外，办事处、子公司等硬件基础条件建设要作为工作的重点，及早规划、分轻重缓急制订严谨的实施计划"。2020 年，公司正式建成 22 个区域保障中心。

第三，加强品牌形象建设。"近年来，从事这项工作的员工们吃苦耐劳的敬业精神有目共睹，品牌建设的效果有实质性提升。但这项工作存在的差距，特别是相对于一个已有二十年积淀的国际化公司来说无论在深度上、广度上的差距就更大了。重点要放在品牌宣贯资料的优化上。要尽快改变相关资料目前分散、单调、低质的状态，要根据不同的宣贯对象（内部与外部，政府与院校，国内与国外，产品系列与个体，公司整体与业务板块……）制作差异化、系统化、及时性以及不同形式（视频、PPT、PDF……）的品牌宣传资料。工作量很大，首先要完成顶层规划，然后分步实施。市场、技术、制造等部门与子公司都要主动积极参与。"

第四，突破高端营销。他要求公司营销系统进一步优化客户结构，"形成真正的立体化高端营销。一方面要提升营销手段的多样性，进一步整合资源，结合中铁山河、华安基础等组团出击；另一方面对高端客户的聚焦要全方位，对公司已有的高端客户，包括对竞争对手高端客户进行归纳整理，制订详细的攻坚策略""高端营销中心在自身体系建设与客户拓展方面上了大台阶，今后一定要坚持队伍精干、资源整合的发展原则，总结分析、聚焦突破。整个营销体系则要将营销'二八'原则(通过20%客户完成80%销售额)真正落实到位。高端营销应当是由高端客户、高端市场、高端模式(价格、方式)形成的组合拳"。

(四)情有独钟是国际

对于国际营销,何清华一直有这样的看法,国际营销受政策环境影响小,当国内市场下滑的时候,国际市场可以实现增长,做到"墙内损失墙外补"。实际上,山河智能在2004—2005年行业调整期,也真正做到了这一点。国内工程机械不景气,山河智能通过海外市场实现了逆势增长。

何清华国际营销的意识非常强,并且经常身先士卒,率众前行。

2010年11月7日,他结束对欧洲市场的考察,搭乘法兰克福—北京的飞机返回公司。十多个小时的旅程,让人昏昏欲睡,可何清华的脑细胞仍然非常活跃。他已经适应了这种在长途跋涉中工作的生活。早些年为开辟欧洲市场,他曾有过半年之内五次在法兰克福机场转机、在欧洲大陆行程万里的经历。就是在这种密集的行程中,一个布满欧洲大陆的销售网络建起来了。那种感觉是他人无法体会的。而这一次行程,他似乎看到了更多的问题。于是,他用手提电脑写了《山河装备集团当前国际化中的几项重要工作》一文。他写道:"我们如果不重视还存在的不少问题,那么这些问题不但会愈来愈成为山河真正走上国际化道路的绊脚石,而且已经获得的基础还会丧失掉!"接着,他就如何巩固和扩大欧洲市场提出了十多项要加强的工作,大到整体策划,小到产品资料的印制。譬如宣传资料问题,他写道:"营销支持资料亟待完善提高。公司整体介绍、单类和总体产品介绍的视频、幻灯片、文字资料在水平、种类、及时性、针对性等方面差距都很大,甚至有些是不合适的东西;样本资料首先要保证准确性(尤其是海外代理商非常挑剔);网站完善工作多且紧迫性强;宣传资料如何充分展示公司各种实力和产品亮点值得高度关注。再就是产品说明书、零部件图册一定要制订标杆限期达标。营销资料的多语种版本要迅速推出。"

回到公司后,他立即组织人员制订集团公司中长期国际化战略,对国际营销重新布局。有一次,他来到东南亚某国,发现这里的一个大公司对工程机械需求量很大,对山河智能的产品也满意,可就是签不了合同。经了解,签合同这种事由对方董事长做主,而山河智能一般销售人员见不到他。于是,何清华亲自拜访对方董事长,在交谈中得知对方酷爱足球,便提议在长沙举行一次两个公司的足球友谊赛,果然得到对方积极响应。足球赛成功举办后,对方公司

成了山河智能在东南亚的重要合作伙伴。

六、管理的最高境界是文化

（一）为企业百年铸魂

为了纪念山河智能成立二十周年，何清华编撰了《山河智能文化手册》。在首页，有这么一段"董事长寄语"：

人要"文明其精神、健康其体魄"。企业亦然。它不仅有高大的厂房、先进的设备，更有其精神与灵魂——企业文化。企业文化就像空气一样，可以渗透企业的每一个人、每一个角落，并且影响企业的发展。诚如某企业家所言：企业发展"一年靠运气，十年靠经营，百年靠文化"。

我们山河智能 1999 年成立，迄今正好二十年。二十年来，不仅实现了由无到有、由小到大、由弱到强的嬗变，更是形成了体系化的文化积累与沉淀。我们从创立伊始，就打上了鲜明的"先导式创新"烙印；我们具有厚重的家国情怀，勇担社会责任——修身、治业、怀天下；我们不会忘记奋斗的员工，提出"效益优先、员工共赢"；我们在"理想成就未来"的指引下，不仅获得成功的过去，更珍视当下，迎来辉煌的未来……

企业文化在早期，有创始人的影子，但是随着企业发展，将增添更多的员工力量，也需要大家来学习、传承、光大。企业文化的建设路径，将实现人本文化—能本文化—心本文化。员工忧乐，企业之所系；企业兴衰，员工之荣辱；员工与企业最终形成利益共同体、命运共同体，"山河家园"的内涵不仅是共同的"家"，更是共济的"船"，众人划桨，一往无前。

山河家园，感谢你的加入，也是你的舞台，精彩就在你的手中。

（二）山河文化的发展

众所周知，企业文化是企业在生产经营实践中逐步形成的、带有本企业特点、为全体员工所认同并遵守的价值观体系和行为准则，也是企业解决如何在外部生存以及如何在内部相处的一套哲学。企业文化不仅仅是企业的灵魂，更是推动企业发展的不竭动力。山河文化与公司发展相长，是一个不断充实、不断扬弃、不断超越的过程。山河文化的发展，与创始人何清华的经历息息相关。

1999 年，公司创立之初，出于新公司注册的需要，何清华设计了最初的山河 LOGO，同时明确了"修身治业、兴企强国"的价值观，以及"科教兴产业，产业促科教"的立业宗旨。当时的产品以压桩机为主，颜色也没有确定，红色、黄色等均有用过。直到 2001 年，开发微小型挖掘机以后，才将所有产品涂装定为"山河蓝"。当时，分管生产经营与内部管理的龚进副总经理向何清华建议，要从内在、外在两方面塑造山河文化形象，实现文化治企。

2006 年 8 月，何清华向全体员工作了《企业文化及愿景展望》报告，对几年来公司的企业文化进行了归纳总结，提取了一些企业文化的要素。主要包括：

致力创建和谐、务实、进取的企业文化；

核心价值观——修身治业、兴企强国；

立业宗旨——科教兴产业，产业促科教；

核心竞争力——建立并保持自主研发、精益制造、诚信经营三个方面的比较优势；

产品理念——卓越设计、精益制造、关注细节、持续改善；

服务理念——只有为客户创造价值，才能为自身创造价值；

营销理念——推介公司重于推销产品，公司利益高于个人利益；

管理理念——立足专业、关注细节、系统思维、资源整合；

用人的原则——重事业驱动、重团队精神、重实际能力；

职业作风——公正、廉洁、勤奋、激情、大度；

创新体系——原始创新、集成创新、开放创新、持续创新。

2007 年，公司成立"山河智能企业文化推进委员会"，开始对企业文化进行思考与梳理，并发布了《与世界一起思考》《务实进取，和谐创新》等系列报告。

2009 年，值公司成立十周年之际，公司高级顾问易宇欣亲自作了《企业文化与山河文化理念整合》报告，包括企业文化概述、公司企业文化现有价值理念分析、山河文化理念整合等内容。

2018 年元月，何清华亲自在全体营销人员年会上作了《山河智能企业文化要素感悟》的报告，包括山河智能及英文 LOGO 释义、战略业务、企业文化核心要素诠释等内容。在报告中，基本明确了文化核心理念的框架和内容诠释。

2018 年以后，企业文化的宣讲与培训基本参照何清华的报告进行，并在 2019 年增加了"共建山河家园""一体两翼"等内容，在 2020 年增加了"太阳坡精神""观沙岭精神"。

何清华多次讲到文化自信："我们山河的企业文化已经达到一个比较好的状态。"

（三）体系化的山河文化

企业文化一般分为三个层次：①物质层，包括厂容、厂服、企业标识、厂歌、厂报、文化传播网络，主要通过视听识别；②制度层，包括行为规范、人际关系、规章制度等，主要通过行为识别；③精神层，包含企业使命愿景、价值标准、职业道德及精神风貌等，是企业文化的核心。

通过这三个层次来审视山河智能，山河文化实现了体系化，并在企业管理中起到了潜移默化的作用。

1. 视听识别系统

（1）山河智能 LOGO。

首先是山河智能的 VI 设计。

1999 年山河智能公司创立，工商注册需要商标，何清华找了一个刚刚毕业的学生做 LOGO 设计，当时只提了一个要求：最好跟"山河"这两个字有点谐音。结果，商标出来了——"SUNWARD"，意思是"向着太阳"。何清华看到后，非常惊奇、高兴：世事竟然如此巧合。三十多年前，他下放江永，曾带领 29 名知青创办了一个乌托邦式的农场，并取了一个充满正能量的名字——"太阳坡"。现在把 SUNWARD 作为商标，感觉山河智能就像早上八九点钟的太阳，朝气蓬勃，茁壮成长。

2009 年，在山河智能成立十周年之际，由北京某家广告公司对山河智能的整个 VI 系统进行了修订，对内涵重新诠释，形成目前的新 LOGO。

山河智能寓意：①山河：仁者乐山、智者乐水；公司的发展具有高山的沉稳、大河的活力。②智能：企业的发展依靠产品的技术含量和员工的智慧与能力。

颜色寓意：蓝色象征冷静、深远、崇高、科技；红色象征热情、向上，喻示公司员工以最大的工作热情追求卓越，给公司的发展提供源源不断的动力和激情。

图形寓意："W"上面一点，寓意企业的未来节节攀高，"W"为双"V"组合，预示企业发展和员工成长双赢，企业与客户利益双赢……

现在，新 LOGO 已成为山河智能的一个标识符，产品涂装非常清新、靓丽。山河人对这种颜色有一种天然的亲近感。无论是在城市还是在乡村，只要发现了这种颜色，山河人就会不由自主地惊呼："这里有我们的机器!"

（2）《山河之歌》。

在山河智能的重要活动中，总有这首《山河之歌》在奏响。

你是亘古的丰碑，你是不老的歌谣，一次次风雨雷电，仍然高昂不屈的头颅。一道道暗礁险滩，依然不倦地奔流。那是青春，那是生命，那是心中的山河。谁在默默地守望岁月的轮回，守望岁月的轮回，是您啊山河。山河巨龙，山河血脉，山河! 山河!

你是匍匐的巨龙，你是偾张的血脉，一点点积蓄力量，等待腾飞的时刻。一滴滴凝聚细流，汇成大海的蓬勃。那是信念，那是人生，那是壮丽的山河。谁在不息地荡涤浊世的红尘，荡涤浊世的红尘，是您啊山河。山河巨龙，山河血脉，山河! 山河!

这首歌就是山河智能的厂歌，在 2004 年公司成立五周年之际创作，由何清华、屈金山作词，由湖南卫视专职作曲家危大苏老师作曲。

充满才情的危大苏老师毕业于中央音乐学院。危老师说，他不是知青，但与不少知青关系很好，他非常佩服何清华的为人。当他读这首《山河之歌》的歌词时非常激动，尤其是读到那句"谁在不息地荡涤浊世的红尘"之后更是有了创作的冲动。他连夜就把曲作好了，真的是一气呵成。何清华对作曲也非常满意。曲调为亲切的中板，生机勃勃，歌词为中性，体现了山与水的情意，没有传统企业歌曲的说教与口号，是众多企业歌曲中的优秀者。

总体来说，这首歌道出了何清华的人生和信念，也道出了山河智能的追求和目标。现在，会唱《山河之歌》是新入职员工入司培训的必修课程。

2. 理念识别系统

企业文化必然打上创始人的烙印，而山河文化也必然贴上何清华的标签。下面这些理念基本上由何清华亲自提炼、诠释、宣贯。

（1）文化特质：和谐、务实、进取、创新的文化。

①和谐。

和谐是对立事物之间在一定的条件下辩证的统一，是不同事物之间相辅相成、互助合作、互促互补、共同发展的关系，是企业追求的一种内部和外部环境。和谐标志着稳定、健康、协调、共生、共赢；和谐是凝聚力、竞争力。

和谐同时意味着组织内部正常的批评问责，与"每日三省吾身""有则改之、无则加勉"相似。

②务实。

要求说实话、干实事、求实效。艰苦环境、人生不顺等在所难免，务实工作自然要求能艰苦奋斗、攻坚克难，有定力和韧性。

何清华呼吁，中国现在还处于工业化的初、中期阶段，特别需要适应这个时期的脚踏实地、励精图治、从长计议、崇尚实业的人文精神和企业精神。而"后工业化时代"人的价值观、择业要求与工业化初、中期有很大的不同。目前，心态浮躁、急功近利、一夜成名、不重视实体经济的现象被过度渲染和加速传播，不利于创新创业。

③进取。

进取精神可以说是人类不满足现状、追求变革的内在驱动力。有进取精神的人始终充满活力，向外释放正能量。有进取精神的企业才能审时度势、攻坚克难，达到历久弥坚的境地。

山河人要经常警示自己：逆水行舟、不进则退、慢进也退，居安思危、未雨绸缪。

④创新。

创新的核心是企业保持一种进取的态势，在市场竞争中不断进取，全方位、持续不断地进行技术创新和管理创新。

山河智能的技术创新主要体现在"先导式创新"。

山河智能的管理创新主要体现在，从企业不同发展阶段的实际出发，适时调整、优化组织架构，创新运行模式，"宏观上大运营，微观上经营体"。

（2）使命愿景：做装备制造领域世界价值的创造者。

装备制造领域即公司"一点三线"战略中的技术、制造、服务、管理等领域。

世界价值的创造者即公司要不懈努力，成为全球行业技术的引领者。公司的产品设计理念、技术水准、制造体系、管理模式、营销模式、服务模式和效率等都应该对世界行业的发展具有引领作用和推动效应。

山河智能的产品不仅仅是停留在一种工具的概念上，还应具有不断提高人类生活品位的功效。山河人还应有超越行业、超越国界的奋斗目标和对全人类的社会责任感。

（3）价值理念：修身、治业、怀天下。

山河智能成立之初就制定了"修身治业、兴企强国"的企业价值观。2009年公司成立10周年，随着国际化发展，为了让世界了解山河智能的追求，使企业的价值观更具意义，公司将原企业价值观扩展为"修身、治业、怀天下"。

①修身。

修身对员工而言就是修道德之身、技能之身。要不断加强个人道德、学识、技能的修养，不断提升自己、完善自己，使个人与企业一道成长。对骨干和关键岗位的员工而言，就是要做新时代的知识型、技能型和创新型的劳动者，德与才都重要，但要将德放在首位。对企业而言就是修诚信之身、核心竞争力之身。

②治业。

治业就是办好企业，要"占用较少的资源，创造较大的价值"；还要振兴民族产业，要"做装备制造领域世界价值的创造者"。

山河是山河人的大舞台，作为山河员工，应该将自己的前途与公司的发展紧密结合在一起，借助团队的力量，在共同实现集团目标的过程中，实现个人在事业成功、家庭幸福、回报社会等方面的人生目标。

③怀天下。

怀天下是一种胸襟。既有报国之意，又有贡献人类之意。

作为一个中国人，要心怀祖国。而爱国首先要敬业，敬业才能振兴企业；企业振兴了，国家才能强大；国家强大了，才能在国际事务中发挥越来越重要的作用。

怀天下也要履行好企业的社会责任。前提是办好企业，解决社会就业，服务"两型社会"，有更多的人力、物力投入公益和爱心活动。

山河人要振兴民族装备制造业，还应有超越行业、超越国界的奋斗目标，有面对全人类的责任感。山河智能要通过这样一种理念和途径获得提升，成为全球的知名品牌。

（4）企业精神：理想成就未来。

"理想成就未来"是何清华个人的座右铭，也是山河智能的企业精神。

何清华曾经历了一般人无法想象的坎坷。除幼年时代有着耽于梦想的理想外，他回顾总结从中学时代到现在半个多世纪的个人经历，觉得自己总是有一个相对比较积极、比较远大、比较脱俗的追求，这种追求虽不是那样宏伟、高调，但他认为这就是理想的雏形。只有一段段、一个个这样的小追求、小理想的实现，最终才有可能实现人生或企业较大的追求、较大的理想，才能在世俗甚至在逆境中保持·种务实、认真、坚韧、乐观的人生态度。他在人生每一个经历中寻找、积累能最终实现自己的理想的机会与能力。何清华从小就喜欢制造东西，现在只不过是将自己动手制造东西变成了组织更多的人一起制造更多更好的东西。也就是说他的兴趣促成了理想，理想成就了何清华现实的人生。

（5）行为准则：为客户创造价值才能为自身创造价值。

现代社会中，人在生活上的依赖性更强。人的绝大部分需求依靠企业生产提供。正是这种社会化的模式才给现代人提供了以前无法想象的生活方式。从这个意义上说，企业是为客户服务而存在的。

没有经历市场考验的技术、产品或企业的管理是不可能在市场上立足的。而市场的考验是通过客户的具体使用来实现的。为客户提供的技术与产品能给客户创造价值，客户就会愉快地购买，企业与员工才能实现其价值，才能有效健康运营。所以"只有为客户创造价值，才能为自身创造价值"是企业与员工的行为准则，也是市场营销的行为准则。

从公司来说，要形成内部"客户链"：下道流程（工序）的员工就是上道流程（工序）员工的客户。上道流程员工的延误或损失，使下道流程员工不能创造应有的价值，那么上道流程员工的工作显然也是无价值的。企业视员工为客户，为员工创造价值，也就为企业创造价值，实现"员工共赢"。

正确的行为理念是履行行为准则的基础，目前山河智能形成了四大行为理念。

①研发理念：创新源于市场，劳心尚需劳力，兴趣乐成成就，精品源自执着。（详见第五篇"技术研究历久弥深"——作者注）

②产品理念：精准设计，精益制造。

精准设计——要求在尽可能低的成本下，从立足于市场的需求和环境的要求，最大限度地满足客户的需求，甚至超前引导客户的需求。在设计上做到完美和难以超越。精准设计的前提就是研发人员要尽可能保证设计的准确性，要有责任感，尽量不发生设计错误，特别是没有低级错误。

（"精益制造"详见第六篇之"四、让制造成为核心竞争力"——作者注）

③管理理念：能本为先、系统思维、立足专业、关注细节。

能本为先——"能本管理"的理念是以人的能力为本，其总的目标和要求是通过采取各种行之有效的方法，最大限度地发挥每个人的能力，从而实现能力价值的最大化，并把能力这种最重要的资源通过优化配置，形成推动社会全面进步的巨大力量。"能本管理"源于"人本管理"，又高于"人本管理"。知识与智力不等于能力。

系统思维——管理者面临的问题都是系统问题。"盲人摸象"的寓言充分反映了系统思维的重要性。企业，特别是从事高端制造的企业，不但整体是一个复杂系统，而且其中任意一个部门的运行都是比较复杂的。系统思维是现代管理者必备的思维方式。本位主义、山头主义和官僚主义是系统思维的大敌。

立足专业——首先是对围绕公司产品的各种专业知识要有一定的了解。各部门、各岗位都有自己的专业要求，没有坚实的专业知识、专业技能，不可能胜任自己的岗位工作。要重视实践的学习，要在长期的工作经历中历练、探索、总结和积累。专业是员工职业化的基础。没有职业化的员工，也就没有各个岗位上的明白人，更谈不上工作的效率和工作的品质。

关注细节——细节决定成败。高端制造业企业的核心竞争力之一就隐藏在企业运营的每一个细节之中，我们与国外发达国家制造企业（尤其是德国、日本的制造企业）的差距就在制造过程中的每一个细节。任何一个产品从研发到走向市场经历了无数的环节，任何一个环节出现细微问题，都有可能导致严重的后果。特别是产品生产过程中，离产成品越近，出问题的损失就越大。关注细节要落实到标准操作规程的实施上。

④人力资源理念：重事业驱动、重团队精神、重实际能力、重开拓进取、重工作绩效。

构建企业的人力资源竞争优势是山河智能发展战略最关键的部分。"五重"是山河智能的用人理念，吸纳人才、培养人才、发展人才是山河智能的人才发展观。山河智能要以广阔的事业空间、优良的成长环境、长效的激励机制和独特的文化理念成为人才聚集的高地。

重事业驱动——干任何事都需要有动力。以功利为动力，易患得患失，急

功近利。以情意为动力,易畸重畸轻,缺乏理性。只有以事业为动力,才有鲜明的、长远的理想目标,恒定的、饱满的工作激情,克服一切艰难险阻的勇气和毅力。公司正处于一个发展的阶段,可支配的各种资源还有限,必须有一批在创业过程中将所从事的工作当作自己感兴趣的事业来认真钻研、执着追求的人。特别需要建立主要靠"事业驱动"的干部员工队伍。

重团队精神——人在一起叫团伙,心在一起叫团队。团队精神就是常说的情商、大局意识、协作精神、服务精神的集中体现。团队精神的核心是协同合作,最高境界是全体成员的向心力、凝聚力,反映的是个体利益和整体利益的统一,并进而保证组织的高效率运转。团队精神并不是要求团队成员牺牲自我,而是要充分挥洒个性、表现特长,共同完成任务目标。

重实际能力——知识、文凭、能力的关系:知识是原材料,文凭是显示原材料的标牌,能力是有实际用途的产品。知识多少、文凭高低不能等同于能力的大小。能力是决定工作成败的基本因素。现代社会需要的不是分数,而是能力。公司快速发展过程中肯定会存在各种各样的问题,天天念叨这些问题,还不如去解决一个问题。

重开拓进取——主要是指要有上进心和危机感,不能因为取得了一点点成绩,就产生惰性,贪图安逸。人更需要一种挑战精神,每天追求进步。不能做"佛系"员工,不能"做一天和尚撞一天钟"。

重工作绩效——重工作实绩是基于结果导向的评判方法,激励员工努力保证组织目标的实现。结果导向有几层含义:以达成目标为原则,不为困难所阻挠;以完成结果为标准,没有理由和借口;在客观的困难和异常面前,可以有一千个理由、一万个原因,但是在结果导向面前却只有一个简单的结果。

(6)职业作风:公正、廉洁、勤奋、激情、大度。

公正、廉洁是纪律层面的要求;勤奋是行动层面的要求;激情、大度是精神境界层面的要求。

公正——公正就是要在对同一类人或事的评价和处理上用同一类方法,把握同一尺度,不让评判的天平失衡。不能以关系的近远而亲疏,不能因利益的趋背而好恶。"不公正"就像一剂"离心剂",它会破坏人们和谐的工作氛围,影响人们的工作热情。

廉洁——廉洁就是律己守法,公私分明。"君子好财,取之有道",不要将公司的钱收到自己的腰包里去。腐败是公司健康肌体的腐蚀剂。

勤奋——勤奋是中华民族的传统美德。"一分耕耘一分收获""勤能补拙"讲的都是勤奋的重要性和勤奋的效果。不勤不足以后来居上；不勤不足以出效率。我们倡导以勤为荣，一切制度的制订、考核办法的出台，都要让勤奋工作的人得到实惠、受到尊重。

激情——激情是充满活力的一种精神表现，它不一定外露，却充溢在整个内心，成为工作的精神动力。干事一旦充满了激情，效果完全不一样。一般来说，年轻人较年长者有激情；新岗位工作较老岗位工作有激情。要调动人们始终保持旺盛的工作激情和斗志，定期换岗是行之有效的措施。

大度——"大度"是一种胸怀，是一种境界，是一种与人相处的艺术。人只要活在世界上，就难免会遇到一些不顺心的事，没有一个宽大的胸怀，你会将自己压得很累。"大度"是凡事从大处着眼，"风物长宜放眼量"。多换位思考，多理解他人，不斤斤计较。"大度"是讲原则的，不是一团和气，一味迁就。

（7）"山河基本法"："两参两改四结合"。

"两参"——参与基层运作、参与市场活动；

"两改"——改善管理、改善产品；

"四结合"——市场、研发、制造、管理人员四结合。

2010年，"山河基本法"孕育时，何清华就告诉大家："毛泽东主席曾经在'鞍钢宪法'中倡导的'两参一改三结合'（干部参加劳动，工人参加管理；改革不合理的制度；工人群众、领导干部、技术人员三结合）对我们当前的管理工作具有很强的现实指导意义。我们要建立具有山河管理特色的'两参两改四结合'的'山河基本法'，其基本含义为：'参与基层活动、参与市场运作；改善管理、改善产品；市场、研发、制造、管理人员四结合'。"

他还说："这个'基本法'将成为我们工作中有效发现问题、解决问题的根本方法。通过这个'基本法'的制定与实施，要达到以下效果：一是使管理者深入一线，关注细节，及时发现和解决一线的问题；二是使全体员工增强品质意识和市场意识，落实'客户至上'的企业文化行为准则；三是提倡调动各方员工积极性，倡导一种'人人为企业，企业为人人'的、充满创新活力的全员改善活动，改变公司内部的工作氛围，实现部门间工作的有机结合，达到'上下左右、合作共赢'的工作目的。"

对于"山河基本法"，何清华要求团队：一是熟读弄懂。"山河基本法"提出的"两参两改四结合"，各级员工一定要多读，组织讨论。各级管理人员要精

读，深刻理解。二是身体力行。把学习贯彻"山河基本法"与工作改进挂钩，理论联系实际。三是法商思维。坚决服从规则是一种美德。任何行动之前都要先掂量这是否合"法"，要承担什么样的法律后果。

自2010年开始，在何清华一年一度的年终总结报告中，贯彻"山河基本法"都是要求之一，可见这部"法"在山河智能管理体系中的重要地位。

（8）奋斗精神：太阳坡精神、观沙岭精神。

太阳坡精神——不甘平庸、追求理想，不断革故鼎新的励志精神。

1965年，19岁的何清华上山下乡来到湘南边陲的江永县桃川农场。虽然上大学、当工程师的理想梦断，但他相信"只要努力，到哪儿都能干出成绩"。何清华将自己担任队长的生产队办成了农场最好的生产队。后来，桃川农场被"文革"折腾得无法办下去，他又与一批志同道合者披荆斩棘创立了"太阳坡"，延续"干出成绩"的理想之火。

1998年，何清华写了《我们的乌托邦梦》，结尾处写道："……我们不曾也不会忘记三峰山下千家峒里那个乌托邦之梦。我们永远也不会放弃'大远精神'，我们永远也不会自嘲当年看似幼稚然而却极其真诚的对理想的追求……"

2018年，他在《太阳坡碑述》中写道："……不畏'茅屋风雨穿堂过，野菜清汤暖饥肠'，披荆垦荒，自建'共产主义小农场'。那是我们不甘沉沦、渴望有所作为的一次壮举……虽不失幼稚的冲动……为当时的政治大环境所不容，但却成就了我们追求理想的一次人生实践，铸就了我们至今仍追梦不息、永不放弃的情怀和意志！"

太阳坡精神的核心是"就像一个民族、一个国家一样，一个人、一个企业一定要不懈地追求自己的理想。有了理想这个灯塔，我们不会因为各种干扰而茫然，也不会因为路途遥远而畏难"。

企业发展到一定规模进入稳定成熟期，往往潜伏着走向平庸的风险，在急剧变幻的市场中，技术的落伍和管理的僵化就是走向平庸的最大陷阱。山河倡导"和谐、务实、进取"的企业文化，其中"进取"二字就是要让企业杜绝平庸。而"不甘平庸、追求理想，不断革故鼎新的太阳坡精神"正是使企业和员工永远避免陷入"平庸陷阱"的法宝。

观沙岭精神——是"不讲条件，创造条件也要上；因陋就简，勤俭节约办实事；不畏艰难，乐观进取砥砺前行"的艰苦创业精神，也是从上到下共同拼搏创建山河家园的精神。

2001年，公司成立两周年的大会在还未建好的车间中举行，全体员工坐在由木板与焊丝滚筒搭成的坐凳上。何清华说："……公司创立伊始，我们除了义无反顾的精神和技术依托外，其他可以讲是'一穷二白'。资金方面，在岳麓区政府帮助下，租赁现在的观沙岭厂区，刚刚进驻时，厂区到处是野草、黄土，车间里面是猫头鹰的乐园，晚上还可以听到悚然的叫声；当时，公司的员工也屈指可数，吃饭时，人数还不到两桌；交通方面，没有汽车，夜晚下班后，需要步行到石岭塘坐公共汽车……条件就是这样艰苦，对每一个人既是一种压力也是一种动力……"

创立公司时已有53岁的何清华除了日常管理工作外，还设计画图、制作销售资料、外出寻找客户、排故障修机器……老员工们回忆：那时候大家基本上都住在厂区的集体宿舍或周围的农民家中，最多每周休一天。没有强制性加班，但大家吃完晚饭，沿着乡间小道，在周边转一转又回到办公室，自觉加班到晚上10时才回宿舍休息……

现在，山河智能从观沙岭时期作坊式的企业已变成今日拥有山河工业城这样现代化生产基地的国际性企业，各种条件已是天壤之别。但何清华觉得，山河人不能忘了自己是从哪里来的，是怎么来的。必须用观沙岭精神教育人们，只有永远保持危机意识，发扬艰苦奋斗、励精图治的创业精神，企业才能在市场的大风大浪中立于不败之地。

（9）干部队伍建设的"八大要求"。

何清华在创办山河二十年的探索中，逐步形成了团队建设的系统思想，强调决策层—执行层—基层的执行力传递链。他还特别引用毛泽东主席的话："政治路线确定之后，干部就是决定的因素。"

在那次扭转乾坤的重要会议——2016年度经营大会上，何清华首次提出了干部队伍的"八大要求"：

统一意志，认同山河文化。有段时间，尤其是行业低迷期，山河智能的中高层管理人员变化较大。新进人员如果不了解山河的企业风格，就无法负起责任。

强烈的责任感和紧迫感。他要求，"既在'山河船'，得划'山河桨'"。面对严峻的行业形势与山河大量的重要工作，一定要通过宣传以及严格的考核大幅提升干部的责任感与紧迫感。

了解并执行"山河基本法"。主要内容为"两参两改四结合"。这个"法"并

非法律层面的法则，而是一种基本工作方法。"山河基本法"是何清华的创造，源头是"鞍钢宪法"。当前形势下这种矩阵式的工作方法更凸显其重要性与有效性。贯彻好了就能避免工作轻浮、单打独斗、浪费资源。

公正、廉洁、勤奋、激情、大度。要求干部养成职业操守和作风。

带队伍、抓效益。这是管理干部特别是主要干部当前工作中的两个重点或者说是落脚点。制订目标、培训指导、检查考核、改善提升这种 PDCA 循环式的工作就是带队伍的工作。当然最终是为企业创造效益。

完善干部选、用、育、考机制。配合测评、审计、问责制度，达到职位能上能下、薪酬能升能降的良性机制。

用"经营体"培养干部。这是何清华管理核心之一。经营体不仅让责任干部获得更多的经济利益，而且能使他们的成本意识、经营能力等也会获得实实在在的提升，并终身受益。这也是公司发现、培养后备干部的重要途径。责任干部要让自己的团队深刻认识到自身的成长、个人收益的保障一定是通过共享经营体的健康发展来实现。所以说经营体也是大家的命运共同体，只有不断提升经营体团队的综合素质特别是培育经营意识才能保证命运共同体的良性发展。

身体好、心态好。这于企业、于家庭、于个人三有利。他还要求工会、人力资源等部门，按照"快乐工作、健康生活"的要求，制订保持干部身心健康的强制性措施，提供相应的保障。

这"八大要求"，有的已经"固化"为运行机制，有的经过倡导演化为惯例……总之，都成为山河文化的一个重要组成部分。

这"八大要求"就像一块磨刀石，让山河智能的干部团队逐步走向成熟。在公司成立二十周年前夕，何清华欣喜地说："在一系列举措中，最关键最值得称道的团队建设，最核心的是以强调职业操守为导向的干部队伍建设。目前股份公司以总经理为首的高管团队平均年龄 44 岁，年富力强、高素质、高学历。中层干部队伍研发、营销等各领域的骨干队伍中'80 后'已成为主力。其中，为了共同的事业离乡背井、栉风沐雨、攻坚克难、激情飞扬的感人事迹太多太多！团队的凝聚力、执行力、活力都显著提高。这是公司发展的基石。"

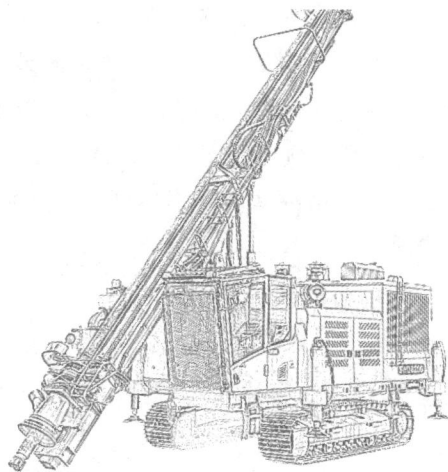

第七篇

初心如磐的家国情怀

何清华对于自己的人生有如此表述——"两个时代"与"两段人生"：祖国经历了从"艰难开国、自力奋斗"到"改革开放、振兴腾飞"的两个伟大时代，其间他个人经历了从"筚路蓝缕、自强不息"到"做我所好、率众前行"的两段重大人生。其个人精神思想层面始终呈现三个特点：喜欢创新、善于创新；不迷浮云、坚韧不拔；家国情怀、为国为民。三者一体，天然和谐。

从这段表述可以看到其观点的三个层次：第一，个人的命运与国家的命运紧密相连。第二，无论是国家还是个人，命运的向好和改变必须经过艰苦奋斗。第三，无论是国家还是个人，都必须有坚定的目标。国家的目标是"振兴腾飞"，无论是处于"艰难开国"阶段，还是"改革开放"阶段，都是围绕这一目标进行的。个人所定目标与国家目标大方向一致的前提下，不畏浮云遮望眼，不畏途中有坎坷，坚定不移，愈挫愈坚，在奉献中成就自我。

喜欢创新、善于创新是精神素养；不迷浮云、坚韧不拔是精神支柱；家国情怀、为国为民是精神动力。

家国情怀是何清华前行的精神动力。

一、坚信"理想成就未来"

理想既有"源"也有"流"。"源"是对时代背景下自己追求的定位，"流"是奋斗过程中经过探索后的选择。

"理想成就未来"是何清华的名言。这个"未来"比起一般人的理解要深远得多。

"为国家做点事"，这是成长在新中国成立之初大多数青少年的选择，也是何清华的选择。因为生活在一个"工程"的环境里，他的具体选择就是做一个工程师。他在回忆中学生活时说："中学时候，最喜欢物理，其次是数学，理想就是当一名工程师。"20 世纪 50 年代至 60 年代中期，那是一个朝气蓬勃的年代，人们是那么纯洁、纯真。作为长在红旗下的"何清华们"，一门心思就是读好书报效祖国，报效的途径就是为国家建设出力，做工程师也就是他们的美好理想之一。

而下放农村，中断了他的工程师之梦，但没有中断他"为国家做点事"的理想。

理想成就未来，奋斗是实现理想的途径。

奋斗也是改变命运的不二法门，对于出身贫寒的何清华来说更是如此。

（一）负重前行的少年

1. 家贫又遭病魔虐

何清华出生在一个工人家庭。在 20 世纪 50 年代初，像大部分工人家庭一样，他家虽清贫但能维持温饱。但是，随着三个弟弟和两个妹妹的出生，何家成了八口之家。人口增加，收入却没有增加，都靠父亲那几十元工资过日子。

20 世纪 60 年代以前，肺结核曾是中国百姓的不治之症。何清华的祖父、祖母都被这种病夺去了生命。1950 年，肺结核又"盯"上了他父亲。何父大口大口地吐血，一吐就是半痰盂。当时最有效的药物便是从苏联进口的雷米锋，40 元钱一盒。这超过了何父一个月的工资，且不能报销。别无选择，救命要紧。何父服用这种药后，人是救活了，却欠下高额债务，家里稍稍值钱的东西都卖掉了。

那个时候的何家一贫如洗。何清华儿时生活中有亮色的时刻不多。按理，少年不知愁滋味，可现实在何清华幼小的心灵里烙上了"奋斗改变境遇"的印迹。

2. 艰难中曾萌"航空梦"

何清华儿时的奋斗是"初级"的，表现为一是努力学习，二是为家里"打个帮手"。他读小学三年级时，家住长沙下碧湘街，这里离当时的火车南站不远，到那里扫碎煤就成了何清华另一种"家庭作业"。好在收获还可观，一家做饭、取暖的燃煤就靠他那把扫帚和那个桶子了。年纪稍大一点，他就去搬运队推板车。搬运工人拖货上坡时需要助力，往往请"细伢子"推车，因为"细伢子"们既不懂得偷懒又省钱。何清华记得，一次从湘江河边的西湖桥推到现在韶山路边

的大同小学，十多公里路赚了一角二分钱。夏天暑假期间，光头赤脚的何清华在太阳底下长时间推板车，除长了一身痱子，头上还长了好几个疖子。一段时间后，疖子"熟"了，由硬变软，由红变黄，里头化脓了。没钱打针吃药，妈妈就手挤嘴吸除掉黄脓，再用买来的红膏药贴上就算完事。好在何清华抵抗力、恢复力很强，不但痊愈了而且没留下难看的伤疤。何清华还记得，那年，他耳朵上的那个疖子总是流脓不见愈合，他也没把它当回事，还到湘江里游泳。不料被水一泡，疖子和坏肉全被江水冲走了，疖子很快结痂好了。

1958 年过了春节后，何清华父亲调到长沙客车厂（即长沙汽车大修厂），一家人也从下碧湘街搬到了位于乔庄的省运输局宿舍区居住，也就是现在老省政府大院东边围墙一带。宿舍区附近的五里牌有个新生火柴厂的外包办事处。这里将糊火柴盒的各种原材料如木片、连接花纸与纸带、糨糊料、捆扎席草等发放给附近贫困家庭糊成火柴盒成品。乔庄宿舍区成了加工大据点，每当火柴厂外包办事处到了一批原材料，附近糊火柴盒的家庭会争先恐后地争取多得到一些活计。为了缓解家中的困难，何清华的妈妈每次都能很强势地拿到最多的活计。一到领活计时，何清华就和妈妈用门板将一大堆折盒木片、纸张等原材料抬回家，整间房子堆得满满的。

生活的艰难并没有拦阻住少年的梦想。宿舍区里的大人都是鼓捣机器的人，何清华"近朱者赤"，对机器有着浓厚的兴趣，用橡皮筋等做发电机就是例证。入学后，他曾对航模有过浓厚的兴趣，可因为交不起那五角钱的材料费而无法进入学校的航模小组，只好将"航空梦"锁在心中。

上学的日子，何清华放学后要糊火柴盒到晚上 8 点后才能开始做作业。星期六晚上则要干到 10 点多。但干得最多的还是星期天：早上起来没吃早饭先糊一阵，然后一直干到晚上 11 点多。一天下来，他从早糊到晚能糊六千个火柴盒。不过由于一整天不动，他双脚肿得连鞋也穿不进。何清华成了运输局宿舍区糊火柴盒的能手，甚至有传言说他一次能糊两个"外套"。虽是传言，但他确实对"糊法"进行过思考和设计，对动作进行过优选，其原理有点像 20 世纪 70 年代华罗庚先生推广的"优选法"，因此糊得比一般人要快。

一家人除了小学毕业就参加工作的大妹妹外，妈妈负责拿订单和后勤服务，爸爸下班回来负责捆扎，小妹妹与一个弟弟专门糊火柴盒盒底，另两个弟弟负责折形、盒底糊边等。八口之家住的那间地面是三合土的房子，到处都是火柴盒的原材料和成品，家中成了一个实实在在的工厂。如此，卫生是没办法讲究了,房子也就成了虫子的安乐窝,何清华睡在高低床的上铺,常能发现那些臭虫一串串肆无忌惮地在上下铺爬行。

何家成了附近有名的糊火柴盒大户!尽管糊一千个火柴盒包括捆扎只有三角钱,但在一个暑假里全家全力以赴的话也能赚到好几十元钱,超过何清华父亲一个月的工资。这不仅能贴补家用,还能交纳孩子们的学费。本来,何家与大多数工人家庭一样,家具全部是借用公家的,但凭着这笔钱,他们家买了一台废卡车箱的箱板,做了柜子等家具。

早上糊,晚上糊,这种情况一直延续到何清华高中毕业。在学校,谁也想不到乐观豁达的何清华家境如此窘迫,何清华也不想让老师、同学看到家中的窘态。一次,班主任肖润娟老师带几位女同学到何家家访,何清华设法阻拦,不让她们进入家门。但老师从不同渠道得知了他的家境,也知道了何清华每晚得先糊上一阵火柴盒再做作业,一直做到很晚……

也许是上天的补偿,当然离不开本人的勤奋,何清华的学习成绩特别好。从育才小学毕业后,他被保送进了长沙市一中,在那里念完初中、高中。要不是越来越严厉的"阶级路线",要不是他档案里被塞进家庭成分"伪军官"这个炸弹,何清华完全可以进入大学,不仅改变自己的生活境况,也可以助家里一臂之力。但历史不可能假设,磨难真切地伴随着他。

3. 好在有母亲主持

何清华的母亲本来参加了工作,因为被机器轧断了手指只得回家做了家庭妇女。面对一贫如洗的家境、重病的丈夫、六个要养活的孩子,焦虑导致了她精神失常,好在治疗一段时间后也就正常了。于是,她成了这个家庭的"后勤部长",甚至这个"家庭工厂"的厂长。

何清华在《追忆母亲》一文中写道:"妈妈虽然是一个没有进过正规学校的、主要工作是操持家务的普通人,但她的许多品德令我们子女永世不忘,并且终身受益!妈妈热情好客、坦诚相待、乐于助人等鲜明个性给与她交往过的邻里、亲友、子女的同学同事都留下深刻的印象!""忘我之爱、施惠众人:妈妈的忘我之爱惠及爸爸、子女和他人。自我懂事起,就感受到家庭生活的困苦。我爸爸能从(20世纪)50年代初那场几乎是过鬼门关——严重的肺结核病中抢回一条命,活到(19)90年,其中最重要的原因就是妈妈的精心呵护!爸爸便秘了,妈妈用手抠。几乎变卖了家中稍稍值钱的东西,给爸爸增加营养。妈妈对

子女要求很严，平时子女与别人发生纠纷，不管如何总是批评自己的孩子。但如若有人真的仗势欺负我们，妈妈则不管别人如何强都会奋不顾身，挺身而出。""图强之身、如牛负重：久病的爸爸和众多年幼的子女导致家中几乎一贫如洗，有一度家中床上垫的是牛皮纸的水泥袋。面对重病的爸爸和六个年幼的孩子，妈妈为增加家中收入，想方设法，糊火柴盒、铰螺栓……家中几乎成了个工厂。妈妈满头大汗、风风火火拉回来一篓篓火柴盒材料的身影至今清晰地留在我的脑海中！她主持公道、抱打不平的形象也刻在我的记忆里……"

在何清华的心中，母亲的形象高大、丰满，特点鲜明，集大爱、仁慈、刚强、勤劳于一体。曾有人说，家庭如木桶，成员是木板，而母亲就是那个铁箍，没有母亲的凝聚力，家也就不成家了，四分五裂了。

常言道，家是最小的国，国是千万家。何清华之后由家及国，对家国一体有着深切的感悟。

（二）蹉跎岁月的坚守

在学校，何清华立下了做工程师的志向，希望通过此"为国家做一点事"。没想到"上山下乡"运动让何清华中断了工程师之梦。

1. 科学种田的优秀队长

那是 1965 年七八月间，何清华从长沙市一中毕业。按他的学习成绩，不是入清华就是进北大，但最后他下了农村。当时在毕业生中大搞"一颗红心，两种准备"的活动，就是要学生们一颗红心忠于党，做好上大学和下农村两种准备。五十多年后何清华回忆当时的心态说，尽管自己内心确实做好了两种准备，但大家还是认为成绩好的他只有一种准备就是上大学，他也觉得有道理。高考结束那天，寄宿的何清华将行李放在学校，和平常一样帮家中糊完火柴盒后就与几位同学到湘江游泳。他的想法很简单，考上了大学，就带行李去上学，没有考上大学，就将行李带去农村。最后他确实抱着到哪都能干出一番业绩的心态，于 1965 年 9 月 4 日坐上一列知青列车辗转来到湘南边陲的江永县桃川农场。

一说起知识青年下放，人们以为是"文革"的产物，其实早在 20 世纪 50 年代就开始了。为了解决城市中的就业问题，从 50 年代中期开始就组织将城市中的青年移居到农村，尤其是边远的农村地区建立的农场。1953 年《人民日报》发表社论《组织高校毕业生参加农业生产劳动》。1955 年毛泽东提出"农村是一个广阔的天地，在那里是可以大有作为的"，成为后来知识青年"上山下乡"的口号。从这一年开始共青团开始组建农场，鼓励和组织年轻人参加垦荒运动。譬如，北京、上海和其他一些大城市的知识青年下放到北大荒、新疆、云南等边疆地区。现在有名的江西共青城，就是 1955 年共青团组织实践的成果，其前身是共青团上海市委组织青年志愿者在江西德安县米粮铺拖沟岭、鄱阳湖畔、庐山南麓开垦荒地而成立的"共青社"，经过几十年的发展在荒地上兴起了一座城市。在这些下放知青中，后来也出现了一批英模人物，如侯隽。1962 年，高中毕业的侯隽，响应"大办农业，大办粮食"的号召，来到天津宝坻县窦家桥村插队落户，立志做有社会主义觉悟、有文化的新型农民。2019 年 9 月，在中华人民共和国成立七十周年前夕，她和回乡青年楷模邢燕子一起荣获全国"最美奋斗者"称号。何清华所下放的江永县是湖南的"边疆"，那里的回龙圩早在 1962 年就接收了 225 名长沙知青。为安置更多的知识青年，江永县在 1963 年又先后兴建了凤亭、桃川两个农场。

工程师无法当了，那么就在农场再寻找实现理想的途径吧！五十多年后，他回忆这个时期时说："我的思想是一脉相承的，开始就是想做一个工程师。由于种种原因，进大学的门被堵上了，下放后就想办好一个农场。"

他到桃川农场后当上了生产队长，但这个生产队长只不过是按照上面的意图安排队员的生产、生活，至于种什么、怎么种，那是农场高层的事。农场的"高层"还非同一般，其中一个是南下干部。不过这种"高层"干部也是经常换的，并且"一个将军一个令"。当年，还是初中生的韩少功曾在这里生活过几个月，"文革"结束后，他以这里的生活为蓝本，创作了小说《西望茅草地》，获得了全国短篇小说奖。那里的生活情景，几十年后人们说起来与小说里差不多。易宇欣回忆说："当时农场的领导是一位（行政）14 级的南下干部，还配有手枪，人很好，就是没有文化。他以战争年代带兵的那种方法来带这帮有文化、过惯城市生活的青年。譬如，男女青年之间要是走得近一些，他一定会把他们拆开。一次，一对青年男女谈恋爱，他劝了几次没有效果，便发怒了，拔出手枪要毙了他们。这两个青年就跑，这一追一跑竟翻过了两三个山头。但他又非常体谅这些青年，见大家都是长身体的时候，伙食里没有什么油水，他就把自家喂的鸡杀了炖汤给大家喝，补身子。正因为这样，我们这些知识青年既尊敬他，也怕他。20 世纪 90 年代我们再回江永时，大家都去看他，他也很高兴。他

来长沙，知青们纷纷做东宴请他。……农场在那种体制下是办不好的。因为这个场长说，这里适合种香柚，于是就种香柚；换了一个场长，他说是种水蜜桃能增收，于是就砍了香柚种水蜜桃……翻来覆去，农场怎么能办好?"

工程师虽然暂时做不成了，但"为国家做点事"的愿望更加强烈了，何清华选择了科学种田。因为他是生产队长，在自己负责的这片土地上有实验的条件。这时他只有19岁，得负责43个同来的"知青战友"的吃喝拉撒和安排他们下地劳作。

尽管何清华没有决定种什么不种什么的权力，但他可以在"如何种"上作文章。他所带领的生产队地处茅草地工区，没有水田，完全是在乱石荆棘中垦荒出来的山地。他带领全队靠书本上学来的农业技术将种植的杂交玉米、棉花、果树苗整治得生机勃勃，获得全农场最好的收成。譬如蔬菜，别的生产队没菜吃，他的生产队还有多余的可以援助别队。

有两件事，让他五十多年后都难以忘怀。一件是他每个月的生活费是12元，可他会从中省出几元来买农业技术方面的书籍。当时正是"吃长饭"的时候，远在长沙的父母很不放心，每个月寄来省下的五斤粮票和四五元钱。何清华五十多年后回忆这事时感叹："全家七八口人，就父亲那份工资，也不知他们是怎么省出来的。"另一件事，就是为改良土壤，多施农家肥，队上每天清早要到十来里远的桃川镇买大粪，途中要经过所城——一个明清朝时期的治所。那种生活场景烙在他的心头，五十多年后，他还写了一篇《买大粪》的散文。

买大粪

（2014 年 12 月）

当年农场严重缺肥，为了补充肥料，到桃川镇挨家挨户询问买大粪，并到居民厕所里搅动看"粪水"成色(镇上居民往往在茅坑里掺了不少水)，一般为3至5角钱一担。讨价还价达成协议后，用粪瓢尽量捞稠一些的灌满粪桶。我们一般挑着一担毛重55公斤左右的粪水约走四华里以上的路，经所城古村到茅草地工区。所城是明代一个兵营，村子很大，有城墙和四个城门，城门外有护城河。我们挑大粪走过时，有些当街农民还掩鼻或关门。有时早餐前买一担，中饭前再买三担(往返数十里)。女知青章培丽居然也可与我和刘声祥一起完成现在看来不可思议的任务。要知道挑粪桶比挑其他东西更难，而且更累，饥饿感更强烈。

回想起来，尽管这样辛劳，我们仍然有着"快乐感"，也不缺乏"寻乐子"的恶作剧。到所城大约走了一半路程，几个人有时饥饿感太强就在村中一个老太太开的小杂货铺买一毛钱花生吃吃，那个香味和快乐至今还能强烈体验到……有次几个人挑着装满的粪桶经过知青光顾较多的桃川饮食店，店中有一位与我们关系密切、人称"三姐"的收款老太太看见后捂上鼻子，我们则不约而同将几担大粪放在饮食店门前，随后进店一人买一碗甜酒水吃起来……让她哭笑不得。

在那种"一把手说了算""一个将军一个令"的情景下，何清华"自发性"地科学种田也很难发挥作用，但何清华在自己可作为的范围内还是成绩突出的：他所在生产队的作物产量最高，用新农业技术试种的许多新作物都很成功。队员们最直接的体会就是：别的队无菜下锅时，他们队的蔬菜吃不完。

2. 太阳坡的乌托邦梦

2018 年 5 月 28 日，何清华、易宇欣夫妇与山河智能一批员工来到江永县千家峒的大远山下，隆重而庄严地立下一块石碑。碑文上写道：

1968 年，桃川农场的生产因"文化大革命"的干扰而陷于瘫痪状态，我们二十九位踌躇满志的热血青年毅然结伴从农场来到江永千家峒大远山的这片朝阳坡地，不畏"茅屋风雨穿堂过，野菜清汤暖饥肠"，披荆垦荒，自建"共产主义小农场"。那是我们不甘沉沦、渴望有所作为的一次壮举，有如夸父逐日的勇气和愚公移山的坚毅。虽不失幼稚的冲动、缺失理性的分析和科学的论证，又没有经济收入的支撑，尤其为当时的政治大环境所不容，但却成就了我们追求理想的一次人生实践，铸就了我们至今仍追梦不息、永不放弃的情怀和意志！今故地重游，特立此碑，以作纪念。

立下这块碑是为了纪念这段往事，也是为了一种精神的传承。

记得 1967 年上半年，就在何清华以科学种田作为自己实现理想的途径时，"文革"来到了江永，造反之风席卷全场，农场领导班子瘫痪了，一部分知青组成造反派冲进了江永县城，在那里造反闹革命，作为"留守派"的何清华却坚守在农场，思考着怎么继续办好农场的问题。后来，桃川农场实在无法重建，何

清华等几人倡导，一帮志同道合者来到江永的千家峒办起了大远农场。

何清华在 21 世纪初写了《我的乌托邦梦》，记述了那个过程。

1967 年下半年，47 军进驻湖南"支左"，在江永"支左"的是该军某部。"支左"军代表魏主任要我们桃川农场"东方红""井冈山"这些"办场派"去县城重树某某司令部的大旗。为此，以刘某某为首的"东方红"去了县城，我作为"井冈山"的负责人，更主张坚持就地抓生产，把桃川农场办好。此后一段时间，我们在极其困难的条件下努力维持了农场生产的基本运转。

"文革"风云瞬息万变，不久即轮到所谓"小将们犯错误了"。部队"支左"负责人也调换成李教导员，"东方红"在县城开始陷入困境。1968 年春节刚过，"东方红"决定与留场的"井冈山"合并。大家考虑到我"家庭出身好"且群众关系好，推举我为总负责人，并在茅草地工区的大礼堂召开了合并大会。尽管春寒料峭，我心里却格外热乎。我满怀豪情对战友们说："人生能有几回搏，是我们奋力一搏的时候了。让我们团结起来，办好我们的桃川农场！"不久，大批知青从长沙返回农场。在城里备受歧视饱经磨难后，他们带回的是绝望与愤懑。"扎根派"知青除了坚持生产，承担数百亩田地的耕作以及牲畜饲养外，还尽力为全场知青砍柴、种菜、煮饭，希望能以此感动大家一起来办好农场。但这一切事与愿违。少数人百般阻挠我们的生产活动，甚至还有人砸房子，砸拖拉机……我们苦苦地思索着，讨论着，并在自己办的小报上发表了《用毛泽东思想重建桃川农场》的长文，详细阐述了农场存在的问题，构想了重建农场的蓝图，期盼以此点燃大家共同办场的热情。然而，这只是一厢情愿。办场与拆场的矛盾进一步激化，理想与现实天悬地隔。何去何从？我们一筹莫展。此时，韩少和带来的一则信息，似乎给困境中的我们带来了可触可摸的希望。原来韩少和在县城结识了大远公社（即今千家峒乡）的小唐。据小唐说，他们那里山好水好，是少数民族聚居区，大山边缘有一些抛荒的梯田和宜于开垦的山地，人稀地阔，很适合办小农场。

于是，何清华带人进山选点。从桃川沿公路走 35 公里到县城，再往北走 10 公里就到了简易公路尽头。他后来回忆说：

"道路的尽头仿佛在向我招手……"不知是谁哼起了这首孟加拉民歌。一座山头耸立在潇水对岸，当地叫枫木坪。渡过河桥走进山坳，眼前豁然闪现一片平展展的盆地——黄绿相间的田野，清亮的河流，散落的村舍，袅袅的炊烟。平地那边，莽莽都庞，层峦叠翠。三座峻峭的山峰巍然屹立，那就是海拔1528米的三峰山。山岚雾霭中一帘大瀑若隐若现，好一个桃源胜境！未来的小农场就选定在三峰山下潘家村后的半和坪。半和坪面东朝阳，我们便满怀着希望称它为"太阳坡"。这洒满理想之光的太阳坡，就是我们新的梦想的起点。

试看太阳坡这片处女地在他们手中的变化：

田维强、易志球承担小农场营房总体布局的设计。他们用锄头铲除杂草，标出各个建筑物的位置。刘胡子(刘内安)等壮劳力则去原始山林砍伐树木。我们扛来最粗最直的树木搭成人字形顶棚，从山坡上割来茅草编成草帘盖上棚顶，再用草帘围在小棚的两头就算墙了。棚内则用草帘间成男女宿舍，栖身之所便告竣工。宿舍东边搭起仓库、厕所，沿山坡挖了两个露天窑洞，盖上茅草即成猪圈牛栏。一切都依山就势，因陋就简，但我们做起来却是那么认真，甚至带有一种神圣的意味。记不得是谁的奇思妙想，竟在宿舍后面一片乱竹茅草中辟出一隅之地做浴室。先用砍刀砍出一条小通道，约两米长，然后往右拓展成一块四米见方的空地，刨掉树根，铺以卵石，一个日光浴室便浑然天成。

"饭厅"设在宿舍西侧。我们紧挨着山道，垒出一个齐膝高、三米见方的平台，将平台挖出灶膛、烟道、进柴口，灶就算砌好了。没有水缸，就砍来楠竹从中剖开，削平竹节，一根衔一根，把山泉引到铁锅里。清冽的山泉滋润着春天的憧憬。石矛提议建一"春来茶馆"，大家拍手赞同，于是先在灶台上方搭起半扇屏风，并缀以山花。

他们向桃川农场借来两头牛和一头母猪。两头牛一头是壮水牛，一头是"烂鼻子"黄牛……

半个月下来，沟垄收拾得干干净净，畦田整治得平平整整。左边种白菜萝卜，右边种油菜草籽，中间挖了个池子培育水浮莲做猪饲料。辛勤浇灌，菜生新叶，绿色初盈视野，希望充满心间。那头从农场运来的大母猪又开始下崽了，猪崽们的唧唧叫唤伴和着婉转的鸟鸣，给宁静的大山平添了几分生机。作为一个追求理想的载体，大远小农场享有充分的民主……

正当小农场一切走上正轨时，一股窒人的黑浪向我们无情袭来——县里传

来谣言,说我们是一伙"炮打三红"的反革命分子,为逃避无产阶级专政的法网,纠集上山为匪;说我们有枪有炮,准备日后血洗大远山,进攻江永县……在熊熊的火光中……理想中的小农场化为灰烬。

3. 农村调研的冷静思考者

太阳坡的乌托邦梦碎了,何清华又回到了桃川。

转眼到了 1969 年 1 月。"经零陵地区革委会批准,江永县革委会决定撤销桃川、凤亭这两个'知识分子成堆'的农场。桃川农场 438 名长沙知青分散到 11 个公社的 44 个大队插队落户。"桃川 438 名长沙知青中当然包括何清华和易宇欣。

突然下达的农场解散重新分散插队落户的命令,加速促成了不少尚未确定关系的知青情侣"浮出水面",让他们成双结对地被分配到一个个新的知青落户之地。何清华没有随他所在的生产队知青一起走,而是随自己的恋人易宇欣被安排到夏层铺公社底铺大队插队。这是他们第二次下放。何清华在那里拿的是 10 工分,易宇欣拿的是 8.7 工分。

在底铺,他除挂着"下放知青"的名号外,其他与农民没有两样,得挣工分吃饭,得一天到晚面向黄土背朝天,得从鸡屁股里抠盐油钱。可是他并没有沉沦,而是对农业、农村、农民进行观察和思考。这里比起桃川农场有一点好处,即农活并不那么忙的季节,也可以像农民一样,逢市赶集,也可以串亲访友。何清华利用这种机会,走访分散在江永县各个公社、大队的知青战友,譬如离这里百余里的山旮旯上洞公社。他见识了农村,特别是山区农村的贫困,他也看到了农民对于工分值很低的集体工并没有积极性,他更看到了农村生产力的低下……现实,不得不让何清华进行了冷静的思考。农村是一个广阔的天地不假,在这里大有作为也对,可插队的知识青年能做些什么呢?农村这种大集体的生产方式能够解放生产力吗?农村什么时候能够真正富裕?这些问题时常在他脑海中盘旋。虽然他明白自己在这种环境里无法改变什么,但"总要做一点事"的想法时时在他的心中升腾。

他不愿过那种"做一天和尚撞一天钟"的生活,他也没有时刻想着回城,但他相信这种生活总有结束的一天。

他也面临着一个现实:桃川农场重新插队的知青一下子很难适应新的环境,很快掀起了一股离开江永寻找更好落脚之地的风潮。这个世界总处于变化之中，稳定是暂时的，变化是恒定的。1969 年 5 月，长沙铁路局、道县纺织厂到江永招工，仅招收家庭出身好的知青 90 名。此后，大部分知青被迫转点、病退、结婚、学手艺以自谋出路。何清华、易宇欣也是"被迫转点"的两人。原因很简单：何清华因为父亲曾在国民党部队当过短时间的少尉技佐而被认为"有历史问题"，而易宇欣因为家里长辈中有人在旧政府做过官，还有不少海外关系，被认定"出身不好"。他们在讲"阶级路线"的时代里不可能通过正规渠道招工、上大学的，也就是说待在江永是没有前途的。再者，他们离家千里到成家立业年龄却前途不定，家长们怎么放得下心？

于是，在家里的安排下，他和未婚妻易宇欣转点来到益阳县泞湖。

这时，五年的农村艰难生活让何清华变得更加坚强，心中理想之火不灭，也迫使他不断地寻找新的实现理想的途径。

4."农机专家"曾是梦想

在泞湖，何清华曾设想通过"办厂"延续"大远精神"，从而找到一条实现理想的途径。多年的农村生活使他深深地感受到：农民太需要机器了，农业太需要机器了！

这是何清华的切身体会。他看到，农民为接一个断裂的耙齿，竟要走上几里路赶到公社所在地；他也看到，农民为碾米，得挑着谷子跑上好几里路；他更有体会的是，因为没有耕牛，更没有机器，他得在"双抢"期间回到所落户的生产队当几天"牛"，那一次早上没有吃饭、中午吃饭迟，他差一点就倒在了拖耙的田里……

"农业和农村的出路在于机械化"成为他新的奋斗方向，他一门心思放在农机上。他立足"本职"，把泞湖农机厂作为实现理想的载体，不仅成为名副其实的"小何师傅"，学得车、钳、刨、铣、锻等十八般武艺，而且为农民开发了一系列急需的农机。

为了成为"现代农民"，他学会了驾驶拖拉机，将拖拉机犁田耙田的一套操作动作练得非常精准，操作起来一气呵成，耕作面留下的"死角"面积最小，让那些掌犁扶耙的老把式也不得不伸出拇指称赞。

为了减轻农民抬机器到公社农机厂之苦，他带着自制的工具赶到二三十里外的现场修理农机。

为了研制出更多更好的农民需要的农机，他自学，他调研……做一个"农

机专家"曾是他的梦想。

如果不是后来回城，说不定他会梦想成真。

（三）是金子就会发光

1974 年底，何清华因父亲退休，得以"顶职"回城，到长沙客车厂做了工人。在此前后，1971 年 10 月，那场 44 天的牢狱之灾过去后，何清华选择了自学，也选择了结婚。1972 年，他们的儿子降生；1976 年，他们的女儿来到了人世。

日子就像机械的齿轮，不停地转动着，周而复始。

尽管在这里他直接当上了二级工，也尽管何家与长沙客车厂有着"特殊关系"，但是工厂并没有为何清华铺开一条平坦的人生之路，更没有给他提供施展的舞台。相反，对于他这种有着独立思考能力，在工人中展示出个人魅力，在技术上有着过人之处的人，厂里是架着有色眼镜看的。虽然在这里他只是一个普通的二级工，一个月领着 36.5 元工资，与一般人一样上班下班，可在"民间"却是大名鼎鼎。刚来不久，人们发现这个"新人"有着与一般人不一般的生活习惯。他不会扎堆吹牛闲聊，也不会在午饭后剩下的短暂时间里闭目养神，而是用粉笔在地下演算数学题……这种演算是自学，也是因为技术革新的需要。他默默地进行着技术革新，而且很快形成了一个"圈子"。在这个"圈子"里，他是个既动脑又动手的角色，一旦技术革新项目要进行参数计算，就得"请何清华来"。四十多年后，当年的工友们还可以绘声绘色讲述他演算的情景。

（四）年过而立定平台

1980 年，经过常人难以体会的艰难自学，也在众多"贵人"的帮助下，何清华总算冲破那张僵化的社会环境之网，进入中南矿冶学院机电系攻读硕士学位。这在何清华的人生中是"关键的一步"，因为他找到了实现理想的平台。在农机厂当工人也好，在客车厂当工人也罢，"操持"机械就是他的职业。读机械系研究生，意味着何清华选定机械作为终生的事业，机械是他实现理想的平台。

何清华明白，考取了机械系的研究生只是实现理想的第一步，要达到为国建功立业的境界还有非常漫长的路要走，而且路上坎坷不平、荆棘丛生，甚至还有断崖式的变故。而达到理想唯有依靠知识、智慧，攻坚克难，不断进取。

于是，他"如海绵吸水一样汲取知识"。

在读研究生的四年里，到底读了多少书，何清华没有做过统计，他的三位导师也说不清楚。事实是，他除了修完矿山机械专业研究生应修的课程外，还旁听了粉末冶金、物理探矿、地质构造、计算机、采矿等学科的课程。三十多年过去了，他还能讲述粉末冶金的"等压成型、等速成型"，地质方面的"地洼学说、地幔柱学说"等跨学科的知识。他认为，广阔的知识面对学术的精深和创新具有十分重要的作用。

为寻找一个实现理想的平台，如果从童年算起的话，何清华寻找了三十多年。没有这三十多年的坚持不懈，甚至忍辱负重，岂能达到如此境界！

二、践行"装备制造是立国之本"

从 1984 年研究生毕业到 1999 年创办公司，是何清华从事教学科研的十五年。在这十五年里，何清华在科学研究、技术发明与工程设计方面的成绩充分展示出他在机械技术领域的高潜质。但他也从"厂校结合"科研的过程中，看到了我国科技成果转化大环境中的弊端。当这种弊端成为实现理想的"肠梗阻"时，他毅然"下海"创办企业，目的就是在高校科研成果转化方面走出一条新路来。

（一）志在产业强国：修身治业、兴企强国

观沙岭，山河智能起步之地。

虽然原来的厂房早已几次易主，可当年的主厂房的墙顶上，"修身治业、兴企强国"八个大字仍赫然在目。这与一般企业写着"开拓""奋进"等词不同。

1. 写在墙上，印在心上

这几个字写在墙上，却铭刻在何清华的心上。也正是这几个字的深刻而丰富的内涵让更多的人认识了何清华，也让何清华在"兴企强国"的路上走得很远。

以特种装备为例。2001 年的一天，曾当过兵的山河智能老员工伍发言向何清华引荐了曾在军事院校工作过的老专家，他原来与伍发言一起工作过。老专家在与何清华交流中谈到，工兵很多装备实际上属于工程机械范畴，何清华表

达了凭借自己和公司的创新能力一定能提供更好的这类装备的意愿，老专家也很欣赏这位有着家国情怀的学者型企业家。不久他向有关部门推荐了何清华和山河智能。何清华带领他的团队，包括在读的博士张大庆等与相关部门和科研机构多次交流，对方也派人员来山河智能考察，对山河智能在液压电控方面的能力很感兴趣。

但要真正得到军方的认可却是很不容易的，21世纪初民营企业进入军工业务的门槛更高。作为制造特种装备板块最早的团队成员之一，张大庆回忆起当时的曲折历程："2004年，一位陆军装备部门负责人对何清华说：'我们有一种从西方引进的工程车上的电液控制系统还要从国外采购，你们也可以参与竞争帮助研发解决。'我记得很清楚，是贵州某工厂引进了西方某国的一批工程车，他们在国内设立了一个国产自主电液控制系统的科研项目，一个有外资背景的百纳公司已为此项目努力将近一年了。在没有资质、没有承研经历的背景下，何老师毅然决策组织团队参与军工开放项目竞标业务。何老师临时抽调我和公司其他同事，组建了一个项目攻关团队，参与这个项目的竞标工作。2005年夏天，我记得是七八月份，非常热，坐绿皮火车第一次去贵州现场调研，但被告知不许拆开控制器。何老师说：'我们到现场测试进口控制器的输入输出信号类型，再回去研究应对措施吧。'回到长沙，我们马不停蹄地开始了研制工作。因何老师团队在这方面已有深厚技术积淀，回来后不到三个月就拿出了控制器的试验样机，经装机测试一些功能还超过了原控制器。尽管因阴差阳错山河智能最终没有拿到这个项目，但技术实力与不计得失的务实态度得到了军方的肯定，何老师为国家奉献的情怀得到了军方的高度认可。"随后山河智能的SWE360挖掘机批量列装部队，并在抗洪救灾中发挥了重要作用，还获得了全套军工资质。山河智能的特种装备板块开始正式走上了发展的快车道，耕耘不止，收获不断。

在起步那几年，山河智能的经济实力并不强，可何清华想的、企业干的都是与国家命运密切相关的大事。除了特种装备，何清华迈开了发展通用航空产业的步伐；从产业战略高度，克服重重困难，研发挖掘机，配套挖掘机生产产业链；为填补国家工程机械有关空白，他率领团队开发出了山河品牌的旋挖钻机等大国重器……尽管关山重重，但何清华的行为一直与国家的发展高度同频。

2. "平治理想"，新的形式

"修身治业、兴企强国"八个字曾作为山河智能的价值观进入山河智能企业文化体系。2009 年，山河智能的价值观改为"修身、治业、怀天下"。对此，何清华的解释是："2009 年山河智能成立十周年，山河智能产品出口到了世界四大洲数十个国家，山河智能的员工与世界有了比较密切交往，特别是在欧美行业中已实实在在扩大了'SUNWARD'品牌的影响，山河智能在成为国际化企业的道路上已迈出了比较坚实的步伐。山河智能的目光已从中国投向了世界。为了让世界了解到山河智能的追求，使企业的价值观更具意义，我们将原有企业价值观扩展为'修身、治业、怀天下'。"

无论是"修身治业、兴企强国"，还是"修身、治业、怀天下"，这种文字表达，都能使人们想到儒家"修齐治平"理想的表述——"修身齐家治国平天下"。这可是古代读书人所追求的实现个人价值理想所达到的最佳境界啊！中国历代士大夫们，哪个不希望通过自己的人格完善，进而管理好家庭，再通过正途取得治国机会，立功于平定天下？山河智能作为一家企业，把价值追求确定在儒家"平治"理想上却一点也不奇怪，掌门人何清华是一个被中华优秀传统文化浸润的人，他所追求的就是通过办企业实现自己为国家服务、为世界创造价值的理想！

他在 2016 年经营工作会议上对于自己的"为人"作了专门的介绍，表明这是自己为人的底色。他说："为了便于大家对我的理解与支持，除了企业文化折射出我的理想追求和技术人特质以外，下面请大家从另外几个侧面关注我的性格特点。"第一个特点就是"理性地道的中国人"。他解释说，"首先是热爱自己的祖国，再就是能比较客观地看待中国与世界，包括学习国外好的东西"。

可见，国家在他心中有着沉甸甸的分量。

何清华就是一个坚定的"平治"理想的践行者。

在践行"平治理想"的过程中，修身，何清华无疑达到了文武兼修的境界。那是 1983 年，何清华研究生毕业后，去向还没有确定。作为一个家有老少的户主，在没有工资发、没有地方住的情况下，他仍然跟着本科生们学习计算机编程方法，学习二进制，很有点"一箪食，一瓢饮，在陋巷，人不堪其忧，回也不改其乐"的意境。

对于何清华创业的初衷，山河智能一位副总经理结合自己的经历，作了如

此解释:"下海"创业有三种境界,一种为生计;二种为提升生活品质,即得到享受;三种为信念,也就是理念和情怀。

他说:"从何老师的情况来看,创业时孩子已经在美国读博士,妻子是一定级别的领导干部,自己已是教授、博士生导师。他图什么?图的就是实现自己的抱负。""创业当然有市场因素,也就是说要赚钱,但何老师的创业是情怀和抱负的使然。他的出发点是冲破机制和体制的束缚。因为他在学校科技工作的经历,在与国有企业的合作过程中,对于体制、机制对科研成果转化为生产力的束缚有着深切体会。他要找寻摆脱这种束缚的途径。同时,他自青少年以来一直有种要做一点事的追求。一句话,他'下海'创业是为了国家科教事业和机械产业的兴与旺。所以,他在创业初期提出了'科教兴产业,产业促科教'的口号。后来,又提出了'修身治业、兴企强国'的口号。现在提的是'修身、治业、怀天下'。不管如何变化,为家、为国、为天下是其基本价值指向。人们说文如其人,在产业界,什么样的人就会提什么样的口号。"

"下海"时,何清华不再年轻,已经53岁。"下海"创业,意味着在商海中打拼,意味着要承担失败的风险,意味着在其他方面丧失许多许多,甚至包括他的科研时间。

"下海"时,何清华已经功成名就,除了是教授、博士生导师外,更有许多科研成果获得省部级奖励,特别是在液压冲击机构理论研究和设计上取得的独特成就,在世界凿岩设备领域具有开拓性的意义。"下海"虽然不是将以前的一切"归零",但也意味着在一个新的起点上重新开始。

3. 初心不改,不计得失

在"下海"前,何清华还有着"风光"和"轻松"的"召唤"。当时有关部门提议他参选一个民主党派省委副主委。只要他愿意,选上不是问题。一旦选上,就是"正正规规"的副厅级干部,可以享受专车、四室两厅住房的待遇,仍可在大学里当教授,领大学教授的工资。"要知道,当时我在大学里住的也就是一前一后的两间房,几家共用一间厨房和厕所。"何清华后来回忆说。可见,那种"召唤"对何清华而言有它的实惠之处。

但是,何清华选择了创业。他说,他不太习惯开会,觉得自己如果能够在科技成果转化上闯出一条路来,则比当官于国更有意义。失去也好,自讨苦吃也罢,他觉得值。

在山河智能十周年画册的卷首语中,他写道:

一个国家,如果没有自强不息、顽强奋斗的民族精神和勇于创新、与时俱进的时代精神,就不会有旺盛的生命力、强大的凝聚力;一个企业,如果没有长远的战略眼光和高瞻远瞩的发展规划,就不会长久屹立于竞争激烈的市场之巅;一个人,如果没有了理想就等于失去了精神和人生的目标,就不可能逾越人生中难免的沟沟坎坎,就不可能在任何领域有所建树。理想对个人来说也意味着要有一定的超脱,意味着有所得,有所失……

每当我登高眺望祖国的绵绵河山,既令人自豪,也令人叹息!整个中国近代史,中国龙都似乎昏昏欲睡,饱受蹂躏。回首人生经历过的风风雨雨,虽然在那个特别的年代,我也受到过不少挫折,但乐观向上、期盼国家强盛的信念一直未曾改变;"立足兴趣、不断充实、不断反思、不断超越"的人生探索未曾间断;实业报国的情怀和事业追求的执着成为我跨越人生坎坷和开创山河事业的不竭动力。作为一名从事应用科学的科研工作者,我的想法很朴实,就是希望自己的科研成果能够走出学校,成为工厂生产的产品、民众使用的商品,转化为现实的生产力,这就是我创立并壮大山河智能的初衷!

这两段话是何清华产业报国最好的注解。

(二) 立业宗旨:做产学研一体化标志性企业

山河智能创办二十年来,已成为湖南乃至全国高校的产学研一体化标志性企业。

所谓企业的标志性,必然表现在它的龙头作用和引领作用上。二十年来,山河智能白手起家,发展成为一个销售额近百亿元的装备研发制造企业,这在高校的机械产学研企业中是第一家,因此一提这类企业,人们首先想到的是山河智能。

1999 年,学机械、做机械、研究机械的何清华转向创业,以产学研一体化为目标,创办了山河工程机械有限公司。

对何清华而言,他还是实现"科教兴产业,产业促科教"的实践者。1999 年 7 月,何清华带领他所在的中南工业大学机电技术与装备研究所的全体教师,靠以信誉获得的用户预付款起家,办起了一家产学研紧密结合的公司——山河

工程机械有限公司。科学技术是第一生产力，而掌握科学技术的人则是生产力的核心。何清华正是依靠在智慧和能力上的人才优势，为公司短时间内稳定、快速的发展奠定了坚实的基础。公司所在地岳麓区委、区政府，省、市科委，长沙高新区，区乡镇企业局和各级有关领导部门的全力支持，中南大学制定的激励"教授抓转化，专家办产业"一系列政策的施行，省大学科技园引导资金的注入，极大地促进了公司的发展。公司在成立的第二年先后被评为湖南省科委认定的高新技术企业、国家促进专利技术产业化示范工程企业、国家"863"计划智能机器人主题产业化基地、岳麓山大学科技园示范企业和长沙市510工程企业。拥有5项国家专利的绿色大型施工机械——ZYJ系列液压静力压桩机很快由广东销售到浙江、江苏、上海、福建、河南。其间，公司还全面承担了国家"863"智能机器人主题重大项目——隧道凿岩机器人的研发与试制。该项目顺利地通过科技部主持的验收，产品性能达到了国际先进水平，专家们给予了高度的评价。

在高校产学研一体化企业中，山河智能模式已成为效法的对象。自主创新是山河智能最突出的特点与竞争力。山河智能一开始就自觉地走上自主创新的道路，摒弃那种热衷于简单模仿、克隆他人产品的发展路子，逐步形成了由原始创新、集成创新、开放创新、持续创新组成的自主创新体系，在工程装备产品和通用航空器产品的发展过程中充分体现了自主的精神。在以后的发展中，山河智能还形成了技术管理模式、创新文化等，在业界颇有影响力。

(三)让"中国制造"走向"中国创造"

如果说何清华创办山河智能的一个目的是为产学研一体化闯出一条路，那么另一个目的就是通过这个平台实现"让'中国制造'走向'中国创造'"。

何清华以山河智能的能量为国家强大助力，也凭其能量做"装备制造领域世界价值的创造者"。在推动"中国制造"向"中国创造"转变过程中，何清华留下了自己深深的脚印，山河智能则创造了自己的品牌。

1. 肩上扛着"为国打造重器"的责任

任何一次外界的刺激，都会激发何清华为国打造重器的责任心。2004年第一次参观德国宝马展时是这样，在听到修建青藏铁路的工地上几乎没有国产旋挖钻机的消息时是这样，在回国的港口看到全是运往中国内地的二手挖掘机时是这样，在一个矿山里看到全是国外品牌的挖掘机时也是这样。正是这种强烈的刺激让他产生了打造大国重器"时不我待"的紧迫感。正因为这样，何清华执掌的山河智能发展的辙印总是与"装备制造是立国之本"理念重合。山河智能根据国家建设的需要不断研发、制造出新产品。在国家重大部署中开辟自己的舞台，在国家重大政策调整中找到自己的位置，在国家发展基本方向中找到自己的着力点。对此，山河智能一位副总有着自己独特的感受："我觉得，何老师对于做特种装备有一种情怀。这种情怀就是为国家做点事。进入国家战略层面，为国家的安全和发展作贡献，研制国家重器。他萌发做特种装备的想法肯定是在公司创立之初，而为国做贡献的理想则早在青少年时期确立。他们那一代人深受爱国主义教育，有着强烈的家国情怀，所以公司的文化理念就是'修身、治业、怀天下'。没有这样一种情怀，怎么会初心不改？在 2007 年山河智能组建特种装备研究所，决定进入特种装备领域时，工程机械行业是很火的。公司刚上市那些年，山河智能的营业额每年都以 80% 的速度增长，可何老师却决定进入特种装备领域，他为此投入了很多人力，其中有相当数量的硕士、博士；还投入了大量的财力物力。如果将这些投入工程机械研发领域中，肯定能取得更大的经济效益，对做大做强工程机械产业发挥重要作用。""作为一个企业，一般是以追求利润最大化为目标的，而山河智能却把耗资费力、经济效益及前景并不可知的特种装备研发作为重点之一来做，还成立特种装备研究所，除了坚强的定力外，还需要对理想追求的执着。"

何清华将践行"修身、治业、怀天下"与装备的研发、生产、经营活动紧密地联系在一起，可谓达到了珠联璧合的程度。

2. "引领中国挖掘机民族品牌的先导者"

挖掘机是他打造民族品牌的最早对象。挖掘机已成为中国工程机械行业的重要产品，虽然在中国的市场上还有洋品牌与国产品牌"同台竞技"，但那种洋品牌占统治地位、国产品牌"全军覆没"的情况一去不复返了。

在这当中，何清华和他的山河智能功不可没。

挖掘机有"工程机械皇冠"之称，凡有实力的工程机械企业必做挖掘机，而何清华和他的山河智能选择做挖掘机更多的是出于创立"中国挖掘机民族品牌"的目的。

为了创立"中国挖掘机民族品牌"，何清华在山河智能成立之初就向这一领

域发起冲击，在没有人才、没有技术积累的情况下，不惜投入，研发出具有自主知识产权的山河小型挖掘机。

为了打响"中国挖掘机民族品牌"，何清华和他的公司将山河智能品牌挖掘机的主要市场定位在欧美高端市场上，不仅获得了成功，还创造了"整机出口欧美高端市场"的奇迹。

为了让"中国挖掘机民族品牌"的生产顺畅，何清华等人在难以想象的困难面前，在"一穷二白"的基础上建起了湖南的挖掘机配套产业。至今，山河智能保持的几个纪录无人能破：山河智能挖掘机在欧美高端市场销量最多；山河智能节能、环保功能挖掘机研发走在全国同行的前面；山河智能的智能挖掘机走在全国的前列。

尽管，"引领中国挖掘机民族品牌的先导者"，是多年前《中国挖掘机产业五十年(1962—2012)》中对何清华的评价，但至今没有人能将这一评价从他身上夺走。《中国挖掘机产业五十年(1962—2012)》是"中国挖掘机发展史上第一部具有重大史学价值的著述""详细记录了中国挖掘机行业的形成与发展，回顾了挖掘机产业链上下游企业成长与壮大的整体演变过程"。

回顾何清华创办企业20多年的历史，创立"中国挖掘机民族品牌"不过是他一个时期的目标而已。随着企业的发展，他为国家、为民族的装备制造业的探索和实践，更具有开拓的意义，也有着更多更大的贡献，许多创造已写入了中国装备制造业的历史，如民用航空器的研发和制造。

3. 做"装备制造领域世界价值的创造者"

如果说2004年宝马展上受到的刺激，激发何清华为国打造重器的责任的话，那么提出"装备制造领域世界价值的创造者"的目标，表明了何清华不仅有了这种自信，也有了这种实力。

创造装备制造领域世界价值最经典的、最耀目的还是何清华创立的"液压冲击机构的工程设计理论体系"。根据这个理论体系，他创造了世界第一个凿岩装备设计平台，在中国告别了"边打边像"设计机器的习惯，以致这个理论创立30多年后，那些国际上工程机械大佬级企业还在"凭经验办事"，并被何清华当场算出了其动力与工作做功不匹配的问题。

当然，山河智能更多的是在世界工程机械发展史上不停地书写着自己的一页。

早在 2004 年，潜孔钻机在与洋品牌阿特拉斯的 PK 中，获得百年企业华新水泥的认可，成为这家企业的标配。如此，也就成就了山河智能潜孔钻机的品牌。山河智能产品不仅在国内市场上与洋品牌的 PK 中取胜，树立了自己的品牌形象，而且在国外市场上通过与洋品牌的 PK 也在开疆拓土。

2014 年，山河智能的旋挖钻机以及桩架第一次出口到韩国。韩国本国并不生产旋挖钻机和桩架，沉桩灌注设备市场全部被日本垄断。韩国客户认定山河智能的沉桩灌注设备优于日本的产品，于是决定引进山河智能的旋挖钻机。就这样，山河智能的第一台旋挖钻机登陆韩国，在日本垄断的韩国沉桩灌注设备的天幕上戳了一个窟窿。山河智能不仅在桩架的搭载能力、稳定性、立柱高度上强于日本同类产品，更明显的优势还在控制和液压方面。山河智能的产品全部实现了电液控制，而日本的一些产品还停留在手柄阶段。在某些方面，山河智能的产品领先日本车辆株式会社一个时代。

2015 年，公司"工程机械与工程车辆用多路阀"项目中标国家"工业转型升级强基工程"；某型号军品实现批量交付；混合动力挖掘机实现小批量生产和销售，是国内真正产业化的节能环保挖掘机，其能量回收利用技术居国际领先水平；山河智能桩架在韩国市场表现极佳，正是山河智能技术实力的体现。

除了这些"硬件"外，何清华的山河智能研发团队还取得了一系列国际专利。

何清华的团队在工程机械研发领域的某些方面走在了同行的前面。譬如，他们的旋挖钻机堪称世界上最好的；他们对旋挖钻机工法的总结，同行都没有做得这么系统。

（四）守正笃实，坚守制造业不动摇

世界风风雨雨，形势瞬息万变，装备制造行业发展之路也是坎坎坷坷的。

但不管外在因素如何变化，何清华坚守装备制造业的理念二十年不变。

山河创立之初高起点，以自己的专利产品打开了市场。以后，坚持先导式自主创新之路，不断推出自己的新产品。在 2012—2016 年全球机械行业大调整期间，面对着重重压力，面对着种种诱惑，何清华冷静地驾驭着山河智能这艘航母，坚守装备制造业航道不动摇，劈波斩浪，勇往直前。他将产品战略调整为"一点三线"，目的就是在更高水平上打造大国重器。

1. 一门心思在装备

一位"老山河"在评价何清华时说："装备制造已经植入了他的大脑。我也见过不少装备行业的老板，很少有对装备行业形势关注到这种准确程度的。他的头脑就像电脑的 CPU，里头装的全都是装备制造的有关材料，而且非常专业。2002 年，公司一位中层干部告诉我，他认识一个搞飞机的美籍华人，公司如果搞飞机产业的话，这个人可以联系一下。我把这事告诉何老师，何老师就马上联系。要知道，山河智能当时的产值还只有几千万元，而搞航空产业不仅要高投入，也要长期投入。也正是那一次联系，成就了现在的山河科技公司。何老师似乎对装备有着天然的感觉，一接受装备方面的信息，就会形成条件反射。"他还说，"（2018 年）国内装备行业初步调整完。这一轮调整经历了五年多"，在这次调整中，"我们山河智能是稳当的。通过创新，为将来的发展积累了技术，也积累了经验。我相信经过这一个周期，我们会有爆发的时候"。他还评价说，像这种投入，需要深远的战略目光和宽阔的战略视野，需要有"打提前量"的气魄和胆略，更需要有一种对装备的痴情。

2. 一以贯之二十年

何清华对"装备制造是立国之本"的理念一以贯之二十年。

在中南大学探索液压冲击机构理论，研发隧道凿岩机器人，是为研发中国自己的矿山开采重器。发现"准恒功率"理论，研发出中国的静力压桩机，让静力压桩机发生了革命性变化。后来，山河智能开发挖掘机、旋挖钻机，都是为满足国家大规模、重点的基础建设的需求。与人合作生产盾构机，更是为了满足国家城市建设大规模的地下工程建设的需求。

他坚信山河智能一定能打造"国之重器"。山河智能创办的第二年，他就把目光盯在了特种装备上。他在这一领域不断探索和积累，终于迎来了国家政策的重大改革，获得了民企进入特种装备领域的先机，也就有了"龙马一号""龙马二号"分别在"2016 超越险阻""2018 超越险阻"比赛上的夺魁，也就有了2017 年某型工程车在一个特殊场合的亮相。山河智能创办的第二年，他就把目光投向航空装备，在资金并不充裕的情况下开始投入航空产业。后来，他更是成立山河科技公司，对研发自己的航空装备发起了一轮又一轮的冲击，也就有了中国第一款轻型运动飞机的问世……

他坚信"装备制造是立国之本"的理念，不仅推动了山河智能的发展，从某种意义上说，也推动着国家某一领域的大踏步前进。譬如，山河智能在发展航空产业中，不仅取得了通用航空器领域的一系列丰硕成果，也推动了中国通用航空事业的发展。正是因为山河科技所研发的中国第一款轻型运动飞机的问世，从而开启了中国这类航空器 TC 证（又名设计定型证）、PC 证（生产体系证）认证和发放工作。这之后，山河科技参与了中国这一类航空器的制造标准制定工作。尽管通用航空进入寻常的百姓生活还有待时日，尽管中国低空开放也仅仅是初现希望的曙光，可终究那一时日、那一曙光不再是梦想。尽管这一产业现在还不是山河智能集团的赢利重心，但何清华不惜投入，将其作为战略产业来抓，终将赢得市场的先机，也赢得企业光明的未来。在山河智能成立二十周年前夕，山河科技的运动型飞机展现了良好的销售势头，市场占有率稳居国内同类产品第一。他高瞻远瞩，在企业十分艰难之时并购了 AVMAX 公司，使得山河智能可以在航空产业上深耕。

何清华的"装备制造是立国之本"的理念是一种情感使然，也是一种理性选择。说情感使然，是因为他具有家国情怀。说理性选择，是因为他具有独到的眼光。他的一位博士研究生评价说："宏观战略观、国际视野是何老师的鲜明特点。在战略布局上，他学者的优势就体现出来了，看准了世界某种现实，也看准了中国的某种趋势，确信特种装备是山能智能的发展方向，也相信自己和企业在这个方向上会大有作为。可是这个目标的奋斗过程是艰难的，要投入大量人力，要调动大量的财力和物力，在短时期内既不见效益也见不到前景。一般人是会迷茫的，也会退缩的，可何老师坚持着。何老师与一般企业家所不同的就是，不功利性地看待每一件事，也不功利性地看待每一个人，而是坚持其理想性。所以，现在一般人很难理解他当年做知青时自学高等数学，也很难理解他做工人时穿着'抹布衣服'却在工作间隙中蹲在地上演算数学题。何老师就是这样，在坚持理想、解决难题中获得快乐，而不是在赚钱中享受快乐。"

3. 一个方向不动摇

因为具有这种理念，何清华坚持一个方向不动摇。虽然山河智能也曾受大形势影响，在战略实施过程中因为内部执行不到位而出现这样那样的问题，但在何清华的掌控下却没有发生过"过山车"现象，整体是直线向前的。无论在21 世纪初工程机械发展的黄金时期，还是在后来金融危机和行业下滑的一段

较长时间里，何清华都在装备制造这条路上探索着、开拓着。他以一个装备战略设计家的敏感，掂量出盾构机在中国大规模建设中的意义，因而对其给予了重点关注。20世纪90年代初，时为中南工业大学机械系（现为中南大学机电学院）教授的何清华到西安参加一次学术会议。那个时候交通不便，火车卧铺票很不好买，而长沙到西安乘特快火车也要两天两晚。回程时本来会议主办方已经安排好了卧铺票，但何清华要借这个机会去参观一下秦岭隧道工地，因为那里引进了德国产的一台盾构机。作为一名研究凿岩机械的教授，除了明白这种机械对国家大型工程的意义外，还有着发自内心的钟爱，更有着自己在这方面有所作为的战略考量。自然，秦岭之行，让他只能站两天两晚火车回长沙。2007年，意大利一家生产盾构机的公司有意出售，何清华马上抓住这一机会起草合作协议，与对方谈判，并在公司内部作出一系列安排。遗憾的是，因为那家公司内部的分歧，导致这一合作流产。若干年后，何清华还惋惜地说："双方都失去了一个机会。"因为后者被另一家公司收购后，没有任何作为。由于这一机会的丧失，一直到2016年，山河智能生产盾构机的愿望和战略才得到实施。正是因为何清华有着打造大国重器的战略思维，所以当历史发展到一个新的节点时，山河智能马上就可以进行战略调整。

2014年，正是全球工程机械行业"五年调整期"的关键时刻，何清华提出了山河智能"一点三线"战略。"一点"就是装备制造，"三线"就是工程装备、特种装备和航空装备。在"五年调整期"内，山河智能"一点三线"战略布局完成，行进在"第二次创业"之路上，特种装备、航空装备和盾构机成为新的增长极。

因为具有这种理念，何清华不为诱惑所动。"作为一个企业家，追求利润最大化天经地义，而山河智能却把特种装备研发作为重点之一来做。这在一段相当长的时间里，只有投入，没有回报。这与企业家价值追求是相悖的。"一位负责特种装备开发的高管如是说。"何老师对做什么、不做什么是有严格选择的，标准是能否体现'修身、治业、怀天下'的价值观。在观沙岭时，如果为赚钱也可以选择轮毂电机的研发。当时，这种电机很有前景，何老师也去考察了。他发现这种电机前景虽然不错，但短期内不可能成功。如果山河智能将精力全部集中在这一产品上面，那么失败了怎么办？搞科研的也好，办企业的也好，最怕失败。资金丢了可以再赚，人力费了可以再组织，可是时间不会再回来，折腾几年后人也老了。因此，一般人都会有恐惧感，害怕失败。何老师也怕失败，但对研发特种装备却是一往无前的。"当年，何清华获得"紫荆花奖"

时，曾与一位互联网的大佬同台领奖。交流之中，大佬向他展现了互联网行业利润诱人的前景，可何清华没有动心，还是全部投入在装备制造上。

4. 一个企业在大格局中的位置

坚持制造二十年不变的结果是，山河智能在中国发展史上留下了不少自己的印记。

为改变世界工程机械格局作出了贡献。山河智能自 2009 年成立十周年时进入全球工程机械制造商五十强，至今排名越来越靠前。随着中国工程机械产业的兴起，特别是长沙被誉为"世界工程机械之都"后，昔日的工程机械洋品牌充斥中国工地的现象已经消失了。在 2020 年 7 月初召开的一次座谈会上，何清华欣喜地告诉有关领导，"20 世纪主要引进的德国利勃海尔挖掘机在中国市场上看不到了。中国在工程机械方面是世界上最大的市场，以排头兵产品挖掘机为例，国外品牌已经大幅度下滑，中国品牌大幅度上升，原来中国品牌占 20%，国外品牌占 80%，现在相反"。山河智能的小微挖早就在欧洲高端市场实现稳定地销售，"山河绿"也在世界各地不断地扩大着范围。

不断推出工程机械经典产品。无论是起家的液压静力压桩机，还是挖掘机、旋挖钻机，山河智能都将其从优势产品做成了经典产品。近两年，山河智能获奖产品一串串：2019 年 11 月，工业和信息化部网站公布了第四批制造业单项冠军企业，山河智能"液压静力压桩机"获评国家制造业单项冠军产品。2020 年 6 月中旬，湖南省工业和信息化厅公示 2020 年湖南省制造强省专项资金奖励类项目，山河智能自主研发的 SWTC80 伸缩臂履带起重机成功通过湖南省国内首台(套)重大技术装备认定。这是山河智能自 2015 年以来连续第六年获得省首台(套)产品认定奖励。2020 年 7 月，第二十一届中国专利奖评选结果出炉，山河智能"履带式液压挖掘机"凭借创新的设计理念和大气的外观设计荣获"中国外观设计优秀奖"，山河智能成为本届评选中少数几个获得中国外观设计专利奖的工程机械企业。……特种装备不断发展，无论是特种工程车还是排爆无人设备，不断有新的产品问世，而且与有关方面合作越来越广泛，其中航空产业前景看好。

在一些领域有着革命性的影响。在中国桩工领域，无论是设备还是工法，都有山河智能的创造。譬如在静力压桩机最早推广的广东省，不仅出台了静力压桩施工标准，而且普遍推广静力压桩工法，因而改写了建筑业技术史，也结

束了油烟和噪声污染建筑工地的历史。山河智能旋挖钻机的推出，不仅结束了洋品牌统治中国建筑工地的历史，也创造了中国旋挖钻机的施工方法。

在一些行业做了开拓性意义的事。一是山河科技的阿若拉轻型运动飞机的问世，搅动了中国通用航空领域的"一池春水"。因为当时中国这种轻型运动飞机制造是一片空白，航空管理方面有待开拓。"阿若拉"的问世使得这一进程加快了。如此，山河智能推动了中国轻型运动飞机制造标准的出台。二是推动了适航认证、型号许可认证两个认证标准的出台。

为国家打造重器。在 2017 年朱日和阅兵时出现的多功能车、全球首台自行式全回转全套管钻机等，都是名副其实的"大国重器"。

三、建言献策的赤子情怀

家国情怀有多种表现形式，仗义执言，为国除弊去痾，是其中之一。

面对事涉国家前途的大事时，何清华把对国家一腔浓浓的爱转化成仗义执言，希望通过自己的认识唤起更多人的清醒。

何清华曾多次与党和国家领导人"面对面"。只要给了机会，他会毫不隐瞒地提出自己的看法和建议。在这些仗义执言中，有两次是直接向总理进言的。

（一）两次向总理进言

1. 直言工程项目中的腐败

2009 年 6 月 12 至 14 日，时任总理的温家宝同志来湖南考察经济工作。6 月 12 日，温家宝总理出席并主持了湖南省委组织的经济界人士座谈会。何清华作为企业家代表出席了会议，除向总理汇报山河智能的情况外，还就经济工作提出了自己的建议。

他向温家宝总理汇报了山河智能"信心加措施，从容应对金融危机"的情况：

2008 年，面对突如其来的金融危机，山河智能保持清醒的头脑，沉着应对，从去年下半年开始，公司将经济危机视为强化内部管理的机会，公司研发、生产、营销等各个体系的管理有效性得到了提升：技术研发方面，研发人员进一步转换观念，深入产品的制造和使用现场，研发效率有效提升，共开发新产品三十多个，并且在军工重大装备、轻型航空器等新的领域取得了实质性的进展和阶段性成果；经营管理方面，为有效应对公司规模的快速增长，以完善事业部管理体系为中心，着力推进管理重心下移；全面推行预算管理，狠抓费用控制和成本管理，公司治理进一步科学和规范；面对急剧下滑的国外市场，公司仍然投入大量人力物力，深入开展新的网络建设，并取得了很好的效果，为后期出口奠定了更强的基础。2009 年是我国进入 21 世纪以来经济发展'困难的一年'，面临巨大的压力与挑战，我们将修炼内功的工作推向更高的层次，凭借自主研发的优势和产品差异化经营，力保公司在经营效益上有大幅度的进步。总之，我们公司正在按复杂制造类企业应有的发展规律，有条不紊地做我们该做的事。

当前从中央到地方拉动经济的投入主要集中在基本建设上，大规模的建设项目所需要的各种设备，为制造业带来了莫大的商机。但由于制造企业运营的下游商业环境较差，并非能让企业获得正常的利润。以工程机械为例，工程项目的层层转包、利益切割、腐败等现象并未根本遏制，导致大量的国家投资从这众多的窟窿中流到很难再产生新价值的地方去了，甚至是流到国外。最终使不少工程的实际施工方获利微薄、工程款被拖欠，这样不仅农民工拿不到工钱，购买工程设备的人也赚不到钱，没有能力归还分期购买的施工设备款，导致工程机械行业回款困难，价格和成交条件的竞争不正常，进入恶性循环。重点整治基础设施建设等方面的商业环境，减少转包环节、遏制腐败是为制造类企业的生存与发展构造较好生态环境的重大举措。尽管工程造价预算中已包含价值不菲的设备采购份额，但大部分流于形式。建议制订有一定约束的购买国产新设备的引导政策。

这一号呼不仅震动了全场，也在全国引起了强烈反响，因而国家在工程项目发包上的程序向更规范发展，监督向更大力度、更深层次发展。

他还向温家宝总理提出了"加大对制造类民营企业的扶持力度"的建议。他认为：制造业是立国之本。可以说，国家实力和竞争力最终主要由一个个企业的实力和竞争力所决定。近年来，民营企业在投入产出与盈利能力方面的优势十分明显，民营企业特别是制造类民营企业的竞争力越来越成为国家竞争力

的集中体现。我国企业群与相对发达国家的企业群及其在中国的企业群的差距之大是显而易见的。可以说，相对外国品牌企业在中国建立的企业，由于种种原因，国家对民族企业的扶持已出现了一定的缺位。显然，应促使制造类民营企业尽快成为能与发达国家企业抗衡的大型企业。客观上说，国家的巨额投资拉动资金主要是流向了国有企业。在国家拉动经济的巨额投资活动中，如何让民营制造类企业获得更多的利益值得特别关注。

接着，他提出了支持的具体途径——

其一，严格监管基本建设投资，制订购买国产新设备的引导政策。当前从中央到地方拉动经济的投入主要集中在基本建设上，大规模的建设项目所需要的各种设备，为制造业带来了福音。但由于下游商业环境较差，并非能让企业获得正常的利润。重点整治基础建设商业环境，减少转包环节、遏制腐败是为制造类企业的生存与发展构造较好生态环境的重大举措。另外，建议制订有一定约束的购买国产新设备的引导政策。近年来工程机械行业进口二手设备的泛滥已初步得到遏制，但进入市场的总量还是惊人的。建议购买国产新设备，刺激经济发展。

其二，争取让民营企业享受与国有企业同等的待遇。……如在企业并购、特种生产条件保障建设支持等方面还存在较大的区别。此外，政府在招商引资上，应多考虑怎么保护民族企业，适当减少同业竞争的外资企业进入中国的优惠条件。

其三，加大对出口企业的支持。特别是有自主品牌、自主产权的民营企业，在出口、参展、专利申报等方面加大政府补助力度。在金融危机的情况下，企业为了维系已有网络和开拓市场，投入了大量资金，目的是为经济复苏后在国际市场迅速收益打下基础。建议政府给予资金补助，鼓励拓展国际业务。

其四，中国商业银行为国外购买中国产品的客户提供融资、贷款业务。

其五，国家在投资过程中，杜绝奢华、讲究实用已刻不容缓。此外，国家各部委的经费怎么科学合理地拨付已成为可持续发展的头等大事。

其六，通用航空在中国还是一个亟待发展的朝阳产业，在低空开放、适航认证、产业扶植等方面也要让这方面的民营制造企业获得更好的发展空间。

这次发言有一个引起与会人员关注的细节：何清华并没有像其他人那样对

"四万亿计划"救急措施大唱赞歌,而是颇具针对性地提出了扶持民企的建议。

这以后,国家对民营企业越来越重视,不断推出扶持民营企业的政策,这当中也有何清华建言献策所产生的推动力量。

2. 直言爆发式增长不正常

2012 年 1 月 1 日至 2 日,温家宝总理来湖南考察。1 月 1 日,元旦节,温家宝召开了企业负责人座谈会,何清华出席了这次座谈会。他在会上直言不讳地提出一个观点:"今年(2011 年)前几个月工程机械几乎是爆发式增长,这实际上是不正常、不可持续的。"

他实话实说:"工程机械行业自 2010 年及 2011 年前几个月持续火爆后,5月份市场相对往年提前结束了销售旺季,需求开始萎缩,销量逐月下滑,直至 7 月份降至最低;利润总额增速下滑更明显。行业发展环境变得不太明朗。山河智能今年四个季度销售额相对去年同比增减情况分别为 47%、38%、3%、-32%。预计工程机械行业 2011 年总的经济运行将呈现前高、后低、尾稳态势,全年营业收入将在 2010 年 4367 亿元的基础上增长 17%左右。"

2011 年下半年工程机械销售量发生断崖式下滑的背景是自全球性金融危机发生后,我国推出了投入四万亿元刺激经济发展的举措。但是,这四万亿元经过两年的拉动,力量已经完全消失。事涉全局决策的大事,何清华也就实话实说了。

作为负责任的企业家,何清华对于政策不只是评价,更多的是建言献策。为此,他向总理建议:

(1)工程机械企业的资金回笼主要依靠终端客户获得的工程款。希望国家出台政策,停工、下马的工程项目在优先支付民工工资的同时,也支付工程款给自带设备施工的小企业主,缓解主机企业的还款压力。

(2)保证工程施工的终端单价的合理性至关重要。目前,一方面工程项目的主管部门违背价值规律压低工程造价,另一方面工程转包现象依然严重,转包次数多,最终导致终端客户得不到正常的利润,对装备生产企业的支付能力也大幅下降。建议出台有公信力的施工单价的保护价、出重拳打击非正常转包和分包。

(3)他连续三年在全国政协会上提出"限制制造年限超过五年、严重超标、能耗明显过大、存在安全隐患的二手挖掘机进口"的建议,有关部门虽然给予

了重视，但问题仍然没有得到很好的解决。2011 年估计进口的二手机仍有几万台。在 2012 年市场总量下降的情况下，要加大限制进口力度。

（4）德国等注重发展实体经济的国家，其抗风险能力在金融危机中得到充分展示。我国政府要全方位宣传、支持实体经济的发展，稳定国民心态，抑制近年来虚拟经济（特别是过于奢华的东西）的虚火。比如，是否可以依行业不同制订不同的银行贷款利率。

（5）应当说中国经济 2010 年到 2011 年前几个月几乎爆发式的增长实际上是不正常、不可持续的，目前状况可以理解成一个回归正常的过程。企业的增长方式应当从主要靠宏观经济强力拉动转变为主要靠强化内部管理、提升经营能力的内涵式增长。经济健康、持续发展的特点是占用较小的资源，创造较大的价值。

（6）应当关注我国通用航空的发展。应当特别注重培育有潜质的民营企业经营航空业。必须重视对国外企业的并购、技术的引进，但要特别重视建立我们的主导航空能力。目前是实现通航产业海外并购的大好时机，希望能对有潜质的民营企业的海外并购制订特殊政策。

何清华建议中的一些观点可谓振聋发聩。后来的形势发展也证明何清华的判断是正确的，他的建议是发自内心的。

2012 年后，中国工程机械行业进入了"五年调整时期"，山河智能也进入"主要靠强化内部管理、提升经营能力的内涵式增长"阶段。

（二）人民大会堂发言：《奢靡之风不可长》

1. 一次深度参与

何清华自认为是个不懂政治也不喜欢参与政治的人。确实，他一心做他的学问，一心钻研他的技术，一心研发他的工程机械，不喜欢"请示汇报""疏通关系""跑步（部）前（钱）进""建立人脉关系"之类，可在 2012 年的全国两会上，作为政协委员的他却深度参与了：《奢靡之风不可长》的发言，在全国引起了强烈反响。

他记得，2011 年参会时，自己就写出了这个稿件，当时看到很多，也想到很多，觉得任奢靡之风继续下去，就是害国害民，甚至可以说"害地球"。他写了发言稿交上去，觉得尽到了自己的责任。没想到 2012 年两会期间一到北京，政协会议秘书处就让他改稿，准备在大会上发言。秘书处所提的标准很简单：

弄准事实，以理服人。他先后改了 5 次，才登上会议的发言席。

2.《奢靡之风不可长》

《奢靡之风不可长》的发言并不很长，不到两千字，只讲了 11 分钟。

根据世界奢侈品协会统计，今年春节中国人境外奢侈品消费高达 72 亿美元，创历史新高。2011 年中国奢侈品市场年消费总额已达 126 亿美元（不包括私人飞机、游艇与豪华车），占据全球份额的 28%！世界顶级品牌汽车在中国的销量也每年大幅度攀升。

再看我们公务办公资源的消耗。2009 年东部某省审计公布，调查的 10 家省级单位中，有 6 家单位办公用房配置超过建设标准，其中配置最高的人均拥有办公用房面积 220.2 平方米。2010 年，南京一个 800 户 3000 人口的村子，村委会居然在 328 国道边建起了一栋建筑面积为 4000 多平方米的办公大楼！"天价茅台酒"的背后也更反映了我们"三公消费"的一些深层次问题。国家大型活动举办过于铺张，根据某市花炮局局长介绍，北京奥运会燃放的烟花超过以往 28 届奥运会燃放总数的 4 倍。根据广州亚运焰火燃放指挥部提供的数据，广州亚运会开幕式焰火总数为 16 万发，比北京奥运会、上海世博会还要多！

奢侈是社会浮躁的一种表现。奢侈的背后，不知道需要有多少电力、石油、稀有矿产等资源的支撑！目前在政府和民间存在的各种奢华现象与我们现有的经济实力、生产水平、资源储备极不相称，是不可持续的。

要根治目前中国社会的"奢侈病"，关键在于政府。只有政府以身作则，带头采取措施，才能遏制奢靡浪费行为的蔓延。

（一）国家必须通过预算管控治理"三公"消费

要制订统一的各级政府的财政预算支出细则，对于审定后的预算执行结果要及时公开，对"三公"消费要公开细目。除要向各级人大、政协公开，同时还要切切实实通过网络、电视、报纸等多种形式向普通老百姓公开，以便舆论监督。要严格查处不按规定进行预算、不认真执行预算的行为。据了解，通过采取预算管控措施，"三公"消费财政预算在 2009 年缩减了 158.06 亿元，2010 年又压缩了 57.51 亿元，其中 2010 年公务接待费压缩 36.34 亿元。这说明只要强力执行预算管控，"三公"消费就能从源头上得到逐步遏制。

改革开放以来，由于党和政府的正确领导和全体国民的奋斗，我们创造了

中国有史以来最大的社会财富。我们的公务员只有为人民管理好、使用好这笔财富的义务，而没有奢侈浪费它的权力！

（二）文件的规定要更有操作性、可执行性

比如应明确规定办公楼具体面积、办公设施配备规格。各种接待标准，要详细记录接待事由、用餐人数和人员名单、费用等。各种公务用车应有统一标识，便于社会监督。相关规定文件应在酒店、景点、商店、加油站等地方进行张贴明示，营造治理氛围。

（三）做好国情宣传教育，引导好舆论和风气

政府要充分做好国情教育，特别是对涉及国家安全的石油、煤矿等能源资源的国情教育。我们的奢华很大程度是过于陶醉于我们的 GDP、外汇储备、增长速度，全体国民一定要意识到，对于一个十几亿的人口大国来说，按人均数据来看，我们没有足够的能源、资源来支撑大房、大车、大办公楼、大活动、大吃大喝……那种涸泽而渔、不顾及子孙后代的奢侈生活方式，在中国是万万行不通的。实际上，不少大办公楼因缺乏高昂的运行费用，夏天热烘烘、冬天冷冰冰，老百姓也不满意，这又是何苦呢？

要通过广大媒体正面加强全体国民的思想教育，引导正确健康的消费理念和生活方式。如目前的"豪赌、豪吃、豪玩"等行为实际上是在危害自己的身体健康、降低个人的生活品位。媒体要正面引导、大力弘扬艰苦奋斗的精神，在全社会形成以勤俭奉献为荣、以骄奢淫逸为耻、以简单质朴为时尚的风气。

（四）加大财税政策调控力度，引导社会富余资金投向实体经济

财税政策有重要的导向作用。国家应大幅提高对奢侈品或相关高消费服务的征税，同时应对实体经济进行结构性减税，这样既可以调节分配，避免财富过分向少数人集中，又可以将社会富余资金引导投向实体经济，促进实体经济发展，巩固国民经济发展的基础，保持国家持续创富的能力。比如德国，在目前欧美整体经济不景气情况下，仍能有较好的表现，这与政府一直崇尚简朴，非常重视、正确引导实体经济发展密切相关。

生于忧患，死于安乐，我们共和国国歌最大的价值在于时刻唤醒国民具有危机意识、忧患意识！只有遏制住社会的奢靡、浮躁之风，让全体国民，特别是政府官员在勤奋工作、简朴生活中实现人生的理想和追求，中华民族才能真正实现国富民强、长治久安！

据现场采访的记者统计："在何清华短短的 11 分钟讲话里，加上第一次局部性的鼓掌，还有后面四次全场热烈掌声，实际上共得到了五次掌声。"

3. 一种社会担当

发言后，何清华与某知名媒体记者有一场对话，道出了其发言的初心。

记者：您的讲话共赢得了全场四次掌声，您觉得这反映了怎样的民意？

何清华：我讲的这个题目是大家都比较关心的，在这块应该说有进展，但是人民还是很不满意，还是要通过政府更大的努力，才能有根本上的改变。因为这个从民间到官方的奢华现象，确实与我们国家现有的各方面的情况是不太相适应的，有的可能是过于乐观，所以我觉得问题还是非常重要。

记者：中国的奢靡之风，呈现出怎样的特征？

何清华：政府当然是以"三公"消费为主，民间奢华消费超前，我觉得也是值得高度关注的。像巴黎，也算是富裕的象征，但他们街上的车，两厢没屁股的车是主流，但是我们这里都是三厢车，这显然就不太相适应，没有那么大的资源支撑我们。

记者：您既是学者，也是企业家，您觉得我们新富阶层在形成过程中，应该形成一种怎样的社会生活风气呢？

何清华：这个我觉得媒体很重要，无论从社会影响还是个人来说，这种行为影响都不好。"三公"搞那么多，高血脂高血压什么的，你形象也不好，中国国民出去，确实也给人一种暴富的印象。

记者：每年年底，一些部门都会突击花钱，把"三公"经费用掉，以防止明年经费缩减。您怎么看？

何清华：体制也助长了奢侈浪费之风，国民意识也要提升。整个社会风气（是这样），在工业文明初期、刚刚富裕起来（的时候），也有它的历史必然原因。在中国现在这个阶段，要马上采取措施了，很紧迫，不能像西方再走那么长时间（弯路）了。

由此可见，这一发言体现了何清华的社会担当。

4. 引起强烈反响

这一发言，在当时的中国政坛如同放了颗原子弹，震动了一批人，震醒了一批人，也震阻了一批人。

何清华在全国政协会上这一呼，产生了强烈的回响。

2013年，中共十八大召开。这以后，全面从严治党来真格的了。中共中央在整治包括"奢靡之风"在内的"四风"上，抓实的，来硬的，聚焦"舌尖上的浪费""会所中的歪风""车轮上的铺张""节日中的腐败"，深入治理隐形变异新表现；坚持强化监督检查，抓日常、经常抓，紧盯关键节点，充分发挥群众监督作用；坚持严格执纪问责，对不收敛不收手的，一律从严查处，且越往后执纪越严，并把问责作为利器，推动主体责任和监督责任落实；坚持标本兼治，不断完善制度，扎紧扎牢防范不正之风的制度笼子。经过五年的不懈努力，面上奢靡享乐之风基本刹住，群众反映强烈的突出问题得到有效遏制，不正之风惯性得以扭转。

如果说，"装备制造是立国之本"是何清华将自己的家国情怀融入"本职"的体现的话，那么仗义执言就是他家国情怀另一种表现形态。

（三）为行业发展鼓与呼：连续三年提案，治理进口二手挖掘机

1. 为民族挖掘机品牌鼓与呼

何清华另一次引起震动的发言是在2008年8月3日。当时，何清华率领团队研发高水平的挖掘机，大举进军欧洲高端市场，可是国内挖掘机民族品牌发展的环境并不乐观。中央也看到了这一点，由商务部组织了挖掘机行业座谈会。

会上，何清华作了《民族挖掘机产业的发展：回顾与反思》的发言。他用犀利的语言形容了当时国内挖掘机的状态，并分析了造成这种状态的原因："尴尬的过去——'以市场换技术'丢失了市场和民族品牌"；"艰难的现在——'五座大山'压力沉重"。

2. 他直言，"尴尬的过去——'以市场换技术'丢失了市场和民族品牌"

他说："改革开放以来，我国工程机械制造业正赶上了国内经济持续快速

增长和国际制造业产业大转移的时期。这种大趋势和相对丰厚的利润促使国外各著名挖掘机制造企业纷纷前来中国创办合资挖掘机生产企业。尤其是进入20世纪90年代后，以国有体制为主的国内挖掘机行业掀起了一股合资的热潮，主要知名挖掘机生产企业纷纷以引资、引技等方式与国外合作。在合作前期，合资企业一般情况下会出现经营亏损，在合资公司亏损几年后，外资方追加第二期投资，中方公司已没钱再投，无奈之下卖掉部分股份，基本丧失了在这家合资企业的发言权。还有的合资企业勉强能够走下去，但由于外资绝对控股，国内主权部分已完全'空壳化'，在技术与市场等方面只能听由外资摆布。""……一般经历了从引进技术、引进设备到与国外合资，再到最后几乎都成为外商独资或控股企业，失去了对所合资企业的控制权，原来的民族品牌在市场上消失殆尽，国家也损失了巨额外汇。据统计，至2000年，外资以及外资控股品牌的挖掘机在国内市场上占95%，国产品牌的挖掘机仅占5%。""过去的历史实践证明：被动的引进技术和单纯的市场换技术是得不到自主技术的。"

3. 他认为，"艰难的现在——'五座大山'压力沉重"

他认为，国产品牌的挖掘机在逆境中奋起抗争，至2007年底，国产品牌的市场占有率达到23%左右，较最低潮时有了一定改观，但仍然没有取得主导地位，并且生存环境面对"五重压力"的考验。

一是外资控股和独资品牌仍牢牢占据主流市场。"国外知名品牌在技术、市场、资金上的多年积累是本土企业无法比拟的。它们进入中国可说是占尽了天时、地利、人和的优势。早期通过合资寄生在中国本土企业上获得起步，廉价的劳动力，加上当地政府在土地、税收等方面的特殊优惠政策，国外品牌获得了发展滞后的本土企业无法获得的低成本的快速发展。它们在中国建立了完善的价廉物美的产业链和庞大的制造基地。大量生产品种齐全、品质稳定的挖掘机，牢牢占据了国内和出口的主流市场。不过有一点，最先进的产品没有在中国生产"。

二是进口二手挖掘机大量倾销侵占国内市场。"在日本，挖掘机一般使用期为四年，加速折旧，四年过后这些挖掘机都被淘汰。而这些被淘汰的挖掘机以较低的价格倾销到中国，严重冲击了中国的市场，致使国产品牌挖掘机面临巨大的发展阻碍。以2006年为例，中国进口二手挖掘机2.2万台，当年中国市场的挖掘机销售总量约为7万台，仅二手挖掘机就占了整个市场约1/3的份

额。海关统计数据显示，2008 年 1 至 5 月，中国累计进口挖掘机就已达 1.7 万台(以二手挖掘机为主)。这些二手挖掘机很大一部分的排放、噪声等都不符合环保要求，甚至在不同程度上存在着安全隐患。值得注意的是，近年来，通过审批门槛来遏制进口二手挖掘机的措施不但起不了积极作用，反而使一些实力雄厚的代理商名正言顺、大张旗鼓地进入这一领域，助长二手挖掘机的泛滥。"

他说，2006 年，他在日本某港口亲眼看到，数千台二手挖掘机即将发运中国，连成一片、气势磅礴，令人触目惊心。由于二手挖掘机的原因，山河智能的小挖产品在广东、福建等地区基本上没有销售。

三是原装进口挖掘机依旧冲击国内市场。"目前，在中国，除个别超大型品种外，外资在中国生产的挖掘机和本土企业生产的挖掘机品种、数量应当说已完全能满足中国市场的需要。但国际品牌的原装挖掘机的进口依然畅通无阻。2000 年以来，国际上的 10 家知名挖掘机品牌已悉数进入中国市场。以小挖为例，2006 年，国内销售小挖总量为 18000 台，其中进口新机 1260 台，占据一定的市场份额。"

四是国内企业不规范竞争，近乎自相残杀。在当时，国产品牌的挖掘机与外资品牌相比在整体处于劣势的情况下，国内企业之间还存在不规范竞争。主要表现在：产品缺乏自己的核心技术，产品模仿与同质化多；低价、低付款方式的竞争愈演愈烈。值得注意的是，一些外资品牌在中国的独资企业也加入了这种恶性竞争。像卡特、小松这样一些拥有自己融资条件的公司，挖掘机分期付款销售的时间最长的达五年。由于国内企业的这种不正当、无序的竞争，扰乱了国内市场的秩序，造成了恶性循环。

五是关键配套件建设任重而道远。"目前，在液压件、发动机等关键配套件方面，国内发展水平相对差距比较大，品种、性能，特别是可靠性都不能满足高性能主机产品的要求，必须依赖进口，受制于人。其弊端很明显：一方面订货周期长，一般要三至六个月，有的长达一年半以上，还经常逾期交货，另一方面价格相对提供给国际知名品牌企业的要高得多。这无疑削弱了本土企业的竞争力，而且还影响国家产业安全。关键配套件的制造技术门槛高、投入大、收益也慢，光靠企业自身发展难度大。建议政府能在土地、资金和税收上提供足够的优惠与支持。而且这一块的发展，没有主机厂商的参与是很难逐步完成的。同时还要清醒认识到，国产发动机、液压元件比较全面取代高性能高品质进口件的难度就更大了。"

4. 他呼吁，"政府协调、合力发展是中国挖掘机行业发展的当务之急"

他提出："针对当前发展现状，国家应加强优劣势分析，出台政策，制订战略规划，协调全行业发展，支持本土化建设与出口激励。国家应彻底限制国外二手挖掘机的进口，阻止这些'洋垃圾'来冲击国内市场，保护国内市场，为民族品牌保留市场空间。各级政府在招商问题上，要摒弃过去那种'见资就引、见商就招'，对外资企业提供超国民待遇的做法；要充分认识到，合资不再是仅仅为了引进资金，而是要引进先进的技术与管理经验，通过与国外合作来提高自身的技术水平和管理水平。现今，通过引进、消化国外企业的先进样机，可快速提高国内企业的技术水平，建议政府部门在企业引进样机时，给予畅通渠道。"

他还提出："在保护本国民族产业方面，韩国的例子值得我们借鉴学习。韩国工业起步情况与我国相似，他们通过引进国外技术，与国外知名企业合资、合作，模仿国外高新技术，进行一定的技术创新和改进，有效地提高了韩国挖掘机产品的国际竞争力。与此同时，韩国政府十分注重对民族产业的保护，严格规范国内与国外企业的合作方式。"

在何清华等有识之士的呼吁下，国家对扶持民族挖掘机品牌出台了一系列政策。何清华是这些政策出台的推动者之一，也处在打造小型挖掘机民族品牌的先锋位置。得益于这些政策，山河智能生产的小型挖掘机不仅在欧洲高端市场畅销，而且企业本身也进入世界挖掘机二十强。如今在挖掘机生产上，尽管国内有企业在产量上超过了山河智能，但在欧洲高端市场上，中国还没有哪家企业能达到山河智能的保有量。

从何清华的疾呼到21世纪的第二个十年开始，中国的挖掘机市场发生了颠覆性的变化，国产品牌占了80%，洋品牌萎缩到20%。

（四）一份震动中南工业大学的报告

何清华在1998年1月份的一次"发声"，在中南工业大学产生了振聋发聩的作用。

当时，中南工业大学在评定职称中出现了不正之风，即一些毫无学术建树的行政干部想"近水楼台先得月"。

对于这种事，何清华完全可以睁一只眼闭一只眼，因为他在这个时候已经

破格晋升为教授了。

可谁也没有想到，他写出了《尽快扭转高校"双肩挑"人员职称评定中的不正之风》的报告，在中南工业大学这个"池塘"中投了一颗手榴弹。

自改革开放以来，科技人员的职称评定工作在高等院校得到了恢复和完善。广大教师从事教学、科研的积极性得到了极大的发挥，学校的学术水平得到了很大提高，但职称评定中的不正之风仍带来一定的负面影响。

上到校(院)长、书记，下到各个职能处室部门，高等院校中都有一部分既担任一定的行政职务，又承担一定的教学科研工作的所谓"双肩挑"人员。在承担教学科研任务相近的情况下，"双肩挑"人员的职称评定适当优先是无可非议的。但无原则地淡化职称评定中的学术水平和教学科研工作量，甚至是将职称与职务挂钩的专业职称评定就是一种极其有害的不正之风了。现将几种典型表现形式和典型例子列举如下：

(1)有的大学除教务处、研究生处、科研处这类与教学科研密切相关的职能部门的正职干部大都是提正高后任职的外，像基建处、总务处、财务处、工会、老干办等与科研教学基本无关的正职和相当多的副职几乎任职后都提了正高(教授或研究员)。至于副高在这些部门就更多了。甚至像饮食中心这类下属机构负责人也是副研究员。可以说离开处级岗位时已100%具有高级专业职称。这类人员中有相当多的在评高级职称前根本没有或已长期没有从事专业技术工作。

(2)相对纯教学科研人员来说，一官半职已成为职称晋升的终南捷径。有的兢兢业业教学一辈子，不要说正高，就连副高也许都没评上，而有的所谓"双肩挑"人员只要象征性地搞点教学科研，或根本没搞过教学科研，就很快评上高级职称。

(3)职务成为专业职称破格晋升的重要条件。一个在科研教学上并无特别建树的教师，因提拔为人事处长便马上成为某重点大学当时最年轻的副教授；另一个跑到办公楼任副处长(即从教学岗位转任行政岗位)，得到副教授后再杀回来，后评正高不顺则又去当正处长，果然不到一年，正教授的帽子戴上了。

(4)在部分高校一个处级干部最后没评上高级职称已成为不正常的现象。

毋庸讳言，这种让权力渗透到严肃的职称评定之中的不正之风与权钱交易的腐败现象一样，其危害是显而易见的。它导致一部分教师，特别是一部分年轻教师不愿踏踏实实地从事教学科研，而是热衷于谋个一官半职。反过来，因谋官而轻易得到职称的官是不可能理解学术中人的艰辛而从内心尊重他们的。所以也导致教师在学校的地位降低，哪怕是一个教授，其地位似乎不如一个科长。这样当然严重地挫伤了广大普通教师的积极性。由于高等院校是国家高层次人才的集中地，这种不正之风带来的腐败现象其负面影响也将是深层次的。

这份报告被送到了省教育厅。报告的"背景"虽然是中南工业大学，但推而广之，全省的其他高校难道不存在这种现象吗？全国的其他高校不存在这种现象吗？

这份报告的投送，为刹住高校职称评定中的腐败之风起到重要作用，职称改革也一直是国家人才队伍建设的一个课题。

作为已是正教授的何清华，写这份报告虽然得罪了一部分人，但谁敢说这不是"谋国之言"？

（五）谋也为国，技也为国

何清华"发声"更多的内容是"建设"——谋为国家，技也为国家。

1. 献计湖南抗洪

20世纪末，湖南的几次洪灾惨状至今深刻地印在人们的记忆中。

"兵来将挡，水来土掩"，这是中国人的传统智慧。如何"挡"，如何"掩"，未雨绸缪，那是业内人士之事，业外人士一般不会"管得宽"，也不一定能说到点子上。可何清华的不同之处就是"由此及彼"，目光穿透高校的"围墙"，看到了宽阔的抗洪现场。他把自己摆在这个现场中，思考着如何将自己所掌握的科技知识和制造技能应用到抗洪中。何清华的第一个硕士研究生郭勇记得，1996年一个夏秋之交的傍晚，他和老师在湘江边上散步，看着还在上涨的洪水，看着坚守在大堤上的抗洪大军，平日话题颇多的何清华沉默了。一会儿，他对郭勇说，我们应该为抗洪做点事，接着说出了一系列开发抗洪工程机械的想法。

1997年1月31日，何清华分别向长沙市政府、省科技厅和省政府送上了《强化防汛抢险中的科技进步》的报告。

近年来，特别是1996年，洪水对我省的经济建设及人民的生命财产带来了

293

巨大的损失。除了这几年汛情较以往严重的客观因素外，我省堤坝防洪能力低，防汛抢险手段、措施落后是一系列损失惨重的洪灾形成的直接原因。面对我省绵延数千公里而质量欠佳的防洪大堤，防汛抢险的形势十分严峻。耕地不足就去围湖，资金不足就用土围，这种大规模的行为举世罕见。现在再论新中国成立以来大规模的围湖造田之举是否明智或者要求大规模地退田还湖都已无实际意义。数百万人用可靠性差的土质堤坝将自己围在常常比周围水面低的成千平方公里的土地上，危险之大不言而喻，但这块成千平方公里的土地，却是一个巨大的不可替代的粮仓！这就是现实。

在与洪魔的长期斗争中，我省人民特别是这方面的科技人员和其他专职人员积累了大量的在防汛抢险中行之有效的方法和措施。尤其是改革开放以来，一些新技术、新工艺在防汛抢险中的作用已取得了很大的成绩。但笔者认为无论从认识上还是在实际中，离比较充分发挥科技进步在防汛抢险中的作用的要求相差甚远。防汛抢险是一项十分庞杂的系统工程，涉及的学科领域也十分宽广。笔者学识有限，只能挂一漏万地提出几点意见：

（1）加快气象、水文网络的建设，形成一套预报性强、反应迅速的水灾预警系统是一项最重要的非功能性措施。

（2）利用遥感、遥测等现代技术绘制各地(特别是山洪高发区)尽量详细的历年水灾发生时的水淹、水毁路径图，为各地村镇规划和防灾减灾提供依据。

（3）采用多种科学方法有计划、有步骤地探明现有防洪堤的基础地质情况和堤身的内部结构情况。出于多方面的原因，大堤是在漫长的岁月里靠人海战术零零散散修筑起来的，一般来说，其施工前缺乏比较科学的设计，施工中缺乏较正规的质量管理，施工后则缺乏较详细的施工记录，以致造成大堤隐患多而且情况不明的局面，给现在的防汛抢险带来极大的困难。如长沙近年几个堤垸溃决的根本原因就是堤身内部质量差和堤基地质条件不好。

（4）组织多学科的科技人员协同工作，加强防汛抢险设备与工艺的研究、开发，促进新设备、新工艺的应用和推广。防汛抢险工作就像打仗一样，在过去的历史条件下靠小米加步枪和人海战术还算过得去(实际上是起家还可以，最后夺取胜利时拥有的已不只是小米加步枪了)，时至今日，主要靠人海战术和水来土掩的法子是越来越行不通了，而要像我国的军队建设那样走精简兵员、提高装备水平的路子。由于地质气候条件多变以及事件的突发性大等因素的影响，防汛抢险的设备种类和工艺方法必然是多样化的，所涉及的学科领域也是比较多的(从后面附件中笔者所提的几点具体措施中可以反映出这一特点)。光靠水利等部门的科技人员显然难以胜任,而要组织建筑、机械、矿山、地质等多学科的科技人员参与这项工作(其他学科中有许多技术可以直接或适当改造后用到防汛抢险作业中)。

(5)围绕已比较成熟了的防汛抢险设备与工艺,促进防汛抢险工作的规范化、专业化、规模化和产业化。逐步减小防汛抢险中人海战术和低效率粗放施工的比重。

(6)成立一个负责组织防汛抢险设备与工艺研究与开发的专门机构。其主要职能是负责这方面的统筹规划和规划中具体项目的立项审批、监督和验收,协调有关单位间的关系。项目仍主要由各部门有关科技人员承担或协同攻关。这个机构的工作必须依靠一个经过严格挑选的、具有较强实际工作能力的专家班子。

(7)建立资助防汛抢险设备与工艺项目的研究开发专项基金。初期当然是只能纯投入。但研制设备成功并形成系列产品后,则可按一定的行政规定,配购给各级、各地水利和防汛抢险部门。所获的低额利润返回专项基金滚动发展。这种投入是值得的,像长沙市去年在抢险的几天中,光吃盒饭就用掉一百多万元(抢险人员中真正发挥了作用的主要是部队)。

(8)加强防汛抢险科技知识的宣传和培训。将这方面的新技术、新方法、先进的施工规范、各种险情征兆和对策等制成挂图、录像带、电影等,对有关人员进行强化宣传和培训,并定期进行演习。

(9)各级领导,特别是防汛抢险部门的领导首先要从事务圈中跳出来,增强创新意识,才能真正深切地感受到科技进步是从根本上提高我省防汛抢险能力的必由之路。

在这个报告后,何清华附上自己关于开发抗洪机械的几种设想——

国土大部低于海平面的荷兰建造的海堤相对我们以土堤为主的防汛大堤可谓固若金汤。显然,在这方面世界上没有现成的经验可借鉴。面对国情,我们必须在财力严重不足的情况下(财力足,全修成钢筋混凝土堤坝当然可差不多做到一劳永逸),从科技进步的角度出发,因地制宜地展开系统深入的研究,开发出一整套能大幅度提高防汛抢险手段的专用设备及相应的施工工艺。基于这

一构思，根据本人所从事的专业，提出如下几项以设备为主的初步构想：

(1)研究开发适合堤坝加固的静压注浆设备、深层搅拌注浆设备、旋转喷射注浆设备及施工工艺将水泥、石灰、粉煤灰(有时加少量化学药剂)等固化剂制成浆体(个别为粉体)，然后通过静压、深层搅拌、高压喷射等方法将它们注入各种软土地基中；浆体与地基土不同程度地混合，产生一系列物理化学反应后，使原地基得到显著的强化作用。这种方法在国内外建筑工程中的软弱地基处理施工中得到广泛的应用，是一种成本最低、作业效率高、施工效果好的地基处理方法。近年在堤坝的加固上也开始采用这些方法，并取得了良好的效果。但从应用的深度和广度来看，还远远不够，特别是相应的设备和工艺还有待推广、完善和开发，得制订出操作性好的施工工法。

静压注浆设备投资小，一般几万元即可开张。但这种方法对堤坝加固作用不大，主要用于堵漏防渗。适当提高注浆压力形成所谓劈裂注浆后对砂卵石堤基的加固作用还是不错的，但这类设备还有待开发。

深层搅拌设备投资较上者大，一般可在地基中形成 15 米或更深的固化圆柱或连续的固化墙。由于这种固化体是通过机械的方法使浆体与地基土得到较充分的拌合后得到，所以对地基的加固作用效果相对上者要好得多。这类设备有单轴或多轴的。

高压旋转喷射注浆设备则采用高压(20 MPa)或超高压旋喷设备(40 MPa)使浆体(水流)在地基土中高速喷出，和地基土一起在更大范围内得到更充分的搅拌、混合，从而形成强度更高、尺寸更大(直径可达 3~4 m)的加固柱体。这种设备有单管、二重管、三重管等多种形式。单管的最简单，投资最小。但多重管法可以根据需要不同程度地置换出固化区域的土体，使加固作用大大增强。由于需要高压或超高压设备，这种方法的总投资较大，不过从提高施工效率和质量来说是值得的。高压特别是超高压喷射注浆设备和工艺在我国还有待完善和开发。

黏土堤坝溃决往往是由于缺乏一个较坚实的基础和内部的骨架，而深层搅拌和高压旋喷设备能以最低廉的投入、较高的施工速度，使现有危险堤坝获得一个牢固的基础和内部骨架(或密实的挡水墙)，使堤坝的整体性和防渗漏性显著增强。

除了高压旋喷外，其他几种注浆施工工艺在建筑行业已比较完善。目前关键是研制装在车、船上的，机动性好，能在堤坝斜坡上实施静压注浆、深层搅拌注浆、旋转喷射注浆作业的各种成套设备。

（2）研制适合堤身加固的液压抓斗成套设备。

液压抓斗是一种高效率、高质量地在软土地基中构筑地下连续墙（俗称挡土墙或挡水墙）的施工设备，近年才从国外进口一些用于高层建筑的基础施工。它首先在地基中高效率地挖出宽 $0.5\sim1.2$ m 不等，深一般可达 40 m 的槽，然后浇注钢筋混凝土。这种施工方法对于质量特别差而又较重要的堤防的永久性加固是十分有效的。进口一套这种设备要 1000 万元以上，根据笔者的前期研究，国产适当简化一些的这种设备的造价可控制在 120 万～180 万元。

（3）防汛抢险打桩设备的研制。

打桩加固是防汛抢险中常见的一种施工方法，但目前都是采用人工打桩这种费力而效果甚差的方法。

建筑基础施工中广泛采用的振动式沉（拔）桩法是一种在软土地基桩基础施工中十分有效的方法。但现有电动振动沉桩锤工作频率较低、作业时对周围地基振动范围大，这对已处于危险中的堤坝是不利的。所以本人提出研制对周围地基影响小的液压高频振动沉桩锤（国内目前尚无这类设备）。它在抢险过程中可快速沉入尺寸大的工字钢桩或钢板桩（使用后，一般又可用此桩锤回收沉入地基的钢桩）。这种桩，特别是大尺寸的钢板桩在抢险中的作用是十分显著的。

此外，还提出一种气压式和爆炸式打桩的新设想，这是一种利用压缩空气膨胀和普通火炮或火箭炮工作原理的打桩法，瞬间即可将特制的桩打入地基。在争分夺秒的抢险中，这种方法的优点是不言而喻的。

（4）机械灌肠式泥沙袋。

这是一种可用于抢险或堤坝加固的新方法。其基本构思是用塑料编织布制成一个个口径、长度不一的大袋子，一般直径 $0.6\sim0.8$ m、长度 $10\sim30$ m（或更长）。将它放在须加固的地方，然后用泥沙泵抽取水底或车船上已备好的含有一定水分的泥沙，以每分钟几吨到数十吨的速度灌满这些袋子，灌满的袋子可堆砌起来达到高速加固或升高堤坝的目的。其速度之快、效果之好，非人海战术可比（人再多，在狭窄的险情点上也摆布不开）。根据这一方法的特点，笔者把它称为机械灌肠式泥沙袋。

（5）快速冷冻和快速凝固堵漏工艺与设备。

堤坝在汛期突然出现不同程度的渗漏往往是大堤溃决的先兆，及时消除这

种渗漏对确保堤坝安全是十分重要的，但又是十分困难的。这里提出快速冷冻和快速凝固两种有效的方法。前者是利用特制的装置将液态氮等低温液体，或其他在溶解时能大量吸热的物质压入渗漏地基中，使其中的水分连同地基土在极短的时间内冷冻结冰，达到堵漏加固的目的。然后再辅助其他加固方法。后者实际上是一种化学注浆法，将一些遇水迅速反应凝固的化学浆料注入渗漏处即可形成永久性可靠的防渗漏层。

（6）半潜式防波气囊。

洪水期间大风掀起的波浪对土质堤坝来说无疑是雪上加霜。将一种特制的、预先带有一定配重的，可长达数十米的气囊袋置于堤坝的迎风面，用充气设备给气囊快速充气后，即可有效地减少波浪对堤坝的侵蚀。

（7）多功能抢险车和抢险船的研制。

上面提到的几种抢险方法及相应的设备，都必须具有较好的机动施工能力。所以建议研制具有上述多种抢险功能即装有多种抢险设备的、机动性良好的抢险车和抢险船。其投资当然不小，但是它就像铁路救援车一样，尽管养兵千日，用兵的那一时也是必不可少的。

（8）永久性防洪建筑物的规划与设计。

要完全杜绝堤垸的溃决看来是很难的，何况有时为了全局的利益还需要人为地淹掉一些垸子。从近年溃垸后的损失情况来看，由于现在农民生活条件的提高，已有家庭财产的损失大大超过当年田地里庄稼的损失，而且灾后最难熬的、最难恢复的是房屋。如果能保住房屋、大部分财产和存粮，灾民的日子就好过多了。因此，因地制宜地统一规划设计能经受洪水浸泡，并且有部分空间高于最高水位的永久性建筑物无疑是一种减少水灾损失的好办法。财力足的可全部建成这样的住房，财力差的可考虑在人口相对集中的地方统一修建永久性的避难所式的建筑物。建在堤上的则可将房屋基础与堤垸基础统一考虑。为了既安全可靠又经济实用，这类建筑物需要有关部门统一研究、规划、设计。

以上几点实施后有的还可望形成一定的产业，但要求从税收等多方面扶植这类企业的发展。研究设计单位也可以产学研的形式组织这类设备的生产。

以上建议，并非一时之念，笔者也曾作为一名知青在农村多年，对农村的水利、水害亦有切肤之感！近年来结合自己的业务工作反复思考了一些问题，但也难免有不当之处。别无奢望，只求有引玉之功，对促进我省防汛抢险工作中的科技进步稍有裨益。

何清华这些报告送上去后，很快地引起了领导同志的重视，并将报告批转给水利部门。后来，长沙还组织何清华等专家教授听取水利部门的情况介绍，并安排现场参观，请他们就长沙市的防汛抢险工作提出具体的实施意见。

2. 献计南海建设

南海一直是我国国防的一个薄弱环节。越南、菲律宾这些国家"先下手为强"，侵占南海中的岛礁，反而让我人民解放军守卫部队没有立足之地。曾有一段让人伤心落泪的历史：我守卫战士开始只能在一个礁上靠船"立足"，后来则立一根水泥柱子，搭上棚子，一个人在上面站岗。守礁战士喂养了一条狗做伴，没想到这条狗最后得抑郁症死了。

20世纪末，随着南海丰富的资源逐步被发现，周边国家非法侵占南海岛礁的现象也越来越严重，我国在南海没有立足之地的状况没有得到改善。实现南海有效管控问题成为国人，特别是国内精英关注的焦点。

何清华既"看"，也"议"，更加考虑自己的"行"。2011年3月7日，何清华在参加全国政协会议中，提出了《关于加强在南海建立立足点的几点建议》。该建议写道——

为了解决对陆地稀少的茫茫南海的实际战略管控，首先要解决立足的问题，我们从装备的角度提出如下两点建议：

（一）以预制为主建立设施良好的人工岛礁

一个工程是在大陆特定位置借鉴海上石油平台和水泥船的技术，设计建造以钢材、混凝土为主的带有较完善的生活、防卫设施（飞机可起降）、能源设施（风能、太阳能）的半永久性人工岛礁的主体部分（可以通过较简单设计保证在拖航时是可浮在海面的）。可根据实际情况设计成整体的或抵达时拼装的。

另一工程是在目的地通过勘测钻探建造固定上述预制件的桩基础。

然后就是将两者连接起来的工程。当然上述工程是很复杂的，但我国无论从技术上、工程上、实力上都是完全可行的。取代现有简陋的以现场制作为主的类似于高脚屋的建筑是非常有必要的。

（二）建造巨型海上准航母

采用稳定性好的双体船的基本结构，建造甲板长达千米级的10万吨级至20万吨级的巨型专用船只（可采取拼接式），也可称为准航母。船上有更完善

的生活、防卫设施(可起降更大的飞机)、能源设施(风能、太阳能)。我认为建造的防护标准按一般的兵舰就可以了。主要用于海上的快速移动和在特定海域的较长期的锚停。其造价相比正规航母要低得多。其用途介于军民两用之间,这种船只活动于南海海域,不仅可以大大降低运营成本,而且对完成以下所列(略)的任务有更好的适应性,还没那么张扬,利于较平和地处理南海事务。当然也可以考虑采用核动力。

一旦在整个南海有若干这样的人工岛礁和巨型准航母,既可为公民捕鱼、旅游提供保障基础,也可为海上、海底的科学、商业勘察等工作提供强有力的保障与支持。只有这样的活动数量多了,且经常化了,才能彰显我们对南海的实际控制作用,同时获得我们需要的资源。

是"英雄所见略同"还是决策部门采纳了何清华"南海建设之策"?一个事实是,我国在菲律宾单方面非法提起南海仲裁以后,推出了一系列反制措施,2013年年底启动的南海岛礁吹填行动是其中之一。在2015年6月30日,外交部发言人华春莹就中方南沙岛礁建设陆域吹填工程答问表示:经向有关部门了解,根据既定作业计划,中国在南沙群岛部分驻守岛礁上的建设已于近日完成陆域吹填工程,下阶段中方将开展满足相关功能的设施建设。

当然,南海岛礁建设的技术路线走的是"吹填"之路,但其效果与何清华提出的建设"人工岛礁的主体部分"是一致的。

3. "高产"的提案人

何清华于2010—2014年担任湖南省政协常委,于2008—2013年担任全国政协委员。

作为政协委员,必须履行参政议政的职责。按传统的说法,在京是与党和国家领导人、在省是与省党政大员"共商国是"。

作为委员,就是心系国家,把国家利益放在最高位置,通过提案、建议的形式,反映人民群众的呼声,将自己的智慧贡献给治国理政,通过自己的努力,推动一些有利于国家和人民的措施并使之上升为国家意志。

据统计,何清华在担任省政协常委、全国政协委员十来年时间里,共提提案和建议等二十多件。

其中重要的分别是:

《对扶持制造类企业的几点建议》（2009 年 3 月）；

《关于中国商业银行为国外购买中国产品的客户提供融资、贷款业务的提案》（2009 年 3 月）；

《关于利用外汇储备增强企业实力的提案》（2010 年 3 月）；

《关于成立"中国国际人道主义扫雷联合会"的提案》（2010 年 3 月）；

《关于进一步扶持民营企业拓展海外发展的提案》（2010 年 3 月）；

《关于完善融资租赁，增强国产装备竞争力的提案》（2010 年 3 月）；

《关于发展我国通用航空产业过程中保护和支持民族产业发展的建议》（2010 年 3 月）；

《关于合理调控企业劳动成本过快上涨的提案》（2010 年 3 月）；

《关于强烈要求马上严格限制进口二手挖掘机的提案》（2010 年 3 月 7 日）；

《关于湖南省"十二五"规划建设的几点建议》（2010 年 7 月 19 日）；

《关于加强在南海建立立足点的几点建议》（2011 年 3 月 7 日）；

《关于再次强烈要求严格限制进口二手挖掘机的提案》（2011 年 3 月 7 日）；

《狠治奢华，施惠于民》（2011 年 3 月）；

《关于第三次强烈要求严格限制进口二手挖掘机的提案》（2012 年 3 月 1 日）；

《关于开挖湘鄂西洞庭湖运河引长江水改善洞庭湖区域生态的建议》（2012 年 3 月）；

《民机复合材料构件制造技术工业联合体说明》（2014 年，报马凯副总理）。

《提高自主创新能力，加速湖南工业化进程——2006 年湖南两会上的讲话》（2006 年 1 月）。

《关于推进湖南自主创新建设的措施与建议——湖南新型工业化调研发言》（2008 年 5 月 30 日）。

何清华堪称提案和建议的"高产户"。虽然这些提案和建议不一定最终都成为政策或施政方针，也不一定都像《奢靡之风不可长》引起强烈反响，但写了、讲了的何清华感到很释然，因为在治国理政的建言献策上，他尽了心、出了力。

4. 直言不讳的专家委员

何清华战略思维和务实品性得到各方的认同，也引起了领导们的重视。在

一些涉及发展的重大决策上，领导机关希望听到何清华等的真知灼见。

早在2012年，何清华就被聘为商务专家。后来，又被聘为湖南商务专家咨询委员会委员、湖南省培育发展战略性新兴产业专家委员会委员、湖南制造强省建设专家咨询委员会委员、湖南省核燃料循环技术与装备协同创新中心专家委员会委员、湖南省第一届科学创新战略咨询专家委员会委员。

2018年，何清华被聘为省政府科技创新战略咨询专家委员会委员。在委员会成立暨第一次全体会议上，何清华就如何争取"国家工程机械技术创新中心"落户湖南一事提出建议：一是在中心战略发展方面，他认为既然称国家工程机械技术创新中心，那么就应该是立足湖南，站在国家的层面，面向全球工程机械的发展。除了企业方面以湖南本土企业作为主体以外，在高校及科研院所等方面，应该面向全国在此方面具有领先水平的高校及科研院所，乃至面向全球领先科研机构，促进国家工程机械技术水平的发展。二是在中心机制创新方面，如何实现政府、企业、高校及科研院所等参与方的共赢，激发各方的活力，在机制创新方面要寻找突破口。山河智能最先创立时就是从校企合作开始的，这种多方合作的模式，确实能够使产学研用得到充分融合，然而在成果的归属以及应用等方面需要一个能够让参与方满意的机制来平衡利益点。这个建议实实在在，操作性强，引起了在场省领导的注意。

2020年7月3日，湖南省委书记杜家毫与工程机械领域部分专家、企业家座谈，就推动湖南工程机械产业高质量发展听取大家的意见建议。何清华说，工程机械制造业确实已经成为长沙一张世界级的名片，但是，应该看到其中的不足："中国工程机械在多功能化及替代人工的小品种机械方面相对欧美发达国家有较大差距""高端液压元件、发动机、传动桥箱等关键配套件目前依然还是以进口为主，特别是发动机"，因此，省市政府应该"制订扶持本省配套外协厂商的政策"，因为"长沙是一个缺乏优秀机械类配套件研制厂商的城市。如何扶持关键配套件企业的发展，需要政府给予政策支持。例如许多配套厂实力较弱，但由我们给其提供厂房、地皮，实际上是增加了我们的负担，建议政府给予相应补贴。关于配套厂家的继续改造，政府也可给予低息贷款的扶持"。还有就是"环保、消防与报建等审批标准要科学合理，处罚整改工作要有过程，动辄停产整顿不可取。如长沙周边电镀类工艺的条件建设已然成为一个很大的瓶颈。希望政府尽快解决"。

何清华的发言体现了其一贯风格：直言不讳，求真务实。

四、"任何时候都要坚持对国家的信心"

热爱养育自己的脚下这片土地,热爱自己的国家,这是家国情怀最直接的体现。

热爱这片土地,并不因为受过委屈而怨天尤人,并不因为她的贫困而嫌弃,而是一往情深,"为她打扮为她梳妆"。当一些人对这片土地的前景、对生活在这片土地上的人们前程、对自己赖以生存的企业发出疑问时,何清华疾呼:"任何时候都要坚持对国家的信心。"

(一)坚持"三个自信":国家自信、企业自信、个人自信

何清华是一名自然科学工作者,是一名机械专家,是一名企业管理家,平日里他将"思想政治"寓于实际工作之中,当遇到"国家"观念受到冲击时,他会挺身而出,及时发声。

在人们的印象中,企业年终总结是"实打实""数加数",可在 2016 年的年终总结会上,何清华提出"三个自信"即国家自信、企业自信、个人自信。

当时,山河智能产业布局刚刚调整到位,但世界经济形势存在诸多不确定性,国家经济发展进入了新常态,因此山河智能的员工中思想出现了一些新动向,特别是对国家、企业、个人的前途缺乏信心。

何清华要求员工正确看待脚下这片土地。他说:"近年来国内外对中国的现状与历史的各种负面评价不绝于'网',几乎全盘否定中国的论调甚至成为一些'名人'的时髦。对中国过去、现在大量存在的各种问题当然不能回避,更不能刻意掩饰。但一个正常的中国人评价中国应当有一个理性的态度和不能逾越的底线。"他进一步阐述其中道理:

其一,不能脱离历史时代背景以及中国的现实情况去评论过去与现在的一些问题,更不能假设性地去选择什么。

其二,不能简单地将中国的现状与发达国家现状做比较,要从相近的发展阶段以及自然条件等进行客观的比较。

其三,尽管漫长的中国历史上阴暗血腥的东西多得很,但中国作为一个大国能在世界上存在数千年说明她的文化肯定有十分优秀的基因。

其四,目前中国依然存在很多问题,甚至是十分严重的问题,这些都是客

观存在不可回避的，但如果客观、全面分析这一百多年来中国曲折、苦难历史变迁中的大趋势、大道理，则会知道中国走上现在的道路是有其必然性的，也是值得庆幸的。近几十年来国家在政治、经济、民生多方面的快速进步的主流也是无法否认的。

其五，外国确实有很多地方的生活条件优于中国，希望到这些地方去定居、移民也很正常，甚至对中国也有好处。但有一个严峻的客观现实，那就是98%以上的中国人还只能选择在中国生活。他说，"在中国土地上生活的中国人总是抱怨中国不好，这于国于己毫无益处；移民了的中国人骂中国，我看既无必要也无好处，所在国家的人可能还不理解，甚至看不起你"。

基于上述理由，他要求员工任何时候都将国家放在心上。他说："随着全球经济的波动以及中国经济发展步入换挡期，中国工程机械市场也出现持续下滑，行业面临前所未有的压力和挑战。新常态下，工程机械行业过去十几年高速发展形成的旧有理念及模式已不适应目前的形势。目前正处于一个重要的转折期，也是一个危险与机遇并存的时期。我认为坚定的信心与理性的选择是我们企业与个人'化危为机'度过当前困难时期的基础。"因此，他要求管理团队和员工"对国家有信心，对企业有信心，对自己有信心"。

（二）自信态度："快乐工作，健康生活"

自信已成为何清华的一种生活态度。他在要求管理团队和员工树立"三个自信"的时候，自己也是信心满满的。

至今人们谈起山河智能的"艰难时刻"，无不想到 2012 年至 2016 年这个中国工程机械行业的"调整时期"，说那是一个"特殊时期"。

特别是 2014 年，受世界经济下行的影响，山河智能的效益也滑坡了。这一年，公司也遇到了一些不顺心的事。譬如说，股票增发一直没有得到批复，一些事还莫名其妙地惹上了官司……一时人们为公司的前景担心。而何清华却依然保持正常的工作节奏和乐观、豁达的工作态度，并用"快乐工作，健康生活"八个字与大家共勉。

在新股发行上市之前，山河智能遇到了严重的资金短缺难题。当时，几个负责这方面工作的高管都急得睡不着觉，有一位高管描绘自己当时的心情："从 2013 年开始，资金非常紧张。一是银行贷款要还，而且每个月要还本付息几个亿。二是我们的投资摊子铺得太大，资金周转不过来。三是在前些年行业下滑时，为了将产品推销出去，低首付甚至零首付的现象出现了，导致大量的货款不能回笼。一边是回不来，一边是大出量，资金链到了断裂的边缘。哪一家银行来了，都把我叫过去，让我报告融资的情况。我只能拍着胸脯说，千万不要断了我们的贷款，我们的增发股票就要上市了，我们马上就有大笔资金进账。那一段时间我非常痛苦，吃不好，睡不着，还得天天赔着笑脸，接待银行的客人，将胸脯拍得啪啪响。那时用度日如年来形容一点也不为过。我在心里问自己，这种日子什么时候能够结束？我睡不着，可何老师睡得着，他提倡'快乐工作，健康生活'，真是'皇帝不急太监急'！"这位高管可是号称"老江湖"，都有点挺不住了。幸运的是，2014年上半年股票增发获得证监会批准并及时募足资金，公司资金链保住了。

一位高管说，何老师是我们的"稳定器"，他表现出了一名"元帅"的风度。在许多关键时刻，我们只要看他一眼，看到他那种举动自若的气度，心情就马上平静了。

"何老师的思维是辩证的。何老师从来都是对事物做两个方面的分析。在公司发展顺利时想到可能遇到的问题，在公司遇到难题时想到有利的一面。前些年在行业调整时期，整个行业出现了断崖式的下滑，可何老师要求我们看到积极的一面，要求我们有毅力，树立信念和信心。他常说，'危机危机，机会就蕴含于危难之中'。有时我们感到压力太大甚至觉得无法脱离危险时，如果与他谈一谈，就会觉得自身变得强大了。在我们公司里，遇到过多次危机，如'录音门事件'、沈阳官司、增发的不确定性等，都在何老师的掌舵下，渡过了难关，处理得比较圆满。"一位高管说。

这位高管还说："企业家最容易犯的错误是犹豫不决、徘徊不前。其实失败主要在心态。在没有与困难搏斗时，你就退却，你就消极，当然就只能失败。何老师认为，危机是人生的一次机会，迈过这道坎，你的人生境界才能提高，你就能将危机转化为你的财富。"

快乐的工作状态才容易出成果，才能以一种无所畏惧的精神战胜前进中的困难，以一种自信、积极的态度面对工作中的难题。

一位高管说："何老师任何时候都是我们精神上的定海神针。"2016年，山河智能第三次股票增发在等待许久后终于得到了证监会预审的通知。

那次增发对于山河智能非常关键，因为公司要并购加拿大AVMAX。可增发的报告递上去以后，迟迟没得到批复。2016年底，公司接到去北京参加证监

会预审会议的通知后，夏志宏当时作为主管公司财务的副总经理，随董事长还有董事会秘书等赴京。按照股票发行程序，在增发前，证监会必须对上市企业的方案进行预审，董事长、董事会秘书还有副总裁等要接受证监会的提问。这对任何上市公司都是一种考验，一旦答不上来，增发之事起码得推迟一段时间。夏志宏事后回忆说："出席这种场面，我是第一次。所以在赴京以前，我们就写了一个回答提纲，将一系列可能提出的问题列出，对这些问题的回答也一一准备好。先天晚上，我紧张得睡不着觉，生怕哪些地方准备不到位。第二天，我们起了个大早，来到证监会办公楼，在会议室外等候。我忍不住对何老师说：'这件事怎么办？要是这次过不了关，我们公司怎么运转下去呢？'何老师说：'你放心，肯定过得了关。你们认识到了这是大事，这很好，但不要把形势看得过于严重。我心里是有底的，因为我们是实实在在做事的，是为了做大做强企业，是为了回报社会，相信我们这份心社会是能体会到的。'他说这些后，我心里一阵轻松，觉得有了底。那天也真是巧合，等了一阵后，并没有要我们进去接受提问，而是告诉我们预审通过了。也真是幸运，这种增发是最后一次，到了2017年政策有变，不能再搞这种50%折价的增发。我们是春节前即2016年年底拿到的增发批文。拿到批文后，我就想这是何老师的福分，'长存善念，天地佑之'。"

"快乐工作，健康生活"，表现的是对事业和前景的自信。

（三）注入山河智能走出低俗的激情

"三个自信"除了体现何清华对脚下这片土地的深情，也体现了他对耕耘这片土地的责任。对于他来说，履行这种责任最好的作为就是让"中国创造"的牌子在全球装备制造业越来越醒目。何清华为山河智能走向国际注入了强大的自信激情。

何清华在2014年对大背景下公司的经营行为进行了反思："近年来，受全球市场遇冷，国内经济换挡运行的影响，中国经济步入结构调整和产业转型升级，从高速增长向中速增长过渡，经济发展进入新常态。工程机械行业面临劳动力成本上升、市场保有量大、产能过剩、企业利润偏低、现金流相对紧张、违约风险大等困难。我们要深刻反省：工程机械行业去年延续的困境，主要还是由于前些年企业极度依赖外部市场的增量，盲目追求高目标无序竞争，严重透支未来市场的粗放式经营造成的。通俗些讲，前些年政府、企业、个人都争相制定超出客观规律的高目标是搞得自己'都难受'的重要原因。'明势取道、精术为业'是企业在困境中创造发展新机遇的精辟阐述。"

何清华要求管理团队和员工坚信"机会就蕴含危难之中",保持战略定力,走内涵式发展道路。为此,他推出了一系列应对措施,使得山河智能从"五年调整期"顺畅地走出,并且走上了快速发展的轨道。正如他自己说的,这个五年的内部工作反比以前上了一个台阶。他有一段名言是这样说的:"如果将振兴企业的目标与国家的强盛结合在一起,就会自然处在一个高的起点;摈弃短期行为建立更长远的发展目标,就会高屋建瓴地处理各种事务包括不少烦心的事。国家实力的基石在企业,中国的企业都办好了,国家才会真正强盛,这是国家管理者应该明白的道理。反过来,只有国家强盛了才有企业发展的外部环境和国际地位,这是每一个企业管理者应该明白的道理。"

如果说,2004 年第一次来到 Bauma 国际工程机械展让他心酸的话,那么在 21 世纪第二个十年里他又一次来到 Bauma 展时,却发现了对方的"漏洞"。那是北欧一家老牌工程机械企业展出了一台新研发的大型凿岩机械,主持研发的是该公司一位资深工程师。这位研发者在介绍自己的产品时报出了一系列参数,并说出这台设备达到的功率。何清华掏出手机算了起来,一会儿,他再问了对方几个参数,然后抛出一个结论:这台设备并没有达到设计的功率,因为设计动力与工作机构所需动力并不匹配。那位工程师只好苦笑着点头。这是何清华和他的山河智能走向国际的一个插曲。

正是在与国际工程机械界高手的交流中,何清华坚定了"让中国制造走向中国创造""装备制造领域世界价值的创造者"的自信。

正是在熟悉国际工程机械的过程中,山河智能不断扩大自己的国际市场,稳定了山河智能小型挖掘机品牌在欧洲的市场,也挤进了一些本属于洋品牌一统天下的市场,甚至冲破了有些国家严密保护的市场。

正是在这种自信中,山河智能走上了并购加拿大 AVMAX 公司之路。

也正是在这种自信中,"山河绿"在世界各地不断地扩大。

五、社会责任永在肩上

肩负社会责任是家国情怀另一种形式。

主动承担社会责任,既是何清华、易宇欣夫妇的天性使然,也是基于企业

家的社会使命担当。天性使然——夫妇两人都是从寒门走出来的，最知道帮助对于被帮助者的作用；使命担当——企业家办企业的初心不就是国家富强、人民幸福吗？正是感性和理性的结合，使他们在力所能及的范围内尽最大的努力从事公益活动。

（一）助学

1．江永希望工程

2004 年下半年，何清华和易宇欣夫妇参加了"第二故乡情——江永知青文化旅游节"活动。在这一活动上，"山河爱心助学金"项目正式启动，助学金为"每年 3 万元，连续 5 年，共 15 万元"。这一年，山河智能上市之事因国家政策的调整尚未进入 IOP 程序，而星沙的产业基地投入颇大，企业没有"余钱剩米"，助学金源自夫妇俩的工资收入。

2．"山河英才"教育奖学金

从 2004 年起，何清华夫妇每年捐资 5 万元在中南大学设立"山河英才"教育奖学金。何清华夫妇秉承"科教兴产业，产业促科教"的理念而设立了这一奖学金，是为了支持国家教育事业的发展，进一步培养和发掘优秀人才，激励在校大学生勤奋学习、刻苦钻研。2008 年 12 月，何清华获得湖南省最高科技奖——2007 年度湖南省科学技术杰出贡献奖，获得省委、省政府 100 万元奖励。何清华在获奖之后没有做什么庆祝活动，而是将所获得的奖金全部捐出，其中 80 万元捐给中南大学做"山河英才"教育奖学金，另外 20 万元捐做扶贫基金。从这一年起，为扩大"山河英才"教育奖学金的奖励范围，加大奖励力度，山河智能决定以后每年捐资 20 万元做奖金，将一等奖提高至 5000 元/人，二等奖提高至 3000 元/人。

据统计，到 2017 年为止，"山河英才奖"已惠及中南学子 700 余人，奖励总金额逾 300 万元。

3．捐建四川理县杂谷脑小学图书馆

2016 年 5 月 12 日，正值汶川地震八周年纪念日，何清华、易宇欣夫妇来到四川理县探望了理县杂谷脑小学的老师和孩子们。他们牵挂那片备受摧残的土地，牵挂那些坚强勇敢的人们。

8年前，汶川那场撼人心魄的地震发生后，何清华除部署公司的力量参与救灾外，还参与了理县重建工作。何清华在公司出资50万元的基础上，动员家人再凑资50万元，专项共同援建了杂谷脑小学的灾后重建工作。何清华一家与杂谷脑小学的渊源由此开启。这以后，山河智能不断派出人员前往小学给予关怀，资助贫困学生上大学。2010年12月，山河智能派员来到杂谷脑小学，参加学校竣工仪式，并捐款50万元用于修建学校图书馆。

2016年5月12日这一天，何清华夫妇走进校园，迎面而来的山河智能"理想成就未来"的理念雕塑肃立在校园内。他们见到了干净美丽的校园、整洁明亮的教室、摆放整齐的图书室、设备齐全的电教室、阶梯大课室。教室里，他们听到了抑扬顿挫的琅琅读书声；操场上，他们看到了一个个朝气蓬勃的跳跃身影；图书馆里，安静地沉浸在知识海洋里的孩子们让他们好生感动；孩子们一张张开心、活泼、无忧无虑的笑脸，让他们感到开心。还让他们欣慰的是，在全面推进素质教育的进程中，学校以一流的教育质量树立了自身的品牌形象，赢得了社会的赞誉。重建六年来，这所学校的教学质量一直名列全县前茅。

（二）救灾

1. 汶川地震救灾

2008年5月汶川大地震发生后，在国家困难、灾区人民危难之时，山河智能快速反应，伸出援手，在何清华亲自部署指挥下，立即组织救援设备、救援人员在第一时间赶赴救灾现场，全力投入抗震救灾的战斗中。山河智能在第一时间伸出了援手，捐赠设备、物资、钱款价值500多万元，同时派出由21人组成的救灾抢险队伍，辗转数千公里，鏖战12个日夜，打通了汶川通往江油的交通生命线，并参与灾区卫生防疫、过渡安置房建设。

2. 长沙冰冻救灾

2008年冬，一场突如其来的冰灾袭击了湖南。如何应对，少见冰冻的湖南人一时没有找到应对的办法。就在此时，山河智能"上场"了，因为公司生产了"特种武器"——系列除雪滑移装载机。这种机器不仅铲除了市区的冰雪，而且开上了冰冻最严重的中国南北交通大动脉——京港澳高速。除雪滑移装载机灵

活、高效,许多大型除雪设备不能去的地方它都能得心应手,转场速度快,一个小时就能除雪清障几条街道。一机多能是除雪滑移装载机的特色优势,它可以同时实现铲、挖、推、装载等功能,车前除雪,身后就留下一条清洁的车道,并直接把堆积如山的雪迅速装进运输车中拉走,因此效率特别高,可一次实现除雪清障、清洁道路的效果。在除雪大行动中,在广大武警官兵和市民的眼里,它就是"铲冰除雪的有力武器",受到了社会各界高度肯定和好评。

在以后的冬季,只要发生了冰冻,山河智能的除雪滑移装载机必然上路上街,这已成为山河智能的"保留节目"。

2011年1月底,受强冷空气南下影响,一场四十年来最大的暴雪突袭湖南省长沙地区,长沙市大雪围城,车堵人困,寒冷暴雪的恶劣天气使广大市民的出行受到严重影响。长沙市迅速启动雨雪冰冻灾害应急预案Ⅲ级响应,一场全员参与的除雪清障大行动在全市展开。多台山河智能除雪滑移装载机奋战在长沙最重要的交通动脉五一大道及其周边道路上,凭借一机多能、灵巧实用、高效快捷、清洁道路综合效果好的特点,在除雪大行动中成为靓丽的风景线。在寒冷的暴雪天气中,"山河绿"使广大出行的市民感受到了一份温馨和亲切。

3. 雅安地震救灾等

2013年4月20日上午8时2分,四川省雅安市芦山县发生7.0级地震,造成了重大伤亡。当消息传到远在德国参加Bauma国际工程机械展的何清华耳中,已是当地时间凌晨5时了。他不顾疲劳,发回指示,要求公司迅速成立救援队前往雅安灾区进行救援。

山河智能集团总部和川渝藏大区成都办事处在第一时间联动,紧急发货,成立救援小组,赶赴雅安地震灾区,并及时跟踪震区的灾情和人员伤亡情况。

山河智能先后派出八台设备投入到紧张的救援工作中,同时,在川渝藏大区的技术人员守候在现场,保障设备的正常运行。

在舟曲泥石流灾害、岳阳泥石流灾害救援中,何清华都亲自部署,在救援中发挥了重大作用。

(三) 环保

2012年2月27日,山河智能向阿拉善生态基金会无偿捐赠一台SWE90N9挖掘机,捐赠仪式在山河智能产业园举行。此台挖掘机将被输送至内蒙古自治区阿拉善盟，为治理、改善和恢复阿拉善沙漠地区生态环境而服务。山河智能再次投身公益事业，积极为社会作出贡献，彰显企业高度的社会责任感。

阿拉善地区即内蒙古自治区阿拉善盟，地处巴丹吉林、腾格里和乌兰布和三大沙漠腹地，是中国四大沙尘暴发源地之一，是对中国北方地区，特别是对北京首都沙尘暴袭击最为频繁的地区。由于特殊的地理位置和在我国生态环境建设中的特殊地位，阿拉善地区的生态环境建设引起国家、社会的高度重视，国家《林业发展"十二五"规划》已将阿拉善地区确定为国家"特殊生态治理区"。2011年初，深圳证券交易所等六家单位发起成立"阿拉善生态基金会"，以通过基金会的运作，形成植树造林、改善生态的长效支持机制，为改善阿拉善沙漠地区的生态环境作出更大贡献。作为深圳证券交易所的上市公司，山河智能也加入了这个基金会，也就有了这次捐赠之举。当时，由深圳证券交易所与阿拉善军分区主办、阿拉善生态基金会协办的"我们的家园，我们的责任"座谈交流会在阿拉善军分区举行。作为首家向阿拉善生态基金会捐赠工程机械设备的企业，山河智能装备集团董事长何清华等受邀参加会议。阿拉善生态基金会李旦生会长在捐赠仪式上发言，说此次捐助体现出山河智能高度的社会责任感，山河智能是首家向阿拉善生态基金会捐赠机械的企业。何清华在捐赠仪式上表示，作为社会力量的一分子，建设美好家园和建立国家生态安全屏障是山河智能的责任和使命。

(四)纾困

1. 捐款山河智能关爱老知青健康公益项目

何清华夫妇都曾下放过江永，"江永知青"是他们内心最温情的称呼。

他们也曾是"江永知青"。他们这一代知青，曾肩负国家使命，与共和国一道艰难前行。年轻时，他们响应党和政府号召上山下乡，甘洒热血与青春；返城后又遭遇下岗失业，默默承受，自找生路；他们响应国家独生子女政策，自觉只生一个。目前他们中有的成为空巢老人甚至个别成为失独老人；有的在小型企业退休，因企业不能足额交纳社保金而养老金微薄，仅够基本生活，一旦遭遇重大疾病，个人需自费承担数万元乃至更多的医疗费时则不堪重负；有的承受病痛与经济的双重压力，挣扎在生活的贫困线上。鉴于此，一批曾经当过知青的志愿者们成立了湘知公益基金，专门救助那些陷入困境的老知青们。

湘知公益基金的志愿者大都是企业退休人员，退休金微薄，筹集善款能力有限，每次看望病困老知青时，只能拿出几百元慰问金，对于动辄数万元自费医药费的病困老知青，可谓杯水车薪。好在对于他们的困难，社会和政府有关部门出面帮助解决。长沙市红十字会负责人就直接找到何清华夫妇，请他们关爱老知青健康公益项目。何清华夫妇得知后慷慨解囊，捐款 20 万元作为这一项目的启动资金。2012 年 1 月 13 日下午，"长沙市红十字会山河智能关爱老知青健康公益项目"慰问金发放仪式在山河智能技术中心 B206 会议室隆重举行。本次捐助 20 万元，共 200 人受益；所有受助对象，均按照长沙市红十字会的文件要求，由县、区收集资料，逐层严格筛选，在网站和报纸公示结果。其中，山河智能分会场慰问金发放对象为 30 人，以江永知青为主。

2. 关爱公司员工

关爱公司员工是何清华的一种品性。早在企业创立之初，何清华就因为在一些关爱员工日常生活之类的具体事宜上与某些管理者发生了分歧，他认为应给员工提供开水，应提供休息场所，应提供较好的伙食，等等。经历过山河智能创办初期的那些老员工，提起那时都说"吃得好""菜堆满桌子，汤不是猪脚炖黄豆就是猪肚炖黄精"。他们还记得，创办那一年，有一天气温骤降，风雨交加，当时生产很紧张，工人们来不及回家取铺盖，何清华生怕他们受冻生病，便指示后勤人员到市内采购棉絮，发给大家垫盖。

从关爱员工的具体生活，到关爱员工的家庭困难，再到提出"员工共赢"的员企关系的价值追求，员工永远牵挂在何清华的心头。

从 2012 年起，山河智能与长沙县教育基金会携手设立了山河智能爱心助学基金。该基金作为一项持续性的公益基金，累计帮助上百名山河智能困难员工子女上学，造福了一大批家庭。

2014 年 1 月，何清华在年度经营报告中提出，设立"山河爱心基金"，以更加规范、持久地传播山河人的大爱之心。"只要脊梁不弯，就没有扛不起的大山。"在山河智能这个大家庭里，以党政工团组织为纽带，大家相互扶持，共同成长。"不抛弃、不放弃"，是山河人的精神，更是山河人的品质。自 2014 年成立"山河爱心基金"以来，困难职工慰问工作持续稳定推进，形成了"三节"（春节、端午节、中秋节）慰问+临时特殊慰问的山河模式，并逐步向社会辐射，得到了广大职工和上级工会的一致好评。

2016年，山河智能的"三节"慰问和临时特殊慰问，有160余人次获得资助，共发放慰问金14万余元，2名困难员工子女获得金秋助学，33人次获得住院互助补助金共计4万余元。

2017年1月9日下午，山河智能召开了困难职工春节座谈会，会上公司工会提出了进一步规范慰问评审，精准扶贫（识真贫、扶真贫、真扶贫）、精准脱贫（扶智、扶志），进一步深入关怀特困员工，以"个人+企业+社会"的方式协同推进帮扶。会上，还为困难职工发放了2017年春节困难职工慰问金和物资。如此，山河智能解决困难员工的问题已形成了制度。

六、向着太阳奔跑

何清华与太阳"有缘"。在江永期间，他和一批知青战友在太阳坡创办了大远农场；"SUNWARD"是山河智能的LOGO，其译成中文就是"朝着太阳"。与一般企业不同的是，山河智能甫一创立就寄托了创办人的理想追求，这里集合着一群追赶太阳的人。"SUNWARD"本是何清华请人按山河智能的中文含义设计出的英文单词，没想到正好与英文单词sunward巧合。冥冥之中，有一种力量，牵引着何清华和他的山河智能朝着太阳奔去，成为追赶太阳的人。

太阳永远照耀人，太阳永远在人的前方。人总是向着太阳，人总是在追赶太阳的路上。何清华也是如此。

（一）为了基业常青

一个企业能否做到基业常青，关键在于人才。山河智能在成立二十周年之际，提出了"三年大增长"的目标，而这个目标靠人干成。

为此，何清华在进行常态化企业人才队伍建设的同时，采取了一系列行动，加强团队建设。

1. 聚集山河智能人才群

作为博士生导师，重视人才培养、重视人才队伍建设是何清华的一种"秉性"。曾有著名从教者作诗曰："常避桃源作太古，欲栽大木柱长天。"自然，时代不同了，"常避桃源"育人不可行了，但"栽大木柱长天"却是何清华的追求。从教以来，他不仅传道授业，也在经营企业中培养人才。他的学生有许多从技

术骨干被提升为企业的中高层管理人员，如何清华的博士生朱建新现在是山河集团的副总经理，主管技术工作，2019 年，获颁"庆祝中华人民共和国成立 70 周年"纪念章。该纪念章由中共中央、国务院、中央军委联合颁发。颁发"庆祝中华人民共和国成立 70 周年"纪念章，是新中国成立 70 周年系列庆祝活动的重要组成部分，旨在表彰中华人民共和国成立前参加革命工作并健在的老战士老同志、中华人民共和国成立后获得国家级表彰奖励及以上荣誉并健在的人员、中华人民共和国成立后因参战荣立一等功以上奖励并健在的军队人员（含退役军人），以及为中华人民共和国成立作出杰出贡献的国际友人。朱建新教授是专家型学者，他多次获得国家级表彰奖励。山河智能在董事长何清华教授的带领下，团结了一批像朱建新教授一样的专家学者、管理营销精英、能工巧匠，用二十年时间，把一家靠贷款 50 万元起家的小企业，逐步发展成为我国工程机械行业的龙头企业之一，为经济社会发展作出了巨大贡献。

2019 年，山河智能副总经理张大庆被认定为长沙市科技创新创业领军人才。长沙市科技创新创业领军人才主要是针对长沙市域内企事业单位、高等院校、科研机构中有重大发明和重大技术创新，在信息网络、新材料、生物与新医药、高新技术改造传统产业、新能源汽车、文化创意、现代农业、新能源及节能、资源与环境、航空航天等十大领域对长沙市产业发展具有重大促进作用，经济社会效益显著的科技创新创业专家。长沙市科技创新创业领军人才主持的符合长沙市产业导向的重大产学研合作等相关科技创新创业的每个项目，能得到 100 万元的政府经费支持。张大庆是何清华的博士生，2006 年毕业于中南大学，后在国防科技大学、湖南大学从事博士后研究工作。他于 2007 年 1 月加盟山河智能，历任研发工程师、所长、院长、技术中心副主任、特种装备事业部总经理、公司副总经理。

黄志雄也是何清华的博士研究生，他在 21 世纪初进入山河智能后一直做技术工作，2018 年开始担任主管制造的副总经理。山河智能的制造一直被视为短板，主管副总经理的更换频率较高，而黄志雄在这个位置不仅让企业的制造环节上了一个台阶，而且还获长沙市首届市长质量奖（个人）。

何清华不仅注重技术出身的人才，而且也从社会上发现人才。现在的执行总经理夏志宏曾经是做材料生意的个体经营者。在长期的合作中，夏志宏由山河智能的供应商变成了高管，继而担任了总经理，自广州万力注资后成为执行总经理。

对于山河智能人才群的崛起，何清华是非常欣喜的。在 2018 年的年终总结报告中，他把这一年的团队变化作为一项成绩列举——

高管团队建设：高管团队在 2017 年有较大的变化，经营班子呈现年轻化的趋势。进一步明确了以我为首的决策团队和以夏总为首的执行团队，团队协作的格局已经基本形成，决策能力和执行力大大增长。

中基层队伍建设：公司目前 70% 员工有五年以上司龄，四十岁以下的员工占 68%，队伍整体呈现稳定性、年轻化，他们是企业发展的储备力量，也是企业持续发展的强劲力量。涌现了一大批优秀团队和先进个人，如山西矿山团队、研发体系的单葆岩、挖机风控的徐万坤、特装公司的刘心昊、制造体系的张谭平等，在这里我不一一列举。这些人甘于奉献、吃苦耐劳的作风在集团各个板块中都有体现。

团队凝聚力增强：公司大部分团队经历过工程机械低谷的洗礼，在困难时期都坚持和公司站在一起，凝聚成团走出了行业低谷。他们甘愿奉献、愿意服从。当"腾飞发展"号角吹响，他们一定会紧紧凝聚在公司核心战略周围，勇往直前。

在山河智能，许多"人才现象"成为社会关注的焦点：二十年前何清华眼里的"童工"如今是品管部负责人；打工妹被选为全国人大代表、当上了长沙市总工会副主席；女电焊工一干十多年，在全市比赛中夺魁……在山河智能，一个人才群在崛起，其中有企业管理的人才、技术研发的人才、产品营销的人才……可谓济济一堂，风云际会了。

2. 落实人才储备战略

何清华在 2018 年的年终总结报告中提出，公司的干部人才计划要有一个战略性思维，要在目前扁平化管理模式基础上构建人才储备金字塔结构，侧重关键岗位、基层人才培养，为企业腾飞提供足够的、实战型的、可持续发展的可选人才。要将形成合理的人才梯次结构的工作落到实处，按照不同人才的战略需求，采取普训和差异化的培养途径培养其迅速成长。

他提出了实施人才储备的五条途径：

——制造体系的管理干部可以尝试通过基层实习、"实际操作+管理知识"

培训、"一正一副"师傅带徒弟的方式快速培养、储备人才。人力资源部门要制订政策，支持高学历毕业生引进来、沉下去，从基层做起，一步一个脚印地成长，破解当前制造体系学历低、管理水平与信息化管理和智能化制造要求差距大、人才断层明显的队伍局面。

——研发体系要建立技术管理和技术带头人后备队伍名单，通过牵头重点攻关项目，深入施工和销售一线，多参与行业学会、专业论坛等方式，培养市场意识、多学科技术素养、组织协调能力，提高行业、专业的话语权，逐步形成新生代骨干技术团队。要进一步推行研发体系"管理"和"技术"双通道晋升机制，改变目标管理层级过多的现象。

——营销体系的队伍建设要重在提升对营销战略、市场、客户、风险的综合判断能力，在提升销售业绩的同时兼顾成本、效益与战略需求。

——管理队伍的建设既要抓两头，即高管团队的凝聚力、协同力，基层管理的执行力、战斗力，又要抓中层管理的职业素养能力和综合型人才培养，让管理平台能做到理解、协调各个部门工作，让考核、规章制度更贴合实际。

——按照"效益优先，员工共赢"的原则，年内要启动两大员工福祉的项目：一是在工业城筹划建设员工小区；二是制订股权激励方案并组织实施，让骨干员工的收益与公司的效益直接挂钩，全面调动员工发自内心的工作激情。

3. 目标——企业的未来

在山河智能，何清华对干部的培养有三招，即"相马""赛马""养马"。

"相马"，就是在实践中发现、考察干部。前面提到的朱建新、张大庆、黄志雄、夏志宏，都是在长期实践中培养出来的。

"赛马"，"赛马场"就是"经营体"。何清华明确地说，推行"经营体"的一个重要管理目标是培养干部。创立了经营体模式，也就赋予了经营体负责人的责任。经营体的负责人既要担当"创利"的使命，又要把一颗心交给企业，即对企业尽心尽责。而这样的岗位正好淬炼骨干。因此，何清华明确要求："要用经营体培养干部。经营体要让责任干部获得更多的经济利益。实际上责任干部的成本意识、经营能力等综合能力也会获得实实在在的提升，并使他终身受益。""这也是公司发现、培养后备干部的重要途径。责任干部要让自己的团队深刻认识到自身的成长、个人收益的保障一定是通过共享经营体的健康发展来实现的。所以说经营体也是大家的命运共同体，只有不断提升经营体团队的综合素质特别是培养经营意识，才能保证命运共同体的良性发展。"实践证明，经营体确实达到了培养干部的目标。

"养马"，也就是主动培养。这种工作力度随着形势的发展不断地加大，在2020年6月份，何清华三个举措在公司内部和社会引起了关注。

一是讲座充电。这些年，山河智能设立了山河大讲堂。第一期大讲堂由湖南大学工商管理学院副院长、博士生导师刘朝教授分享"组织行为与领导思维"课程，是山河大讲堂聚焦领导能力培养的系列课程之一。刘朝教授从行为及心智模式的概念切入，引导参训学员重塑对管理者心智模式的认知，反思找到阻碍领导力发展的心理障碍，从而明确管理者角色定位，运用自我驱动不断提升。何清华对本次课程的成效给予了充分肯定。他强调，管理干部的领导力和执行力是公司实现高质量发展的重要保障。他要求，参训的管理人员要将学到的知识全面地融合到日常工作当中，确保全年各项工作目标高质推进、有效落实，推动公司发展不断迈上新台阶。2020年度山河大讲堂聚焦领导能力建设，后续会呈现更多学习项目，以持续激发公司管理活力，不断提升管理人员领导能力，为公司的"三年大增长"提供强有力支撑。

二是外出熏陶。何清华带着山河智能中高层干部，到浏阳市胡耀邦纪念馆开展廉洁教育活动。"忠诚山河事业，恪守'公正、廉洁、勤奋、激情、大度'的职业作风……遵守职业道德，廉洁自律，自觉接受全员监督，为实现'三年大增长'，建设山河家园而努力奋斗！"那天，从胡耀邦故里的大型"廉"字石壁前传来一阵整齐有力的誓言，山河智能近200名中高层干部头顶骄阳，在此进行廉洁从业宣誓。在胡耀邦纪念馆，山河智能中高层干部从一楼到二楼，一间间陈列馆参观学习，深入了解胡耀邦同志的生平事迹，学习胡耀邦同志追求理想、矢志为民的伟大革命情操，对胡耀邦同志坚守信仰、献身理想的高尚品格，心在人民、利归天下的为民情怀，实事求是、勇于开拓的探索精神，求真务实、敢于担当的优秀品质，公道正派、廉洁自律的崇高风范深感敬佩。公道正派才能出清风正气，廉洁自律才能塑良好形象。山河智能中高层干部在胡耀邦同志故里接受了一堂深刻的廉洁教育课。

三是设校培训。在山河工业城D区三楼崭新落成的培训教室里，设有山河学院(山河党校)。这是山河智能与湖南大学人才培养战略合作的一个阵地。山河智能与湖南大学希望通过真诚合作，加强双方在人才培养、合作基地、师资共享及品牌与项目合作等方面的交流。何清华在山河学院揭牌暨山河智能与

湖南大学人才培养战略合作签约仪式上表示，双方联办山河学院(山河党校)，目的在于进一步加强双方的合作伙伴关系，实现互助共赢。在未来双方的合作中，要将山河智能的文化特质与湖大的校训紧密结合，发挥各自优势，引领人才的多层次合作。同时，要将山河智能的价值理念融入家国情怀中，最终为工程机械行业作出贡献。本次签约，双方将最大限度地发挥各自资源优势，践行知行合一，追求卓越，共同推动人才战略发展，更好地为企业培养人才，形成"人才共育、过程共管、成果共享、责任共担"的紧密型院企合作新模式。山河学院(山河党校)致力于打造有山河智能特色的人才培养品牌项目，现有山河大讲堂、山河金讲台、山河智动力、山河智造生、能工巧匠等特色项目，承载着"传播山河文化、赋能业务组织、培育人才梯队、沉淀组织智慧"的庄严使命，山河学院(山河党校)就此扬帆起航，助力公司实现"三年大增长"战略目标。

讲座充电、外出熏陶、设校培训，成为何清华"养马"的常态。

"相马""赛马""养马"，为的是眼前的目标——"三年大增长"，和长远的目标——山河智能的常青基业。

(二)"一体两翼"发展新格局

2019年5月，国企广州万力集团(2020年6月万力集团、广钢集团、万宝集团联合重组成立广州工控集团，为国有资本控股)战略投资山河智能，进行混合所有制改革，此举让山河智能获得更大的发展空间。

此前，何清华为了公司发展，针对定增等项目，质押了约90%的个人持股，随着参与认购山河智能定增的股东所持股份在2018年10月解禁，抛售及兜底压力巨大。

在这样的情况下，自2018年起，山河智能先后同二十多家战略投资者进行了接触。在此期间，湖南省市两级国资通过帮扶融资及战略入股等方式为多家当地上市公司纾困，山河智能也曾寻求过湖南纾困资金，但历经曲折。《中国经济周刊》曾以"'三优'企业山河智能要走，纾困资金没接盘，长沙市政府急了?"为题报道了此事。

"接触的单位很多，有央企、国企，也有民企，这是一个很艰难的过程。"何清华表示，他最终看中了广东国企，"它们具有比较开放的理念，而且溢价也比较高。"由此，何清华转让了部分股份，交出了控股权，广州万力成为第一大股东。广州万力集团保持一个非常开放的态度，支持山河智能进行企业混合所有制改革与长远发展，由何清华续任山河智能董事长一职。

谈及此事，何清华坦言："我个人确实有些遗憾——交出一手带大企业的控股权。但庆幸的是，坏事变好事，引进广州万力可以把企业做得更大更好。"《上海证券报》曾以"个人输了，企业赢了"为题报道过此事，该文在电子网站的浏览量达到近80万人次，可以看出，很多人一直在关心何清华和他领衔的山河智能。

重要的是，通过本次混改，在获得国资战略支持的同时，还将拥有大湾区的发展机遇。在广州万力集团投资山河智能前的3个月，即2019年2月，中共中央、国务院印发《粤港澳大湾区发展规划纲要》。这意味粤港澳地区又一轮大发展的到来，何清华敏锐地洞察到了其中的商机。

2019年4月，山河智能董事长何清华受邀参加2019中国广州国际投资年会，在年会开幕前接受媒体采访，首次提出"一体两翼"战略。

他认为，广东地区改革开放早，经济条件好，各种信息汇集，市场空间大，而且粤港澳大湾区的建设带来的机遇可遇不可求，伴随着"一带一路"等国际化发展趋势，山河智能以广东为基础可以建立一个对外开放的窗口。他对山河智能的未来发展有着清晰的规划——"一体两翼"战略："一体"指的是山河智能本体，"两翼"指的是湖南与广东两大战略要地。

业内人士分析，广州国资的引入，不仅为山河智能在广东境内尤其是粤港澳大湾区的业务拓展带来便利，更重要的是，将促进山河智能的可持续发展，利好长远。

"广东毗邻湖南，两省交通又便利，高铁朝发午至，将大大促进山河智能'一体两翼'战略的深入推进。"何清华说，广东经济规模大，经济对外开放程度高，在世界经济体系中都占据着一定的地位，如今又把粤港澳大湾区建设纳入国家发展战略，山河智能深耕广东市场正当其时。

此后的发展正如何清华所预见，山河智能逐步在粤港澳大湾区超级工程中赢得客户青睐，担纲建设"主角"，展现了企业实力。

2019年11月8日，山河智能双喜临门，公司二十周年庆典之日，又迎来了一个特大喜讯，我国首批洞内互换式双模盾构机，在其旗下合资企业中铁山河成功下线，这批盾构机是中铁山河为深圳地铁13号线量身定制的，这也是深圳地铁首次采用双模盾构机施工。

为了更好地实施"一体两翼"战略，除设备与施工外，华南基地建设也在推动之中……

随着粤港澳大湾区国家战略的不断推进，山河智能在广东的那一"翼"将越来越强劲，与湖南本土这一"翼"齐头并进，为山河智能的明天托起腾飞的翅膀。

(三) 永远在追寻理想之路上

2019 年，对于何清华、对于山河智能来说，都是一个重要节点。

对于何清华来说，是他潜心机械的第五十年，是他创办山河智能的第二十年。

对于山河智能来说，是它成立的第二十年。

理想的阳光成就了今天的光明。而理想的阳光如何创造一个更美好的未来？

何清华在思考，在布局。时变事变策变，但不变的是他追求理想的心，他永远不会停下追求的步伐。

1. 两行字，诠释何清华的精神世界

"一心向着太阳，初心不改；胸怀山河，与共和国同行——何清华"，这是"我和我的祖国——湖南党外知识分子'爱国奋斗、建功立业'先进事迹报告会"上何清华作报告时，屏幕上显示的两行话，时为 2019 年 9 月 23 日。

那次报告会很隆重。会前，省委书记、省人大常委会主任杜家毫，省委副书记、省长许达哲会见了党外知识分子代表并进行了座谈会。

何清华教授作为两名发言代表之一发言。他谈自己从知青、工人到大学教授，再到机械制造企业的创始人、董事长的过程。自然，何清华用事实说明自己是怎么"建功立业"的。他说，他最大的兴趣还是工程设计和技术发明。他组建智能机械研究所，率先将计算机绘图应用到工程设计中，创建工程装备设计与控制学科，获得国家科技进步二等奖，建立液压凿岩领域的设计理论体系，出版自成体系的专著，培养博士、硕士共 60 余名，累计绘图上万张，主持研发了国内第一台露天液压钻车、第一台隧道凿岩机器人等，承担国家级科研项目 30 多项、获得专利 300 多项。这些成果都在党的科教政策支持下取得的。科研成果转化的现实促使何清华励志"科教兴产业，产业促科教"。"修身治业、兴企强国"，是他创办山河智能的初心。

谈到创新创业，何清华强调，企业要有核心竞争力，关键在创新。山河智

能以革命性、原创性的液压静力压桩机起步，高起点、自觉地走上了自主创新的发展之路，率先提出原始创新、集成创新、开放创新、持续创新的创新模式，把创新作为一种"基因"植根于企业的生命之中。以前瞻方式先于他人切入市场的先导式发展模式显著增强了企业的发展潜力，给企业带来了差异化的发展先机，也使企业获得支撑转型升级、发展新兴产业的技术基础。

他用自己的经历，诠释着屏幕上那两句话的内涵，即只有把个人的初心与国家的前途命运紧密结合起来，理想才能成就未来；也证明着"不忘初心，方得始终，不懈奋斗，才能致远"的道理，更是一种宣示，即时不我待，只争朝夕，生命不息，奋斗不止。山河人有能力、有信心将山河智能打造成装备及其施工领域的世界级标杆企业，实现山河的"初心"和"梦想"。

尽管个人功成名就，尽管企业历久弥坚、奠定了常青基业，但是任何事没有最好，只有更好，因此何清华不会停下追求的步伐。

2. 布局未来

何清华曾把 2019 年作为山河智能成熟的元年。他在 2019 年初一次会议中说："今年是山河成立二十周年，同时也是我本人进入装备制造行业第五十年。所以今年不论是对公司还是对我个人而言，都是非常值得纪念的一年。历久弥坚是对山河未来发展的一种期许，也是我作为创始人最大的心愿。

"成熟期是企业历久弥坚发展的一个阶段。我们所希望的成熟期状态是逐步从创始人的影响力阶段过渡到企业常态化发展阶段。这个时期企业管理模式基本固化，资源投入达到一定规模后保持相对稳定的增长，机构趋于科学合理，主要业务已经稳定下来，市场份额的增长相对稳定，利润、现金流等均将达到最佳状态。

"在今年以及成熟期初期的快速发展时期，我作为创始人将继续发挥在战略决策、企业管理、科研创新等方面的权威性和管理能力，引领大家稳固企业发展的核心竞争优势，推动山河从'人治'走向'法治'。"

这就是何清华在企业内部的布局。

他不仅在"有形"的方面为企业布局，更在精神这个"无形"的方面布局。他用"不甘平庸，追求理想，不断革故鼎新的励志精神"的太阳坡精神和"不讲条件，创造条件也要上；因陋就简，勤俭节约办实事；不畏艰难，乐观进取，砥砺前行的艰苦创业精神，也是从上到下共同拼搏创建山河家园的精神"的观沙

岭精神教育人们：只有永远保持危机意识，发扬艰苦奋斗、励精图治的创业精神，企业才能在市场的大风大浪中立于不败之地。提倡这两种精神，何清华打造的就是一种躯体与灵魂俱全的企业。他在为企业塑魂，企业承载着企业家的情怀和理想，而不仅仅是经济巨兽。

他早在 2016 年就进行了"一点三线"产品战略布局；

引入战略合作伙伴后，他又布局了"一体两翼"发展格局；

他将企业迁入新址，把分散在星沙的几个点统一合并到黄花机场临空港附近的山河工业城……

何清华为山河智能布了一个发展的大局。

（四）廿载荣光，历久弥坚

2019 年 11 月 8 日，是山河智能装备集团成立二十周年的庆典盛会。崭新的办公大楼巍然屹立于山河工业城。浩浩荡荡的山河装备齐聚山河大道，如林耸立，披红挂彩，热闹非凡。五百余位各界来宾亲临现场，出席庆典大会，与山河智能新老领导、员工代表等七百余人一同欢庆山河华诞，共同见证这一历史时刻。

作为山河智能发展史上的里程碑事件，这场活动引起众多行业媒体的热切关注。庆典当天，新华社、凤凰网、中国经济周刊、财经杂志、建筑机械与技术杂志、湖南日报、湖南卫视、湖南经视、慧聪工程机械网、中国工程机械商贸网、大湘网等三十多家中央、省、市媒体齐聚山河工业城，对活动进行了立体式、地毯式报道，更有多家行业媒体对庆典盛况进行了现场直播，大大提高了山河智能的知名度和美誉度。据不完全统计，有十多家工程机械行业媒体、二十多家公共媒体及三家电视台报道了活动盛况，当天的收看点击量突破四十万次。

本次庆典大会内容包括：参观山河发展通道、设备长廊、盾构机下线，庆典仪式，启航仪式，参观新展厅，文艺晚会，供应商年会，国际代理商年会，国家工程机械工业协会桩工机械分会年会等环节，环环相接，为一众来宾呈现出一场独具特色的二十岁"生日宴会"。

11 月 8 日上午 10 时，二十周年庆典大会正式开始。大会开幕仪式上，何清华发表了热情洋溢的致辞，回望人生过往及二十年创业历程，确有万千感慨，但他最想说的还是感谢。以下就是他的讲话摘要。

不忘初心再出发

……二十年前，我作为一位大学教授，为了更好地实现科研成果的转化，白手起家创办了山河智能。二十年间，山河的年销售额增长了一千倍。我们见证了她从初创时的租赁厂房，到现代化的山河工业城；见证了她从寂寂无名的作坊式企业，成长为全球工程机械制造商五十强、世界挖掘机企业二十强、世界支线飞机租赁三强。这些成绩的取得，首先我要感恩这个伟大的时代。祖国经历了从"艰难开国、自力奋斗"到"改革开放、振兴腾飞"两个阶段，其间我个人也经历了从"筚路蓝缕、自强不息"到"做我所好、率众前行"两段跌宕起伏的人生。我还要感恩各级政府和长沙经开区对山河智能的关心与支持，我同时要感恩国内外广大的客户朋友们、供应商朋友们提供了广阔的拓展空间。今天我还要特别感恩我的全体团队成员携手奋斗、共建家园的精神与行动。我当然还要感恩我的母校长沙市一中和中南大学对我的培育。最后，我要特别感恩我的妻子、我的亲人为公司发展作出的特殊贡献，感恩正直善良含辛茹苦一辈子的父母在天之灵的庇佑！今天，在隆重庆祝山河成立二十周年的热烈氛围中，我们不能忘记我们立业和奋斗的初衷。

何为初衷？那就是——

企业精神：理想成就未来

价值理念：修身、治业、怀天下

行为准则：为客户创造价值才能为自身创造价值

使命愿景：做装备制造领域世界价值的创造者

不忘初衷，方得始终。全体山河人只有坚守初衷，才能实现企业发展的历久弥坚！

今天，我们在这里隆重庆祝山河成立二十周年，但我们不能沉醉于历史的功绩，也不能忘记曾有的精神。不甘平庸的"太阳坡精神"，艰苦创业的"观沙岭精神"，将永远指引和激励山河人砥砺前行。

雄关漫道真如铁，而今迈步从头越……

应邀出席本次庆典表彰大会的全国政协常委、民盟湖南省委主委、湖南省人大常委会副主任杨维刚对何清华和山河智能的评价颇为中肯：

……山河智能董事长何清华教授，是民盟的优秀分子，是中国知识分子投身实业的典型代表，也是践行中国民盟产业报国理念的杰出典型。在新中国成立七十周年、山河智能成立二十周年这样一个家国同庆的日子里，很高兴有机会来感受和见证，何清华教授带领下的山河智能在这二十年来所取得的辉煌成就。

制造业是立国之本、强国之基。习近平总书记在推动中部地区崛起工作座谈会上指出，要加快数字化、网络化、智能化技术在各领域的应用，推动制造业发展质量变革、效率变革、动力变革。长沙作为我国的工程机械之都，其发展的基础在制造业，发展的优势在制造业，发展的出路还在制造业。我们欣慰地看到，二十年来，山河智能作为"制造湘军"的龙头企业之一，在探索和推动由"中国制造"走向"中国创造"作出了表率，给同行业树立了标杆。

工程机械作为湖南的支柱性、标志性产业之一，在全国范围内都拥有龙头效应。作为其中的代表性企业，山河智能将自主创新和自主研发植根于骨髓，为我国工程机械产业的发展做出了有目共睹的贡献。

习近平总书记曾反复强调一句话："一切向前走，都不能忘记走过的路；走得再远、走到再光辉的未来，也不能忘记走过的过去，不能忘记为什么出发。"此前，我曾多次来山河智能学习考察，山河智能高大厂房的外墙上，"修身治业、兴企强国"八个大字给我留下了深刻印象，也对何清华董事长的家国情怀深为敬佩。我们欣慰地看到，二十年来，山河智能在何清华教授的带领下，不忘初心，砥砺前行，在产业报国的大道上稳步迈进，不仅为我国飞速发展的基本建设作出了巨大贡献，甚至把"中国智造"推介到了欧美日等高端市场，彰显了国货品质……

广州工业投资控股集团党委书记、董事长周千定的致辞则热情洋溢：

……光阴似箭如流水，弹指一挥二十载。1999年，我国的基建大潮如火如荼，面对洋品牌工程装备一统天下的市场格局，创始人何清华教授在"修身治业、兴企强国"初心使命的驱使下，带领中南工业大学一批老师和学生，从租赁闲置的工业厂房起步，开启了激情燃烧、高歌奋进的山河智能创业历程。二十年来，公司始终以打造自主知识产权的智能装备为己任，坚持产学研一体化和先导式创新，与时代同频共振，紧随经济社会发展脉动和中国经济的迅猛发展，从湘江之畔迈向神州大地、全球市场，现已发展成为国内地下工程装备龙头企业，成功跻身全球工程机械制造商五十强、世界挖掘机企业二十强、世界支线飞机租赁三强，赢得了国内外同行的尊重，受到了党和国家领导人的充分肯定和高度评价。

二十年，在历史长河中，只是极为短暂的一瞬，但对于山河智能而言，却是承载着梦想、承载着荣光的二十年。山河智能二十年的发展成就，离不开湖南、长沙本地政府部门和社会各界的关心、支持和呵护，也离不开广大客户长期以来对山河智能产品和服务的包容、理解和支持，更离不开何清华教授领衔的山河团队"团结奉献、求实创新、迎接挑战、争创一流"的艰苦创业，凝聚着我们每一位山河人的智慧和心血。

今年上半年，何清华教授着眼山河智能的长远发展，与广州工控属下万力集团成功达成股权合作，广州国资正式入股山河智能……当前，我们正紧锣密鼓携手推动山河智能"一体两翼"战略落地实施，充分发挥山河智能在装备研发和航空产业的核心技术优势，以资本为纽带、以市场为中心，对接广州作为粤港澳大湾区核心城市的政策、产业、科技、人才、市场资源，全面融入粤港澳大湾区、"一带一路"建设发展。

古人云，二十及冠。对于个人而言，及冠之年是朝气蓬勃、努力拼搏、承担责任、走向成熟的花样年华，对于企业而言，亦是如此。何清华董事长刚才的讲话表达了"不忘初心传薪火，砥砺奋进续辉煌"的愿景和使命，未来的山河智能在广州国资坚强后盾的支持下，必将一如既往发挥自主创新优势，立志做担当有为的新时代奋进者，继续为客户创造价值、为人类提高生活品位，不断推出具有世界影响力的产品，成为世界级知名制造企业。

登高瞭望，方知远山长。矢志不渝，更须再出发。二十年坚实积累，玉汝于成；二十年初心不改，使命不息。面对未来的机遇和挑战，我们将坚持以习近平新时代中国特色社会主义思想为指导，不忘初心、牢记使命，携手共进、砥砺前行，奋力开创山河智能新的二十年辉煌……

中国工程机械工业协会常务副会长、秘书长苏子孟，中国民用航空局适航审定司司长徐超群，加拿大 AVMAX 公司代表 Mark，以及国内外客户、经销商、供应商代表也发表了讲话。他们在对山河智能二十周年庆典表示祝贺的同时，也高度赞扬了山河智能"做装备制造领域世界价值的创造者"的使命和愿景，希

望山河智能在未来的发展过程中能够越走越稳，越走越好。

夜幕降临，山河工业城灯火璀璨，山河智能的员工们准备了精彩纷呈且别开生面的文艺晚会，表演了精心准备的各类节目。这场晚会不仅融合了唱歌、舞蹈、武术等多种表演形式，更原创性地展现了山河智能的三个发展阶段：①太阳坡上，理想起航；②廿载荣光，夯实基业；③山河壮丽，历久弥坚。他们载歌载舞，庆祝公司二十岁的生日，向公司献上最真挚的祝福，同时也为嘉宾提供了一场声势浩大的视觉盛宴。

二十年前，囿于科研成果转化之困的何清华，乘着改革开放之东风，白手起家，租赁厂房，山河智能应运而生，但拓荒维艰，百事待兴。

二十年后，山河智能从无到有、由小至大，运筹帷幄的何清华，借富国强民之大势，负芒披苇，与国共荣，带领山河智能乘风破浪，一往无前。

山河智能创立二十周年庆典大会的圆满成功，不仅彰显了山河智能独具特色的企业精神，同时也确定了一个全新的起点，为更好的未来而奋斗。

再出发，再创新，山河智能是这样，何清华也是这样！

（五）胸怀家国者永远年轻

曾有名言，革命人永远年轻。

应该说，有理想、有追求者永远年轻，胸怀家国者永远年轻。

何清华活力充盈，自认为是个"引领潮流的70后老顽童"。

何清华创办和执掌的山河智能也是那么活力四射，如同一个健壮的小伙子。

山河智能的活力是何清华活力的放大。

这是因为山河智能打上了何清华的印记，何清华塑造了山河智能。

仁者乐山，智者乐水，像高山一样沉稳，像大河一样拥有活力——据说这是"山河智能"名字的由来。作为山河智能的创始人与掌舵者——何清华，无疑也是一个极其喜欢山水的人，从华夏大地的名山胜水到异国他乡的山川湖泊，他伴随着畅销全球的山河智能产品几乎走了个遍。

快乐工作，健康生活，是何清华倡导的工作与生活理念。正是这种"处世"方式，让他的心态始终保持年轻，良好的生活习惯则铸就了他强健的体魄。几乎每个见到他的人都很难相信：经常奔波在外、健步如飞、思路敏捷、不断推动科研创新的他，是位年过七旬的人。一位陪同何清华出差的人谈了他的感受。他说，哪怕是行程再紧张、环境再陌生，何清华也没有中断每天约万步的运动计划：别人候机时，他怡然自得地在候机厅中步行绕圈；别人熟睡时，他早起漫步在清冷的北欧街头。

何清华认为，"所谓的空气、食品污染其实没那么可怕，相对来说，健康的生活方式更重要，心态很重要"。何清华常常和人回忆起自己早年"饥寒交迫"的知青下乡生活以及那段极其劳累的工人经历。相较很多人的"不堪回首"，他更喜欢将其视作一种磨炼，甚至是一种宝贵人生财富的积累。

"工作也一样，要快乐工作。即使是搞研发，那种废寝忘食的工作状态也是不值得提倡的。"何清华表示。

"创新与年龄没有绝对的关系，我倒是觉得年龄越大积淀越多反而更有利于创新。"对于"创新人群年轻化"观点，何清华反驳道，"我认为最重要的是好奇心，再加上一点与生俱来的悟性，以及咬住不放的定力，这样才能实现不断地创新。"

"其实何老师是很时尚的，相比年轻人一点也不差，他一直站在潮流的前沿，比如公司的微信群建立就是他最早提出实施的。"山河智能总裁办一员工说。山河智能"机械也时尚"观点同样是何清华提出并推动实施的。

不错，机械也时尚！近年来山河智能推出一系列"时尚"主打的全新微挖产品，整车造型采用工业设计领域和汽车领域现在最流行的实用主义理念，圆润的线条和立体的表面，使其外观处处彰显精致、协调与动感，同时兼备合理的人机工程学和低噪声、低振动性能，堪称"最酷机型"。"最酷机型"当然能让人们的工作快乐着，给生活增加亮色。

"'修身、治业、怀天下'，山河要为全球客户创造价值。以为全人类提高生活品位为目的，脚踏实地，强化基础，不断推出具有世界影响力的产品，跻身世界顶级装备制造企业行列。"何清华这段话也许是对"快乐工作，健康生活"最具内涵的解释。

精神富足、生活清淡、追求纯粹，支撑这些的同样是高尚的家国情怀。

附 录

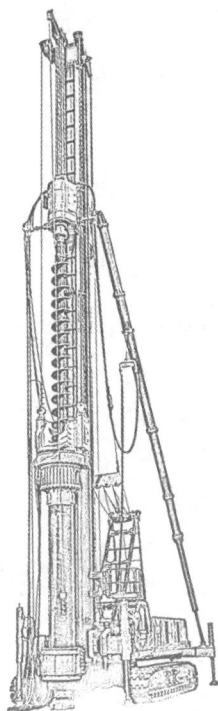

一、著作与论文

1. 著作

何清华共出版专著 5 部，参编 5 部，具体见附表 1。其中《隧道凿岩机器人》荣获首届中华优秀出版物（图书）奖。

附表 1　著作汇总

序号	名称	类别	出版社	出版年份
1	液压冲击机构研究·设计	独著	中南大学出版社	1995（第 1 版） 2009（第 2 版）
2	隧道凿岩机器人	独著	中南大学出版社	2005
3	旋挖钻机研究与设计	独著	中南大学出版社	2012
4	旋挖钻机设备、施工与管理	主编	中南大学出版社	2012
5	工程机械手册：桩工机械	主编	清华大学出版社	2018
6	中国挖掘机产业五十年（1962—2012）	参编	上海科学技术出版社	2014
7	挖掘机：原理、测试与维修	参编	上海交通大学出版社	2011
8	液压挖掘机（原理、结构、设计、计算）（上、下册）	参编	华中科技大学出版社	2011
9	中国采矿设备手册（上、下册）	参编	科学出版社	2010
10	中国筑养路机械设备手册（上、下册）	参编	人民交通出版社	2012

2. 论文

截至 2020 年 7 月，何清华累计发表论文 371 篇，其中被 SCI/EI 收录的论文 108 篇。发表论文汇总见附表 2。

附表 2　论文汇总

序号	作者	论文	刊物	收录
1	何清华	Theoretical analysis and design/calculation formulae for hydraulic impact mechanism[J]	Transactions of Nonferrous Metals Society of China, 1995 (1)	SCI/EI
2	何清华	Analysis of hydraulic power sources disposition and energy consumption for hydraulic drill rig[J]	Transactions of Nonferrous Metals Society of China, 1995 (2)	SCI/EI
3	何清华	Analysis of energy losses and accumulator and parameters design method of hydraulic impactor mechanism[J]	Transactions of Nonferrous Metals Society of China, 1995 (3)	SCI/EI
4	何清华，张大庆，郝鹏，张海涛	Modeling and control of hydraulic excavator's arm[J]	Journal of Central South University of Technology, 2006, 13(4)	SCI/EI
5	贺湘宇，何清华，朱建新	Fault detection of excavator's hydraulic system based on dynamic principal component analysis[J]	Journal of Central South University of Technology, 2008, 15(5)	SCI/EI
6	杨忠炯，何清华，柳波	Dynamic characteristics of hydraulic power steering system with accumulator in load-haul-dump vehicle[J]	Journal of Central South University of Technology, 2004, 11(4)	SCI/EI
7	徐海良，何清华	Design and application of a new kind of rolling coupling[J]	Journal of Central South University of Technology, 2005, 12(3)	SCI/EI
8	周友行，何清华，邓伯禄	Trial mountain climbing algorithm for solving the inverse kinematics of redundant manipulator[J]	Journal of Central South University of Technology, 2002, 9(4)	SCI
9	何清华，郝鹏，张大庆	Modeling and parameter estimation for hydraulic system of excavator's arm[J]	Journal of Central South University of Technology, 2008, 15(3)	SCI/EI

续附表2

序号	作者	论文	刊物	收录
10	Jiang Ping, Luo Yahui, He Qinghua, Wang Yi, Hu Wenwu	The design of three-point laser localization system[J]	Journal of Nanoelectronics and Optoelectronics, 2012, 7(2)	SCI/EI
11	Zhu Jianxin, Zhao Hongqiang, Guo Yong, He Qinghua	Hydraulic impactor with impact energy and frequency adjusted independently and steplessly[J]	中国有色金属学会会刊, 2000, 10(4)	SCI
12	何清华	液压冲击机构的回油与回油蓄能器[J]	中南工业大学学报, 1986(3)	EI
13	何清华, 夏毅敏, 曾桂英, 龚艳玲	YHMCAD 在 ZYJ 系列静压沉桩机中的应用[J]	矿业研究与开发, 2001(3)	EI
14	何清华, 周友行, 谢习华	两臂隧道凿岩机器人孔序动态规划[J]	同济大学学报(自然科学版), 2001(9)	EI
15	何清华, 李力争, 周宏兵	双三角钻臂及其液压系统的建模与参数估计[J]	中南工业大学学报(自然科学版), 2001(5)	EI
16	何清华, 周友行, 黄志雄, 邓伯禄	凿岩机械手任务规划中遗传算法的适应度函数[J]	中南工业大学学报(自然科学版), 2002(1)	EI
17	何清华, 徐海良, 周友行	两相泵的汽蚀性能和吸泥高度[J]	中南工业大学学报(自然科学版), 2002(4)	EI
18	何清华, 何志强	富钴结壳微地形建模及分析[J]	矿业研究与开发, 2003(5)	EI
19	何清华, 张大庆, 郝鹏, 张新海	液压挖掘机工作装置仿真研究[J]	系统仿真学报, 2006(3)	EI
20	何清华, 张大庆, 郝鹏, 朱建新	液压挖掘机工作装置模型及控制的试验研究[J]	中南大学学报(自然科学版), 2006(3)	EI
21	何清华, 王恒升, 邓春萍	双三角钻臂的定位控制及仿真[J]	中南大学学报(自然科学版), 2006(4)	EI
22	何清华, 张大庆, 黄志雄, 张新海	液压挖掘机工作装置的自适应控制[J]	同济大学学报(自然科学版), 2007(9)	EI
23	何清华, 杨敏, 贺继林, 刘银春	基于DSP的小型无人机飞行控制系统设计[J]	华中科技大学学报(自然科学版), 2008(S1)	EI
24	He Qinghua, Luo Wei, Zou Xiangfu	Research on the design of swing pilot platform for aerial photographic UAV[C]	ICIMA, 2010	EI
25	何清华, 朱俊霖, 王石林, 左杰	伸缩臂叉装车变幅机构的铰点位置优化[J]	华中科技大学学报(自然科学版), 2011(S2)	EI

续附表2

序号	作者	论文	刊物	收录
26	何清华，康辉梅，朱建新，许怡赦	动臂变幅工况下旋挖钻机工作装置的动力学特性分析[J]	中南大学学报（自然科学版），2012(6)	EI
27	谢习华，何清华，周亮	隧道凿岩机器人的车体定位方法[J]	同济大学学报（自然科学版），2001(9)	EI
28	李力争，何清华	智能自校正多模态轨迹跟踪控制[J]	中南工业大学学报（自然科学版），2001(4)	EI
29	周友行，何清华，徐海良，邹湘伏	多关节凿岩机械手快速定位方法[J]	中南工业大学学报（自然科学版），2001(6)	EI
30	周友行，何清华，谢习华	基于遗传算法的凿岩机器人孔序规划[J]	机器人，2002(1)	EI
31	李力争，何清华	基于一种增量式一元线性回归模型的自适应逆控制[J]	系统工程与电子技术，2002(10)	EI
32	周友行，何清华，邓伯禄	一种改进的爬山法优化求解冗余机械手运动学逆解[J]	机器人，2003(1)	EI
33	李力争，何清华	凿岩机器人轨迹跟踪自适应预测控制[J]	机械科学与技术，2003(1)	EI
34	黄志雄，何清华，吴万荣，谢习华	大型水轮机叶片现场检测机械臂运动学分析[J]	中南工业大学学报（自然科学版），2003(2)	EI
35	李力争，何清华	黑箱系统的一种简便自适应预测控制策略[J]	中南工业大学学报（自然科学版），2003(5)	EI
36	王恒升，何清华	基于智能传感器的控制手柄设计[J]	传感技术学报，2004(4)	北大核心
37	杨忠炯，何清华	铰接车辆液压动力转向系统动态特性仿真[J]	中南大学学报（自然科学版），2004(1)	EI
38	王恒升，何清华	基于MatLab的线性网络及其灵敏度分析[J]	中南大学学报（自然科学版），2004(4)	EI
39	李力争，何清华，谢习华，郭勇	双三角钻臂直接定位自适应预测控制[J]	中南大学学报（自然科学版），2004(6)	EI
40	徐海良，何清华	深海采矿输送系统的运动和载荷分析[J]	湖南科技大学学报（自然科学版），2005(1)	EI
41	张海涛，何清华，张新海，黄志雄	机器人液压挖掘机运动系统的建模与控制[J]	机器人，2005(2)	EI
42	张大庆，何清华，郝鹏，郭勇	液压挖掘机铲斗的轨迹跟踪控制[J]	吉林大学学报（工学版），2005(5)	EI
43	李力争，何清华	双三角钻臂非齐次模型自适应预测控制[J]	中国机械工程，2005(1)	EI

续附表2

序号	作者	论文	刊物	收录
44	徐海良，何清华	单泵与储料罐组合的深海采矿输送设备［J］	中南大学学报（自然科学版），2005（1）	EI
45	张大庆，何清华，郝鹏，陈欠根	液压挖掘机铲斗轨迹跟踪的鲁棒控制［J］	吉林大学学报（工学版），2006（6）	EI
46	王恒升，何清华，邓春萍	三角钻臂的运动控制研究［J］	同济大学学报（自然科学版），2006（5）	EI
47	周友行，何清华	双臂凿岩机器人离散任务规划［J］	中国机械工程，2006，17（13）	EI
48	邹湘伏，何清华，郭勇，黄志雄	富钴结壳破碎细观机理实验研究［J］	中南大学学报（自然科学版），2006（5）	EI
49	Zhou Xu, He Qinghua, Zhu Jianxin, He Xiangyu	Research on the capacity of hydraulic pile driving under adding force［C］	2007 IEEE International Conference on Mechatronics and Automation, ICMA 2007	EI
50	He Xiangyu, He Qinghua	Application of PCA method and FCM clustering to the fault diagnosis of excavator's hydraulic system［C］	2007 IEEE International Conference on Automation and Logistics, ICAL 2007	EI
51	柳波，何清华，杨忠炯	基于转速感应的液压旋挖钻机功率匹配模糊控制［J］	中国公路学报，2007（1）	EI
52	柳波，何清华，杨忠炯	发动机-变量泵功率匹配极限负荷控制［J］	中国机械工程，2007（4）	EI
53	谢习华，何清华，周亮	挖掘机激光高程定位方法［J］	中南大学学报（自然科学版），2007（5）	EI
54	贺湘宇，何清华，谢习华，蒋蘋，周旭	基于偏最小二乘回归的挖掘机液压系统故障诊断［J］	中南大学学报（自然科学版），2007（6）	EI
55	贺湘宇，何清华	基于有源自回归模型与模糊C-均值聚类的挖掘机液压系统故障诊断［J］	吉林大学学报（工学版），2008（1）	EI
56	周旭，何清华，朱建新，贺湘宇	基于AMESim的液压加力压桩的压桩深度仿真研究［J］	系统仿真学报，2008（13）	EI
57	邹湘伏，何清华，郭勇，朱建新	富钴结壳振动剥离破碎的实验研究［J］	中南大学学报（自然科学版），2008（2）	EI
58	周旭，何清华，朱建新，贺湘宇	加力压桩液压系统的动力学建模与仿真［J］	中南大学学报（自然科学版），2008（2）	EI

续附表2

序号	作者	论文	刊物	收录
59	Kang Huimei, He Qinghua, Zhu Jianxin	Dynamics simulation on installation angle of mast link frame system of rotary drilling RIG[C]	2009 International Conference on Measuring Technology and Mechatronics Automation, ICMTMA 2009	EI
60	赵萍, 何清华, 李维	某燃气涡轮工作叶片裂纹分析[J]	航空动力学报, 2009(9)	EI
61	黄斌, 何清华, 贺继林, 王北战, 姜饶保	反铲液压挖掘机挖掘图谱程序化绘制与实验[J]	农业机械学报, 2009(9)	EI
62	周旭, 何清华, 朱建新	液压静力压桩机夹桩机构的有限元分析[J]	中南大学学报(自然科学版), 2009(1)	EI
63	Jiang Ping, He Qinghua, Wang Yi, Luo Yahui	Design of the proportional remote control system for field machine[C]	2010 International Conference on Measuring Technology and Mechatronics Automation, ICMTMA 2010	EI
64	赵萍, 何清华, 李维, 陆波	DD3 单晶合金高温蠕变、疲劳及其交互作用机制[J]	材料工程, 2010(8)	EI
65	康辉梅, 何清华, 谢嵩岳, 朱建新	提钻工况下旋挖钻机的受力分析[J]	工程力学, 2010(10)	EI
66	赵萍, 何清华, 李维, 陆波, 丁智平	DD3 单晶的 Hill 屈服准则应用研究[J]	航空材料学报, 2010(3)	EI
67	赵萍, 何清华, 李维, 陆波, 丁智平	单晶切口试样低周疲劳特性研究[J]	航空动力学报, 2010(11)	EI
68	康辉梅, 何清华, 朱建新	旋挖钻机变幅机构的动力学建模与仿真[J]	中南大学学报(自然科学版), 2010(2)	EI
69	贺湘宇, 何清华	基于多网络模型的工程机械液压系统故障诊断研究[J]	中南大学学报(自然科学版), 2010(4)	EI
70	He Zhiyong, He Qinghua, He Shanghong	The research of hydraulic system anti-vibration and noise reduction[J]	Advanced Materials Research, 2011, 308-310	EI
71	Liao Lida, He Qinghua, Zhang Daqing	Resistance analysis and experiment of excavator during digging operation[J]	Advanced Materials Research, 2012, 446-449	EI
72	廖力达, 何清华, 胡钟林	Blind separation of excavator noise signals in frequency domain[J]	Applied Mechanics and Materials, 2012, 105-107	EI

续附表2

序号	作者	论文	刊物	收录
73	Daqing Zhang, Qinghua He, Xuan Wu, Yunlong Zhang, Yuming Zhao	Adaptive control of hydraulic excavator manipulator[C]	Mechatronics and Automation (2012 ICMA), 2012	EI
74	Jun Gong, Qinghua He, Daqing Zhang, Yunlong Zhang, Xinhao Liu, Yuming Zhao, Changsheng Liu	Power system control strategy for hybrid excavator based on equivalent fuel consumption[C]	Mechatronics and Automation (2012 ICMA)	EI
75	廖力达, 何清华, 胡钟林	强干扰环境中挖掘机噪声独立分量分析[J]	中南大学学报, 2012(9)	EI
76	吴万荣, 黄志雄, 何清华, 朱建新	潜孔钻机全液压接卸钻杆装置的研制[J]	中南工业大学学报(自然科学版), 2002(4)	EI
77	王恒升, 肖鹏, 何清华	一种数字式控制手柄及其信号仿真[J]	电子器件, 2005(1)	EI
78	张大庆, 吕彭民, 何清华, 郝鹏	混凝土泵车结构动强度试验研究[J]	振动与冲击, 2005(3)	EI
79	赵萍, 杨治国, 何清华	DD3单晶合金蠕变性能的实验研究[J]	材料工程, 2009(4)	EI
80	Xie Xihua, Zhou Liang, He Qinghua	GRNN-based error-compensating algorithms in feeding beam of tunnel rock-drilling robot[C]	2010 IEEE International Conference on Mechatronics and Automation, ICMA 2010, 2010	EI
81	Ping Jiang, Yahui Luo, Weizhong Ai, Qinghua He	Design of the receiver in laser location system based on differential-mode amplify[J]	Intelligent Computation Technology and Automation (ICICTA), 2011(2)	EI
82	Xie Xihua, Zhou Liang, He Qinghua	Virtual-joints-based error compensating algorithms for the manipulator of tunnel rock-drilling robot[C]	第三届数字制造与自动化国际会议(ICDMA2012会务组)会议论文集, ICDMA2012, 2012	EI
83	Jilin He, Zheng Yuan, Qinghua He	Clustering and real-time analysis of robot controller based on system on chip[J]	Advanced Materials Research, 2012(1549)	EI
84	Xie Xihua, Zhou Liang, He Qinghua	Space positioning of the 5-DOF robotic excavator[J]	Applied Mechanics and Materials, 2012(1503)	EI

序号	作者	论文	刊物	收录
85	Li Zheng, He Qinghua	Supervisory adaptive inverse control based on an inhomogeneous model[J]	World Congress on Intelligent Control and Automation, 2006 (1)	EI
86	Xie Xihua, He Qinghua, Zhou Liang, Huang Zhixiong	The laser orientation mode for carriage positioning of the rock-drilling robot[J]	Proceedings of IWBRT, 2001	EI/ISTP
87	He Zhiyong, He Qinghua	Study of pressure pulsations attenuation in hydraulic system[J]	Advanced Materials Research, 2010(1037)	EI/ISTP
88	Zhao Ping, He Qinghua, Li Wei	Investigation on low cycle fatigue life of SC notched specimens[J]	Advanced Materials Research, 2010(905)	EI/ISTP
89	Kang Huimei, He Qinghua, Zhu Jianxin	Dynamic optimization of lift-arm luffing mechanism of rotary drilling rig[J]	Advanced Materials Research (1035)	EI/ISTP
90	赵萍, 李维, 何清华	Crack FEA of the first stage blade of gas turbines[J]	Key Engineering Materials, 2011	EI/ISTP
91	贺继林, 任常吉, 吴钪, 何清华, 赵喻明, 汪志杰	八轮四摆臂无人机动平台越障性能分析与试验[J]	农业机械学报, 2019(1)	EI
92	刘昌盛, 何清华, 龚俊, 赵喻明, 李赛白	混合动力挖掘机回转制动能量回收系统建模与试验研究[J]	中南大学学报(自然科学版), 2016(5)	EI
93	龚俊, 何清华, 张大庆, 刘昌盛, 赵喻明, 胡鹏	基于电液能量回收的挖掘机节能系统仿真评价与试验[J]	吉林大学学报(工学版), 2016(2)	EI
94	潘钟键, 何清华, 邓宇	活塞航空煤油发动机活塞销孔变形分析[J]	中南大学学报(自然科学版), 2015(11)	EI
95	刘昌盛, 何清华, 龚俊, 赵喻明	液压挖掘机混合动力系统节能特性及试验研究[J]	湖南大学学报(自然科学版), 2015(8)	EI
96	潘钟键, 何清华, 张祥剑	活塞航空发动机复合增压技术仿真分析[J]	哈尔滨工程大学学报, 2014(12)	EI
97	龚俊, 何清华, 张大庆, 张云龙, 刘昌盛, 唐中勇	混合动力叉车节能效果评价及能量回收系统试验[J]	吉林大学学报(工学版), 2014(1)	EI
98	刘昌盛, 何清华, 张大庆, 李铁辉, 龚俊, 赵喻明	混合动力挖掘机势能回收系统参数优化与试验[J]	吉林大学学报(工学版), 2014(2)	EI

序号	作者	论文	刊物	收录
99	黄志雄, 何清华	液压挖掘机反铲切削过程振动信号去噪处理[J]	中南大学学报(自然科学版), 2013(6)	EI
100	Zhao Yuming, He Qinghua, Gong Jun, Guo Chao, Zhang Daqing, Liu Xinhao, Wu Kang	Research on 4-DOF adaptive control of hydraulic excavator[J]	IEEE International Conference on Information and Automation, 2015	EI/ISTP
101	Zhongjian Pan, Qinghua He, Yong Guo, Yuming Zhao	Research on the turbocharger technology of piston aircraft engine [J]	Applied Mechanics and Materials, 2014(915)	ISTP/EI
102	Pan Zhongjian, He Qinghua, Zhang Xiangjian, Zhang Daqing	Numerical simulation of 2-stroke diesel engine for light aircraft[J]	IEEE Aerospace and Electronic Systems Magazine, 2015(3)	SCI/EI
103	Pan Zhongjian, He Qinghua	High cycle fatigue analysis for oil pan of piston aviation kerosene engine[J]	Engineering Failure Analysis, 2015	SCI/EI
104	Jun Gong, Qinghua He, Daqing Zhang, Yuming Zhao, Changsheng Liu, Zhongyong Tang	Control strategy for energy recovery system in hybrid forklift[J]	Journal of Central South University, 2014(8)	SCI
105	Huang Zhixiong, He Qinghua	A Soft-sensing model on hydraulic excavator's backhoe vibratory excavating resistance based on fuzzy support vector machine[J]	Journal of Central South University, 2014(5)	SCI/EI
106	Changsheng Liu, Qinghua He, Jungong Yu, Ming zhao	Simulation study on a parallel hybrid system of hydraulic excavator [J]	Applied Mechanics and Materials, 2014(1200)	EI
107	He Zhiyong, He Qinghua, He Shanghong	Parameter identification method based on wavelet analysis of time window[J]	Sensors & Transducers, 2014 (2)	EI
108	Jun Gong, Qinghua He, Daqing Zhang, Yuming Zhao, Changsheng Liu, Zhongyong Tang	Development of the energy recovery in construction machinery[J]	Advanced Materials Research, 2014	EI

续附表2

序号	作者	论文	刊物	收录
109	何清华，齐任贤，杨襄璧，夏纪顺	液压凿岩机冲击器数字仿真研究[J]	中南矿冶学院学报，1984(4)	
110	何清华	液压冲击器中的油压突变与空穴[J]	工程机械，1984(6)	
111	何清华	一种新型钻臂的设计与分析[C]	全国采矿设备学术讨论会，1986	
112	何清华	一种新型钻臂变幅机构的设计与分析[J]	工程机械，1988(7)	
113	何清华	液压凿岩机的设计与研究[J]	中南矿冶学院学报，1988(2)	
114	何清华，杨襄璧，夏纪顺	发展露天矿液压凿岩设备[J]	矿山机械，1990(3)	
115	何清华	KZL-120露天凿岩钻车液压系统分析[J]	矿山机械，1991(4)	
116	何清华	冲击末速度的三点测试法[J]	凿岩机械气动工具，1991(3)	
117	何清华	一般二阶塌落模型设计的D-最优性[J]	衡阳工学院学报，1992(1)	
118	何清华	液压冲击机构活塞运动的三段分析法[J]	凿岩机械气动工具，1993(4)	
119	何清华	行程可调式液压冲击机构的研究[J]	凿岩机械气动工具，1994(4)	
120	何清华，朱建新，郭勇，龚艳玲	液压静力压桩机的高效节能研究[J]	岩土钻凿工程，1995(3)	
121	何清华	液压碎石机性能分析研究[J]	中南工业大学学报，1995	
122	何清华	液压凿岩钻车液压动力源配置分析[J]	工程机械，1996(6)	
123	He Qinghua, Xia Yimin, Guo Yong	A study on the optimizing design parameters of ring hydraulic cylinder[C]	中日国际机械零件会议论文集，1996	
124	何清华，吴凡，周宏兵	尽快开展我国隧道凿岩机器人的研制[C]	中国第五届机器人学术会议论文集，1997	
125	何清华，周宏兵，吴凡	凿岩机器人钻臂的运动学研究[J]	中南工业大学学报，1998(5)	
126	何清华，吴凡，周宏兵	将启发性信息引入遗传算法的一个思路及实现[J]	中南工业大学学报，1998(6)	

续附表2

序号	作者	论文	刊物	收录
127	何清华，郭勇	闪速浮选机液面自动控制系统[J]	有色金属（选矿部分），1999（2）	
128	何清华，曾桂英	凿岩机器人的车体定位[J]	中南工业大学学报（自然科学版），1999（3）	
129	何清华，贺湘宇	Application of genetic algorithm to mission planning of the multi-joint Robot[J]	IARP Workshop on Robotics for Mining and Underground Applications，2000	
130	何清华，贺湘宇	凿岩机器人双臂干涉分析[J]	机器人技术与应用，2000（2）	
131	何清华，曾益昆	静力压桩机机身的自动调平系统研究[J]	建筑机械，2000（11）	
132	何清华，方向	隧道凿岩机器人双三角钻臂运动分析与控制策略[J]	矿山机械，2000（2）	
133	何清华，曾益昆	基于模糊 PID 的液压同步控制[J]	机械与电子，2001（1）	
134	何清华，柏红专	关于发展我国小型液压挖掘机的商榷[J]	建设机械技术与管理，2002（2）	
135	何清华，胡建华，黄志雄，武鹃	如何用 VisualC++和 MATLAB 联合开发软件[J]	微机发展，2002（4）	
136	何清华，杨忠炯	渣罐运输车工作机构滑道的设计方法研究[J]	冶金设备，2002（6）	
137	何清华，胡建华，欧晓光，吴靓	基于 DICOM 协议的医学图像传输的实现[J]	医疗卫生装备，2002（4）	
138	何清华，胡建华，欧晓光，吴靓，黄志雄	在构建医院 PACS 时应该注意的一些技术问题[J]	中国医疗器械杂志，2002（6）	
139	何清华，胡建华，吴靓，黄志雄	在构建医院 PACS 时应该注意的一些技术问题[J]	中国医院管理，2002（8）	
140	何清华，程颖	基于 Windows CE 的 PDA 与 PLC 串行通信[J]	兵工自动化，2003（5）	
141	何清华，袁碧华	用声波检测大洋富钴结壳厚度的初步探讨[J]	采矿技术，2003（2）	
142	何清华，黄志雄，吴万荣，邓伯禄	水轮机转轮检修装备的研究现状及发展趋势[J]	大电机技术，2003（2）	
143	何清华	小挖市场——国产挖掘机的机会[J]	工程机械与维修，2003（8）	

序号	作者	论文	刊物	收录
144	何清华,吴烨,纪云锋	液压挖掘机的电子监控系统[J]	机电工程技术,2003(5)	
145	何清华,黄素平,黄志雄	智能轮椅的研究现状和发展趋势[J]	机器人技术与应用,2003(2)	
146	何清华,陈阳,刘永强	智能轮椅中人机界面的分类及评估[J]	现代电子技术,2003(17)	
147	何清华,纪云锋,陈欠根,黄志雄	基于CAN总线技术的挖掘机电子控制系统设计[J]	机床与液压,2004(5)	
148	何清华,黄志雄	从Bauma2004展看小型挖掘机的现状及发展趋势[J]	建设机械技术与管理,2004(5)	
149	何清华,张海涛,陈欠根,施圣贤	液压振动桩锤系统动力学分析和主要参数的设计[J]	凿岩机械气动工具,2004(1)	
150	何清华,李爱强,邹湘伏	大洋富钴结壳调查进展及开采技术[J]	金属矿山,2005(5)	
151	何清华,常毅华,郝鹏	液压挖掘机恒功率与变功率协调控制节能系统研究[J]	建筑机械,2006(5)	
152	何清华	面向国际 平和应对挑战[J]	今日工程机械,2006(3)	
153	何清华,谢喜春,赵娟	基于SED1335与C8051F040单片机的智能仪表设计[J]	仪器仪表用户,2006(2)	
154	何清华,李乐奇,邹湘伏	一种基于INS/GPS的无人机组合导航控制系统的设计[J]	飞航导弹,2007(2)	
155	何清华,李乐奇,邹湘伏	带FDI算法的无人机组合导航姿态确定控制系统设计[J]	飞机设计,2007(1)	
156	何清华,郝鹏,常毅华	基于功率协调控制的液压挖掘机节能系统研究[J]	机械科学与技术,2007(2)	
157	何清华,黄斌,贺继林,刘银春,杨敏	基于神经元PID控制的无人机DSP飞控系统设计[J]	空军工程大学学报(自然科学版),2008(2)	
158	何清华,杨敏,贺继林,王北战	基于DSP56F807的捷联惯性导航系统设计[J]	微计算机信息,2009(32)	
159	何清华,陆建辉,熊亭,王勇刚	电动叉车行走电动机控制系统效率优化研究[J]	现代制造工程,2009(2)	
160	何清华,王北战,贺继林,杨敏,黄斌	工程装备远程监控管理系统的设计与实现[J]	郑州大学学报(工学版),2009(2)	
161	何清华,张程	难忘知青年代[J]	新财经,2009(10)	

续附表2

序号	作者	论文	刊物	收录
162	何清华，郝前华，李铁辉，陈艳军，舒敏飞	挖掘机机液耦合复杂系统仿真分析及试验验证[J]	武汉理工大学学报，2011（12）	
163	舒敏飞，何清华，赵宏强，朱俊霖，肖华	液压凿岩机冲击压力及冲击性能仿真研究[J]	武汉理工大学学报，2011（8）	
164	何清华，王石林，贺继林	伸缩臂式叉装车调平机构铰点位置优化[J]	郑州大学学报（工学版），2011（4）	
165	何清华，刘昌盛，龚俊，张大庆，赵喻明	一种液压挖掘机并联式混合动力系统结构及控制策略[J]	中国工程机械学报，2011（1）	
166	赵宏强，何清华，郭勇	涟钢60 t电炉电极升降调节系统改造的模拟实验测试分析[J]	湖南冶金，1995（5）	
167	赵宏强，何清华，郭勇	涟钢60 t电炉电极升降调节系统测试分析[J]	湖南冶金，1996（2）	
168	夏毅敏，何清华，王秋风	日益引人注目的磁流变液——许多实际应用中，在强度和稳定性方面磁流变液优于电流变液[J]	机床与液压，1996（1）	
169	夏毅敏，何清华，郭勇	喷射成形技术在液压工业的应用前景[J]	机床与液压，1996（6）	
170	夏毅敏，何清华，龚艳玲	可控制流体——流体传动介质的突破[J]	机械工程材料，1996（5）	
171	夏毅敏，何清华	金刚石压机新型超高压液压缸的研究和设计[J]	机械强度，1996（3）	
172	夏毅敏，何清华	SAP软件用户接口程序的研制[J]	机械设计，1996（11）	
173	夏毅敏，何清华	超高压液压缸最佳 k 值比的探讨[J]	机械设计，1996（8）	
174	夏毅敏，郭勇，何清华	磁流变液——一种新型的流体传动介质[J]	润滑与密封，1998（2）	
175	龚艳玲，何清华，郭勇，朱建新	分层土中静压桩单桩承载力的理论计算[J]	中南工业大学学报，1998（6）	
176	朱建新，何清华，郭勇	液压静力压桩机液压控制系统设计[J]	工程机械，1999（7）	
177	朱建新，何清华，郭勇，柏红专	液压凿岩设备的研制现状及其发展思路[J]	凿岩机械气动工具，1999（2）	

序号	作者	论文	刊物	收录
178	朱建新, 何清华, 郭勇, 赵宏强	YS-50A 型液压碎石机冲击器性能研究[J]	凿岩机械气动工具, 1999(4)	
179	朱建新, 何清华, 郭勇	准恒功率设计方法在液压静力压桩机中的应用[J]	中南工业大学学报(自然科学版), 1999(2)	
180	朱建新, 何清华, 郭勇, 赵宏强	液压缸驱动重锤式冲击器性能的理论解析[J]	中南工业大学学报(自然科学版), 1999(6)	
181	谢习华, 何清华, 郭勇	隧道凿岩机器人钻臂移位跟踪与控制系统[J]	凿岩机械气动工具, 2000(2)	
182	徐海良, 何清华	滚动联轴器研究[J]	中南工业大学学报(自然科学版), 2000(5)	
183	李力争, 何清华	凿岩机器人钻臂平行联动机构的机理建模[J]	机电工程, 2001(2)	
184	周友行, 何清华	一种两臂凿岩机器人孔序规划算法[J]	机器人技术与应用, 2001(3)	
185	徐海良, 何清华, 邹湘伏	CONFORM 挤压机设计研究[J]	机械设计, 2001(10)	
186	周友行, 何清华	基于个体的两机械手合作任务规划[J]	机械与电子, 2001(3)	
187	李力争, 何清华	一种仿人智能轨迹跟踪控制器[J]	机械与电子, 2001(4)	
188	李力争, 何清华	非线性时变系统的一种即时局部模型及参数估计算法[J]	计算技术与自动化, 2001(4)	
189	罗艳蕾, 何清华	滑移式装载机静压传动系统原理及特性分析[J]	建筑机械, 2001(9)	
190	周友行, 何清华, 邱长军	基于个体的两凿岩机械手合作任务规划[J]	南华大学学报(理工版), 2001(2)	
191	徐海良, 何清华	CONFORM 铝连续挤压机主轴系统研究[J]	有色设备, 2001(1)	
192	李力争, 何清华	双三角钻臂变幅机构的简化模型[J]	凿岩机械气动工具, 2001(1)	
193	周友行, 何清华, 邹湘伏	基于个体的多臂凿岩机器人合作任务动态规划系统[J]	凿岩机械气动工具, 2001(2)	
194	徐海良, 何清华, 周友行	判别空间两线段机械干涉的快速算法[J]	凿岩机械气动工具, 2001(3)	
195	黄志雄, 何清华, 朱建新, 周宏兵	基于 OpenGL 的隧道凿岩机器人动态规划系统的实现[J]	凿岩机械气动工具, 2001(4)	

序号	作者	论文	刊物	收录
196	李力争, 何清华	一类自适应预测控制方法及在电液比例控制中的应用[J]	机床与液压, 2002(2)	
197	周友行, 何清华, 徐海良	一种判别空间两线段干涉的快速算法[J]	机械科学与技术, 2002(3)	
198	郭勇, 何清华, 朱建新	隧道凿岩机器人的研制[J]	现代隧道技术, 2002(4)	
199	胡建华, 何清华, 李淑芳	分布式 PACS 体系结构的研究[J]	医疗卫生装备, 2002(6)	
200	郭勇, 何清华, 邓伯禄	油液压缩性对钻车翻转机构定位精度影响的分析及处理[J]	凿岩机械气动工具, 2002(1)	
201	周友行, 何清华	国内建设机器人的发展应用前景[J]	凿岩机械气动工具, 2002(4)	
202	李力争, 何清华	双三角钻臂支臂缸运动速度的策划[J]	凿岩机械气动工具, 2002(4)	
203	李力争, 何清华	一种双重自校正控制器[J]	计算技术与自动化, 2003(1)	
204	袁碧华, 何清华	射流结合刀具破碎大洋富钴结壳的机理研究[J]	矿业研究与开发, 2003(4)	
205	王恒升, 何清华	用 OpenGL 实现关节变量参数化的双三角臂的三维实体模型[J]	凿岩机械气动工具, 2003(1)	
206	柳波, 何清华, 黄志雄	对称伺服阀控制单出杆液压缸系统的自适应控制研究[J]	凿岩机械气动工具, 2003(2)	
207	谢习华, 何清华, 周亮	凿岩机器人的发展现状与趋势及应用前景[J]	凿岩机械气动工具, 2003(3)	
208	郝鹏, 何清华, 张大庆	基于 DSP 的沥青混凝土摊铺机行驶系统数字控制器的硬件设计[J]	工程机械, 2004(12)	
209	郭勇, 何清华, 朱建新, 冯跃飞	高性能液压旋挖钻机的研制[J]	工程机械, 2004(7)	
210	张海涛, 何清华, 施圣贤, 阳昶	自动化技术在挖掘机中的发展与应用[J]	工程机械与维修, 2004(3)	
211	黄志雄, 何清华, 张新海, 陈欠根	小型挖掘机的现状及发展趋势[J]	工程机械与维修, 2004(5)	
212	张大庆, 郝鹏, 何清华, 杨晓乾	液压冲击对混凝土泵车结构振动性能影响的试验研究[J]	机床与液压, 2004(10)	

序号	作者	论文	刊物	收录
213	黄素平，何清华	一种移动机器人路径规划方法[J]	机床与液压，2004(5)	
214	张海涛，何清华，李渊博，施圣贤	液压挖掘机器人的力与位置混合控制系统的研究[J]	机械与电子，2004(10)	
215	阳昶，何清华，李力争，施圣贤	基于组态王6.5的计量控制系统[J]	机械与电子，2004(11)	
216	李力争，何清华	一类非齐次时变线性模型及自适应预测控制策略[J]	计算技术与自动化，2004(2)	
217	张海涛，何清华，施圣贤，阳昶	LUDV负荷传感系统在液压挖掘机上的应用[J]	建筑机械，2004(10)	
218	郭勇，何清华，朱建新，冯跃飞	SWDM-20型液压旋挖钻机[J]	建筑机械，2004(7)	
219	杨忠炯，何清华	铲运机蓄能液压制动系统动态特性仿真研究[J]	矿山机械，2004(8)	
220	徐海良，何清华	海洋采矿输送管道运动阻力分析[J]	矿冶工程，2004(5)	
221	何志强，何清华	滚筒式采矿头最佳切削位姿的建模[J]	矿业研究与开发，2004(3)	
222	徐海良，何清华	深海采矿输送管道内流体对管道的作用力分析[J]	矿业研究与开发，2004(6)	
223	张海涛，何清华，陈欠根	遥控挖掘机器人轨迹跟踪的电液比例控制系统[J]	液压与气动，2004(7)	
224	朱建新，何清华	液压静力压桩机的研究开发现状及其发展趋势[C]	预制混凝土木桩学术论文集，2004	
225	何志强，何清华	应用SolidWorks软件对海底钻结壳微地形仿真[J]	凿岩机械气动工具，2004(3)	
226	徐绍军，何清华，云忠	虚拟现实技术及其在机械领域的应用[J]	凿岩机械气动工具，2004(3)	
227	黄志雄，何清华，邹湘伏，柳波，张新海	一种求取运动学逆解的新算法[J]	中国工程机械学报，2004(1)	
228	黄志雄，何清华，邹湘伏	智能登山搜索算法规律的研究[J]	中国工程机械学报，2004(4)	
229	谢习华，何清华，周亮，郭勇	基于上下位机结构的隧道凿岩机器人控制系统[J]	中国工程机械学报，2004(4)	

续附表2

序号	作者	论文	刊物	收录
230	何志强,何清华	深海富钴结壳滚筒式采矿头最佳切削位姿问题建模[J]	中国矿业,2004(6)	
231	徐海良,何清华	深海采矿系统研究[J]	中国矿业,2004(7)	
232	李爱强,何清华,邹湘伏	富钴结壳开发动态[J]	采矿技术,2005(2)	
233	王恒升,何清华,肖鹏	斜度测量的等误差直线逼近的迭代算法[J]	传感器技术,2005(3)	
234	张新海,何清华,张海涛	挖掘机负荷传感液压系统中的压力补偿[J]	工程机械,2005(7)	
235	陈阳,何清华,郭勇	爆炸物处理机器人的总体设计及特点[J]	机床与液压,2005(1)	
236	徐海良,何清华	深海采矿输送软管几何非线性静力分析[J]	机械设计与研究,2005(3)	
237	谢习华,何清华,周亮	基于柔性结构的产品数据管理信息分类编码方法[J]	计算机集成制造系统,2005(12)	
238	朱建新,何清华,郭勇,冯跃飞	SWDM-20型多功能全液压旋挖钻机[J]	建设机械技术与管理,2005(3)	
239	张大庆,郝鹏,何清华,施圣贤	液压挖掘机铲斗轨迹控制[J]	建筑机械,2005(1)	
240	施圣贤,何清华,刘美林	基于变频电动机泵控负载传感系统的研究与仿真[J]	液压与气动,2005(4)	
241	徐海良,何清华	深海采矿矿石输送设备理论与实验研究[J]	有色金属(矿山部分),2005(2)	
242	李力争,何清华	用光电编码器测量转角的一种误差来源[J]	传感器世界,2006(5)	
243	邹湘伏,何清华,贺继林	无人机发展现状及相关技术[J]	飞航导弹,2006(10)	
244	刘波,何清华	μC/OS-Ⅱ在液压挖掘机监控器中的应用[J]	工程机械,2006(10)	
245	常毅华,何清华,郝鹏	液压挖掘机功率协调控制节能系统研究[J]	工程机械,2006(3)	
246	李渊博,何清华,张大庆	液压挖掘机工作装置动力学分析与仿真研究[J]	机床与液压,2006(10)	
247	吴靓,何清华,黄志雄,邹湘伏	基于蚁群算法的多机器人集中协调式路径规划[J]	机器人技术与应用,2006(3)	

序号	作者	论文	刊物	收录
248	李乐奇，何清华，邹湘伏	模糊自适应 Kalman 滤波器在无人机导航中的应用[J]	计算机测量与控制，2006（11）	
249	朱建新，何清华，林宏武，赵黎明	液压静力压桩机多点均压式夹桩机构的设计与研究[J]	建筑机械，2006（9）	
250	李乐奇，何清华，郭勇，陈勇	现代液压挖掘机斗杆阀联的结构[J]	建筑机械，2006（9）	
251	李爱强，何清华，邹湘伏	大洋富钴结壳开采控制系统的参数模糊自整定 PID 设计[J]	矿业研究与开发，2006（4）	
252	郝鹏，何清华，张大庆	负载敏感系统测试及特性分析[J]	中国工程机械学报，2006（3）	
253	何志勇，何清华，李自光	沥青混合料转运车性能试验研究[J]	中国工程机械学报，2006（3）	
254	王恒升，何清华，邓春萍	凿岩台车自动化控制系统的发展、现状及展望[J]	测控技术，2007（3）	
255	王恒升，何清华，薛云	基于 CAN 总线的凿岩机器人分布式控制系统设计[J]	传感技术学报，2007（3）	
256	刘波，何清华，邹湘伏	无人机飞行控制技术初探[J]	飞行力学，2007（2）	
257	柳波，何清华，杨忠炯	旋挖钻机的功率匹配节能控制策略[J]	工程机械，2007（9）	
258	周旭，何清华，朱建新	液压桩机多点均压式夹桩机构的静力分析[J]	工程设计学报，2007（5）	
259	黄斌，贺继林，何清华，彭南华，刘鹏飞，蒋海华	基于 CAN 总线的高性能倒车雷达设计[J]	工业控制计算机，2007（5）	
260	刘波，何清华，邹湘伏，贺继林	基于 MCF5235 无人机飞行控制系统设计与实现[J]	航天控制，2007（3）	
261	刘银春，何清华，贺继林，邹湘伏，黄斌	DSP56F807 在小型无人机舵机控制器中的应用[J]	湖南工程学院学报（自然科学版），2007（3）	
262	贺湘宇，何清华，谢习华，蒋蘋	基于 ARMAX 模型的挖掘机液压系统故障检测[J]	湖南科技大学学报（自然科学版），2007（3）	
263	张大庆，何清华，郝鹏，刘昌盛	液压挖掘机工作装置运动控制[J]	建筑机械，2007（15）	
264	谢习华，何清华，刘继红	企业信息化在工程机械中小企业的实施[J]	制造业自动化，2007（1）	

续附表2

序号	作者	论文	刊物	收录
265	Zhou Xu, He Qinghua, Zhu Jianxin	Effect of changing relevant parameters of pile clamping mechanism on stress and displacement of pre-fabricated piles under pile driving[J]	ICMS, 2008	
266	黄斌, 何清华, 贺继林, 刘鹏飞	基于 M56F807 的无人机飞控系统设计[J]	航天控制, 2008(4)	
267	张大庆, 黄志雄, 何清华, 邹湘伏	挖掘机工作装置液压系统建模与参数估计[J]	机械科学与技术, 2008(12)	
268	贺湘宇, 何清华	基于 NARX 网络模型的挖掘机液压系统故障检测[J]	机械科学与技术, 2008(7)	
269	周旭, 何清华, 朱建新	液压静力压桩机夹桩机构的压桩有限元分析[J]	机械设计, 2008(11)	
270	蒋蘋, 何清华, 王奕	基于 VRML 和 Java 的交互式虚拟装配技术研究[J]	机械研究与应用, 2008(6)	
271	何志勇, 何清华, 李自光	基于转运车的沥青路面施工工艺应用研究[J]	建筑机械, 2008(5)	
272	贺湘宇, 何清华, 郭勇, 朱建新	基于主元回归模型的挖掘机液压系统故障诊断[J]	江苏大学学报(自然科学版), 2008(2)	
273	程凯, 何清华, 盖龙云	基于 AMEsim 的非独立悬架野战车辆的防侧翻研究及仿真[J]	军用汽车管理, 2008	
274	刘银春, 何清华, 贺继林	基于 CAN 总线的小型无人机飞控系统设计[J]	微计算机信息, 2008(28)	
275	郝鹏, 何清华, 张新海, 谢嵩岳	挖掘机负载和工况识别技术研究[J]	液压气动与密封, 2008(5)	
276	朱建新, 何清华	液压静力压桩机的技术及发展[C]	预制混凝土桩——中国硅酸盐学会钢筋混凝土制品专业委员会、中国混凝土与水泥制品协会预制混凝土桩委员会 2007—2008 年年会论文集, 2008	
277	周旭, 何清华, 朱建新	液压静力压桩机夹桩箱拔桩变形的有限元分析[J]	中国制造业信息化, 2008(9)	
278	贺湘宇, 何清华, 邹湘伏, 谢习华, 黄志雄	基于 RBF 网络和 ARX 模型的液压系统故障诊断方法[J]	系统仿真学报, 2009(1)	

序号	作者	论文	刊物	收录
279	王北战，何清华，贺继林，杨敏	采用模糊自适应 PID 的挖掘机控制系统研究[J]	现代制造工程，2009(6)	
280	杨敏，何清华，贺继林	基于神经网络技术的数字信号处理飞控系统设计[J]	现代制造工程，2009(8)	
281	赵萍，何清华，杨治国	航空发动机叶片疲劳断裂研究领域与方法概述[J]	航空发动机，2009(3)	
282	周旭，何清华，朱建新	液压静力压桩机夹桩箱的有限元分析[J]	湖南工业大学学报，2009(2)	
283	王北战，何清华，郝鹏，杨敏，王石林	挖掘机器人动力学参数辨识研究[J]	华中师范大学学报(自然科学版)，2009(2)	
284	周旭，何清华，朱建新	液压静力压桩机夹桩箱有限元模态分析[J]	现代制造工程，2009(4)	
285	蒋蘋，何清华，王奕	基于模糊层次分析的柴油机智能故障诊断[J]	中国工程机械学报，2009(1)	
286	郝前华，何清华，贺继林，廖力达，舒敏飞	非对称液压缸的动态特性仿真研究[J]	广西大学学报(自然科学版)，2010(6)	
287	王北战，何清华，郝鹏，杨敏，李琳	挖掘机器人铲斗连杆机构优化研究[J]	机械设计，2010(2)	
288	贺湘宇，何清华，何志勇	动态主元分析在线故障检测方法在挖掘机液压系统中的应用[J]	工程机械，2010(9)	
289	夏毅敏，郭勇，何清华	正在发展的磁流变液[J]	机械与电子，1996(3)	
290	何志勇，何清华，贺尚红	液压系统泵源回路压力脉动抑制试验研究[J]	矿山机械，2010(20)	
291	张大庆，何清华，罗伟，李爱强	适应富钴结壳微地形的采矿头控制系统设计及试验研究[J]	矿业研究与开发，2010(3)	
292	何志勇，何清华，李自光	液压系统振动抑制方法研究[J]	煤矿机械，2010(9)	
293	何志勇，何清华，李自光	泵源液压系统压力脉动抑制方法研究[J]	起重运输机械，2010(10)	
294	贺湘宇，何清华，蒋蘋，何志勇	基于动态 GRNN 模型的挖掘机液压系统故障检测[J]	中国工程机械学报，2010(3)	

序号	作者	论文	刊物	收录
295	郝前华,何清华,朱俊霖,李赛白,陈正,舒敏飞	配置蓄能器的电动叉车液压起升系统能耗试验研究[J]	山东大学学报(工学版),2011(6)	
296	Liao Lida, He Qinghua, Zhang Yunlong, Zhang Guohao, Xiong Bo	CMAC and PID compound control of twin-spool system[C]	ICACMVE, 2011	
297	何志勇,何清华,李自光	结构振动式流体脉动衰减器滤波机理及试验验证[J]	工程机械,2011(11)	
298	何志勇,何清华,李自光	结构共振式滤波器试验研究[J]	机床与液压,2011(5)	
299	贺湘宇,何清华	基于FARX模型的工程机械液压系统故障特征提取方法研究[J]	机械科学与技术,2011(12)	
300	何志勇,何清华,李自光	液压脉动滤波器试验研究[J]	液压与气动,2011(7)	
301	刘均益,何清华,王石林,陈艳军	基于PID控制算法的自动调平系统的仿真研究[J]	中国工程机械学报,2011(4)	
302	刘均益,何清华,陈艳军	轮式挖掘机液压行走系统功率损失试验分析[J]	建筑机械化,2012(6)	
303	何志勇,何清华,贺尚红,李涛	基于流体-结构耦合振动的液压脉动滤波器试验研究[J]	中国造船,2012(1)	
304	朱建新,何清华,杨襄璧	一种新型液压落锤式碎石机[J]	有色金属(矿山部分),1993(1)	
305	郭勇,何清华	液压冲击器瞬态流量的计算机辅助测试研究[J]	矿山机械,1995(3)	
306	朱建新,何清华,胡均平	新型液压落锤式碎石机系列冲击器的性能[J]	中南工业大学学报,1995(3)	
307	朱建新,何清华,郭勇,余佑林	一种新型液压碎石机的研制与应用[J]	有色金属(矿山部分),1998(3)	
308	赵宏强,何清华,朱建新,郭勇	独立无级调节控制的新型液压冲击器[J]	工程机械,1999(8)	
309	柏红专,何清华	对发展我国建筑工程机械密封技术的建议[J]	建筑机械,1999(12)	
310	朱建新,何清华,郭勇	静力压桩机液压系统设计方法研究[J]	建筑机械,1999(4)	

序号	作者	论文	刊物	收录
311	赵宏强,何清华,朱建新,郭勇	液压冲击器的独立无级调节控制方法[J]	矿山机械,1999(11)	
312	柏红专,何清华	关于发展我国工程机械密封技术的商榷[J]	润滑与密封,2000(1)	
313	曾桂英,何清华,郭勇	计算机控制凿岩钻车钻臂定位控制方案研究[J]	凿岩机械气动工具,2001(4)	
314	赵宏强,何清华,朱建新,陈欠根	新型液压冲击器气液作功分配比研究[J]	凿岩机械气动工具,2004(2)	
315	赵宏强,何清华,陈欠根,朱建新,林宏武	SWDB120型一体化液压潜孔钻机[J]	工程机械,2005(10)	
316	赵宏强,何清华,陈欠根,朱建新	7000 m深海钴结壳取芯器研究[J]	中国工程机械学报,2005(4)	
317	赵宏强,何清华,蒋海华,谢武装	SWDW165型航道潜孔钻机[J]	工程机械,2008(5)	
318	谢习华,何清华,张爱民	产学研结合对复合型创新型研究生培养的作用[J]	长沙铁道学院学报(社会科学版),2011(1)	
319	蔡铁隆,杨襄璧,何清华	露天液压钻车液压控制系统的研究[J]	广东有色金属学报,1991(2)	
320	朱建新,王琴,杨襄璧,何清华	一种新型防卡方法的研究[J]	中南矿冶学院学报,1994(2)	
321	朱建新,曾桂英,何清华,郭勇	液压落锤式碎石机动力系统配置及能量效率[J]	中南工业大学学报,1997(6)	
322	夏毅敏,曾桂英,何清华	YHMCAD在ZYJ系列静压沉桩机设计中的应用[J]	南昌高专学报,2000(4)	
323	朱建新,贺湘宇,何清华	凿岩机器人壁碰问题[J]	中南工业大学学报(自然科学版),2000(4)	
324	朱建新,邹湘伏,陈欠根,何清华	国内外液压破碎锤研究开发现状及其发展趋势[J]	凿岩机械气动工具,2001(4)	
325	郭勇,曾桂英,何清华,邓伯禄	油液压缩性对凿岩台车翻转机构的影响研究[J]	机床与液压,2002(3)	
326	曾桂英,郭勇,何清华	凿岩机器人机械手定位系统的精度分析[J]	机电工程,2002(2)	
327	郭勇,龚艳玲,何清华,朱建新,李华开	全液压静力压桩机压桩过程控制[J]	建筑机械,2002(4)	

续附表2

序号	作者	论文	刊物	收录
328	邹湘伏，周友行，何清华，邓伯禄	隧道凿岩机器人双三角十字铰钻臂的运动控制[J]	凿岩机械气动工具，2002(4)	
329	赵延明，朱建新，何清华	特种车辆自动输弹机仿真系统中PLC与上位机通信问题研究[J]	机电工程技术，2003(3)	
330	曾桂英，郭勇，何清华	液压挖掘机电操作控制系统的设计[J]	矿山机械，2003(9)	
331	纪云锋，陈欠根，何清华	小松液压挖掘机机电一体化控制系统分析[J]	现代机械，2003(5)	
332	周友行，邹湘伏，何清华	多臂机器人关节间的碰撞检测研究[J]	中国工程机械学报，2003(1)	
333	纪云锋，陈欠根，吴烨，何清华	挖掘机电子控制新思路[J]	建筑机械，2004(1)	
334	纪云锋，陈欠根，吴晓健，何清华	液压挖掘机区间功率匹配控制[J]	建筑机械，2004(12)	
335	郝鹏，张大庆，何清华	沥青混凝土摊铺机行驶驱动斜坡函数控制方法的试验研究[J]	中国工程机械学报，2004(4)	
336	张海涛，施圣贤，何清华，黄志雄，周凯	滑移转向装载机铲斗自动调平控制系统[J]	工程机械，2005(8)	
337	吴烨，黄志雄，何清华	液压挖掘机的状态监测与故障诊断系统设计[J]	机床与液压，2005(1)	
338	郭勇，谢习华，何清华，刘均益	智能技术在旋挖钻机中的应用[J]	建设机械技术与管理，2005(3)	
339	赵宏强，林宏武，何清华	一体化液压潜孔钻机在水泥矿山的应用[J]	中国水泥，2005(7)	
340	郭勇，陈勇，何清华，郝鹏	从INTERMAT2006看挖掘机电控系统的发展[J]	工程机械，2006(11)	
341	郭勇，陈勇，何清华，罗伟	小型液压挖掘机节流系统主阀芯节流口计算[J]	建筑机械，2006(17)	
342	赵宏强，林宏武，陈欠根，何清华	SWDB90一体化液压潜孔钻机[J]	建筑机械，2006(19)	
343	赵宏强，林宏武，何清华	山河智能一体化液压潜孔钻机[J]	凿岩机械气动工具，2006(1)	
344	邹湘伏，陈欠根，何清华，赵宏强	液压破碎技术在矿山及冶金行业中的应用[J]	凿岩机械气动工具，2006(2)	

序号	作者	论文	刊物	收录
345	柳波，鲁湖斌，何清华，陈金涛，雷勇	变量泵功率匹配控制系统的动态仿真研究[J]	机械科学与技术，2007(1)	
346	赵宏强，李美香，高斌，何清华	潜孔钻机回退时卡钻机理及控制方案研究[J]	建筑机械，2007(21)	
347	赵宏强，蒋海华，谢武装，何清华	潜孔钻机除尘系统研究[J]	凿岩机械气动工具，2007(4)	
348	赵宏强，高斌，李美香，何清华	潜孔钻机回转液压系统键合图模型的仿真研究[J]	广西大学学报(自然科学版)，2008(1)	
349	贺继林，刘鹏飞，彭灿，何清华	液压挖掘机轨迹控制策略的半实物仿真研究[J]	华中科技大学学报(自然科学版)，2008(S1)	
350	贺继林，冯雨萌，杨勤，何清华	机器人控制器片上系统开放性的聚类分析[J]	华中科技大学学报(自然科学版)，2008(S1)	
351	朱建新，杨翔，梅勇兵，何清华	一种新型电液比例阀的模糊控制研究[J]	机械科学与技术，2008(12)	
352	赵宏强，李美香，高斌，何清华	潜孔钻机凿岩过程自动防卡钻理论与方案研究[J]	机械科学与技术，2008(6)	
353	赵宏强，谢武装，蒋海华，何清华	SWDS165海上潜孔钻机[J]	建筑机械，2008(5)	
354	赵宏强，蒋海华，谢武装，何清华	SWDS165海上潜孔钻机试验研究[J]	建筑机械化，2008(4)	
355	姜饶保，黄斌，何清华，贺继林	液压挖掘机工作装置综合优化研究[J]	机械传动，2009(4)	
356	贺继林，武芳，何清华	借助现代教育手段提高电液比例控制技术教学水平[J]	长沙铁道学院学报(社会科学版)，2009(1)	
357	赵萍，杨治国，何清华	单晶合金蠕变性能影响因素分析[J]	航空发动机，2009(6)	
358	高淑蓉，赵宏强，何清华	一种新型切削钻机[J]	凿岩机械气动工具，2009(2)	
359	陈小平，赵宏强，何清华	SWKC50电解槽结壳液压破碎机[J]	凿岩机械气动工具，2009(3)	
360	何志勇，李自光，李涛，何清华	拌和设备煤气化过程研究及应用[J]	工程机械，2010(7)	
361	赵宏强，林宏武，朱建新，何清华	我国矿山凿岩设备现状与发展方向[J]	凿岩机械气动工具，2010(1)	

续附表2

序号	作者	论文	刊物	收录
362	贺继林，杨勤，何清华	飞机发动机进气管热气防冰研究[J]	现代制造工程，2011（2）	
363	高淑蓉，赵宏强，何清华	钻孔立杆机[J]	凿岩机械气动工具，2011（1）	
364	谢习华，周亮，何清华	产学研一体化的双导师研究生培养模式探讨[J]	长沙铁道学院学报（社会科学版），2013（4）	
365	潘钟键，何清华，杨晶	活塞航空重油发动机发展现状[J]	科技导报，2013（34）	
366	何志勇，何清华，刘天保	有机化合物改性沥青的性能研究[J]	工业建筑，2014（S1）	
367	邓宇，何清华，张云龙，刘学良	液压挖掘机的功率匹配控制方法[J]	科技导报，2014（21）	
368	刘心昊，何清华，龚俊，张大庆，刘昌盛，赵喻明	工程机械能量回收技术现状与发展趋势[J]	机械设计与研究，2015（4）	
369	何清华	山河特色的先导式创新[J]	湖南工业职业技术学院学报，2016（6）	
370	何清华，唐学佳，赵喻明，郑海华	挖掘机作业过程土壤参数识别研究[J]	计算机仿真，2016（2）	
371	何志勇，何清华，贺尚红	载流薄板式流体滤波器性能研究[J]	机械科学与技术，2016（3）	

二、发明与专利

截至 2020 年 7 月，何清华累计获得国内授权专利 331 项，其中发明专利 79 项；国际授权专利 15 项；获得专利奖项 6 项。

1. 获奖专利（附表 3）

附表 3　获奖专利汇总

序号	专利名称	专利号	奖励
1	液压静力沉桩机	ZL93110671.0	中国专利优秀奖
2	压桩机的一种夹桩机构	ZL99249764.7	中国专利优秀奖

续附表3

序号	专利名称	专利号	奖励
3	机电一体化挖掘机及控制方法	ZL200610031374.5	中国专利优秀奖
4	工作装置势能回收液压系统	ZL201210160572.7	中国专利优秀奖
5	超轻型飞机	ZL201030540928.1	中国外观设计优秀奖
6	ZYJ系列液压静力压桩机	ZL93110671.0	第九届中国专利新技术新产品博览会金奖

2. 国内授权专利（附表4）

附表4　国内授权专利汇总

序号	标题	申请号	专利类型	发明人
1	一种水下施工定位系统	ZL2019217685790	实用新型	何清华，张大鹏，李耀，罗笑林
2	应用自激振动节能的高压脉冲发生装置	ZL2018108152848	发明授权	何清华，方庆琯，郭勇
3	一种两车联合作业平台及其联合、分离方法	ZL201810545880.9	发明授权	邓曦明，何清华，袁大方，史超
4	衬砌台车浇注口机构、浇注系统及衬砌台车	ZL201822224445.4	实用新型	何清华，贺显林，单葆岩，郭朋超，田德俊，李光明，宋方方，李武俊，吕富兴
5	支模机构、支模装置及衬砌台车	ZL201822224578.1	实用新型	何清华，吴应明，单葆岩，武艳霞，李校珂，田德俊，左转玲，李武俊
6	浇筑口机构及衬砌台车的自动浇筑系统	ZL201822224577.7	实用新型	何清华，贺显林，单葆岩，郭朋超，田德俊，李光明，宋方方，李武俊，吕富兴
7	一种用于抓斗机的卷扬机构和抓斗机	ZL201822151782.5	实用新型	何清华，吴新荣，李武俊
8	具有可变面积先导比的负载保持单向阀阀联及控制方法	ZL201710354134.7	发明授权	何清华，唐中勇，张大庆，刘昌盛，吴民旺，戴鹏，李赛白
9	一种组合式潜孔锤密封防松结构	ZL201610589355.8	发明授权	何清华，高淑蓉，周权，赵宏强，林宏武
10	一种盾构机土仓泥饼清除装置	ZL201820279947.4	实用新型	徐波，何清华，唐彪，倪小青，林清香

附录

序号	标题	申请号	专利类型	发明人
11	一种基于切削式开眼的多自由度矿热炉开堵眼机	ZL201610781973.2	发明授权	何清华、张大庆、彭长锋、刘昌盛、徐家军、徐波、胡鹏、王玲、王金钢
12	一种潜孔钻动力头缓冲装置	ZL201610589203.8	发明授权	何清华、周权、高淑蓉、赵宏强、林宏武
13	可快速移动式盾构机主控室	ZL201721816601.5	实用新型	崔金洲、何清华、唐彪、林清香、徐波
14	一种空压机进气控制系统及其控制方法	ZL201710484387.6	发明授权	何清华、周权、高淑蓉、谭荣、赵宏强、林宏武
15	一种带钻吊设备的自行式岛礁基础施工平台	ZL201610915868.3	发明授权	何清华、刘世康、朱建新、熊明强、单葆岩、凡知秀、丁曲
16	一种挖掘机多油缸动臂举升结构	ZL201610341504.9	发明授权	何清华、张大庆、范峥嵘、唐中勇、胡剑平、郝鹏
17	一种能满足多种直径盾构机的拖车轮对	ZL201721816605.3	实用新型	崔金洲、何清华、唐彪、徐波、林清香
18	一种可灵活设置的盾构机防泥帘	ZL201721817359.3	实用新型	田登岭、何清华、唐彪、倪小青、林清香
19	一种满足分体始发的盾构机皮带机出渣口装置	ZL201721829145.8	实用新型	何清华、倪小青、唐彪、文耀国、张邦国
20	一种盾构机多功能防溜车挡架	ZL201721816616.1	实用新型	何清华、倪小青、唐彪、林清香、官宗本
21	一种盾构机滑轮集中润滑系统	ZL201721816575.6	实用新型	徐波、何清华、唐彪、倪小青、林清香
22	一种压力自匹配能量利用系统	ZL201710343343.1	发明授权	何清华、唐中勇、张大庆、刘昌盛、吴民旺、戴鹏、李赛白
23	一种自行式岛礁基础施工平台	ZL201610914882.1	发明授权	何清华、熊明强、单葆岩、凡知秀、丁曲
24	一种履带行驶出垫地钢板的报警装置	ZL201720969022.8	实用新型	何清华、姚维、陈梓林
25	一种液压凿岩机配流阀及其应用的配流控制系统	ZL201610058849.3	发明授权	何清华、舒敏飞、傅斯龙、赵宏强、林宏武
26	反循环气动潜孔锤旋挖钻机及其施工方法	ZL201510884098.6	发明授权	何清华、朱建新、苏东恒、熊明强、凡知秀、曾素、丁曲

续附表4

序号	标题	申请号	专利类型	发明人
27	一种轮式机械液压行驶系统的控制装置及方法	ZL201610008680.0	发明授权	何清华, 刘均益, 陈艳军, 何耀军
28	一种适应低净空施工的多功能旋挖钻机	ZL201720562813.9	实用新型	朱建新, 何清华, 李耀, 凡知秀
29	一种空压机进气控制系统	ZL201720745046.5	实用新型	何清华, 周权, 高淑蓉, 谭荣, 赵宏强, 林宏武
30	一种压力自匹配能量利用系统	ZL201720540874.5	实用新型	何清华, 唐中勇, 张大庆, 刘昌盛, 吴民旺, 戴鹏, 李赛白
31	一种卡钳式回转制动装置	ZL201720664592.6	实用新型	何清华, 马骁, 凡知秀
32	具有可变面积先导比的负载保持单向阀阀联	ZL201720556394.8	实用新型	何清华, 唐中勇, 张大庆, 刘昌盛, 吴民旺, 戴鹏, 李赛白
33	一种延长旋挖钻机钢丝绳寿命的提引器	ZL201720184770.5	实用新型	何清华, 朱建新, 曾素, 李耀
34	挖掘机节能装置启闭控制方法和装置	ZL201510581328.1	发明授权	何清华, 唐中勇, 张大庆, 刘昌盛, 吴民旺
35	一种阶梯式冲击螺旋钻头	ZL201621426379.3	实用新型	何清华, 高淑蓉, 周权, 赵宏强, 林宏武
36	一种平衡式鹅头	ZL201621409740.1	实用新型	何清华, 钱奂云, 李海舰, 陈梓林
37	一种可多级增压的节能控制阀	ZL201621183770.5	实用新型	何清华, 唐中勇, 张大庆, 刘昌盛, 吴民旺, 戴鹏
38	一种仿生无人车控制系统	ZL201621425726.0	实用新型	何清华, 张大庆, 汪志杰, 赵喻明, 吴钪, 周煊亦, 陈瑞杰
39	一种自行式岛礁基础施工平台	ZL201621142018.6	实用新型	何清华, 熊明强, 单葆岩, 凡知秀, 丁曲
40	节能液压阀	ZL201510966752.8	发明授权	何清华, 唐中勇, 张大庆, 刘昌盛, 吴民旺, 吴钪
41	一种连续自动化涂覆装置	ZL201621411477.X	实用新型	张德胜, 何清华, 张大庆, 刘心昊, 施祖强
42	一种带冲击器组合式钻具防松装置	ZL201621425665.8	实用新型	何清华, 高淑蓉
43	一种回转制动装置	ZL201621416318.9	实用新型	何清华, 马骁, 凡知秀

续附表4

序号	标题	申请号	专利类型	发明人
44	一种挖掘机动臂势能回收利用的方法及其控制装置	ZL201410782507.7	发明授权	何清华，许长飞，郭勇，郝鹏，张新海，张大庆，唐中勇，刘昌盛
45	一种岛礁基础施工平台	ZL201621142068.4	实用新型	何清华，刘世康，熊明强，单葆岩，凡知秀，丁曲
46	一种液压油箱泄压装置	ZL201621285198.3	实用新型	何清华，王德军，付庆龙，郝德运
47	一种用于岛礁基础施工的钻吊一体钻机	ZL201621143724.2	实用新型	何清华，朱建新，凡知秀，单葆岩，熊明强
48	一种岛礁基础施工平台的行走系统	ZL201621142634.1	实用新型	何清华，熊明强，单葆岩，凡知秀，丁曲
49	一种带钻吊设备的自行式岛礁基础施工平台	ZL201621143738.4	实用新型	何清华，刘世康，朱建新，熊明强，单葆岩，凡知秀，丁曲
50	一种基于切削式开眼的多自由度矿热炉开堵眼机	ZL201621015100.2	实用新型	何清华，张大庆，彭长峰，刘昌盛，徐家军，徐波，胡鹏，王玲，王金钢
51	中型液压挖掘机多路阀组	ZL201510190500.0	发明授权	何清华，郭勇，尤新荣，陈桂芳，张新海
52	一种组合式潜孔锤密封防松结构	ZL201620786753.4	实用新型	何清华，高淑蓉，周权，赵宏强，林宏武
53	一种潜孔钻动力头缓冲装置	ZL201620784310.1	实用新型	何清华，周权，高淑蓉，赵宏强，林宏武
54	一种挖掘机多油缸动臂举升结构	ZL201620469280.5	实用新型	何清华，张大庆，范峥嵘，唐中勇，胡剑平，郝鹏
55	一种液压凿岩机配流阀及其应用的配流控制系统	ZL201620085583.7	实用新型	何清华，舒敏飞，傅斯龙，赵宏强，林宏武
56	一种活动键固定可靠的钻机组合式驱动套	ZL201410172013.7	发明授权	何清华
57	液压钻车推进控制冲击液压回路及其控制方法	ZL201310753122.3	发明授权	王东升，何清华，林宏武，朱建新，徐亮
58	一种节能液压阀	ZL201521073639.9	实用新型	何清华，唐中勇，张大庆，刘昌盛，吴民旺，吴钪
59	果实采摘设备	ZL201180076184.4	发明授权	何清华，陶海军，龚伟业，冯怀

序号	标题	申请号	专利类型	发明人
60	一种液压凿岩机双缓冲装置	ZL201520830232.X	实用新型	何清华, 舒敏飞, 傅斯龙, 赵宏强, 林宏武
61	反循环气动潜孔锤旋挖钻机	ZL201520998498.5	实用新型	何清华, 朱建新, 苏东恒, 熊明强, 凡知秀, 曾素, 丁曲
62	挖掘机动臂上下平对接焊缝专用焊接变位机及其使用方法	ZL201310628525.5	发明授权	王德军, 何清华, 董世忠, 陶海军
63	挖掘机节能装置启闭控制装置	ZL201520709459.9	实用新型	何清华, 唐中勇, 张大庆, 刘昌盛, 吴民旺
64	挖掘机回转制动能量回收控制方法	ZL201410087883.4	发明授权	何清华, 刘昌盛, 张大庆, 唐中勇, 龚俊
65	能量回收利用液压控制阀	ZL201310270445.7	发明授权	何清华, 唐中勇, 张大庆, 龚俊, 刘昌盛, 李赛白
66	一种潜孔钻冲击器气路控制阀	ZL201310265169.5	发明授权	高淑蓉, 何清华, 舒敏飞, 赵宏强, 林宏武
67	一种装有滑靴装置的桩工机械	ZL201310295637.3	发明授权	何清华, 朱建新, 钱央云, 邓超
68	液压钻车接卸钎回转推进自适应液压回路及其控制方法	ZL201310749827.8	发明授权	王东升, 何清华, 林宏武, 朱建新, 徐亮
69	护筒压拔钻机	ZL201410051565.2	发明授权	朱建新, 何清华, 赵国永, 单葆岩, 凡知秀
70	液压静力压桩机快压常压自动切换控制回路	ZL201210190181.X	发明授权	何清华, 尤新荣, 郭勇, 陈桂芳, 管伟, 高珊, 刘复平
71	一种液压冲击器	ZL201310267609.0	发明授权	何清华, 舒敏飞, 赵宏强, 高淑蓉, 林宏武
72	活塞发动机力学性能测试试验台	ZL201310277401.7	发明授权	何清华, 潘钟键, 杨晶, 张云龙
73	一种工程装备大扭矩及超大扭矩测试系统	ZL201310456595.7	发明授权	何清华, 朱建新, 吴新荣, 张云龙, 郭勇, 颜静
74	一种用于控制立柱的电手柄的自动检测及控制方法	ZL201310551499.0	发明授权	何清华, 朱建新, 张峰, 姚维, 陈林军
75	中型液压挖掘机多路阀组	ZL201520245787.8	实用新型	何清华, 郭勇, 尤新荣, 陈桂芳, 张新海
76	一种桩工机械动力头加压控制回路及方法	ZL201310428344.8	发明授权	何清华, 朱建新, 曾素, 钱央云, 朱振新, 白永安

续附表4

序号	标题	申请号	专利类型	发明人
77	一种挖掘机的斗杆优先控制回路及其控制方法	ZL201310456518.1	发明授权	何清华，管伟，胡剑平，陶海军，郝鹏，张新海
78	一种平行剪机构	ZL201310298772.3	发明授权	何清华，陶海军，龚伟业，周磊
79	一种挖掘机动臂势能回收利用的控制装置	ZL201420800593.5	实用新型	何清华，许长飞，郭勇，郝鹏，张新海，张大庆，唐中勇，刘昌盛
80	一种油缸内置的钻架	ZL201420827572.2	实用新型	侯凯，何清华，陶海军，刘利明，刘均益
81	工作装置势能回收液压系统	ZL201210160572.7	发明授权	何清华，唐中勇，张大庆，张云龙，王金钢，陈涵
82	一种液压挖掘机动臂下降控制回路	ZL201210512389.9	发明授权	何清华，郭勇，张新海，高珊，陈桂芳
83	一种液压钻车空压机系统卸荷控制装置及方法	ZL201310298596.3	发明授权	何清华，刘鹏，于广森，赵宏强，林宏武，高淑蓉
84	一种液压挖掘机比例流量优先控制阀	ZL201310014338.8	发明授权	何清华，郭勇，陈桂芳，张云龙，刘复平
85	一种上车回转节能系统	ZL201210160132.1	发明授权	何清华，张大庆，唐中勇，张云龙，龚俊，李俊芳
86	一种液压挖掘机的斗杆液压控制回路	ZL201210513039.4	发明授权	何清华，郭勇，张新海，陈桂芳，管伟
87	一种工程机械负载模拟与测试系统及方法	ZL201210457143.6	发明授权	何清华，张大庆，胡钟林，邓宇，唐中勇，杨晶
88	一种结构件钢码打印装置	ZL201420586893.8	实用新型	王德军，何清华，张云龙，陶海军，郝德运，赵万如
89	一种挖掘机动臂	ZL201210160131.7	发明授权	何清华，张大庆，徐波，唐中勇，张云龙，王金钢，陈涵
90	一种上车回转能量回收利用系统	ZL201210205186.5	发明授权	何清华，唐中勇，张大庆，张云龙，王金钢，陈涵
91	一种摩擦轮输送装置	ZL201420437959.7	实用新型	何清华，谭泽萍，陶海军
92	一种具有针对不同工况切换液压回路的挖掘机	ZL201420438021.7	实用新型	何清华，陶海军，郭勇，刘均益，张新海，侯凯
93	一种带杆整机运输旋挖钻机	ZL201420420471.3	实用新型	朱建新，何清华，凡知秀，李耀，曾素

序号	标题	申请号	专利类型	发明人
94	一种上车回转启动无溢流系统	ZL201210220630.0	发明授权	何清华、唐中勇、张大庆、李俊芳、王金钢
95	一种多功能排雷作业机具	ZL201210308219.9	发明授权	何清华、邓伟东、张大庆、刘心昊
96	卷扬防过卷保护装置	ZL201420059626.5	实用新型	朱建新、何清华、单葆岩、凡知秀
97	护筒压拔钻机	ZL201420066334.4	实用新型	朱建新、何清华、赵国永、单葆岩、凡知秀
98	一种变负载下多缸同步电液控制系统	ZL201420108434.9	实用新型	潘钟键、何清华、张云龙、张祥剑
99	一种基于CAN总线的智能舵机驱动器	ZL201420080075.0	实用新型	何清华、罗笑林、张大庆、邓宇、何松泉、朱锐力
100	一种随钻跟管钻机及随钻跟管桩施工方法	ZL201210022133.X	发明授权	何清华、朱建新、吴新荣、单葆岩
101	液压钻车推进控制冲击液压回路	ZL201320891863.3	实用新型	王东升、何清华、林宏武、朱建新、徐亮
102	液压钻车接卸钎回转推进自适应液压回路	ZL201320891208.8	实用新型	王东升、何清华、林宏武、朱建新、徐亮
103	一种轻型飞机用可调座椅	ZL201210045578.X	发明授权	谢习华、何清华、周凯
104	一种能抓取货物跨越障碍运输的设备	ZL201320842293.9	实用新型	侯凯、何清华、陶海军、曾庆麟
105	一种组合式潜孔锤	ZL201320841607.3	实用新型	朱建新、何清华、钱凫云、罗永康、邓超、李海舰
106	一种强夯机的缓冲油缸及其安装结构	ZL201320861167.8	实用新型	何清华、朱建新、邓曦明、楚斯铭、史超、银峰
107	挖掘机动臂上下平对接焊缝专用焊接变位机	ZL201320771628.2	实用新型	王德军、何清华、董世忠、陶海军
108	一种用于控制立柱的电手柄的自动检测及控制装置	ZL201320703537.5	实用新型	何清华、朱建新、张峰、姚维、陈林军
109	一种开式液压系统马达节能系统	ZL201320743652.5	实用新型	何清华、曾素、戴鹏
110	高强度高安全复合材料轻型飞机机身结构	ZL201010298893.4	发明授权	邹湘伏、何清华、周凯、谢习华
111	一种挖掘机油路控制装置	ZL201210128536.2	发明授权	郝前华、何清华、郭勇、张新海

361

序号	标题	申请号	专利类型	发明人
112	一种桩工机械动力头加压控制回路	ZL201320580756.9	实用新型	何清华，朱建新，曾素，钱夬云，朱振兴，白永安
113	一种立柱倾斜度的保护装置	ZL201320556235.X	实用新型	何清华，张峰，姚维
114	一种挖掘机的斗杆优先控制回路	ZL201320607831.6	实用新型	何清华，管伟，胡剑平，陶海军，郝鹏，张新海
115	一种张紧力自适应背绳装置	ZL201320556063.6	实用新型	何清华，朱建新，曾素，钱夬云，白永安，朱振兴
116	一种工程装备大扭矩及超大扭矩测试系统	ZL201320609223.9	实用新型	何清华，朱建新，吴新荣，张云龙，郭勇，颜静
117	一种压桩机夹桩箱托架	ZL201110438407.9	发明授权	朱建新，何清华，邓曦明，陈小林
118	一种用于工程机械臂的操作控制系统	ZL201320423131.1	实用新型	何清华，陈冬良，张大庆，简刚，孙琮琮，刘心昊
119	一种平行剪机构	ZL201320423133.0	实用新型	何清华，陶海军，龚伟业，周磊
120	一种装有滑靴装置的桩工机械	ZL201320428746.3	实用新型	何清华，朱建新，钱夬云，邓超
121	一种液压钻车自动换钎机构	ZL201320394038.2	实用新型	何清华，赵宏强，林宏武，高淑蓉，刘鹏，于广淼
122	一种液压钻车空压机系统卸荷控制装置	ZL201320422110.8	实用新型	何清华，刘鹏，于广淼，赵宏强，林宏武，高淑蓉
123	能量回收利用液压控制阀	ZL201320378098.5	实用新型	何清华，唐中勇，张大庆，龚俊，刘昌盛，李赛白
124	一种液压冲击器	ZL201320383124.3	实用新型	何清华，舒敏飞，赵宏强，高淑蓉，林宏武
125	一种潜孔钻冲击器气路控制阀	ZL201320378719.X	实用新型	高淑蓉，何清华，舒敏飞，赵宏强，林宏武
126	一种活塞发动机力学性能测试试验台	ZL201320393959.7	实用新型	何清华，潘钟键，杨晶，张云龙
127	混合动力挖掘机驱动及能量回收系统	ZL201010522814.3	发明授权	何清华，张大庆，刘心昊，刘昌盛，赵喻明，龚俊，王高龙，徐波，付静
128	一种工作装置能量回收利用液压系统	ZL201320286827.4	实用新型	何清华，唐中勇，张大庆，龚俊，王金钢，刘昌盛
129	无人直升机	ZL201330095342.2	外观设计	何清华，邓鹏，罗伟

序号	标题	申请号	专利类型	发明人
130	一种液压挖掘机比例流量优先控制阀	ZL201320020477.7	实用新型	何清华，郭勇，陈桂芳，张云龙，刘复平
131	一种液压挖掘机的斗杆液压控制回路	ZL201220659681.9	实用新型	何清华，郭勇，张新海，陈桂芳，管伟
132	一种液压挖掘机动臂下降控制回路	ZL201220658984.9	实用新型	何清华，郭勇，张新海，高珊，陈桂芳
133	一种自公转组合式潜孔锤及其施工方法	ZL201010298875.6	发明授权	何清华，钱奂云，朱建新
134	工作装置势能回收液压系统	ZL201220232536.2	实用新型	何清华，唐中勇，张大庆，张云龙，王金钢，陈涵
135	组合式潜孔锤及其施工方法	ZL201010298838.5	发明授权	钱奂云，何清华，朱建新，邓超，张鹏，李海舰
136	一种势能回收的液压系统	ZL201110132119.0	发明授权	何清华，唐中勇，张云龙，张大庆，王金钢
137	一种用于工程装备的车载智能信息终端	ZL201220504813.0	实用新型	何清华，邓宇，张云龙，张大庆，罗笑林，何松泉
138	一种静压桩机	ZL201220499662.4	实用新型	何清华，朱建新，邓曦明，张佳佳，甘德慧
139	一种多功能排雷作业机具	ZL201220428483.1	实用新型	何清华，邓伟东，张大庆，刘心昊
140	一种挖掘机动臂	ZL201220232182.1	实用新型	何清华，张大庆，徐波，唐中勇，张云龙，王金钢，陈涵
141	一种上车回转启动无溢流系统	ZL201220311037.2	实用新型	何清华，唐中勇，张大庆，李俊芳，王金钢
142	一种多自由度多功能排雷工作装置	ZL201220325986.6	实用新型	何清华，邓伟东，张大庆，刘心昊，吴轩，赵喻明
143	轻型飞机襟翼控制装置	ZL201220257762.6	实用新型	何清华，陈瑞杰，谢习华，邹湘伏
144	液压冲击器配油阀	ZL201110029979.1	发明授权	舒敏飞，何清华，赵宏强
145	挖掘机液压泵功率控制装置	ZL201220292991.1	实用新型	滕锦图，何清华，陶海军，张新海，陈艳军
146	液压静力压桩机快压常压自动切换控制回路	ZL201220272559.6	实用新型	何清华，尤新荣，郭勇，陈桂芳，管伟，高珊，刘复平

何清华潜心机械五十年

序号	标题	申请号	专利类型	发明人
147	一种工作装置的节能系统	ZL201220271767.4	实用新型	何清华, 龚俊, 张大庆, 张云龙, 唐中勇
148	一种上车回转能量回收利用系统	ZL201220292212.8	实用新型	何清华, 唐中勇, 张大庆, 张云龙, 王金钢, 陈涵
149	轨道式扒矿输送机	ZL201010265073.5	发明授权	王军, 何清华, 陈欠根, 刘均益, 滕锦图, 林涛
150	一种适用于装卸搬运电动车的能量再生发电系统	ZL201010607792.0	发明授权	何清华, 唐中勇, 张大庆, 陈正, 龚俊
151	安装在航空器载体上的喷洒装置	ZL201220190213.1	实用新型	何清华, 谢向国, 邹湘伏, 谢习华
152	一种强夯机多点刚性支撑机构	ZL201220013136.2	实用新型	邓曦明, 何清华, 朱建新, 郑毅, 陈小林
153	一种上车回转节能系统	ZL201220232485.3	实用新型	何清华, 张大庆, 唐中勇, 张云龙, 龚俊, 李俊芳
154	一种挖掘机油路控制装置	ZL201220186738.8	实用新型	郝前华, 何清华, 郭勇, 张新海
155	挖掘机能量回收系统	ZL201110048582.7	发明授权	何清华, 张大庆, 张云龙, 郭勇, 刘昌盛, 刘心昊, 赵喻明
156	适用于履带式起重机负载敏感双功率控制装置	ZL201110029988.0	发明授权	何清华, 汪鼎华, 郭勇, 刘灿伦
157	一种适用于随钻跟管桩施工方法的随钻跟管钻机	ZL201220031479.1	实用新型	何清华, 朱建新, 吴新荣, 单葆岩
158	一种直升机双跷跷板式桨毂机构	ZL201120479605.5	实用新型	何清华, 罗伟, 谢习华, 邹湘伏
159	压桩机夹桩箱托架	ZL201120547679.8	实用新型	朱建新, 何清华, 邓曦明, 陈小林
160	工程机械发动机动力检测方法及其装置	ZL201010607791.6	发明授权	何清华, 胡钟林, 张大庆, 何松泉, 徐波, 许乐平, 廖力达
161	工程机械控制器	ZL201130389338.8	外观设计	何清华, 肖健, 邓宇, 张大庆, 林冬梅
162	一种脚踏阀的操纵装置	ZL201120230644.1	实用新型	何清华, 陶海军, 王军, 向海龙
163	游艇	ZL201130301175.3	外观设计	易宇安, 赵轶, 何清华

序号	标题	申请号	专利类型	发明人
164	机油泵吸油过滤装置	ZL201010188628.0	发明授权	何清华, 胡钟林, 陶海军, 张大庆
165	挖掘节能及平地高效的小型液压挖掘机主阀	ZL201010232583.2	发明授权	何清华, 郭勇, 张世猷, 陈桂芳
166	LED 双面灯	ZL201130186216.9	外观设计	何清华, 张云龙, 颜静, 刘利明, 赖攀
167	一种叉车照明及信号 LED 灯光系统	ZL201120212802.0	实用新型	何清华, 张云龙, 颜静, 刘利明, 赖攀
168	LED 后尾灯	ZL201130186214.X	外观设计	何清华, 张云龙, 颜静, 刘利明, 赖攀
169	一种油压驱动控制装置	ZL201120163450.4	实用新型	何清华, 张新海, 郭勇, 郝前华
170	一种混合动力旋挖钻机	ZL201120032300.X	实用新型	何清华, 朱建新, 张云龙, 张大庆, 廖力达, 李赛白, 方小瑜
171	一种适用于履带式起重机负载敏感双功率控制装置	ZL201120028449.0	实用新型	何清华, 汪鼎华, 郭勇, 刘灿伦
172	一种高空作业设备臂架起升装置	ZL201120028525.8	实用新型	何清华, 袁锦红, 刘灿伦, 汪鼎华, 欧阳明扶, 饶小慧
173	动力三角翼	ZL201130086184.5	外观设计	何清华, 赵轶, 易宇安, 谢向国
174	一种适用于装卸搬运电动车的能量再生发电系统	ZL201020682339.1	实用新型	何清华, 唐中勇, 张大庆, 陈正, 龚俊
175	一种液压冲击器配油阀	ZL201120028333.7	实用新型	舒敏飞, 何清华, 赵宏强
176	一种矿井用回转式液压挖掘机	ZL200910246016.X	发明授权	何清华, 陈欠根, 林宏武, 孙东来, 王军
177	工程机械发动机动力检测装置	ZL201020682764.0	实用新型	何清华, 胡钟林, 张大庆, 何松泉, 徐波, 许乐平, 廖力达
178	滑移装载机用的附属挖掘装置	ZL200810143645.5	发明授权	何清华, 黄志雄, 姜校林
179	一种履带式桩架及其安装方法	ZL200910311281.1	发明授权	何清华, 朱建新, 钱奂云, 丁文强, 曾素, 单葆岩, 熊明强, 熊浩
180	一种适用于高空作业车伸缩臂安全保护装置	ZL201020592457.3	实用新型	何清华, 欧阳明扶, 袁锦红, 张大庆

序号	标题	申请号	专利类型	发明人
181	机电一体化挖掘装载机及控制方法	ZL200810143776.3	发明授权	何清华,张大庆,郭勇,何耀军
182	一种自行式高空作业车的平台调平控制系统	ZL201020592460.5	实用新型	何清华,陈冬良,张大庆,刘心昊
183	一种高强度高安全复合材料轻型飞机机身结构	ZL201020550987.1	实用新型	邹湘伏,何清华,周凯,谢习华
184	一种叉车四级带自由提升门架	ZL201020501664.3	实用新型	汪小兰,何清华
185	超轻型飞机	ZL201030540928.1	外观设计	何清华,邹湘伏,赵轶
186	大直径随钻跟管钻机全液压随钻跟管驱动装置	ZL200810143407.4	发明授权	何清华,朱建新,吴新荣,谢嵩岳
187	混合动力挖掘机驱动及能量回收系统	ZL201020580716.0	实用新型	何清华,张大庆,刘心昊,刘昌盛,赵喻明,龚俊,王高龙,徐波,付静
188	控制旋挖钻机快速抛土的方法	ZL200910042885.0	发明授权	何清华,朱建新,郭勇,曾素,张奇志
189	电动叉车功率效率检测分析装置	ZL200910308029.5	发明授权	何清华,邓宇,郭勇,刘均益
190	组合式潜孔锤	ZL201020550973.X	实用新型	钱叒云,何清华,朱建新,邓超,张鹏,李海舰
191	一种组合式潜孔锤	ZL201020550979.7	实用新型	钱叒云,何清华,朱建新,邓超,张鹏,李海舰
192	一种自公转组合式潜孔锤	ZL201020550985.2	实用新型	何清华,钱叒云,朱建新
193	叉车(2)	ZL201030520341.4	外观设计	汪小兰,何清华,朱江
194	挖掘机铲斗用摆转装置	ZL200810031173.4	发明授权	何清华,黄志雄,姜校林
195	轨道式扒矿输送机	ZL201020508268.3	实用新型	王军,何清华,陈欠根,刘均益,滕锦图,林涛
196	一种伸缩臂叉装车工作臂的油管输送机构	ZL201020511999.3	实用新型	何清华,朱江,刘利明
197	一种伸缩臂叉装车工作臂伸缩机构	ZL201020512105.2	实用新型	何清华,朱江,刘利明
198	一种挖掘节能及平地高效的小型液压挖掘机主阀	ZL201020266503.0	实用新型	何清华,郭勇,张世猷,陈桂芳
199	一种小型无人飞机的弹射系统	ZL201020241857.X	实用新型	何清华,邹湘伏,罗有元,谢习华
200	叉车	ZL201030297799.8	外观设计	何清华,朱江,吴永钏

续附表4

序号	标题	申请号	专利类型	发明人
201	挖掘机用摆转装置	ZL200810143911.4	发明授权	何清华, 黄志雄, 姜校林
202	一种机油泵吸油过滤装置	ZL201020211321.3	实用新型	何清华, 胡钟林, 陶海军, 张大庆
203	一种液压执行机构的能量回收系统	ZL201020211319.6	实用新型	何清华, 张大庆, 郭勇, 朱建新, 赵喻明, 龚俊
204	复合桁架的翻折机构	ZL200920315158.2	实用新型	何清华, 朱建新, 易炜
205	一种遥控轮式移动机器人平台	ZL201020119129.1	实用新型	张大庆, 何清华, 刘心昊, 赵喻明, 付静
206	工程机械用空压机	ZL201020300340.3	实用新型	何清华, 高淑蓉, 赵宏强
207	航道钻机	ZL200710035680.0	发明授权	何清华, 赵宏强, 陈欠根, 高淑蓉, 林宏武
208	流体胶管卷筒	ZL201020300367.2	实用新型	何清华, 赵宏强, 马士东
209	工程机械楼梯	ZL200920318999.9	实用新型	何清华, 赵宏强, 高淑蓉
210	一种大孔径分体臂式潜孔钻机	ZL201020002724.7	实用新型	赵宏强, 何清华, 高淑蓉
211	一种钻机钻孔导向定心装置	ZL201020002723.2	实用新型	赵宏强, 何清华, 谭荣
212	航道钻机上起重机的吊臂转向装置	ZL200920318889.2	实用新型	赵宏强, 何清华, 高淑蓉
213	一种常闭式轨道夹持结构	ZL201020300341.8	实用新型	何清华, 陈欠根, 王军, 唐仕林
214	一种钻机捕尘罩	ZL200920292170.6	实用新型	赵宏强, 何清华, 谭荣
215	一种使气动执行元件具有自润滑功能的供气装置	ZL200920317217.X	实用新型	何清华, 朱建新, 钱彐云, 程江琳, 丁文强
216	一种伸缩油缸的支撑固定结构	ZL200920310631.8	实用新型	何清华, 张大庆, 王军, 徐波
217	复合桁架的夹紧机构	ZL200920315202.X	实用新型	何清华, 朱建新, 吴新荣, 梁业轩
218	矿井用回转式液压挖掘机	ZL200920272887.4	实用新型	何清华, 陈欠根, 林宏武, 孙东来, 王军
219	一种伸缩臂装置	ZL200920272885.5	实用新型	何清华, 张大庆, 王军, 徐波
220	伸缩臂叉装车货叉自动调平装置	ZL200920311167.4	实用新型	黄志雄, 何清华, 刘利明
221	防载人吊篮自由坠落的安全保护装置	ZL200920315199.1	实用新型	何清华, 朱建新, 吴新荣, 单葆岩

续附表4

序号	标题	申请号	专利类型	发明人
222	一种履带起重机回转平台用防转插销	ZL200920309910.2	实用新型	黄志雄，何清华，刘利明，罗颖
223	一种房屋建造工艺	ZL200810031737.4	发明授权	何清华，黄志雄，刘浩
224	叉车静压力称重装置	ZL200920311916.3	实用新型	何清华，刘均益，汪小兰，姜鹏
225	回转式伸缩臂叉装车	ZL200920311166.X	实用新型	何清华，黄志雄，刘利明，罗颖
226	滑移装载机主泵流量控制复位机构	ZL200920062952.0	实用新型	何清华，黄志雄，蓝维新
227	旋挖钻机正反转抛土控制装置	ZL200920063678.9	实用新型	何清华，朱建新，郭勇，曾素，张奇志
228	叉车	ZL200830057606.4	外观设计	何清华，汪小兰，黄丽丹
229	机电一体化挖掘机及控制方法	ZL200610031374.5	发明授权	何清华，郝鹏，张大庆
230	一种挖掘装载组合机	ZL200820159513.7	实用新型	何清华，张大庆，郭勇，何耀军
231	一种摆转装置	ZL200820210889.6	实用新型	何清华，黄志雄，姜校林
232	滑移装载机动臂	ZL200820210888.1	实用新型	黄志雄，何清华，匡前友
233	液压静力压桩机浮机保护控制装置	ZL200820158895.1	实用新型	何清华，朱建新，郭勇，刘均益，陈林军
234	一种叉车用载荷限制器	ZL200820159284.9	实用新型	何清华，刘均益，郭勇，殷良俊
235	多功能液压静力沉孔灌注压桩机	ZL200820159283.4	实用新型	何清华，朱建新，易炜
236	滑移装载机用可横向移动式挖掘装置	ZL200820159285.3	实用新型	何清华，黄志雄，姜校林
237	一种滑移装载机用的附属挖掘装置	ZL200820159282.X	实用新型	何清华，黄志雄，姜校林
238	一种滑移装载机平举执行机构	ZL200820158893.2	实用新型	何清华，郭勇，张世猷，尹铁军
239	一种大直径随钻跟管钻机全液压随钻跟管驱动装置	ZL200820158896.6	实用新型	何清华，朱建新，吴新荣，谢嵩岳
240	一种挖掘机型式钻机	ZL200820158897.0	实用新型	赵宏强，何清华，高淑蓉
241	潜孔钻机司机室	ZL200820054256.0	实用新型	何清华，赵宏强，陈欠根
242	一种大直径随钻跟管钻机	ZL200820158894.7	实用新型	何清华，唐孟雄，朱建新，李嘉年，吴新荣，谢嵩岳

序号	标题	申请号	专利类型	发明人
243	一种小型液压挖掘机的液压节能供油系统	ZL200820158891.3	实用新型	何清华,郭勇,柴叶盛
244	挖掘机	ZL200830057605.X	外观设计	何清华,汪春晖,黄丽丹
245	一种一体化臂式潜孔钻机	ZL200820054255.6	实用新型	何清华,赵宏强,高淑蓉
246	航道钻机防浪涌装置	ZL200820054257.5	实用新型	赵宏强,何清华,谢佳
247	钻机卸杆器	ZL200820054254.1	实用新型	何清华,赵宏强,高淑蓉
248	配重块	ZL200830057607.9	外观设计	何清华,朱建新,吴岳,李耀
249	一种适宜水、陆两栖起降飞行的动力三角翼飞行器	ZL200820053447.5	实用新型	何清华,邹湘伏
250	一种万向摇摆椅	ZL200820053718.7	实用新型	何清华,黄志雄,刘浩
251	航道钻机液压行走装置	ZL200820052656.8	实用新型	何清华,赵宏强,陈欠根
252	航道钻机液压驻车装置	ZL200820052654.9	实用新型	赵宏强,何清华,黄志雄
253	一种履带式自卸车的副车架	ZL200820053189.0	实用新型	何清华,黄志雄,陈森林
254	一种履带自卸车的司机室保护装置	ZL200820053188.6	实用新型	何清华,黄志雄,林涛
255	履带式自卸车车架平台	ZL200820053027.7	实用新型	何清华,黄志雄,陈森林
256	挖掘机铲斗用摆转装置	ZL200820053028.1	实用新型	何清华,黄志雄,姜校林
257	一种旋挖钻机转台	ZL200820053029.6	实用新型	何清华,朱建新,吴岳,丁文强,熊明强
258	旋挖钻机底盘	ZL200820053030.9	实用新型	何清华,朱建新,吴岳,李耀,郝永辉
259	一种旋挖钻机的动臂变幅机构	ZL200820053062.9	实用新型	何清华,朱建新,胡浩,吴岳,凡知秀
260	用于工程机械司机保护结构实验室试验的装置	ZL200820052835.1	实用新型	何清华,黄志雄,李兵
261	一种带高速抛土功能的旋挖钻机动力头装置	ZL200820053040.2	实用新型	何清华,朱建新,吴岳,凡知秀
262	单减速机单马达旋挖钻机动力头装置	ZL200820053041.7	实用新型	何清华,朱建新,吴岳,凡知秀
263	用于将螺旋钻杆上黏附土清除的装置	ZL200820052657.2	实用新型	何清华,赵宏强,邹湘伏
264	一种组合式钻架	ZL200820052658.7	实用新型	何清华,赵宏强,高淑蓉
265	航道钻机套管压紧装置	ZL200820052655.3	实用新型	赵宏强,何清华,朱建新

369

序号	标题	申请号	专利类型	发明人
266	一种钻孔立杆机	ZL200820052104.7	实用新型	何清华, 赵宏强, 朱建新, 高淑蓉, 林宏武
267	履带式行走机构的张紧装置	ZL200720064813.2	实用新型	黄志雄, 何清华, 匡前友
268	独立马达减速机驱动实现高速抛土的动力头装置	ZL200720064814.7	实用新型	何清华, 朱建新, 吴岳
269	一种旋挖钻机桅杆限位控制装置	ZL200720064810.9	实用新型	何清华, 郭勇, 朱建新, 姚维
270	挖掘机工作装置锁紧机构	ZL200720064811.3	实用新型	何清华, 孙东来, 李瓦够
271	履带式滑移装载机锁紧装置	ZL200720064816.6	实用新型	何清华, 黄志雄, 匡前友
272	工程机械司机室翻转窗	ZL200720064812.8	实用新型	何清华, 陈欠根, 赵红辉
273	一种胶管护套缠绕机	ZL200720064342.5	实用新型	何清华, 黄志雄, 刘浩, 陈小平
274	一种航道钻机	ZL200720064343.X	实用新型	赵宏强, 陈欠根, 何清华, 高淑蓉, 林宏武
275	步履式行走机构的行走轮架与上部结构的联结构件	ZL200720064815.1	实用新型	何清华, 朱建新
276	一种圆锥滚子轴承拉拔器	ZL200720064344.4	实用新型	何清华, 黄志雄, 刘浩
277	一种液压挖掘机的直线行走机构	ZL200720062756.4	实用新型	何清华, 柴叶盛
278	挖掘机伸缩式底盘	ZL200620053060.0	实用新型	何清华
279	小型液压挖掘机液压缸用缓冲装置	ZL200620053199.5	实用新型	何清华
280	适于钢与橡胶履带的支重轮	ZL200620050602.9	实用新型	何清华
281	一种适于钢履带和橡胶履带的支重轮	ZL200620050612.2	实用新型	何清华
282	一种用于控制氮爆式液压破碎锤的套阀	ZL200620050835.9	实用新型	何清华, 陈欠根, 邹湘伏
283	一种套阀控制氮爆式液压破碎锤	ZL200620050836.3	实用新型	陈欠根, 何清华, 邹湘伏
284	机电一体化挖掘机	ZL200620050330.2	实用新型	何清华, 郝鹏, 张大庆
285	多杆钻杆库	ZL200620051030.6	实用新型	赵宏强, 何清华, 陈欠根
286	一种旋挖钻机自动抛土控制装置	ZL200620050613.7	实用新型	何清华
287	液压挖掘机行走液控锁死装置	ZL200620050185.8	实用新型	何清华

序号	标题	申请号	专利类型	发明人
288	开口环密封智能水力控制阀	ZL200620049790.3	实用新型	何清华
289	阀门用自力式双速控制缸	ZL200620049986.2	实用新型	何清华
290	一种阀门用自力式双速控制缸	ZL200620049987.7	实用新型	何清华
291	开口环密封水泵智能控制阀	ZL200620049789.0	实用新型	何清华
292	一种可翻转司机室用连接装置	ZL200520052828.8	实用新型	何清华，黄志雄，赵宏强
293	一种滑移装载机底盘	ZL200520052829.2	实用新型	何清华，黄志雄，邹湘伏
294	挖掘机监控装置	ZL200420113730.4	实用新型	何清华，龚艳玲，刘均益，郝鹏
295	一种工程机械用限位保护机构	ZL200520052961.3	实用新型	黄志雄，何清华，谢习华
296	一种旋挖钻机电液比例加压装置	ZL200520052960.9	实用新型	何清华，郭勇，朱建新
297	一种潜孔钻机调速装置	ZL200520052962.8	实用新型	何清华，郭勇，赵宏强
298	露天钻机铰接式钻架举升变幅机构	ZL200520051531.X	实用新型	何清华，赵宏强，谢习华
299	一种工程机械覆盖件用锁扣	ZL200520052830.5	实用新型	何清华，黄志雄，周凯
300	轴向可移动联轴器	ZL200420036073.8	实用新型	徐海良，何清华
301	挖掘机工作装置前端偏转机构	ZL200520050577.X	实用新型	何清华，应伟健，汪春晖
302	小型液压挖掘机的自动怠速装置	ZL200520050630.6	实用新型	何清华，郭勇，刘均益，谢习华
303	潜孔钻机用钻架	ZL200420113733.8	实用新型	何清华，陈欠根，林宏武，邹湘伏
304	旋挖钻机多节钻桅自装自卸装置	ZL200420113734.2	实用新型	何清华，冯跃飞，朱建新
305	旋挖钻机钻桅举升装置	ZL200420113736.1	实用新型	何清华，朱建新，冯跃飞
306	潜孔钻机用钻杆库	ZL200420113737.6	实用新型	何清华，黄志雄，陈欠根，林宏武
307	潜孔钻机用单钳口卸杆器	ZL200420113735.7	实用新型	何清华，赵宏强，林宏武，黄志雄
308	潜孔钻机用双钳口卸杆器	ZL200420113738.0	实用新型	陈欠根，何清华，林宏武，邹湘伏
309	全液压潜孔钻机动力头	ZL200420068635.7	实用新型	陈欠根，何清华，邹湘伏
310	深海采矿矿石输送系统	ZL200420036074.2	实用新型	徐海良，何清华
311	一种可移动分布式深海矿产资源的连续开采方法	ZL02114131.2	发明授权	何清华，郭勇，陈欠根，朱建新

序号	标题	申请号	专利类型	发明人
312	振动桩锤用偏心传动齿轮	ZL200320113926.9	实用新型	何清华，张海涛
313	一体化全液压潜孔钻机	ZL03248873.4	实用新型	何清华，吴万荣，陈欠根，林宏武
314	压桩机多点均压夹桩机构	ZL03248306.6	实用新型	何清华，朱建新，陈欠根
315	一种自反馈液压冲击器	ZL02277117.4	实用新型	何清华，陈欠根
316	一种适用于H形钢的夹桩机构	ZL02223278.8	实用新型	陈欠根，何清华，林宏武，朱建新
317	工程机械驾驶室翻转装置	ZL01257459.7	实用新型	何清华，阎季常，黄志雄，林宏武，钟灵敏，周凯
318	挖掘机	ZL01340481.4	外观设计	何清华，钟灵敏，周凯，戴斌安
319	顶压桩机压桩机构	ZL01235359.0	实用新型	何清华，陈欠根，朱建新，林宏武，张新海
320	直线位移传感器	ZL00225855.2	实用新型	何清华，郭勇
321	控制手柄	ZL00225930.3	实用新型	何清华，邓伯禄，王恒生
322	压桩机的一种夹桩机构	ZL99249764.7	实用新型	何清华
323	一种可压边桩和角桩的静力压桩机	ZL99249765.5	实用新型	何清华
324	碎石冲击装置	ZL99233328.8	实用新型	何清华，朱建新，胡均平，陈泽南
325	胶管接头扣压机	ZL95228473.1	实用新型	何清华，郭勇，朱建新
326	均载浮动钳口装置	ZL96242706.3	实用新型	何清华，朱建新，郭勇，陈泽南，龚艳玲
327	步履式行走机构	ZL95236709.2	实用新型	何清华，郭勇，朱建新
328	液压静力沉桩机	ZL93110671.0	发明授权	何清华，朱建新，胡均平，陈泽南
329	残铁开口机	ZL93234257.4	实用新型	何清华，朱建新，杨务兹，杨襄璧，陈泽南
330	用于岩矿二次破碎的碎石机	ZL91106882.1	发明授权	何清华，朱建新，杨襄璧
331	钻杆的松卸装置	ZL89211598.X	实用新型	何清华，杨襄璧

3. 国际授权专利(附表5)

附表5　国际授权专利汇总

序号	发明人	专利名称	专利号	授权国家和地区	专利类型
1	何清华	一种机电一体化挖掘机及控制其的方法	EP 1835079	欧洲	发明授权
2	何清华，郭勇，张世猷，陈桂芳	液压挖掘机主阀及具有其的液压挖掘机	JP 5869567	日本	发明授权
3	钱奂云，何清华，朱建新	可伸缩式履带底盘及具有该底盘的工程机械	KR 10-1618696	韩国	发明授权
4	钱奂云，何清华，朱建新	可伸缩式履带底盘及具有该底盘的工程机械	JP 5903493	日本	发明授权
5	何清华，唐中勇，张大庆，陈正，龚俊	一种适用于装卸搬运电动车的能量再生发电系统	JP 5914517	日本	发明授权
6	何清华，唐中勇，张大庆，陈正，龚俊	一种适用于装卸搬运电动车的能量再生发电系统	EP 2660184	欧洲	发明授权
7	何清华，唐中勇，张大庆，陈正，龚俊	一种适用于装卸搬运电动车的能量再生发电系统	US 9,422,949B2	美国	发明授权
8	何清华，唐中勇，张大庆，陈正，龚俊	一种适用于装卸搬运电动车的能量再生发电系统	RU 2603811	俄罗斯	发明授权
9	何清华，钱奂云，朱建新，李海舰，邓超，张鹏	组合式潜孔锤	JP 5948333	日本	发明授权
10	何清华，唐中勇，张大庆，张云龙，王金钢，陈涵	工作装置能量回收系统	EP 2853755	欧洲(德国)	发明授权
11	何清华，唐中勇，张大庆，张云龙，王金钢，陈涵	工作装置能量回收系统	AU 2013265872	澳大利亚	发明授权
12	何清华，唐中勇，张大庆，张云龙，王金钢，陈涵	工作装置能量回收系统	SG11201407604W	新加坡	发明授权
13	何清华，陶海军，龚伟业，冯怀	果实采摘设备	IDP000051360	印度尼西亚	发明授权

续附表5

序号	发明人	专利名称	专利号	授权国家和地区	专利类型
14	何清华，钱欤云，朱建新，李海舰，邓超，张鹏	组合式潜孔锤	EP 2623705	欧洲	发明授权
15	何清华，钱欤云，朱建新，李海舰，邓超，张鹏	组合式潜孔锤	KR 10-1746822	韩国	发明授权

三、研发项目

截至 2020 年 8 月，何清华参与省部级项目 55 项，其中亲自主持 24 项（附表 6）。

附表 6　研发项目汇总

序号	项 目 名 称	项目来源	项目性质	起止时间	主持/参与
1	隧道凿岩机器人	科技部	863 计划	1998	主持
2	计算机控制高性能旋挖钻机的研发及产业化	科技部	863 计划	2015	
3	挖掘机的机电一体化及制造信息化	科技部	863 计划	2003	
4	7000 米载人潜水器钻结壳取芯器研制	科技部	863 计划	2004	主持
5	新型混合动力工程机械关键技术及系统开发与示范应用	科技部	863 计划	2010—2012	主持
6	智能化挖掘机关键共性技术研究及应用	科技部	国家科技支撑计划	2013—2015	
7	双动力智能型双臂手系列化救援工程机械产品研制	科技部	国家科技支撑计划	2011—2015	
8	大型机械能量回收与利用关键技术开发与应用	科技部	国家科技支撑计划	2014—2016	
9	小型挖掘机柴油机关键技术与产品开发	科技部	863 项目	2010—2012	

序号	项 目 名 称	项目来源	项目性质	起止时间	主持/参与
10	工程机械混合动力系统的优化控制及能量回收技术	科技部	863 预研项目	2009—2012	
11	湖南省创新方法推广与示范	科技部	国家科技计划项目	2013—2015	
12	智能化桩基础成套施工装备关键技术开发及应用	国家发改委	2012 年国家战略性新兴产业专项中央投资项目	2011—2013	主持
13	国家企业技术中心创新能力建设项目	国家发改委	国家发改委创新能力建设专项	2011—2013	主持
14	年产 180 台大型高性能旋挖钻机	国家发改委	国家发改委中央预算内投资项目	2010—2012	主持
15	凿岩设备关键技术研究及产业化	湖南省科技厅	2011 年高新技术产业化专项	2011—2013	
16	工程机械电液传动与控制系统关键技术研究及应用	湖南省科技厅	湖南省重大科技专项	2011—2014	主持
17	大型智能桩工机械关键技术研究及应用	湖南省科技厅	2012 年湖南省科技厅战略性新兴产业项目	2012—2014	主持
18	杂交水稻生产过程的农用航空作业技术示范推广（2012CK1003）	湖南省科技厅	湖南省重大科技成果转化与产业化项目	2012—2015	主持
19	湖南省产学研结合成果转化项目（大型高性能旋挖钻机项目 2009XK6019）	湖南省科技厅	湖南省科技厅产学研结合重大专项	2009	主持
20	混合动力挖掘机关键技术及产业化（2010GK2007）	湖南省科技厅	湖南省科技厅重点科技计划	2012—2014	主持
21	高性能旋挖钻机关键技术及产业化（湘财企指〔2012〕151 号）	湖南省科技厅	湖南省经信委战略性新兴产业专项	2012—2014	主持
22	高性能旋挖钻机关键技术研究及产业化	湖南省科技厅	2009 年重大工业产业项目工业发展资金支持项目	2009—2011	主持

续附表6

序号	项目名称	项目来源	项目性质	起止时间	主持/参与
23	混合动力挖掘机关键技术研究及样机研制	中国博士后科学基金会	博士后特别资助	2010—2012	
24	山河智能物联网信息系统	湖南省经信委	2015年长沙市互联网产业发展专项资金项目	2013—2015	
25	高性能螺旋地桩钻机研制及产业化	湖南省经信委	2015年百项重点新产品推进计划项目	2012—2014	
26	工程机械与工程车辆用多路阀实施方案	工信部	2015年工业转型升级强基工程	2015.5—2017.4	主持
27	地下工程装备湖南省工程研究中心改扩建项目	湖南省发改委	2015年湖南省预算内基建投资专项——创新能力建设专项	2015.6—2017.5	
28	中大型液压混合动力节能挖掘机	湖南省经信委	2015年百项重点新产品推进计划项目	2013—2014	
29	中大型挖掘机技术改造	湖南省经信委	2014年湖南省推进新型工业化专项引导资金项目	2013.10—2015.12	主持
30	大型桩工机械重大技术改造标准厂房建设项目	湖南省商务厅	2014年"承接产业转移项目标准厂房建设引导资金"	2011.8—2013.11	主持
31	高效率低排放矿用挖掘机	湖南省科技厅	2015年国际科技合作"走出去"项目	2014.9—2016.6	
32	山河智能移动互联协同制造信息化项目	湖南省经信委	2015年湖南省信息化项目	2014.3—2017.12	
33	工程机械核心电控部件产业化项目	湖南省经信委	湖南省技术改造节能创新专项资金技术改造项目	2015.1—2016.12	
34	"小型工程机械配套产业园"项目	湖南省经信委	湖南省推进新型工业化专项引导资金	2006—2008	主持
35	创新方法在工程机械领域应用示范	科技部厅	创新方法工作专项（软课题项目）	2010.9—2012.8	主持
36	杂交水稻田间管理机械化关键技术研究（2014BAD06B07-1）	科技部	"十二五"农村领域国家科技计划	2014—2016	
37	大洋钴结壳振动切削剥离的理论与实验研究	国家自然科学基金委员会	国家自然科学基金项目	2006	主持

序号	项 目 名 称	项目来源	项目性质	起止时间	主持/参与
38	滑移装载机产业化	湖南省科技厅	高新技术产业化发展专项	2006—2010	主持
39	大型智能桩工机械关键技术与产业化	湖南省科技厅	湖南省科技计划重点项目(战略性新兴产业专项)	2012.12—2014.9	
40	特殊地下工程智能化成套技术装备关键技术及产业化	发改委	中央战略性新兴产业发展专项资金项目	2015.9—2017.8	
41	土方机械疲劳可靠性关键技术研究及应用(2015BAF07B02)	科技部	2015年国家科技支撑计划	2015.4—2017.12	
42	列式山地输送地面无人平台关键技术研究	湖南省经信委国防科工局	湖南省军民融合产业发展专项	2017.1—2019.12	
43	工业废气治理装备制造绿色关键工艺系统集成	工信部	绿色制造系统集成项目	2017.1—2019.12	
44	油气管道维抢修作业智能工程装备关键技术研究	湖南省经信委	湖南省经信委战略性新兴产业专项	2016—2018	
45	高端工程机械能量回收利用节能系统关键技术开发及应用	湖南省科技厅	湖南省科技计划重点项目	2016—2017	主持
46	压燃式航空活塞发动机关键部件可靠性研究	湖南省科技厅	湖南省科技计划重点项目	2016.1—2017.12	
47	高端工程机械装备研制及产业化	湖南省科技厅	"五个100"省科技创新优秀项目	2017—2019	主持
48	危爆、消防应急救援综合保障系统及装备研制	湖南省科技厅	湖南省重点研发领域科技项目	2019.9—2021.9	
49	中大型液压混合动力挖掘机核心技术攻关及其产业化	湖南省科技厅	2019年度湖南省战略性新兴产业科技攻关与重大科技成果转化项目	2016.11—2021.12	
50	地质灾害无人化应急救援运输投送关键技术与装备研制	科技部	国家重点研发计划	2020.1—2022.12	
51	复杂地层基础施工成套装备关键技术及产业化	湖南省工信厅	湖南省制造强省专项资金重点产业类项目	2019.12—2021.12	

续附表6

序号	项 目 名 称	项目来源	项目性质	起止时间	主持/参与
52	海智基地(山河智能装备股份有限公司)	湖南省科协	湖南省科协 2020 年"海智计划"项目	2020.1—2020.12	
53	边境高原全地形无人作战平台关键技术研究及应用	湖南省军民融合办	湖南省军民融合重大示范项目	2018.1—2023.12	
54	终端产品资源化利用系统集成—机电产品高端智能再制造	工信部	2020 年绿色制造系统解决方案供应商	2020.8—2020.3	主持
55	面向区块链创新应用的工业互联网公共服务平台	工信部	2020 年工业互联网创新发展工程——区块链公共服务平台项目	2020.6—2023.5	主持

四、荣誉与奖励

1. 科技奖励(附表7)

附表7 科技奖励汇总

序号	项目名称	完成人排名	完成单位	奖励等级	获奖年份
1	高性能液压静力压桩机的研制及其产业化(J-221-2-04)	排名 1	中南大学、湖南山河智能机械股份有限公司	国家科学技术进步二等奖	2003
2	全液压凿岩新技术	排名 3	中南工业大学	国家发明三等奖	1989
3	多功能静力压桩机(2002-270-151)	排名 1	中南大学、湖南山河智能机械股份有限公司	湖南省科学技术进步一等奖	2002
4	一体化液压潜孔钻机(2006-270-165)	排名 1	中南大学、湖南山河智能机械股份有限公司	湖南省科学技术进步一等奖	2006
5	高性能旋挖钻机关键技术及产业化(20114165)	排名 1	湖南山河智能机械股份有限公司、中南大学	湖南省科学技术进步一等奖	2011

序号	项目名称	完成人排名	完成单位	奖励等级	获奖年份
6	智能挖掘机关键技术及应用（20135046）	排名1	山河智能装备股份有限公司、中南大学	湖南省科学技术进步一等奖	2013
7	工程机械瞬变大负载能量回收与利用关键技术及应用	排名1	山河智能装备股份有限公司、中南大学	湖南省技术发明一等奖	2015
8	YYG-90A型液压凿岩机	排名1	中南工业大学	中国有色金属工业总公司科技进步二等奖	1987
9	CGJ25-2Y型中深孔全液压掘进钻车	排名1	中南工业大学	中国有色金属工业总公司科技进步二等奖	1989
10	液压落锤式碎石机	排名1	中南工业大学	中国有色金属工业总公司科技进步二等奖	1993
11	YS-50A型液压碎石机的研制	排名1	中南工业大学	中国有色金属工业总公司科技进步四等奖	1996
12	高效节能静力沉桩机	排名1	中南工业大学	湖南省科学技术进步二等奖	1997
13	金川铜镍矿闪速浮选工业试验	排名1	中南工业大学	中国有色金属工业总公司三等奖	1998
14	工程机械瞬变大负载能量回收与利用关键技术及应用	排名1	山河智能装备股份有限公司、中南大学	绿色制造科学技术进步三等奖	2015
15	工作装置势能回收液压系统（ZL 201210160572.7）	排名1	山河智能装备股份有限公司	中国专利优秀奖	2016
16	超轻型飞机（ZL 201030540928.1）	排名1	山河智能装备股份有限公司	中国外观设计优秀奖	2014
17	机电一体化挖掘机及控制方法（ZL 200610031374.5）	排名1	山河智能装备股份有限公司	中国专利优秀奖	2010
18	一种履带式桩架及其安装方法（ZL 200910311281.1）	排名1	山河智能装备股份有限公司	湖南省专利一等奖	2013
19	一种势能回收的液压系统（ZL 201110132119.0）	排名1	山河智能装备股份有限公司	湖南省专利奖二等奖	2014
20	能量回收利用液压控制阀（201310270445.7）	排名1	山河智能装备股份有限公司	湖南省专利奖三等奖	2018

2. 社会荣誉与社会职务(附表8)

附表8 社会荣誉与社会职务

序号	奖项	年份	备注
1	享受国务院颁发的政府特殊津贴	1993	
2	中南工业大学机电工程学院副院长	1994	
3	中国有色金属学会冶金机械设备委员会委员	1999	
4	国家863计划智能机器人主题专家组先进工作者	2001	
5	《中国工程机械学报》编委	2003	
6	紫荆花杯杰出企业家奖	2004	
7	湖南光召科技奖	2004	
8	长沙市劳动模范	2004	
9	湖南省优秀非公有制经济企业家	2006	
10	中国工程机械年度风云榜之年度人物	2005	
11	全国优秀民营科技企业家	2006	
12	各民主党派工商联无党派人士为全面建设小康社会作贡献先进个人	2006	
13	第二届湖南省优秀专家	2006	
14	首批湖南省科技领军人才	2007	
15	全国机械工业优秀企业家	2007	
16	中国国际商会湖南商会第三届理事会副会长	2009	
17	改革开放30年湖南杰出贡献人物·十大创新领袖	2008	
18	湖南省科学技术杰出贡献奖	2007	湖南省科技最高奖
19	"十一五"国家科技计划执行突出贡献奖	2010	
20	中国人工智能学会智能机器人专业委员会常务委员	2011	
21	湖南省优秀企业家	2011	
22	装备中国功勋企业家	2011	
23	中国工程机械学会第四届理事会副理事长	2011	
24	湖南省机械工程学会会长	2012	
25	广州军区第六届"国防之星"	2013	
26	中国湘商"十大风云人物"	2017	
27	全国优秀科技工作者	2014	
28	2018年中国推进智能制造杰出CEO	2019	

续附表8

序号	奖项	年份	备注
29	中国企业文化建设功勋人物	2019	
30	优秀中国特色社会主义事业建设者	2019	
31	中国工程机械行业终身成就奖	2019	
32	中国机械工程学会常务理事	2019	

五、人才培养

1. 培养的博士生(23人)(附表9)

附表9　培养的博士生(23人)

序号	姓名	学位类型	授予单位	入学年份	毕业年份
1	刘昌盛	博士	中南大学	2010	2019
2	赵喻明	博士	中南大学	2010	2019
3	黄志雄	博士	中南大学	2002	2016
4	潘钟键	博士	中南大学	2012	2016
5	龚　俊	博士	中南大学	2011	2015
6	何志勇	博士	中南大学	2006	2014
7	蒋　蘋	博士	中南大学	2004	2012
8	廖力达	博士	中南大学	2007	2012
9	康辉梅	博士	中南大学	2007	2011
10	赵　萍	博士	中南大学	2007	2011
11	周　旭	博士	中南大学	2005	2009
12	谢习华	博士	中南大学	2000	2009
13	郝　鹏	博士	中南大学	2003	2008
14	贺湘宇	博士	中南大学	2004	2008
15	朱建新	博士	中南大学	1995	2008
16	杨忠炯	博士	中南大学	2001	2007
17	柳　波	博士	中南大学	2002	2007
18	王恒升	博士	中南大学	2001	2006

续附表9

序号	姓名	学位类型	授予单位	入学年份	毕业年份
19	张大庆	博士	中南大学	2003	2006
20	徐海良	博士	中南大学	1999	2004
21	李力争	博士	中南大学	1999	2003
22	周友行	博士	中南大学	2000	2003
23	罗艳蕾	博士(访问学者)	贵州大学	2000	2011

2. 培养的硕士生(45人)(附表10)

附表10 培养的硕士生(45人)

序号	姓名	学位类型	授予单位	入学年份	毕业年份
1	常毅华	硕士	中南大学	2003	2006
2	陈 阳	硕士	中南大学	2001	2004
3	程 凯	硕士	中南大学	2005	2008
4	程 颖	硕士	中南大学	2000	2003
5	方 向	硕士	中南大学	1997	2000
6	龚艳玲	硕士	中南工业大学	1993	1996
7	郭 勇	硕士	中南工业大学	1990	1993
8	郝前华	硕士	中南大学	2009	2012
9	何志强	硕士	中南大学	2001	2004
10	贺湘宇	硕士	中南大学	1997	2000
11	胡建华	硕士	中南大学	2000	2003
12	黄 彬	硕士	中南大学	2003	2006
13	黄 斌	硕士	中南大学	2006	2009
14	黄素平	硕士	中南大学	2000	2003
15	黄志雄	硕士	中南大学	1999	2002
16	李爱强	硕士	中南大学	2003	2006
17	李乐奇	硕士	中南大学	2004	2007
18	李渊博	硕士	中南大学	2003	2006
19	刘 波	硕士	中南大学	2004	2007
20	刘均益	硕士	中南大学	2009	2012

序号	姓名	学位类型	授予单位	入学年份	毕业年份
21	刘银春	硕士	中南大学	2005	2008
22	陆建辉	硕士	中南大学	2006	2009
23	施圣贤	硕士	中南大学	2002	2005
24	舒敏飞	硕士	中南大学	2009	2012
25	孙永刚	硕士	中南大学	2006	2009
26	唐学佳	硕士	中南大学	2011	2015
27	王北战	硕士	中南大学	2007	2010
28	王石林	硕士	中南大学	2008	2011
29	吴 凡	硕士	中南工业大学	1994	1997
30	吴 靓	硕士	中南大学	2003	2006
31	吴 烨	硕士	中南大学	2001	2004
32	夏毅敏	硕士	中南工业大学	1991	1994
33	谢喜春	硕士	中南大学	2003	2006
34	阳 昶	硕士	中南大学	2002	2005
35	杨 敏	硕士	中南大学	2007	2010
36	尹俊峰	硕士	中南大学	2001	2004
37	袁碧华	硕士	中南大学	2001	2004
38	苑建英	硕士	中南大学	2003	2006
39	曾桂英	硕士	中南工业大学	1995	1998
40	曾益昆	硕士	中南大学	1998	2001
41	张海涛	硕士	中南大学	2001	2004
42	张延松	硕士	中南大学	2007	2010
43	赵宏强	硕士	中南工业大学	1991	1994
44	周宏兵	硕士	中南工业大学	1994	1997
45	周 凯	硕士	中南大学	2004	2017

六、山河智能历史沿革

1999 年，何清华教授以自己的发明专利——液压静力压桩机为基础，带领中南大学的几位教师，租赁厂房，白手起家创办了山河公司

2000 年，"863"智能机器人主题重大项目——隧道凿岩机器人通过验收，

填补了国内空白，中央电视台、人民日报等多家媒体进行了报道

2001 年，在中国挖掘机市场几乎被外国品牌一统天下、国内市场对小型挖掘机还没有什么认识的情况下，公司开始小型挖掘机的研发

2002 年，多功能液压静力压桩机获湖南科技进步一等奖

2003 年，公司迁至国家级长沙经济技术开发区；公司推出国产首台一体化潜孔钻机

2004 年，液压静力压桩机获得国家科技进步二等奖；公司率先推出自主专用底盘及控制系统的高性能旋挖钻机

2005 年，公司开发滑移装载机，小型挖掘机开始批量出口

2006 年，公司在深交所成功上市；时任国务院副总理吴仪视察山河智能

2007 年，公司获得中国驰名商标

2008 年，参与汶川抗震救灾；荣获"全国工人先锋号"

2009 年，时任国务院副总理李克强视察山河智能；公司被授予"国家认定企业技术中心"

2010 年，时任国务院总理温家宝视察山河智能；公司被授牌"国家工程机械动员中心"

2011 年，公司跻身全球工程机械制造商五十强；SA60L 飞机成为第一款获得中国民航局型号认证的国产轻型运动飞机

2012 年，山河航空产业园株洲基地奠基

2013 年，山河智能参加"湘江–2013"动员演习；何清华获广州军区"国防之星"称号

2014 年，公司推出 ES 系列液压混合动力挖掘机

2015 年，比利时子公司开业；中际山河公司成立

2016 年，公司提出"一点三线"战略；收购加拿大 AVMAX 公司；中铁山河公司成立

2017 年，董事长何清华参加金砖国家工商论坛

2018 年，国产首款全复合材料五座飞机"山河 SA160L"成功完成首飞

2019 年，公司举行成立二十周年庆典；广州工控战略投资山河智能

2020 年，中共中央总书记、国家主席、中央军委主席习近平考察山河智能

后　记

2019 年是山河智能创办二十周年，也是山河智能创办者何清华在机械领域探索、开拓、进取五十周年。我们承担了《何清华潜心机械五十年》一书的撰稿任务。

按理，主人公作为一个成功者，应是一个好写的题材。一般来说，干货摆在那里，只要将"货"的"真味"烹调出来，应该能收到各方满意的效果。但，这确是一个有难度的题材。

难在哪里？

难在同类书多。何清华无论是作为一个科学家，还是作为一个企业家，抑或是作为一个社会知名人士，同类的传记不讲汗牛充栋，也是车载斗量，这当中以企业家身份所作的传记尤其多。自改革开放以来，中国企业如雨后春笋般出现，中国企业家崛起在中国发展舞台上，也崛起在世界经济的舞台上，他们都有着精彩的演出，也就有着记载他们活动的书籍问世。写作者既有专门研究中国企业的学者，有记录历史、写作"日记"的媒体人，更有着为企业操刀文宣的撰稿人。作品多了，互有比较，如何才能让这本书成为这类书丛的"这一本"，需得琢磨再琢磨，掂量再掂量，虽达不到横空出世的不凡，也得有引人注目的特色。

难在定位。何清华不仅是一个科学家、一个企业家，还是一个社会活动家，而且无论哪一种身份，他都是"这一个"。如何既全面反映，又突出特点呢？

难在太专。回溯何清华的机械生涯，引起世界同行关注的，或者说他的"不同凡响"，还是他的机械研究。他创办的山河智能，他的参政议政，都与他

的机械研究成就有着内在的逻辑关系。而他研究的工程机械，特别是其中的凿岩机械，是一个非常特别的领域。笔者这种外行要想进入这个门槛，光是一个专业名词就得看上好久的书，而且非得揣摩一番，才能大致了解其内涵。因此，这本书如何深入浅出，达到"内行人看了觉得专业，外行人看了觉得还行"目标，是我们绕不过的一关。

我们自知任务艰巨，也就集中投入精力。几年来，我们广泛收集资料，深入各个层面采访。最后翻检行囊，打开电脑，所收集资料有上百万字，整理的笔记也有几十万字。我们采访山河智能创办者何清华，采访山河智能高层管理团队的成员，采访山河智能各个部门的中层管理骨干，采访第一线的工人师傅们，与一些退休的老员工深入交流。还随同何清华董事长专程到江永的"茅草地"，体味他当年的知青生活；随他到当年的大远农场"太阳坡"，揣摩他和他的"知青战友"对共产主义的理解和实践；随他到益阳赫山区泞湖桥重访当年的农机厂，在一片蓬蒿中想象他与机械初结缘时的情景；还到中南大学、观沙岭等地访问当年的当事人，想象当年何清华董事长任教、办企业的情景……对于何清华潜心机械事业后的二十年，我们进行了详细深入的了解：山河智能孕育、诞生、发展的脉络，山河智能得以跨越式发展的原因，山河智成为全球工程机械制造商五十强、世界挖掘机企业二十强的历程，山河智能"一点三线"战略布局来由，等等，大到决策过程，小到动作细节，都收集到了鲜活的材料。

我们也搬来何清华的专著"硬啃"。我们当然无法像作者本人那样让思维徜徉在知识的海洋，更无法领略其中技术的精妙，但也在其中看出一个大致轮廓，从而更体会出作者的不易。作为收获，我们将这种"粗懂"传递给我们的读者。

我们当然得"审"时"度"世，考察何清华潜心机械五十年的时代背景，从时代发展的轨迹中探寻何清华潜心机械的精神动力。前后左右、上下里外，着眼于创新。创新，既是时代的标志，也是传主何清华的特征。

创新是何清华的兴趣所在。他自小就显露出创新的热情，无论是自制的玩具还是为家庭减轻负担在学余时间糊火柴盒的收入，都蕴含着他创新的"附加值"。随着年龄的增长和与世界接触面的不断拓宽，这种创新热情的火焰越烧越旺。下放农村当知青，到农机厂做"农业工人"，进城做产业工人，进入高等学府承担教学科研重任，创办企业践行"科教兴产业，产业促科教"的理念，他创新的热情不断释放，创新的浪潮一浪高过一浪。早在研究生期间，他就向建立液压冲击机构工程设计理论体系发起冲击，通过多年的辛勤钻研，这一体系日臻成熟，形成了专著《液压冲击机构研究·设计》。正是他这一创新，让世界上对冲击机构工程设计由"实验、摸索"型提升到"成熟、理性"型。也许，这一创新性成果的价值至今还被人们低估，因为在一次国际性的大型展会上，一家世界级企业所研发的某种凿岩机械在动力与功率方面没有达到最佳匹配，而何清华的提醒让对方不得不折服。何清华创新的热情越来越旺，创新的成果越来越多。

创新因子渗入了他的血液，创新行为成为常态。作为一个企业领头人，他得谋"势"、建"场"、赋"能"。他的创新不仅在办公室里，更多的是在出差途中，如在飞机、火车上，在候机候车那短短的几分钟里，在清晨散步时和会议间隙中。曾经夺得某次全国性比赛第一名的"龙马一号"，其设计思路就是一个会议间隙中的收获。他的几任秘书都会为他随身准备一些白纸，一旦灵感来了，他就画出构思的草图。近几年光这种创意十足的草图就留下了一大摞。正如一位"老山河"所说，何清华全身都是创新的细胞，而他的头脑就是储存创新思路的 CPU。

何清华不仅具有创新的热情，更具有善于创新的天赋。正是热情和天赋，让他在机械王国里走向成功。他从凿岩机械起步，后来进入桩工机械、挖掘机械和航空装备、特种装备等领域，并在这些领域取得了独特的成绩，这些成绩有的还是开拓性的，后来者可以循着何清华的开辟的路径走下去。

何清华的创新思维不仅可以"聚焦"，更可以"辐射"。他的专业是机械，可他的创新思维还辐射到管理与文化，其体现在企业体制——产学研一体化，体现在山河智能的创新技术路线——先导式创新，体现在内部管理——提出"管理是第一位的，技术是第二位的"理念，体现在对运营模式的探索——从扁平式到"三位一体"再到大运营、事业部制，体现在制造形态——适应"多批次、小批量"的柔性制造、智能制造升级，体现在企业文化——建设和谐、务实、进取的创新文化……正是这些创造，山河智能走出了一条属于自己的发展之路。何清华被权威媒体誉为"挺直了中国制造的脊梁"，得到了习近平总书记、李克强总理、温家宝总理等国家领导以及公司成立后历届湖南省委书记、省长等属地领导的高度肯定，得到了同行的认同，也得到了竞争对手的尊重。

有一句时代特色鲜明的格言是这样说的：革命人永远是年轻。革命人年轻的奥秘就在于其不会停下朝最终目标进发的步伐。何清华有一颗年轻的心，那

里总是澎湃着创新的激情；他有一个年轻的头脑，那里总萌发着创新的灵感。如今，年过七旬的何清华仍在用他创新的琴弦演奏着人生的乐章。

这种创新的动力来自何处？

就像何清华自己向总书记汇报时说的，"这是我的乐趣"。作者在梳理材料时发现，这种创新的动力，来源于他"理想成就未来"的信念和"装备制造，立国之本"的追求。

从一个"农业工人"到自学考上硕士研究生，从一名大学普通教师到国家"863"专家，从"单兵作战"到指挥"千军万马"，从一个年产值几百万元的小企业发展到全球工程机械制造商五十强再到"一点三线"产业升级，从一个手工作坊发展到国家智能制造试点企业……虽然前进路上遇到过千个坎坷、万种障碍，但企业发展的步伐没有停歇，因为它的灵魂人物正高擎着那不熄的理想火焰。

家国情怀是实现理想的内生动力。可以说，何清华"理想成就未来"的过程就是以创新为桥实现理想的过程。我们在写作此书时，紧紧抓住"创新"这一主题展开，并通过这一主题展示何清华的内心世界。我们采取"时间分段"和"专题分列"的方式讲述何清华的创新故事，并通过故事展示其理想追求的纯真、不懈、坚定。何清华的故事揭示的是"有志者事竟成""理想坚定者事业兴"的道理。

书稿杀青，掩卷长思，有喜悦，也有些许遗憾。虽然笔者有意通过讲故事展示何清华潜心机械五十年波澜壮阔而又生动无比的人生画卷，但是限于我们的功力和时间问题，我们的采访未能够深入，许多美丽动人的故事，许多鲜活有趣的细节，等等，未能进入笔者的视野，或者身入宝山而未识宝，因此虽有心却有些方面或未能到位，所写的文字并不能真切地表达传主的思想高度。在此，只能说一句"深表歉意"了。

作者　文热心

2020 年 10 月